NOBEL

诺贝尔奖之问

主　编：黄晓勇　潘晨光
副主编：何　辉　韩育哲

中国社会科学出版社

图书在版编目（CIP）数据

诺贝尔奖之问／黄晓勇、潘晨光主编 . —北京：中国社会科学
出版社，2014.7
ISBN 978 - 7 - 5161 - 4567 - 8

Ⅰ.①诺…　　Ⅱ.①黄…②潘…　　Ⅲ.①诺贝尔奖—研究
Ⅳ.①G321.2

中国版本图书馆 CIP 数据核字（2014）第 156870 号

出 版 人	赵剑英	
责任编辑	陈雅慧	
责任校对	王　斐	
责任印制	戴　宽	

出　　　版	中国社会科学出版社	
社　　　址	北京鼓楼西大街甲 158 号（邮编 100720）	
网　　　址	http://www.csspw.cn	
	中文域名:中国社科网　　010 - 64070619	
发 行 部	010 - 84083685	
门 市 部	010 - 84029450	
经　　　销	新华书店及其他书店	

印　　　刷	北京市大兴区新魏印刷厂	
装　　　订	廊坊市广阳区广增装订厂	
版　　　次	2014 年 7 月第 1 版	
印　　　次	2014 年 7 月第 1 次印刷	

开　　　本	710×1000　1/16	
印　　　张	32.5	
插　　　页	2	
字　　　数	532 千字	
定　　　价	88.00 元	

凡购买中国社会科学出版社图书,如有质量问题请与本社联系调换
电话:010 - 64009791

目　　录

序

　　2012 年诺贝尔文学奖颁给了中国作家莫言后，立即在中国内外引起广泛的关注和评论，众说纷纭：有的阐述莫言获奖的重要意义，认为这是中国国力强盛的标志，表明中国文学终为世界所认可，中国文学已走向世界；有的则试图发掘莫言获奖的内幕和鲜为人知的蛛丝马迹，例如诺贝尔文学奖评委马悦然和中国作家的关系，例如莫言的体制内的身份是否帮助他获奖？诺贝尔文学奖的评选标准是否发生了改变？是否有比莫言更合适的中国作家应该获奖等。有欣喜、有赞扬、亦有猜测甚至质疑，凡此种种，不一而足。如果说开始是由莫言获奖所引致，但是焦点却逐渐地离开了莫言本人，而转向了对诺贝尔奖本身的提问。诺贝尔奖究竟是什么？是一项学术或者文艺的标准？是一个世界级的荣誉？抑或仅仅是一个西方国家的部分人认可的一个奖项？甚至或如萧伯纳所言，诺贝尔设立奖金比他发明炸药危害更大？

　　长期以来，国内对待诺贝尔奖的态度一直是纠结与复杂的：一方面，鉴于诺贝尔和平奖和诺贝尔文学奖评选过程中不时出现的强调西方价值观和政治色彩的倾向，我国政府对于这两项诺贝尔奖的评选结果持保留或批评态度的时候不少；另一方面，从政府到民间，从学者到媒体，都对诺贝尔奖，特别是自然科学领域的诺贝尔奖关注有加甚至可以说经常翘首期待。国内已经出版的诺贝尔奖的研究书籍，例如《诺贝尔奖的启示》、《攻错：诺贝尔华裔科学家在美英学到了什么》、《科学精英是如何造就的——从 STS 的观点看诺贝尔自然科学奖》等，都是将诺贝尔奖视为世界自然科学领域的最高荣誉作为立论前提进行分析的。这种渴望随着我国经济和国力的迅速提升而愈发强烈，甚至近乎焦虑了。难怪张颐武在莫言获奖后说，莫言获奖一定程度上释放了中国人长久以来对诺贝尔奖的焦虑与渴望。在焦虑和渴望得到释放后，莫言获奖或许有助于更多中国作家潜心写作，甚或鼓舞着广大的自然科学家更认真严谨地从事科学研究，毕竟文学奖已得到了，科学奖还会远吗？

莫言获奖之前，如果一个中国人对诺贝尔奖说三道四，很多人的第一反应是"吃不到葡萄说葡萄酸"。即使钱锺书先生批评诺贝尔奖的诸多局限甚至谬误时，也会有人首先质疑钱先生评论诺贝尔奖的资格。莫言获奖的最大的益处，就是我们在长期的焦虑与渴望后，终于可以心平气和地，多少以一个"过来人"的身份和视角来讨论诺贝尔奖，来探索前文提出的众多的问题，不用再担心被一些人，特别是一些国外媒体说成是酸葡萄心理。当然，我们在评论的时候，也要警惕由于获奖而产生的过度自信，警惕诺贝尔奖被一些人或者组织当成一俊遮百丑的遮羞布。

中国社会科学院研究生院是一座培养人文、哲学社会科学博士和硕士研究生的学府，长期以来，我们一直在思考、在探索、在总结人才培养的方法和规律。莫言获奖之后，很多在校研究生对中国人获得更多的诺贝尔奖奖项更有信心了，也有一些研究生对诺贝尔奖有了更丰富的看法，甚至开始反思诺贝尔奖。正是在这样的背景下，我和长期致力于中国人才学研究的潘晨光教授一拍即合，觉得很有必要从当代中国学人的视角编写一本探讨诺贝尔奖的书。

我们希望能突破国内现有的研究视角，从包括传播学、社会学、政治学、科学社会学、科学史等多学科的视野来审视和研究诺贝尔奖。为了推动分析的深入，全书以"诺贝尔奖之问"为主要线索，尝试像剥洋葱一般，层层递进地分析诺贝尔奖。书中预设了很多问题——何谓诺贝尔奖？诺贝尔奖的幕后历史是什么？诺贝尔奖有本质吗？诺贝尔奖对个人或者国家意味着什么？诺贝尔奖是跨越国家、民族和政治的吗？诺贝尔奖获得者有哪些统计学意义上的特征？不同国家在已经颁发的诺贝尔奖记录中是怎样的"排位"？这些国家在科学、教育、文化等方面的特点是什么？对我们国家的人才培养、科学发展有哪些借鉴？中国人的诺贝尔情结是如何产生的？我们该如何看待诺贝尔奖之于个人和国家的意义？一个旨在赢得诺贝尔奖的教育科研政策是好的政策吗——酸甜苦辣咸，五味杂陈。全书也正是循此从以下几个层次来展开自己的分析：

一、对诺贝尔奖自身进行研究。虽然诺贝尔奖自设立始，就是颁发给个人而不是国家的，但媒体的关注和报道，诺贝尔奖评奖议程的逐步确立和完善，政府的支持，民众的鼓与呼，知识分子的支持抑或反对，都逐步将诺贝尔奖的获得与否演变为国家之间实力、势力甚至文化力的比拼。正是因为媒体的推波助澜、国家政治的介入，甚至意识形态的加入，诺贝尔奖遂变成了一个符号。

悉数诺贝尔奖从设立到现在的历史，诺贝尔奖设立之前的纷争、设立之初的非议、评奖程序的正当与否都经历了一个试错，或者说摸着石头过河的过程，我们看到的是一个符号逐渐被人为建构的过程。这个过程一定程度上有点类似于我国改革开放的过程。了解这个过程，人们或许能够将心比心，推己及人，对诺贝尔奖持更加平和的心态：可以肯定地说，诺贝尔奖不是一个完美的神话，也并非是彻头彻尾的戴着西方有色眼镜的权谋。

二、对诺贝尔奖和国家关系的研究。既然诺贝尔奖成为一个符号，因此需要分析这个符号背后所蕴藏的象征意义。而很多国家也充分利用这个符号，去制作和传递他们希望传递的信息。如此，对诺贝尔奖的研究就从诺贝尔奖本身转到国家和诺贝尔奖关系的视角。具体到中国和诺贝尔奖的关系，获得诺贝尔奖除了彰显中国的科学技术实力、文化实力（其他国家也概莫除外），更有人认为，获得诺贝尔奖是中国真正融入现代社会的主流，而不再仅仅是一个西方世界的跟随者的标志。这一点抑或成为我们分析中国诺贝尔情结的立论起点。书中还就不同国家之于诺贝尔奖的态度以及这些国家的诺贝尔奖获奖情况作了分析。

由于近世以来西方的发展伴随着现代科学的大发展，科学于是具有了进化论层面的含义，文艺复兴以来的西方科学一定程度上成为衡量一个国家的传统科学和文化是否进步的标准。如此便产生了为什么近代中国没有产生西方科学，为什么近代以来伊斯兰国家没有产生西方现代科学等的设问。总的来说，这些问题是上一个问题——诺贝尔奖对于一个国家的意义的延伸，变为现代科学之于一个国家的意义。在这个问题上，不仅仅中国人，还包括一些西亚国家、南亚国家都长期陷入困惑之中，并因此而不断反思本国家本民族的传统文化和科学，或正是基于此，书中我们对著名的李约瑟问题进行了反思。

三、对中国科学发展的反思。在审视诺贝尔奖之后，在对比了不同的诺贝尔奖获得者国家的特点后，自然要以此为鉴，照照镜子，反思一下我们自身。诺贝尔科学奖占了诺贝尔六个奖项的一半，且由于诺贝尔科学奖的客观性和公正性较之文学奖、和平奖和经济学奖或略胜一筹，因此更为世人所看重。为什么当代中国本土科学家尚没有获得自然科学的诺贝尔奖？我们的教育科研制度，培养人才的体制机制，与那些科学技术发达、诺贝尔奖获得者众多的国家相比，都有哪些差距和问题？书中逐一分析梳理了政府对人才的理解、教育制度、科学资助和评价制度等。但并没有止步于此，我们还通过历时的比较，试图更客观、中肯地认识和评价中国的发展，特别是中国科学技术的发展。在不考虑政治因素的前提下，与强调个性的艺术创造力的诺贝尔文学奖不同，摘取诺贝尔科学奖的桂冠无疑是需要深厚的科学土壤和长期科学发展的积累的。中国目前的科学技术发展现状，既有我们的科学和教育制度上的原因，也有科学研究积累不足的问题。这样一来，就可以稍显公允地看待我国的科学技术的发展，也可以更加心平气和地讨论中国何时可获得诺贝尔科学奖这样的热门问题。

对于我国在教育科研方面存在的问题诟病很多，客观来看，一些制度和政策上的缺陷与不足很多都是发展中的问题，不能简单地一概否定，但也一定不能掉以轻心，特别是在既有的教育科研和人才培养制度一成不变的情况下，希望通过增加投入、重点扶持的方式就能在短期内催生出数个自然科学的诺贝尔奖的想法是要不得的甚至是有害的。

另外，当我们借鉴西方发达国家在科研教育方面的经验时，也要注意其中存在的问题。20 世纪 80 年代后欧美国家自由主义大行其道，许多国家大幅放松了对市场的规制，提倡对市场的依赖、对市场方法的运用。随着新公共管理理论的流行，市场机制和企业经营理念等已经逐步为政府部门所采纳，并运用于公共管理中，甚至大学和科研机构的运作都受到影响。这种对市场的倚重既有成功的经验，也已引发出很多问题。中国政府的一些部门近些年来也在教育和科研管理中大力引入市场的竞争机制和激励机制。这些对于推动我国教育和科研的创新、改善学术环境等都有很大的帮助。但我们同时也必须要对这些市场化的政策工具可能带来的问题有所警觉。

最后，我想谈一下对待科学的态度问题。在五四新文化运动中，科学和民主成为振兴中华的一个响亮口号。新中国成立后，特别是改革开放后，伴随着科学技术是第一生产力、科教兴国等执政理念的提出，科学遂成为中华民族伟大复兴的重要推动力。政府对科学和教育的重视和大力投入当然是令人欣喜且备受鼓舞，但是科学不仅仅是国运昌盛的工具，科学也不仅仅是智力在金字塔尖的竞争，科学本身还是一种生活态度或者生活方式。很多时候，科学就在每一个人的日常生活之中。人们可以在自己的每日食谱中讲究"科学"搭配，也可以运用基本的科学常识揭穿一些伪科学的神话，甚至可以用"搞笑诺贝尔奖"、"菠萝科学奖"来愉悦自己、搞笑科学。

　　20世纪50年代英国学者斯诺提出，现代社会里科技与人文正被割裂为两种文化，科技和人文知识分子分化为两个言语不通、社会关怀和机制判断迥异的群体，这种分裂的状态在当今的社会甚至愈演愈烈。科学技术由于能够更好地满足经济上和政治上的需要，而在两种文化中占了上风，科学主义的盛行即为例证。现代科学和技术的确在工业革命以来的人类文明进程中扮演了越来越重要的角色，但是科学并不是万能的。近几十年来，人们包括科学家都在反思科学的发展。曾有人说，任何人，即便是现代科学家中最有才干的人，也不能真正地知道科学的不断发展究竟会把我们引向何方。没有任何别的东西像科学一样给人类社会带来那么大的进步、那样令人神往和充满希望，但也没有任何别的东西像科学那样给人类造成空前的不安和迷惑乃至幻灭。一些科学的批评者认为，科学研究中的无意识后果——转基因食品、纳米材料的毒性、人类干细胞研究等的社会和伦理问题，由于充满了不确定性、伦理纠纷、政治争议或者商业利益，而变得异常的错综复杂和难以掌控。这时仅仅凭借科学本身已经难以甚至根本不可能妥善解决问题。因此以为科学可以解决一切的唯科学主义心态亦是不可取的。

　　越是在自然科学发达的今天，人文和社会科学越发体现出其价值。那么，人文和哲学社会科学如何能够矫正科学主义的谬误，促成科技与人文的相得益彰甚至完美融合，更好地推动人类社会和平、健康地发展？这不仅仅需要国家对人文和社会科学的重视，而且需要从事人文社会科学的研究者，特别是年轻的学子们身体力行去推动。这或许正是长期从事人文社会科学研究生教育的我们，编著此书的初衷所在。

　　是为序。

黄晓勇
二〇一四年五月十三日于良乡

导言　为什么要写一本关于
诺贝尔奖的书

在奥运会上，当我们女排暂时失利，举国上下大有心急如焚、坐卧不安之感。的确，多拿一块金牌就多为中华民族增添一份自豪感。奇怪的是，当一年一度公布诺贝尔物理学、化学、经济学、生理和医学奖金获得者的名单，里面没有一个中国人的时候，我们有些人的态度却是那样平静，那样司空见惯、漠然置之。我以为这是不正常的现象。奥运会金牌对振兴中华固然重要，但是在"科学奥运会"上拿诺贝尔奖金或许更重要。

——哲学家　赵鑫珊（1984）[①]

事实上，我国的基础研究已经与世界接近全面接轨。近 10 年来，我国科技人员发表国际论文总量居世界第二位，被引次数排世界第六位，被引国际论文数量排世界第五位。……10 年之后的中国，像诺贝尔奖这样国际性重要指标，在中国大地出现应该将会成为常态，而不是个案。

——中国科学院院士、南京工业大学校长　黄维（2013）[②]

（用诺贝尔的遗产来促使科学家为奖金而竞争，简直是）我所能想

[①]　赵鑫珊：《我们能否贡献一个爱因斯坦》，《文汇报》1984 年 12 月 21 日。
[②]　"中科院院士：10 年后诺贝尔奖在中国出现将成常态"，http://scitech. people. com. cn/n/2013/0930/c369609 - 23085809. html。

得出的使用一份遗产的最愚蠢方式！科学家是不屑于为钱而工作的。

——斯德哥尔摩大学化学家、海洋学家

彼得松（Otto Pettersson）①

　　诺贝尔奖章上所刻绘的，是人性的脆弱。那些甄选获奖人的，那些接受诺贝尔奖的，都不过是凡夫俗子。可是正因为我们生活在一个浮夸盛行、商业至上的社会中，许多人喜欢崇拜那些标榜崇高情操和高尚理想的个人和机构。

——罗伯特·马克·弗里德曼（2005）②

一　问题的缘起

　　诺贝尔奖恐怕是当今世界上最有名的两个奖之一（另一个是奥运会的金牌）。奥运金牌被描述为是人类体力（或兼含有智慧）的极致，而诺贝尔奖则很多时候被认为是人类聪明智慧的极致。四年一度的奥运会赢得世界的瞩目，而一年一度的诺贝尔奖颁奖礼也吸引着世界的目光。在每年一度斯德哥尔摩举行的诺贝尔奖颁奖庆典上，世界各地的政界、工商界、科学界和文化界的领袖们、诺贝尔奖的获奖人与瑞典皇室一起，庆祝，欢宴。世界各地的人们则聚首在电视机前观看恢宏庄重的盛典，听诺贝尔奖的获奖人——这些人类的精英高谈阔论。

　　自从 1984 年获得第一块奥运金牌，从此不再是"东亚病夫"，到 2008 年北京奥运会金牌第一，可以说，我们已经实现了历史性的跨越。2008 年后，人们开始关注体育本身，开始关注奥运金牌的意义到底是什么？通过举国体制来赢取更多的金牌是否比弘扬群众体育更有价值？诺贝尔奖于中国，正如这些年来的奥运金牌于中国。有学者认为赵鑫珊

---

　　①　［美］罗伯特·马克·弗里德曼：《权谋——诺贝尔科学奖的幕后》，杨建军译，世纪出版集团、上海科技教育出版社 2005 年版，第 8 页。

　　②　同上书，第 1 页。

大概是改革开放后国内第一个提出中国诺贝尔奖的人。① 自那时起，越来越多的中国人开始关注诺贝尔奖，开始呼吁中国人应该向诺贝尔奖进军，开始期盼当年开奖的名单中有中国人的名字，当名单中没有中国人的名字时开始遗憾、抱怨、反思，甚至指责。这样的故事在近些年的每一年都在上演，直至 2012 年。

与奥运会的金牌相比，中国在诺贝尔奖项上的斩获乏善可陈。莫言在 2012 年获得了诺贝尔文学奖。但自李政道和杨振宁后，中国科学家还没有获得过诺贝尔科学奖。与我们在诺贝尔奖上的稀缺和弱小相比，我国经历了三十多年的改革开放后已经成为世界第二大经济体，世界第一大贸易进出口国，年度科研论文发表数量也居世界第二。这不由让人产生疑问：为什么中国的经济可以在很短的时间迅猛发展，但新中国成立已经 60 余年，中国的科学家就不能摘下诺贝尔科学奖的桂冠（在 2012 年莫言获奖以前，人们也对诺贝尔文学奖提出同样的疑问）？何况有人曾经总结过规律，认为一个国家成立三十年左右就开始获得诺贝尔奖。更令人疑惑的是，在 13 亿人口的中国大陆没有诺贝尔科学奖进账的同时，外籍华人却斩获了不少的诺贝尔科学奖，这又如何解释呢？这正是在我国近些年来影响甚大的诺贝尔奖情结。

诺贝尔奖情结由于牵涉到主观情感，因此很少被人去理性地关注和分析。诺贝尔奖情结如此浓郁，以至于诺贝尔奖，尤其是诺贝尔科学奖被我们赋予科学、天才、优异、公正的完美形象。在社会诚信度不高、一些公共部门公信力下降的今天，很多人一边严厉批评甚至批判国内的教育、科研体制、评奖制度，一边毫无怀疑地完全信赖诺贝尔奖的公正和卓越。但是，我们对于诺贝尔奖本身，又知道多少呢？有人分析研究过诺贝尔奖吗？

坊间关于诺贝尔奖的书籍和文字很多，在中国知网搜索题名中含有"诺贝尔奖"的文章，1979 年至今，共计有近 2900 篇。再看书籍，国内出版的有关诺贝尔奖的书籍大约也已过千种。这些书籍大致分为诺贝尔奖获得者的传记类，获奖者的文集（尤以诺贝尔文学奖最多）、诺贝尔科学奖的科普读物、青少年励志读物、相关专业诺贝尔奖的专业介绍

---

① 周林东：《谁将能成为中国的"汤川秀树"？》，载陈其荣等主编《理性与情结——世纪诺贝尔奖》，复旦大学出版社 2002 年版，第 23 页。

类等。已有的文章大多集中在媒体上，且在发表时间上多集中于每一年诺贝尔奖颁奖典礼前后。其讨论的主题基本上就是为什么中国距离诺贝尔奖如此之远，中国何时能够获得诺贝尔奖，中国为什么没有诺贝尔科学奖等，字里行间往往充斥着焦虑、期待、疑惑、不平、责备、批判、悲愤、无奈。可以说，大多数媒体上有关诺贝尔奖的文章都属于情感胜于理智的类型。媒体文章的批判性，对于促进我国科学技术和教育的健康发展是有正面作用的。但是媒体文章确有弱点，正如一些自然科学家所说的，媒体频繁地对中国本土科学家何时才能获得诺贝尔奖的提问，实属新闻炒作，只是更多地撩拨了人们脆弱的神经。当然也有对中国在近期就能获得诺贝尔奖的预言甚至承诺，但这种预言由于内在肯定了中国的科研、教育，往往招致一些学人，特别是一些媒体的反感，也就没有多少出镜的机会。

在已有的涉及诺贝尔奖的书籍中，多数是诺贝尔奖的逸闻趣事、获奖者的艺术性很强的传记、获奖领域的介绍等，也有一些以诺贝尔奖作为典范来批评或反思中国的教育、科研制度，或者就是一些简单地对诺贝尔奖获奖者的数据统计。①

因此，在国内已有的关于诺贝尔奖的文字中，我们看到两种一边倒的局面：一种是对诺贝尔奖的肯定和期盼的一边倒，我们甚少能够看到心平气和地分析讨论诺贝尔奖的文字，更少有对诺贝尔奖进行批判的言辞；另一种是对中国现状一边倒的批判，诺贝尔奖的桂冠如此崇高和圣洁，我们却100多年来一无所获，当然是我们的方方面面出了问题。

这两种一边倒非常符合我们惯常的非此即彼的二元思维模式，对于

---

①   例如，栾建军：《中国人谁将获得诺贝尔奖——诺贝尔奖与中国的获奖之路》，中国发展出版社2003年版；陈洪、吕淑琴：《诺贝尔奖得主的哲学思考：纪念诺贝尔奖颁发110周年》，科学出版社2012年版；吕淑琴、陈洪、李雨民：《诺贝尔奖的启示》，科学出版社2011年版；《南方周末》编：《一本书读懂诺贝尔奖》，二十一世纪出版社2012年版；杨建邺、陈珩：《啊，还有这样的事？——诺贝尔奖背后的故事》，华中科技大学出版社2013年版；杨真真：《攻错：诺贝尔奖华裔科学家在美英学到了什么》，中国青年出版社2011年版；许光明：《摘冠之谜——诺贝尔奖100年统计与分析》，广东教育出版社2003年版；陈其荣、袁闯、陈积芳主编：《理性与情结——世纪诺贝尔奖》，复旦大学出版社2002年版；凌永乐：《话诺贝尔奖》（修订版），社会科学文献出版社2011年版；余玮、吴志菲：《中国诺贝尔》，团结出版社2012年版；杨建邺主编：《20世纪诺贝尔奖获奖者词典》，武汉出版社2001年版；顾家山主编：《诺贝尔科学奖与科学精神》，中国科学技术大学出版社2009年版；李臻：《诺贝尔奖得主的大学时代》，文汇出版社2006年版。

诺贝尔科学奖，我们完全信任甚至崇拜，而对于我们自己，因为我们古代有灿烂的科技文明，现在我们没有获得诺贝尔奖，所以我们一定是存在太多的问题，需要去解决。这种态度和观点如果是一些媒体的观点也罢，但一些相对专业的书籍也未跳出窠臼，就有些问题了。

二　诺贝尔奖里的科学、国家和社会

我们首先想到，可以将上面提到的两个一边倒现象，做一番分析。也就是说，我们可以讨论两个问题：

问题一：为什么绝大多数的人们对诺贝尔奖如此信赖和崇拜？诺贝尔奖本身有什么神奇之处呢？由此，我们将诺贝尔奖项作为研究的对象之一。尽管国内也有些文字介绍诺贝尔奖的产生、评奖规则等，但流于描写，没有分析。国内没有多少人知道诺贝尔奖在设立之初差一点就胎死腹中。那么，诺贝尔奖如何由一个几近难产的个人奖项一步步变成举世闻名的科学或者文学桂冠，这本身就是很有趣的问题。除此之外，诺贝尔奖因为其越来越重要的符号作用，自身已经构成了一个复杂的经济、政治和文化现象。

先看一下诺贝尔奖和经济的关系。

如果将诺贝尔奖的评奖和颁奖的组织者视为市场上的生产者，将诺贝尔奖奖项视为产品，将世界各国相关领域的科学家、文学家、经济学家等视为消费者。那么，很显然，从1901年至今，诺贝尔奖每年的获奖人数变化并不大。但与此相对，全世界的科研机构、大学中的研究者则获得数倍的增长。也就是说，诺贝尔奖的市场供需失衡严重，且越来越严重。这种情况下，当仅仅只有极个别的学者和科学家能够摘得诺贝尔奖的桂冠时，无疑，我们可以将诺贝尔奖视为一种奢侈品。奢侈品往往代表着尊贵、身份和独一无二，而诺贝尔奖在现实生活中也的确被人们赋予这种属性。

再来简要分析一下诺贝尔奖和国际政治的关系。

第二次世界大战让各国纷纷领略到科学技术和一个国家的军事安全、国家利益之间的重要关系。美国更是在第二次世界大战尚未结束时就未雨绸缪，准备将在战争中积累的科技发展的经验用于战后。由那时起，西方发达国家在科学技术的发展方面大力投入，且非常重视基础科学的研究。在这种背景下，被誉为科学桂冠的诺贝尔奖，自然也成为衡量一个国家的综合实力的参照物。我们说，科学与政治由此紧密地结合在一起。

而诺贝尔和平奖和文学奖，则由于其本身就具有的文化性和政治性，更被不同的国家予以不同的解读。很多时候，将诺贝尔和平奖或者文学奖颁发给一个流亡作家或者持不同政见者，成为西方社会彰显自身的意识形态价值的最佳媒介。而那些授奖人所在的国家政府，则会为此而愤愤不平，并对诺贝尔奖本身产生敌意。

当瑞士洛桑管理学院或者国际货币基金组织对全世界的国家进行竞争力的大排名时，诺贝尔奖获奖数和人均获奖数成为一个重要的测度指标。① 而全球竞争力本身不仅仅代表着经济实力，也代表着政治和文化实力，即一个国家的综合实力。因此，世界各国对诺贝尔奖的喜好就可以理解了。

我们再看一下诺贝尔奖和全球化之间的关系。

尽管一些专业学术团体也会面向全世界进行评奖，例如数学的菲尔兹奖等。但这些奖项要么过于专业化，要么奖励金额太少，或者奖励数量太多等，都没有诺贝尔奖的国际影响力。我们甚至可以说，诺贝尔奖是最早的全球化的产物。特别是我们前面分析了诺贝尔奖的市场供求关系，就可以假设诺贝尔奖的评奖颁奖机构就如同一个跨国企业，它生产的高端产品成为整个世界各国希望消费的对象。

最后我们看一下诺贝尔奖和科学主义文化的传播之间的关系。

---

① 瑞士洛桑管理学院的《世界竞争力年鉴》每年对世界各国的竞争力进行排名。其排名的指标包括四大类：经济表现79项（具体包括国内经济、国际贸易、国际投资、就业、价格）；政府效率72项（包括公共财政、财政政策、制度框架、商务法律、社会框架）；企业效率71项（包括生产力和效率、劳动力市场、企业融资、管理实践、行为和价值观）；基础设施101项（包括基本基础设施、技术基础设施、科学基础设施、健康与环境、教育）。在基础设施大指标下有101个小指标，其中科学基础设施指标为23个，包括R&D总经费、R&D总经费占GDP比例、人均R&D经费、企业R&D经费、企业R&D经费占GDP比例、全国R&D人数、每千人R&D人数、企业R&D人数、企业每千人R&D人数、科学学位获得人数的比例、科学论文的数量、诺贝尔奖获奖数、人均诺贝尔奖获奖数、专利申请数量、常住居民授权专利数量、有效专利数量、专利生产率、科学研究水平、国家对研究人员和科学家的吸引力、科学研究的法规、知识产权的保护、知识在大学和企业间的转移和创新能力等。我们注意到，在这23个指标中，诺贝尔奖占了两项，分别是诺贝尔奖获奖数和人均诺贝尔奖获奖数，占全部科学基础设施约十分之一的份额。这足以说明诺贝尔奖的获得已经不再是科学家或者作家等个人的事，而是直接牵涉到整个国家在全球化大背景下的世界竞争力的排名情况。

　　诺贝尔奖尽管是颁发给个人的，但由于其附带的各项增值属性，获奖人在获奖后便被外界赋予更多的智慧和价值。诺贝尔奖获得者的这一身份，大抵上可以与当时最重要的政要、最耀眼的影星和歌星享有同等甚至更高的社会地位。于是，一个诺贝尔文学奖的获得者可以被一国的总统邀为座上宾，并向民众分享他对于不仅仅是文学，还包括政治、经济等的态度和观点。自然科学的获奖者则被赋予更多的科学领域管理者的角色，并担当起资政和向社会大众普及科学主义的重任。

　　上面我们简单地从经济、政治、文化等方面对诺贝尔奖来了一个小小的解剖，但远远不止这些。

　　问题二：当代的中国人为何对诺贝尔奖如此关注，如此期待，也如此矛盾？这表面上看是人们对诺贝尔奖的态度问题，其实对诺贝尔奖的期盼和无奈的表象底下蕴涵着丰富的命题。我们先看两个命题：一是中国古代有四大发明，并且我们的科学技术长期领先于西方世界，只是近代才逐渐落后。这个命题，是由英国学者李约瑟提出且在世界范围内产生影响的。尽管李约瑟提出的命题在西方世界产生了很多的争议，但在中国国内却十分自然地大受国人的欢迎。绝大多数国人既然认同了李约瑟的观点，也就深信中国古代的科学技术之伟大，也当然会非常期盼当代的中国人能够再一次在科学技术方面突飞猛进，再一次领先于世界，获得诺贝尔奖自是最好的一个标志。

　　问题其实没有这么简单。这个命题牵涉到中西文化比较，牵涉到如何认识中国和西方各自的文明及其发展。陈方正认为，李约瑟先生的开创性的工作虽然为中国文化带来无可比拟的巨大贡献，却吊诡地使得中西科学的比较更加难以客观和深入。这一方面是因为他以相当公开和直白地宣扬中国传统科技的优越为终身职志，所以十分受国人欢迎；另一方面则因为他的二十多卷巨著并没有相应的西方科学史来加以平衡——某位西方科学史学家说得好：李约瑟为中国做到了我们自己也还未曾为西方文化应该做的事情！陈方正认为，夸大中国传统科技成就，和贬抑西方古代科学的重要性，虽然好像能够帮助重建民族自尊心，其实是极端危险，是有百害而无一利的。① 基于此，对中西方的科学发展做一个

---

　　① 陈方正：《继承与叛逆：现代科学为何出现于西方》，生活·读书·新知三联书店2009 年版，自序。

简要的回顾，或者说对李约瑟问题做一个学理上的探讨，将有助于我们更平静地对待中西方的科学发展的差别，特别是中国延续到现在的对科学的认识和态度。这一点无疑对于我们看待诺贝尔奖，看待我们的科学土壤是非常关键的。

第二个命题的核心是人们对于中国科学家至今没有获得诺贝尔科学奖的恨铁不成钢。这种心态在每年诺贝尔奖颁布前后就会周期性地"发作"。这种恨铁不成钢，根本在于我国著名科学家钱学森先生生前提出的一个著名的问题：为什么当代中国产生不了创造性人才？这个问题一定程度上是对我们目前仍然没有获得诺贝尔科学奖的回答。对于钱学森之问的解答，目前虽然没有正式的学术文章进行系统的回答，但坊间的各类文章却异口同声地将答案指向了中国的教育制度、科研体制等。这类文章多半会历数我国教育和科研体制中的种种乱象和问题。这样的文章当然是需要的，不过我们还想再进一步，去探索为什么中国是目前这样的教育和科研体制？这个命题是一个国家内部方方面面和科学的关系问题，例如政治和科学、教育和科学、经济发展和科学，科学和科学家等，甚至还是一个不同国家之间的国际政治经济问题。当然，要真正回答钱学森之问，我们还要叩开历史之门。

三　本书的基本理念

前文已列出了由诺贝尔奖引发的两个问题，现在介绍一下本书在把握这两个问题时所秉持的宏观理念。

其一，历史地看待问题。

考察一项政策时，无论它是国外的还是国内的、是所谓先进的还是落后的，都将其放在具体的历史环境下进行分析。"存在即合理"提醒我们，所谓先进者，应是一时之先进，其过去未必如此，未来也难下定语；所谓落后者，若细察其所处历史条件，则会发现，这种"落后"自有其合理的一面。

人们常将中国的科研、教育制度与世界上的诺贝尔奖获奖大国相比，得出的结论多是"中国之制度落后于彼等国家""中国应引进彼等先进制度以图强"云云。这是先假设了科研与教育没有中外古今之分，先进的制度是放之四海而皆准，但是，事实显然并非如此。

以诺贝尔奖获奖大国中的巨擘美国为例，在不同的历史时期，其科技政策和科研制度是不同的。通过深入到美国的科技发展史中，我们发现：美国的科学技术曾长期落后于欧洲；美国政府也曾更重视应用研究和技术开发，对基础研究则听之任之。美国今天的先进制度并非天生如此。在对美国的科技政策发展史进行了梳理后，再返回头来看中国的科技政策时，恐怕就不能轻易地否定自己而赞扬美国了。因为，今天的中国与美国并没有处于同样的政策发展阶段，不具有同样的历史条件。

中国目前的科研制度和教育制度，都是当下历史条件下的产物。在这里并非是要为现行的科研和教育制度声辩——现行制度当然存在诸多不足，甚至是巨大的漏洞。我们想指出的是，轻易地和武断地否定一切现有制度，并试图通过简单地模仿、照搬别国制度和政策来轻松医治沉疴痼疾，恐怕是有害的。

应该承认，在大多数情况下，制度的设计者是理性的，他们中的很多人拥有良好的愿望和初衷。但正如公共政策研究所揭示的，制定一项政策或者制度，其过程通常十分复杂，即使一项政策的制定出于良好的初衷，但由于受到政策实施所处的制度环境的影响，政策实际运行的效果往往与其制定的初衷相背离。只有通过历史地对其进行分析和把握，才能抽丝剥茧，找出问题的结穴所在。

其二，科学与其所处环境之间存在张力与互动。

无论是发达国家还是发展中国家，科学与其所处的环境之间，例如与政府、企业、社会之间，总有着或多或少的关系。在历史上相当长一段时间，尤其是西方世界，科学与外在环境并没有多少联系，差不多处于相对独立的生存状态。但是随着工业革命的迅速推进，科学转化为技术，进而转化为产品在市场上销售和竞争，科学便与商业和企业之间建立了联系。

随着 20 世纪两次世界大战对科学规律的运用，特别是美国的曼哈顿工程研制生产出原子弹，一些国家的政府逐渐意识到科学与国家利益存在密切关系，并在第二次世界大战后开始投入越来越多的资金来支持科学的发展。如此一来，科学就再也不是一个纯粹的象牙塔，也不可能成为一个象牙塔。一直被广大的科学家、被民众认同的科学独立性和自主性，实际上已不完整。当科学界争取自身的自主性和学术研究的独立性时，其与社会环境的方方面面便产生了巨大的张力，彼此之间存在着或积极或消极的互动。

目前国内的很多学者回答"钱学森之问"时，常将原因归结为中国极度缺乏教育和科学研究的独立性和自主性。此类立论的基础显然是理想状态下象牙塔内的科学研究，这不免忽视了现实社会中科学与其所处环境之间所存在的巨大张力和客观互动过程。但是，要想真正地找到"钱学森之问"的答案，必须得从实际出发来展开讨论，而不是简单地去憧憬一种不复存在的象牙塔。

四　我们的工作

与以往有关诺贝尔奖的论述相比，本研究更突出学理性和系统性。我们避免简单地就诺贝尔奖的来龙去脉、诺贝尔奖情结等进行讨论，尽管这样的讨论是必要的——我们在本书中对此做了足够的交代，但我们不想止步于此，我们想多问几个为什么。基于此，我们引进了诸多学科的概念和理论框架：从科学社会学的视角，对作为一种科学奖励制度的诺贝尔奖做了分析；从符号学的视角，对诺贝尔奖从一个简单的私人奖项一步步被塑造成独一无二的世界级的奖项做了探讨；从文化史和科学史的视角，分析了中西方在对科学的理解和探索方面的异同。

当然，限于所掌握的资料，要穷尽关于诺贝尔奖的所有命题是不可能的。我们的工作主要是从以下几个方面展开的：

第一，澄清国内对诺贝尔奖的刻板看法。历史的观点同样会帮助我们尽可能客观地认识诺贝尔奖。诺贝尔奖恢宏、庄严而古典的颁奖礼，其严格的评奖程序等，都向我们展示了诺贝尔奖的完美的一面，让我们竖起大拇指赞叹不已。但当我们随着一些学者进入诺贝尔奖尘封的历史档案，我们发现了诺贝尔奖的另一面。这一面绝对没有现在所展现的那样光鲜照人。在诺贝尔奖项设立之初，甚至连诺贝尔家族的族人，瑞典皇家科学院，包括很多的科学家，都对设立诺贝尔奖这个私人奖项充满了怀疑。而当这个奖项磕磕绊绊终于设立起来，又由于评奖委员会各委员的态度、对评选对象的筛选等爆出的"内幕"而令人惊心。不过，本书并不是要揭黑幕的，而是通过展示这段历史，意指诺贝尔奖的现在是通过不同历史时期各利益相关方的博弈而形成的，并不是一个伟大的科学家的伟大设想直接转变为现实的童话故事。

第二，分析"诺贝尔奖效应"的形成机理和运作过程，特别是我们将通过对从诺贝尔奖的设立到成为一个举世瞩目的科学、文学和和平的最高奖励的过程的分析，来探讨诺贝尔奖符号效应的形成。这大致上涉及了科学、社会、经济和政治的多重影响。通过我们的研究，我们希望能够给大家呈现一个更立体的诺贝尔奖，既有其成就与辉煌，也揭示其种种不足，甚至内幕，一定程度上恢复其本来面目。

第三，透过诺贝尔奖，特别是诺贝尔科学奖，我们来审视中国的科学奖励制度，进而讨论中国的教育和科研制度，特别是通过与一些科学发达的西方国家的对比，从历史的角度、观念的角度、科学政策的角度，以及文化的角度来探讨现状。由此，我们得出的结论或许会更中肯一些。我们能够因此大致知晓目前中国科学的历史方位，从而为提出更实际的建议打下基础。

第四，我们希望在对"钱学森之问"做初步解答的基础上，在指出我国在教育科研方面的不足后，再通过与美国的历时性比较，来评价我国当前的教育和科研制度。这方面我们得出的是一个基本肯定的回答。

第五，对中国的诺贝尔奖情结进行分析。为什么会有诺贝尔奖情结？其原因有哪些，我们也会再进一层，尝试去反思著名的李约瑟问题。

第六，全书并未局限于全从国家、民族的角度来探讨科学问题，还力图通过诺贝尔奖这个媒介，来探讨个人问题，探讨科学文化的问题。当科学的意识、观念和基本的思维方法为更多的人所知，为中国科学发展提供一个好的社会环境，也可以让社会，例如媒体、政府官员等减少对科学的无知，减少伪科学的泛滥，而最根本的，或许还是让个人拥有"仰望星空"的意识和可能。

最后说一下全书的结构和内容。

全书分三篇，包括导言和结语在内共计十五章，此外还有附录。

导言对全书的写作由来、研究主题、研究视角和基本观念，以及全书的写作框架、写作内容和结论等进行介绍说明。

第一篇"诺贝尔奖和诺贝尔奖获得者"包括三章。主要讨论三个问题，即什么是诺贝尔奖，哪些人获得了诺贝尔奖，多学科视角下对诺贝尔奖的分析。第一章介绍了诺贝尔奖设立的原因、奖项和规则，对诺贝尔和平奖和诺贝尔文学奖进行了讨论。第二章试图从多个视角，对诺贝尔奖进行考古式的探秘，特别分析了诺贝尔奖被艰难建构起来的过程；诺贝尔奖和政治，特别是和瑞典国家之间的关系；以爱因斯坦的物理诺贝尔奖为例探讨了诺贝尔奖在评选过程中的政治、私利和权谋；科学社会学视野下诺贝尔奖的功能和负功能。第三章就诺贝尔奖获得者做了统计分析，包括对诺贝尔奖获得者从国别、性别、年龄、获奖领域等进行分析，尝试归纳一些获奖者的规律性特征，以及不同奖项的获奖者的统计分析。

第二篇"国家的视野：诺贝尔奖的国别分析"包括七章，主要从国别的角度，分析几个主要的获得诺贝尔奖国家的教育、科研体制和科技政策等特征。第四章从国际政治经济学的视野，分析了作为实力和标准的符号的诺贝尔奖，并对不同国家的情况进行了简要的评述。第五章到第十章分别对美国、德国、英国、法国、俄罗斯（含苏联）和日本等六个国家的诺贝尔奖的获奖情况，以及这些国家的人才培养、教育和科研制度、国家政策等进行了比较分析。

第三篇"诺贝尔奖和中国"包括三章，主要从中国的诺贝尔奖情结、当前中国与诺贝尔科学奖之间的距离，以及如何认识中国科学发展三个方面进行分析。第十一章主要从中国和诺贝尔奖的机缘，特别是数次与诺贝尔奖失之交臂的文人轶事中，从当代中国的诺贝尔奖情结中，从莫言获奖的新闻报道和评价中讨论中国和诺贝尔奖的关系。第十二章则在第一篇和第二篇研究的基础上，从中国的人才政策、教育模式、科研制度、学术交流等层面分析了当前我国在自然科学领域和诺贝尔奖之间的差距，尝试回答著名的"钱学森之问"。如果说第十二章主要是在当代、共时比较的语境下批评的角度进行分析的话，第十三章则从历时比较的角度，来反思如何认识和判断中国当前的科学发展。该章从科学社会学的角度讨论了中国科学的优势积累情况，讨论了国家政治背景下的中国科学政策的历史变迁，分析了新中国成立后科学主义的境遇和反科学的政治浪潮，通过中美的历时性对比，评价了中国的科学政策。本章的最后，就国人尽知的李约瑟问题进行了反思，意图改变中国诺贝尔奖情结的思想基础。

结语部分总结分析了应该如何看待诺贝尔奖，中国梦和科学梦之间的关系，以及我国在科学文化教育发展方面应该秉持的态度和相应的政策建议，并讨论了科学和个人发展之间的关系。

　　本书是就诺贝尔奖进行设问并展开研究的，而正如前文所示的，诺贝尔奖本身就牵涉到包括科学、国际政治、经济等方方面面，而诺贝尔奖和中国的关系则因为李约瑟问题和"钱学森之问"等越发显得庞杂，因此本书在内容的组织上以问题为核心进行写作，随着问题的变化主题也随之变化。本书整体而言并不是一个严谨的学术著作，毋宁说是一部关于诺贝尔奖的问题指南，涉及领域和学科很广，但这些广阔领域的知识在文中都只限于回答我们的问题，对这些领域和专业知识我们没有进行更深入的探讨，这一点是需要提醒读者注意的。

　　虽然整本书都是聚焦于一个"小小"的奖励制度——诺贝尔奖，但显然我们有更大的写作抱负，而不仅仅是简单地描述和就事论事。这样做的结果就是，我们的研究越深入，我们越发发现写作的困难。因为我们要谈论诺贝尔奖的象征符号，要谈现在社会中政府、企业和科学之间的关系，要涉猎当今社会的科学主义和科学家的角色，也要了解中国现有的教育、科研体制形成的轨迹和路径依赖等，这样的任务不仅需要对整个科学有全面的了解，而且还需要研究者具备一位科学家、一位历史学家、一位社会学家，甚至一位经济学家的技能和知识。我们大抵上不得不用这些作为部分原因来替本书存在的这样或者那样的不足而辩护。在写作这篇写在最后却放在最前的导言时，我们比刚刚开始着手研究时更加明白，自己缺乏圆满完成这项充满意义的工作所需要的见识、学养和精力。

第 一 篇

诺贝尔奖和诺贝尔奖获得者

第一章 何谓诺贝尔奖?

"颂其诗，读其书，不知其人，可乎? 是以论其世也。"

——《孟子·万章下》①

瑞典，地处斯堪的纳维亚半岛的东南部，是北欧国土面积最大的国家。斯德哥尔摩金色大厅恰似倒扣的驳船，象征着维京人原始的民主。每年的十二月，首都斯德哥尔摩银装素裹，全世界的人们聚焦于此，等待着这一年度、这个星球上最著名的奖项——诺贝尔奖的颁奖。

诺贝尔奖是什么奖项? 这个奖项的历史起点源自何时何处? 它的评选机制又是如何形成? 它的魅力究竟表现在哪些方面? 它对于人类的影响到底体现在什么地方? 诸般疑问，如同纠缠在一起的线，令人难解。而中国古人所谓"知人论世"，就是提示我们：对于诺贝尔奖这样一种既令大众莫名崇拜，又不为他们所深刻理解的文化现象，要揭开它身上的种种谜团，就得回归到这个奖项的设立之初，回归到奖项设立者的身上去。所以，在了解这个经历了一百一十三年、在人类历史留下深刻轨迹的奖项之前，有必要对奖项设立的历史，以及它的设立者——瑞典化学家阿尔弗雷德·诺贝尔的生平轶事、家庭背景进行一番梳理。

一 炸药发明人和他的遗嘱

(一) 诺贝尔家族简史

依照目前所能掌握的材料可知，诺贝尔奖的设立者——阿尔弗雷

---

① （清）焦循撰，沈文倬点校：《新编诸子集成·孟子正义（下）》，中华书局1987年版，第726页。

德·伯恩哈德·诺贝尔（Alfred Bernhard Nobel），他的直系先祖可能是瑞典的普通农夫或市民。这个家族的祖上有一位住在诺贝利叶斯地区的农夫，名为奥拉夫，他并没有什么显赫的声名，也不是什么知识分子。但是，这位农夫的儿子却考入大学，并娶了大学教师的女儿为妻，从此改写了整个家族史。

> 杰出的拉德贝克把女儿嫁给了一个农民的儿子，这个原籍斯塘的亚省诺贝勒夫镇（即诺贝利叶斯——笔者注）的小伙子，是由于出色的音乐才能被热心人推荐到乌普萨拉来的。经拉德贝克的援引，这孩子进了法律学校，后来当了律师。农民只有小名和父名，因此得给他取一个姓氏。挑来挑去，最后决定以他的家乡的地名为姓，并写成拉丁文形式：Nobelius。他同拉德贝克的女儿文德拉所生的儿子也取名奥拉夫……①

这位奥拉夫（即前面那个奥拉夫的孙子）生于 1706 年，卒于 1760 年，是阿尔弗雷德·诺贝尔的曾祖父。他自幼成为孤儿，被母亲的娘家抚养长大，并接受了严格的宗教式家庭教育。他后来成为了一位出色的插画家，擅长绘制肖像和彩色画，并获得瑞典乌普萨拉大学的绘画硕士学位。

1760 年，奥拉夫留下了年仅 3 岁的幼子伊曼纽尔怆然离世。伊曼纽尔即阿尔弗雷德·诺贝尔的祖父。他在医学方面颇有天分，但因家境贫寒不得不荒废学业。1788 年，瑞典与俄国爆发战争，伊曼纽尔参军，成为一名军医。在入伍登记时，他将姓氏诺贝利叶斯（Nobelius）后边的拉丁词尾去掉，改成了 Nobell，后来又缩短为 Nobel，这就是为世人熟知的诺贝尔姓氏的来历。

战争期间，这位年轻人成长为一名合格的军医。战争结束后，他获得了王室颁发的奖学金，顺利完成了大学课程。1807 年，他在一家地方医院担任外科医生，又兼任地方医学会的副会长，并因在当地推广接种牛痘而闻名遐迩。1801 年，他的第一个孩子出生，也取名为伊曼纽

---

① ［美］尼古拉斯·哈拉兹：《诺贝尔传》，王楫、康明强、沈涤译，天津人民出版社1985 年版，第 11 页。

尔。这位伊曼纽尔就是伟大的阿尔弗雷德·诺贝尔的父亲。

"阿尔弗雷德·诺贝尔的父亲小伊曼纽尔·诺贝尔（1801—1872），是一位有着天然禀赋和在几个方面有建树的人。要想真正了解他的儿子阿尔弗雷德的复杂品格和非凡事业，在很大程度上取决于首先对这位父亲的情况有所知晓。"① 这位伊曼纽尔堪称是传奇式的天才，对阿尔弗雷德·诺贝尔的影响很大。他的一生跌宕起伏，历经磨难，并在诸多领域都取得了具有丰碑式的成就。他幼时并没有受过完整的初等教育，14岁时便开始学习航海。作为年轻的水手，他随着货船去过很多地方，东西方的见闻使他快速成长，浩瀚的大海也赋予这个年轻人超越年纪的勇气与气度。在海外漂泊三年之后，伊曼纽尔回到了故乡，在一位建筑师手下做学徒，以打工为生。勤奋聪颖的他短短一年便有了长足进步。他很快地设计修建了一座宏伟的凯旋门，使得瑞典国王理查四世颇为惊叹，从此对这个从未受过正规教育的年轻人非常赏识。借此机缘，伊曼纽尔得以进入斯德哥尔摩高等文科学院学习建筑工程。入校后的伊曼纽尔可谓如鱼得水，曾因制作精巧的模型多次获得学校的发明奖与奖学金，例如在1825年荣膺建筑方面最高奖"泰辛"奖。同年，伊曼纽尔受聘于工程学校，担任设计教师。次年，这所学校改建成为工业学校，伊曼纽尔也转型担任建筑师和工程师的职务。也正是此时，他开始沉迷于发明创造的乐趣之中。

伊曼纽尔是一个非常有远见的人，他不仅乐于、善于发明创造，更懂得如何快速地将这些奇思妙想转化成现实，并申请专利。1826—1828年，伊曼纽尔向学校多次提交专利，虽得学校支持，却不是每一项都能得到政府当局的肯定。其间，他取得了其中一项名为"诺贝尔动力机械装置"的专利，之后，他以发明家的身份活跃于世。在事业上获得成功之时，伊曼纽尔还拥有幸福的生活，他十分幸运地遇到了终身的伴侣与精神上的挚友——他的妻子，也即阿尔弗雷德·诺贝尔的母亲卡罗琳娜·安德丽塔·阿尔塞尔。卡罗琳娜出生于一个富裕的家庭，心地善良，富有教养，对于伊曼纽尔的事业予以了很大的支持。1835年，伊曼纽尔在瑞典的第一个橡胶车间就是由岳父一家资助建成。卡罗琳娜和伊曼纽尔有三个儿子长大成人，他们对父亲勇于探索的品格和母亲博爱

---

① ［瑞典］伯根格伦：《诺贝尔传》，孙文芳译，湖南人民出版社1983年版，第11页。

仁慈的品性都有所继承。

　　1828 年以后，伊曼纽尔事业蒸蒸日上，诺贝尔一家的生活也愈加美满。但是，1833 年，一场突如其来的大火使伊曼纽尔倾家荡产。诺贝尔一家只能搬离斯德哥尔摩的寓所，住进诺曼街的一所简陋屋子里。1833 年的 10 月，卡罗娜琳在这所简陋的屋子里生下影响了世界的阿尔弗雷德·诺贝尔。此后阿尔弗雷德在那里生活了九年。谁曾想过，就在那样一座破败的屋子里，诞生了一位世界上最富有的人。

　　经济上的破产并没有浇灭伊曼纽尔的工作热情。19 世纪 30 年代，埃及政府要开凿苏伊士运河。伊曼纽尔敏锐地嗅到了商机。他认为，如果能发明一种有效的炸药，就可以在这项大工程中发挥巨大作用。丝毫不懂炸药知识的伊曼纽尔开始了自己大胆的实验。虽然他获得不少实验上的成功，但却受到来自多方的反对与抵制。1837 年，他决定只身前往芬兰进行实验和经商。之后不久，他又来到俄国首都圣彼得堡。可以说，伊曼纽尔在欧洲的流浪对阿尔弗雷德后来将诺贝尔工业帝国的地图铺满欧洲埋下了伏笔。

　　在俄国，伊曼纽尔的才能得到充分展示。他在圣彼得堡制造各种机械，并致力于炸药的研究。他还设计和制造出了防御用的地雷和水雷。在此期间，他结识了俄国将军伊盖尔夫。尼古拉斯·哈拉兹在《诺贝尔传》中记到阿尔弗雷德收到父亲来信中提及的在俄国受到的善待：

　　　　信上说已经进行了一次正式试验，许多高级军事专家都出席了。迈克尔大公爵也出乎意料地亲临现场，借以突出总参谋部对技术发展的重视……这次表演给委员会留下了深刻的印象，因此伊盖尔夫赶紧向部长提出报告（一八四一年九月十六日），说诺贝尔要求对其提供的器材付予四万银卢布，而将军则认为这个数目是合理的。将军还特别指出，不仅诺贝尔用于设计和制造地雷所花的时间和精力应该得到报酬，对他在试验过程中所冒的生命危险也应给予奖金。①

---

　　① ［美］尼古拉斯·哈拉兹：《诺贝尔传》，王楫、康明强、沈涤译，天津人民出版社1985 年版，第 13 页。

可见，伊曼纽尔在俄国受到了极大的重视，其事业又一次迈向高峰。之后，伊曼纽尔的水雷为俄军在英俄战争中占得先机，于是俄军不断向伊曼纽尔的工厂订货。随后几年，他逐步偿清了债务。1853 年，俄国政府授予伊曼纽尔一枚沙皇金质奖章，用以表彰他对俄国军备所做出的贡献，这在非俄裔人中是鲜见的。

美好的时光总是短暂的。俄国在克里米亚战争中的失利使得军方废除了与伊曼纽尔原先的订单，转而从别国订购更为先进的武器装备。同时，俄国政府还拒绝赔偿毁约为伊曼纽尔带来的巨大损失。与此同时，伊曼纽尔的工厂又一次经历火灾。1859 年，穷途末路的伊曼纽尔不得不又一次面临破产，他备受打击，于是留下三个已经成年的儿子料理工厂，自己则带着妻子和在俄国出生的小儿子埃米尔返回瑞典。

回到瑞典的伊曼纽尔依旧醉心于他的那些天才式的发明。当时的瑞典也正走在工业化的道路上，伊曼纽尔感觉到了瑞典的潜在市场。1863 年 7 月，他写信给阿尔弗雷德，要求他回瑞典赫伦堡共同进行炸药的开发与应用。正是在那一年，阿尔弗雷德·诺贝尔完成了人生的第一个重要发明——黑色火药和硝化甘油的混合物，它使黑火药的威力大大增强，这一发明也是诺贝尔工业帝国版图开拓的第一步。诺贝尔家族的重担开始落在了阿尔弗雷德的肩头。

但是，命运总是刁难这些不屈不挠的发明者，看似光明的道路上总埋伏着危机与厄运。1864 年 9 月 3 日的早晨，一声巨响震惊了整个赫伦堡，诺贝尔家族的炸药工厂发生了爆炸，阿尔弗雷德最小的弟弟埃米尔与几名工人在这场突如其来的事故中丧生。整个地区对于诺贝尔家族的事业提出了抗议，诺贝尔父子的事业受到巨大的诘难。这一次，性格刚强、不屈不挠的伊曼纽尔再也没有能经受住打击，儿子的死使他郁郁寡欢。1864 年 10 月，伊曼纽尔突然中风，从此卧床不起，再也担负不起整个家族的重担。

在这里着重介绍阿尔弗雷德的这位杰出父亲，是为了使读者能够对后文提及的阿尔弗雷德的诸多优良品格有初步的认识。可以相信，阿尔弗雷德·诺贝尔能够成为伟大的发明家，以及著名的诺贝尔奖的设立者，与其父亲的经历、品格，以及言传身教是有所联系的。

这里不得不提及的还有阿尔弗雷德的两个兄弟：罗伯特·诺贝尔和路德维格·诺贝尔。他们也是诺贝尔工业帝国的参与者，家族的重要成员。他们在各自的行业（炸药研制、武器制造、石油开采等）中崭露头角，与阿尔弗雷德一起继续着父亲未竟的事业。

（二）阿尔弗雷德·诺贝尔

这个家族的重担，以及一篇关于炸药的传奇后来落到了这个家族中最具天分与热情的成员——阿尔弗雷德·诺贝尔的身上。1833 年，阿尔弗雷德·诺贝尔出生于斯德哥尔摩。年幼的他博学多才，却不是得益于公共教育——他主要接受家庭教师的教育。16 岁的阿尔弗雷德就成为能力出众的化学家，精通英、法、德、俄、瑞典等多国语言。1850 年，阿尔弗雷德只身前往法国巴黎学习化学，一年后又赴美国学习机械。四年后，他返回圣彼得堡，在父亲的工厂里工作。

1856 年，23 岁的阿尔弗雷德便从自己的家庭教师那里接触到硝化甘油，并于 1862 年独自试验证实了引爆硝化甘油的原理。在反复试验改良后，他于 1863 年获得硝化甘油制品的第一项专利权。然而，正当这位天才的化学家事业蒸蒸日上之时，一件大事给他带来巨大精神打击，那正是上文提到的赫伦堡爆炸案。但他的家族仍然对他没有一丝怀疑，身兼家族所创的硝化甘油公司的董事、生产经理、主管办事员和会计的阿尔弗雷德怀着更大的勇气带着家族的全部希冀不停步地向前迈进。1865 年 11 月，阿尔弗雷德获准在克鲁美尔建立了一所制造硝化甘油的工厂。对于开发、生产和销售中带来的在所难免的爆炸事故，阿尔弗雷德甚是焦虑。在一系列惨痛的事故中，他想到的是怎样才能制造出一种炸药，兼具威力和安全。天生行动派的阿尔弗雷德力排众议，又投入到安全炸药的研究中去。在经历了多孔性硅酸盐、木屑、砖灰、石膏块、硅土块、木炭粉等吸收物的试验后，阿尔弗雷德终于发现了更适合制造安全炸药的硅藻土，进而研制出了"安全炸药一号"和"安全炸药二号"。谨慎的阿尔弗雷德经过几个月的反复验证，直至他认为"安全炸药"已然完美，才投入生产。"安全炸药"作为阿尔弗雷德最闻名的发明引起了世界各国的关注。从此以后，发源于中国的黑色炸药被这种黄色炸药所取代，阿尔弗雷德的发明也成为以后所有化学炸药工业的基础。这是一场意义极为深远的革命，其在化学史、科学史乃至整个人类历史上的影响都是不可估量的。

随后，阿尔弗雷德在对引爆装置的研究改进过程中，发明了雷管。

接着又受当时的医学发明"绊创膏"的启发，发明了一种用火棉做吸附剂的炸胶，其安全指数更高。这种炸胶是无烟炸药的起点。1887 年，他又发明了巴里斯梯炸药（Ballistite），又称 C89 号炸药。

热爱工作的阿尔弗雷德，科研发明是他最大的兴趣所在，他总想摆脱一切商业上的世俗事务，心无旁骛地发明创造。他对传记，尤其是自己的传记毫无兴趣。[①] 但事与愿违，阿尔弗雷德总是被迫卷入众多的商业纠纷和专利诉讼之中，终日被繁忙的事务牵绊。尽管如此，他还是能凭借自己的勤奋和天才完成了诸多杰出的发明，并总能站在时代科学的前沿，在生物学、电化学、工程学等领域均有杰出贡献。由此可见，阿尔弗雷德一生的轨迹多与自己的发明创造联系在一起，而非沽名钓誉、醉心生活的琐事，他的人生目标似乎就是发明创造。

这位举世闻名的科学家虽然无心于财富，但他却是一位富可敌国的实业家。尽管他本人不止一次地表示不喜欢经商，但他还是拥有以巴黎为经营中心辐射全世界诸多国家的，由许多炸药工厂组构的工业帝国。到 19 世纪 70 年代以后，他已经是欧洲最为著名的巨富之一。

当然，这位大发明家也非常喜爱文学艺术，他不仅醉心于艺术品给自己带来的精神上的乐趣，还经常尝试着进行艺术创作。从他留下的小说手稿，以及了解他的人的回忆可知，他的文学艺术修养颇高。也许正是文学艺术的熏陶作用，使得他不仅仅是一个资本家和商人，更是一个充满人文关怀、心系人类前途的智者。

据相关资料记载，阿尔弗雷德·诺贝尔为人慷慨、待人和善。他从不吝啬金钱，而是努力提高工人的待遇。别人总是能从他那获得财物。他对别人慷慨和善，自己却过着简单朴素的生活。他略显害羞，一般不爱踏足喧闹的社交场合，倒是愿意与志同道合者亲密交谈。据说，他一生中的感情经历也不丰富，而且最终都无结果。他终身未婚，也没有子嗣，这也许跟他热衷发明、醉心工作，从而忽略了生活有关。

阿尔弗雷德·诺贝尔不仅自己酷爱发明创造，也很愿意给喜爱发明的人提供帮助。不管是什么人，只要他有所发明，即便是阿尔弗雷德对那些技术本身没有多大兴趣，他还是会不计得失地给予他们经济上的资

---

① 参见 H. Schück、R. Sohlman 著《诺贝尔传》，闵任译，书目文献出版社 1993 年版，第 43 页。

助。例如，在伯根格伦《诺贝尔传》中就记录了以下几件诺贝尔在生前就支持他人科研的事迹，这是诺贝尔奖精神最早的体现：

　　一八九五年，他同瑞典工程师鲁道夫·利列克维斯特一道，在崩茨佛斯建立了一座电气化学公司。这是瑞典的第一座生产电镀产品和工业及医药用化学品的工厂，后来发展成为在布胡斯拥有几座工厂的大企业。诺贝尔对利列克维斯特的人格很信任，在起草自己的遗嘱时，他指定利氏为执行人之一。两位年轻的瑞典工程师，想用自己的发明来谱写工业历史，他们从诺贝尔那里得到了第一笔财政支持。这两名工程师是伯格尔·里扬斯特罗姆（1872—1948）和他的弟弟弗雷德里克（生于 1875 年）。诺贝尔在谈到他们时写道："同里扬斯特罗姆先生这种有相当能力而又真正谦虚的人一起工作，是一件愉快的事情。"受到资助的设计，可以提到的还有带加快轴的斯维自行车，以及一种大马力蒸汽锅炉。里扬斯特罗姆的许多发明，例如空气预热器、蒸汽和燃气涡轮、涡轮机车等，后来曾通过他的斯文斯卡涡轮机制造厂及其他公司成功地向全世界提供过产品。

　　在一八九〇年，他把当时是一位有希望的年轻科学家、后来成为斯德哥尔摩卡罗琳医学院教授的约翰森找了来，让他在巴黎的塞夫兰实验室里进行六个月的输血试验，这在当时是诺贝尔非常感兴趣的一项新技术。他在给约翰森的信里曾解释说，他正在考虑建立一座自己的医学试验研究所，并且以通常的远见写道："如果此事可行，将会取得很多预想不到的结果。"诺贝尔与约翰森的合作，促使他在同一年从他母亲留下的钱里拿出了五万克朗，捐献给卡罗琳医学院（即卡罗林斯卡学院——笔者注）去建立一项"卡罗琳·安德烈特·诺贝尔基金，供各科试验医学研究、出版上述研究成果及辅导这种研究之用"。当建立诺贝尔基金会和起草它的规则，以及在成立诺贝尔医学院的时候，都曾考虑到他的这些意见。①

---

　　① ［瑞典］伯根格伦：《诺贝尔传》，孙文芳译，湖南人民出版社 1983 年版，第 149—150 页。

诸如此类的例子还有很多，这里不再赘述。这些资助科学研究的实例表明，阿尔弗雷德·诺贝尔那著名的遗产只是他对科学研究态度的延续。他生前自己痴迷于发明创造，又积极支持别人的发明，死后以巨大的财富继续支持人类科学、文学、和平的进步。由此可见，他是一个具有博大胸怀与卓识远见的科学巨子。

在了解完阿尔弗雷德的不凡生平后，我们顺理成章地要了解他离世后留给世界的那笔宝贵的遗产。一切要从一个故事说起。

（三）阿尔弗雷德·诺贝尔的遗嘱

下面这个故事的真实性也许不高，但却能从侧面看出阿尔弗雷德·诺贝尔将一生贡献给科学之后的悲凉。据说，阿尔弗雷德的哥哥罗伯特·诺贝尔因病去世，周围的人们以及媒体都误认为死的是阿尔弗雷德。媒体发布了许多贬低他的话，认为他是一个无良的军火商，靠着毁灭性的武器发了横财，却断送了人类的前途。阿尔弗雷德听闻后感到非常伤心，他没有料到自己在人们的心目中竟是这样的面目。他进行了深刻的反省，考虑将财富捐献给社会。于是，他萌生了设立一个奖金的想法，不仅有利于科学事业的进步，更要促进人类的和平。这虽是坊间之说，但是从中可见科学巨人老年遗世孤立的惨淡。

阿尔弗雷德在他生命的最后几年，曾先后立下三份内容相似的遗嘱。前面的两份（分别立于 1889 年和 1893 年）都因 1895 年的第三份遗嘱的生成而失效。

1889 年 3 月，56 岁的阿尔弗雷德深受经济纠纷之苦，他写信给一位住在斯德哥尔摩的友人，言及为了避免自己死后的纠纷，希望友人能为他请一位瑞典律师，并准备一份遗嘱的适当格式，可以使他能够提前做出准备。但是，阿尔弗雷德在与律师的数次打交道中，他觉得律师本身就有问题，甚至指责他们的行径卑劣。他并不满意这份由瑞典寄来的遗嘱范本，于是决定亲自拟定遗嘱格式。实际上，他的这一份遗嘱并没有拟完，只是强调了分配一笔基金给斯德哥尔摩大学，不过后来他又改变了主意。

1893 年的遗嘱写于巴黎。这次遗嘱的形成相对于第一份遗嘱来说显得稍为正式，有了四位见证人。这份遗嘱并未确切指出具体款数，开首即提出将财产的 20% 分给他的 22 位亲友。此份遗嘱说将其财产按一定的比例分给各种社会团体，并拨出一部分给卡罗林斯卡研究院，用于建立一个基金，并每三年将基金所得利息奖予生理学或医学领域内最重要和最新的发现或发明。遗嘱还写到要将剩下的财产全部赠予斯德哥尔摩学院用于建立基金，每年，由科学院将利息奖给各种学科（生理学医学除外）中最为重要而新颖的发现或智力成果。

　　阿尔弗雷德最后的一份遗嘱，也是最终起效的遗嘱，形成于1895年末。这一年，阿尔弗雷德在巴黎的马拉可夫大街寓所里，在众多具有社会影响力的友人们的见证下，列出一份涉及众多细节的遗嘱。这份遗嘱后来成为诺贝尔基金会和诺贝尔奖金的文献基础，是这个伟大的人类事业的精神源头。这份遗嘱对1893年的遗嘱做出了较多改动——将授予和平奖的责任由科学院转交给挪威国会；将颁发文学奖的职责交给瑞典文学院；停止斯德哥尔摩大学和其他一些机构对遗产的直接接受。更为重要的是，阿尔弗雷德意识到，将大量遗产赠给亲属必然会惹出是非，因此又打消了将大量遗产分赠亲友的决定。①

　　这份由阿尔弗雷德·诺贝尔亲手用瑞典文写就、长达四页的文件，是在没有律师的场合下形成的，这就决定了它具有法律上的缺陷，也曾经因此引起巨大的财产纠纷。他任命两名同自己一样在国外工作的瑞典土木工程师：拉格纳·索尔曼和鲁道夫·利列克维斯特为遗嘱执行人。那年，索尔曼年仅二十六岁，为阿尔弗雷德工作了三年。四十岁的利列克维斯特则只与阿尔弗雷德见过两次面。因为索尔曼首先被指名，且对这份遗嘱有着更直接的了解，因此他更为积极地落实这份遗嘱。他注定因为处理这笔巨额的遗产、形成著名的诺贝尔奖而能名留青史。

　　索尔曼曾说，由于两位执行人对法律事务并不熟悉，所以他们委托当时在斯维亚上诉法院任陪审的卡尔·林哈根为遗嘱的法律顾问，而这对于最终实现阿尔弗雷德·诺贝尔遗嘱的基本思想起到关键的作用。林哈根采取宽宏的态度来处理相关的法律纠纷，而不被形式所拘泥。他巧妙地请求瑞典科学院等被指定作为奖金颁发机构以及与这份遗嘱有关的瑞典国家当局的参与和合作。他实际上变成了这份遗产的共同执行人之一。

　　由于这份遗嘱存在法律上的缺陷，它曾受到来自各方面的批评与质

————————————

① 遗嘱全文参见本书附录1。

疑。当地媒体曾经公开怂恿诺贝尔家族的人上诉反对它，以期使阿尔弗雷德的这笔财产将由直接继承人和遗嘱中指名的机构来共同享有。他们认为，阿尔弗雷德的行为是不爱国的，而瑞典的奖金颁发机构也不可能令人满意地完成分派给它们的任务——这个任务将会给这些机构带来困扰，并且会使它们处于企图舞弊的尴尬境地。而将颁发和平奖金的责任交给一个由挪威议会指定的委员会，将会严重损害瑞典的国家利益，对本已非常紧张的两国关系也是一种重大威胁。

还有，阿尔弗雷德所积累的财富数量巨大，且分布在欧洲多个国家：瑞典（5796140.00 克朗）、挪威（94472.28 克朗）、德国（6152250.95 克朗）、奥地利（228754.20 克朗）、法国（7280817.23 克朗）、苏格兰（3913938.67 克朗）、英格兰（3904235.32 克朗）、意大利（630410.10 克朗）、俄国（5232773.45 克朗），总计：33233792.20 克朗。[①] 这也加剧了遗嘱执行的困难程度。

阿尔弗雷德·诺贝尔的实际国籍并不能确定。遗嘱中指明的遗产继承者，是一个尚不存在的基金会。大量的金钱散布在不同的国家，这些国家又有着区别较大的财产法。那些认为受到不公正待遇的亲属们也百般刁难和反对，并形成了若干利益团体。比如，一位几乎不为人们所知的索菲女士（她是阿尔弗雷德曾经的一个情人），也通过一名维也纳律师卷入了这场争斗，并且提出了高额的金钱索求。

遗嘱中被指明作为奖金颁发者的瑞典和挪威机构，也不能形成统一的意见，当时对于这项任务的范围和影响，都还不能预见得到。在这里，各种安排、观点、图谋妙计与持久诉讼等错综复杂，热闹非凡。多个国家的金融、法律、物理学、化学方面的专家卷入其中。新闻媒体对于遗嘱的每一动向发表各种评论，使得人们感到落实遗嘱的举步维艰。在解决这项巨大财产方面可以想象到会出现的一切困难，他们没有一件能够躲得过去。

在阿尔弗雷德死后的五十五年，即 1950 年，在以瑞典文出版的一本题为《一项遗嘱》的书中，拉格纳·索尔曼对诺贝尔遗嘱执行的过程进行了翔实而又生动的说明。他写道："这项遗嘱只有一点是完全明

---

① 数据统计参见［瑞典］伯根格伦《诺贝尔传》，孙文芳译，湖南人民出版社 1983 年版，第 169 页。

确的，那就是指定利耶奎斯特（即利列克维斯特——笔者注）和我作为执行人，同时规定了我们二人的责任。因此，最大限度地利用这一条款以及设法保证我们特权的维持，就成为了我们的义务。我们所面临的问题可摘要如下：一、法律手续和具有争论性的事情。二、与财产清算相关的经济问题，以及按照遗嘱的特别规定办理在'安全的证券'方面再投资的手续。三、组织一个合适的管理机构从事长期经管这笔基金，并且起草每年分配奖金的正式章程。"①

总之，这份名垂青史的遗嘱虽然受到了种种诘难与质疑，最终却在见证人的聪明周旋与正义感之下，还是得以实施了。

二 诺贝尔奖金的设立和规则

（一）诺贝尔奖金的设立

经过索尔曼等人若干年的努力，1900 年 6 月 19 日，瑞典国王在瑞典议会上宣告诺贝尔基金会正式成立。根据诺贝尔基金会的条例，选出的董事在 1900 年 9 月 27 日举行第一次会议，选出由董事会监管的管理理事会，再由理事会管理基金会的基金和盈利。基金会的工作按照一定的实施章程运转，章程中规定诺贝尔基金会的组织机构是：1. 诺贝尔基金会及其理事会和董事会；2. 瑞典皇家科学院、皇家卡罗林斯卡学院、瑞典文学院和挪威议会的诺贝尔委员会等四个诺贝尔颁发机构；3. 五个分别负责各个奖项事务的诺贝尔委员会；4. 四个诺贝尔学会，分别对每家奖金颁发机构负责。在以上组织中，最高权力机关是董事会，最高执行权则交给理事会。董事会由五名董事组成，其中正副董事长由瑞典政府任命。理事会实际上是基金会的执行机构。索尔曼被推选为第一任理事长。此后直到 1948 年，他一直在基金会任职，一直致力于诺贝尔遗嘱的实施。

五个诺贝尔委员会分别设置 3—5 名委员，都是由其所属的机构指定任命。每个委员会可以召集所属奖项相关的专家进行推荐和评议的工作。在一些特殊情况下，它们也可以增选临时委员，临时委员也有权参与推荐与评选。委员们和专家们可以从超出奖金颁发机构本身的范围去

---

① ［瑞典］伯根格伦：《诺贝尔传》，孙文芳译，湖南人民出版社 1983 年版，第 171 页。

挑选，而且不论国籍、性别、种族与年龄。委员会的职能，就是为相应的奖项颁发机构进行筹备工作和提供咨询意见。但挪威委员会由于本身就是诺贝尔和平奖的颁发机构，因此其职能是个例外。

　　诺贝尔学会分别由每个奖项颁发机构设立，方便于诺贝尔奖颁发的执行与相关调查的进行，以及督促完成基金会的决定。1901 年后，在四个诺贝尔学会的基础上，又增设了一些必要的分支机构：自然科学院诺贝尔学会（1905 年），下设物理学部（1937 年）和化学部（1944 年）。卡罗林斯卡学院诺贝尔学会，下设生物化学学部（1937 年）、生理神经学部（1945 年）和细胞研究与遗传学学部（1945 年）。瑞典文学院诺贝尔学会，下设诺贝尔现代文学图书馆（1901 年）。挪威诺贝尔学会，下设一座收藏关于和平与国际关系方面书籍的图书馆（1902 年）。1926 年以后，诺贝尔基金会在斯德哥尔摩建造了办公大楼，那就是位于斯图尔街 14 号的诺贝尔大厦。从此，诺贝尔奖走向更加正规化的道路。

　　诺贝尔奖金的数目历来为人们所好奇。按照章程，诺贝尔基金会从阿尔弗雷德·诺贝尔的遗产接收过来的钱（总共有 3300 多万瑞典克朗）中的约为 2800 万克朗用于"主要基金"，也就是作为诺贝尔奖金颁发的基金；剩下的一小部分，用来设立"建筑物基金"，它被用来建设行政大楼和支付每年举行授奖仪式使用的大厅租金。这一小部分钱还用于"组织基金"。五个奖金部门各有一份"组织基金"，用于每个诺贝尔学会的组织经费。当年，主要基金的净收入的十分之一作为附加资金，剩下十分之九平均分成五份，交付各奖金颁发机构使用，用于充当诺贝尔奖金和活动经费。各奖金颁发机构，都将自己摊到的那份金额的四分之一，留下作为与奖金颁发有关事宜的费用，其余部分则交给各自的诺贝尔学会，也就是说，每份金额的四分之三，构成当年诺贝尔奖金的款项，这就是每年诺贝尔奖金的来源。由此也可知，诺贝尔奖奖金数额总是在变动的。

　　除了组织基金之外，颁发各项奖金的部门还拥有一份"特别基金"和"储蓄基金"，作为规定范围之内某些特殊目的的费用。一切基金和其他财产，均属诺贝尔基金会所有，并受其管理和监督。

　　诺贝尔奖金的数额之巨、荣誉之高令人惊叹，也令许多科学研究者为之倾倒。但是，要想获得这个世界大奖绝非易事。从下文的诺贝尔奖各个奖项的提名与评选程序中我们可以看到，一位候选人从受提名到获奖，将要经历多少严格的检验。

（二）诺贝尔奖的评选规则

一个奖项能否获得世人的认可，能否具备足够的权威，能否体现公正与客观，其评选规则至关重要。在下文中，笔者将根据诺贝尔官方网站提供的资料，罗列出各个奖项的提名资格、评选过程、时间安排等，力求使读者对诺贝尔评选规则形成一个较为清晰的认识。

1. 提名

根据诺贝尔基金会的实施章程，诺贝尔奖的颁奖机构如下：位于斯德哥尔摩的瑞典皇家科学院颁发物理学奖和化学奖；皇家卡罗林斯卡学院颁发生理学或医学奖；瑞典文学院颁发文学奖；位于奥斯陆、由挪威议会任命的诺贝尔奖评定委员会颁发和平奖；经济学的颁奖事宜由瑞典科学院监督。诺贝尔的奖项审议完全由上述五个机构负责。每项奖包括一枚金质奖章、一张奖状和一笔奖金。

诺贝尔奖提名的流程是：每年 9 月至次年 1 月 31 日，接受各项诺贝尔奖推荐的候选人。通常每年推荐的候选人有 1000—2000 人。候选人的提名，必须在决定奖项那一年的 2 月 1 日前以书面通知有关的委员会。具有推荐候选人资格的有：以往的诺贝尔奖获得者、诺贝尔奖评委会委员、特别指定的大学教授、诺贝尔奖评委会特邀教授、作家协会主席（文学奖）、国际性会议和组织（和平奖）等。诺贝尔奖评选是不接受毛遂自荐的。同时，瑞典政府和挪威政府也无权干涉诺贝尔奖的评选工作，不能表示支持或反对被推荐的候选人。诺贝尔官方网站上这样说：

> 每年，备受尊敬的诺贝尔委员会发出对数以千计的学术委员、大学教授、各国的科学家、诺贝尔奖已获奖者、议会成员等发出个人邀请，请求他们提交来年的诺贝尔奖候选名单。这些提名者会尽可能多地从各个国家和大学中选出。[1]

各个奖项对具有提名资格或推荐资格的人限定如下，首先是物理

---

[1] http://www.nobelprize.org/nomination/.

学奖：

（1）瑞典皇家科学院的瑞典籍与外籍成员；

（2）诺贝尔物理学委员会成员；

（3）已获诺贝尔物理学奖者；

（4）瑞典、丹麦、芬兰、冰岛和挪威各个大学和技术学院的教授或助理教授，以及斯德哥尔摩卡罗林斯卡学院；

（5）来自于科学院选出的至少六所大学或学院的相应席位，以保证这些席位在不同国家和学术中心的合理分配，以及

（6）其他受科学院认可的科学家。[①]

化学奖的情况与物理学奖略同：

（1）瑞典皇家科学院的瑞典籍与外籍成员；

（2）诺贝尔化学委员会成员；

（3）已获诺贝尔化学奖者；

（4）瑞典、丹麦、芬兰、冰岛和挪威各个大学和技术学院的化学教授或助理教授，以及斯德哥尔摩卡罗林斯卡学院；

（5）来自于科学院选出的至少六所大学或学院的相应席位，以保证这些席位在不同国家和学术中心的合理分配，以及

（6）其他受科学院认可的科学家。[②]

生理学或医学奖则与以上二者有一定的区别：

（1）斯德哥尔摩卡罗林斯卡学院诺贝尔学会会员；

（2）瑞典皇家科学院医学部的瑞典籍与外籍成员；

（3）已获诺贝尔生理学或医学奖者；

（4）第一条中未包括的诺贝尔委员会成员；

（5）瑞典医学机构下持有教授职称者，以及瑞典、丹麦、芬

---

① http：//www. nobelprize. org/nomination/physics/index. html.

② http：//www. nobelprize. org/nomination/chemistry/.

兰、冰岛和挪威各个大学或相关学院的医学机构的类似职务人员

（6）来自于科学院选出的至少六所医学机构，以保证这些机构来自不同的国家和学术中心，以及

（7）诺贝尔委员会认可的自然科学应用者。①

作为非自然科学类奖，文学奖与以上三种奖项的提名或推荐者资格有较大不同：

（1）瑞典文学院和其他相关研究会、机构和组织成员；

（2）各大学和学院的文学与语言学教授；

（3）已获诺贝尔文学奖者；

（4）各个国家文学联合会的会长。②

诺贝尔和平奖可以由机构或集体获得，其提名者或推荐者也较为特殊：

（1）各国立法机构和政府成员；

（2）国际法庭成员；

（3）大学校长；社会科学、历史学、哲学、法学与神学教授；和平研究组织和国外政策研究组织的领导；

（4）已获诺贝尔和平奖者；

（5）已获诺贝尔和平奖的组织机构的董事；

（6）现任和前任挪威诺贝尔委员会成员；（委员会成员提交的申请不能晚于2月1日之后的委员会第一次会议）；

（7）挪威诺贝尔委员会前顾问。③

最后一项诺贝尔经济学奖提名者则必须符合以下要求：

---

① http：//www. nobelprize. org/nomination/medicine/.

② http：//www. nobelprize. org/nomination/literature/.

③ http：//www. nobelprize. org/nomination/peace/.

（1）瑞典皇家科学院的瑞典籍与外籍成员；

（2）"纪念阿尔弗雷德·诺贝尔瑞典银行经济学奖"委员会成员；

（3）已获"纪念阿尔弗雷德·诺贝尔瑞典银行经济学奖"者；

（4）瑞典、丹麦、芬兰、冰岛和挪威各个大学和学院中相关专业的教授；

（5）来自于科学院选出的至少六所大学或学院的相应席位，以保证这些席位在不同国家和学术中心的合理分配，以及

（6）其他受科学院认可的科学家。①

从以上列出的提名者资格可以看出，诺贝尔奖评选在提名上具有较大的开放性与包容性。对于提名者与被提名者的国籍不予要求，是诺贝尔奖面向世界的开放精神的体现。

2. 评选

每年的 2 月 1 日起，包括瑞典科学院在内的 6 个诺贝尔评定委员会分别根据已获得的提名名单进行评选。必要时委员会可以邀请任何国家的相关专家参与评选。在 9 月至 10 月初这段时间内，委员会将推荐书交至有关颁奖机构，只在极少的情况下，才把问题搁置起来。颁奖委员会于 11 月 15 日前作出最后决定，将确定人选提交给相应的颁奖机构，4 个颁奖机构最后审定获奖人名单。

根据诺贝尔官方网站，② 每个奖项的评选过程都具有严格的规定，首先是物理学奖。

前一年 9 月，发出提名表格。诺贝尔委员会向 3000 左右的提名者发出正式的申请表，这些人包括已被选定的世界各地的大学教授、已获物理学和化学奖者、瑞典皇家科学院院士等。

次年 2 月，提交申请的截止时间。提交给诺贝尔委员会完成的提名表格日期不得晚于次年的 1 月 31 日。委员会浏览推荐表格，并进行初选。约有 250—350 个受提名者是被重复推荐的。

---

① http：//www.nobelprize.org/nomination/economic-sciences/.

② http：//www.nobelprize.org.

3—5月，向专家咨询。诺贝尔委员会将初选名单交付特别指定的专家评阅。

6—8月，撰写报告。诺贝尔委员会汇总的报告将提交给科学院。报告由所有委员会成员签名生效。

9月，委员会提交推荐信。诺贝尔委员会向科学院成员提交附有最后候选人名单的报告。科学院物理学部将会开展两次会议来讨论此报告。

10月，完成选举。10月上半旬，科学院以最高票数选择诺贝尔物理学奖获得者。此决定是最终决定，没有上诉机会。之后，将会公布获奖者姓名。

12月，诺贝尔奖获奖者领奖。诺贝尔颁奖典礼于12月10日在斯德哥尔摩进行。在这里，获奖者领奖，其中包括一枚诺贝尔奖章、一份证书，以及一份证明获奖的文件。①

化学奖依然与物理学奖基本一致：

前一年9月，发出提名表格。诺贝尔委员会向3000左右的提名者发出正式的申请表，这些人包括已被选定的世界各地的大学教授、已获物理学和化学奖者、瑞典皇家科学院院士等。

次年2月，提交申请的截止时间。提交给诺贝尔委员会完成的提名表格日期不得晚于来年的1月31日。委员会浏览推荐表格，并进行初选。约有250—350个受提名者是被重复推荐的。

3—5月，向专家咨询。诺贝尔委员会将初选名单交付特别指定的专家评阅。

6—8月，撰写报告。诺贝尔委员会汇总的报告将提交给科学院。报告由所有委员会成员签名生效。

9月，委员会提交推荐信。诺贝尔委员会向科学院成员提交附有最后候选人名单的报告。科学院化学部将会开展两次会议来讨论此报告。

10月，完成选举。10月上半旬，科学院以最高票数选择诺贝

---

① http：//www.nobelprize.org/nomination/physics/.

尔化学奖获得者。此决定是最终决定，没有上诉机会。之后，将会公布获奖者姓名。

12 月，诺贝尔奖获奖者领奖。诺贝尔颁奖典礼于 12 月 10 日在斯德哥尔摩进行。在这里，获奖者领奖，其中包括一枚诺贝尔奖章、一份证书，以及一份证明获奖的文件。①

接着是生理学或医学奖：

前一年 9 月，发出提名表格。诺贝尔委员会向 3000 左右的提名者发出正式的申请表，这些人包括已被选定的世界各地的大学教授、已获诺贝尔生理学或医学奖者、诺贝尔大会成员等。

次年 2 月，提交申请的截止时间。提交给诺贝尔委员会完成的提名表格日期不得晚于来年的 1 月 31 日。委员会浏览推荐表格，并进行初选。约有 250—350 个受提名者是被重复推荐的。

3—5 月，向专家咨询。诺贝尔委员会将初选名单交付特别指定的专家评阅。

6—8 月，撰写报告。

9 月，委员会提交推荐信。诺贝尔委员会向诺贝尔大会成员提交附有最后候选人名单的报告。诺贝尔大会将会开展两次会议来讨论此报告。

10 月，完成选举。10 月上半旬，科学院以最高票数选择诺贝尔生理学或医学奖获得者。此决定是最终决定，没有上诉机会。之后，将会公布获奖者姓名。

12 月，诺贝尔奖获奖者领奖。诺贝尔颁奖典礼于 12 月 10 日在斯德哥尔摩进行。在这里，获奖者领奖，其中包括一枚诺贝尔奖章、一份证书，以及一份证明获奖的文件。②

文学奖评选流程与以上三个奖项有较大不同：

---

① http：//www.nobelprize.org/nomination/chemistry/.

② http：//www.nobelprize.org/nomination/medicine/.

前一年9月，发出邀请信。诺贝尔委员会向600—700的个人或机构，使之有权推荐诺贝尔文学奖候选人名单。

次年2月，提交申请的截止时间。提交给诺贝尔委员会完成的提名表格日期不得晚于来年的1月31日。委员会浏览推荐表格，并向科学院提交名单。

4月，初选。经过进一步研究，委员会选出15—20名初选名额提交给诺贝尔大会。

5月，最终评选。委员会将名单减至5人，提交给科学院。

6—8月，阅读作品。科学院成员于夏季阅读并评价最终参选者的作品。同时，诺贝尔委员会准备个人报告。

9月，科学院成员进行协商。通过阅读最终参选者的作品，科学院成员将会讨论参选者不同的文学贡献的价值。

10月，完成选举。10月上半旬，科学院以最高票数选择诺贝尔文学奖获得者。候选人必须获得超过半数的选票。之后，将会公布获奖者姓名。

12月，诺贝尔奖获奖者领奖。诺贝尔颁奖典礼于12月10日在斯德哥尔摩进行。在这里，获奖者领奖，其中包括一枚诺贝尔奖章、一份证书，以及一份证明获奖的文件。①

和平奖由挪威议会颁发，与以上各奖有一些不同：

前一年9月，挪威诺贝尔委员会准备接收提名。具有提名资格的是：国家立法议会、政府、国际法庭；大学名誉校长、社会科学、历史、哲学、法律与神学的教授；和平研究机构和外事机构的负责人；已获诺贝尔和平奖者；挪威诺贝尔委员会现任与前任委员；以及挪威诺贝尔机构的前任顾问。

次年2月，提交期限。委员会评估所依的必须是1月31日（以邮戳为准）前的提名。提名和超越期限的会放在明年的讨论中。最近几年，委员会已经收到了接近200个诺贝尔和平奖提名。参与者和提名信都很多。

---

① http://www.nobelprize.org/nomination/literature/.

2—3 月，精简名单。委员会评估参与者成就，并行成一个精简的名单。

3—8 月，顾问评论。

10 月，确定获奖者。10 月初，诺贝尔委员会以最高票数选出得奖者。此决定是最终决定，不得上诉。公布诺贝尔和平奖获得者名称。

12 月，诺贝尔奖获奖者领奖。诺贝尔和平奖颁奖典礼也是于 12 月 10 日在挪威奥斯陆进行。在这里，获奖者领奖，其中包括一枚诺贝尔奖章、一份证书，以及一份证明获奖的文件。[①]

最后是经济学奖，其程序如下：

前一年 9 月，发出提名表格。诺贝尔委员会向 3000 左右的提名者发出正式的申请表，这些人包括已被选定的世界各地的大学教授、已获诺贝尔经济学奖者、瑞典皇家科学院成员等。

来年 2 月，提交申请的截止时间。提交给经济学奖委员会的完成的提名表格日期不得晚于来年的 1 月 31 日。委员会浏览推荐表格，并进行初选。约有 250—350 个受提名者是被重复推荐的。

3—5 月，向专家咨询。经济学奖委员会将初选名单交付特别指定的专家评阅。

6—8 月，撰写报告。经济学奖委员会汇总的报告将提交给科学院。报告由所有委员会成员签名生效。

9 月，委员会提交推荐信。经济学奖委员会向科学院成员提交附有最后候选人名单的报告。科学院经济学奖部将会开展两次会议来讨论此报告。

10 月，完成选举。10 月上半旬，科学院以最高票数选择诺贝尔经济学奖获得者。此决定是最终决定，没有上诉机会。之后，将会公布获奖者姓名。

12 月，诺贝尔经济学奖获奖者领奖。诺贝尔颁奖典礼于 12 月 10 日在斯德哥尔摩进行。在这里，获奖者领奖，其中包括一枚诺

---

① http://www.nobelprize.org/nomination/peace/.

贝尔奖章、一份证书，以及一份证明获奖的文件。①

以上是各项诺贝尔奖评选的具体程序。

值得一提的是，诺贝尔在遗嘱中规定该奖每年授予在物理学、化学、生理学或医学、文学与和平领域内"在前一年中对人类作出最大贡献的人"，这一在领域中对人类作出"最大贡献"究竟如何评判，诺贝尔本人并没有提出任何可操作的标准细则，而作为实际操作的执行人，诺贝尔钦定的瑞典皇家科学院、卡罗林斯卡学院等这些颁奖机构，从来没有公布过何为"最大贡献"的细则标准。我们所知道的硬性指标是单个奖项最多只能同时授予 3 个人，而委员会的推荐，通常是要遵循，却并非一成不变。另外，在评选过程中，各个阶段的评议和表决都是秘密进行的。诺贝尔基金会规定，与许多电影奖项及文学大奖不同，诺贝尔奖遵循的原则是，除了公布最终获奖者的名字外，凡作为候选人的名字都不对外公开，并设置了 50 年的保密期。因此，对于每年可能出现的各种"风声"，说某人获得提名成为诺贝尔奖候选人，其真实性必须等 50 年后才能得到验证。还有，诺贝尔候选人只能在生前被提名，但正式评出的奖，可以在死后授予。例如有资料显示，沈从文曾被提名过诺贝尔文学奖，但是他在入围到最后评奖之间的阶段去世了（1988年）。因为诺贝尔不颁奖给去世的作家，评奖程序就停下来。而获得1913 年诺贝尔文学奖的瑞典诗人卡尔弗尔特则是在去世后被授予奖项。诺贝尔奖一经评定，就不能因有反对意见而予以推翻。

（三）颁奖

在经过了复杂而漫长的评选过程之后，每年的 12 月 10 日，也就是阿尔弗雷德·诺贝尔逝世纪念日这一天，在斯德哥尔摩（和平奖则是在奥斯陆市政大厅颁奖）将会举行隆重的诺贝尔奖颁发仪式，届时瑞典国王及王后出席并进行授奖。

正如前文所说，诺贝尔奖包括一笔高额奖金、一枚奖章与一份证书，而诺贝尔奖金数视基金会的收入而定。奖金的数目，由于通货膨胀和基金会的投资收益，逐年有所提高，最初约为 3 万多美元，60 年代

---

① http://www.nobelprize.org/nomination/economic-sciences/.

为7.5万美元，80年代达22万多美元，90年代至今持续多年都是1000万瑞典克朗（在2006年颁奖的时候约合145万美元）。金质奖章直径约为6.5厘米，重约270克，内含23K黄金。奖章的正面是诺贝尔的浮雕像，不同奖项、奖章的背面饰物不同。每项奖项的获奖证书也各自不同，别具风格。

诺贝尔奖颁奖仪式隆重而典雅。过去，每年出席的人数限于1500至1800人之间，现在则是2000人左右。仪式中所用白花和黄花都是从诺贝尔逝世的地方，意大利的圣雷莫空运而来，以示对诺贝尔的纪念和尊重。

诺贝尔奖整个活动持续一周，被称为"诺贝尔奖周"，而领奖晚宴是整个周的最高峰。除了和平奖外，各个奖的颁奖晚宴都是在斯德哥尔摩的音乐厅进行。获奖者在这里发表演讲，领取证书和奖章，随后享用晚餐。1998年，韦潜光受崔琦邀请，参加了当年的诺贝尔奖晚宴，他这样描述了当时的场面与情景：

> 这是一个矩形庭院，仿造意大利文艺复兴时的建筑风格，里面修有拱形回廊，不过不同的是，为了适应当地的北方寒冷气候，这个庭院上部有一个巨大的屋顶。庭院的中轴线为南北走向，其东边有一个与庭院长度一致的楼厅，一段装潢豪华的楼梯从楼厅的北面垂下，然后转向南面。怎么样摆下一个可容纳1200人的大宴会呢？我们可以把它的布局比喻成一根"脊柱"南北摆放，这根脊柱就是主餐桌，可以坐下90人。脊柱两旁每边有12根肋骨架格。这24根肋骨可以坐下30人。这25张桌子上均摆放着光亮闪烁的烛台、酒杯和金银餐具。在它们的外围，还摆放着41张辅餐桌。国王的座位在主餐桌，在整个场面名副其实的正中心。王后则坐在国王的对面。其他就坐于主餐桌的宾客分别是皇室成员、贵族、大臣、各国大使、诺贝尔奖得主及其家眷。①

韦潜光的描述大致表现出晚宴现场的布局与气氛。晚宴的菜单一般

---

① 黄卓然、卢遂业、卢遂现编：《求知乐——崔琦教授的诺贝尔奖之路》，科学出版社2004年版，第197页。

有三道菜，一百多年来，菜单上的菜经历了很多变化。一位法国记者描述了 2002 年宴会的情况：

> 宴会拟定菜单的准备工作在每年 4 月就开始了，由 10 位厨师向诺贝尔基金会递交方案，然后把挑选范围缩小到三份菜单。到 10 月由 10 余人进行试验做品尝。选定主菜和甜食后，还要品尝配餐的各种酒。
>
> 为了准备盛宴，40 位厨师在厨房接连着忙碌三天，因为他们要到宴会举办前三天才能拿到决定的菜单。
>
> 宴会的菜单每年少不了这几样：头道菜是海鲜，如佐以龙虾和海螯虾的花椰菜浓汤；主菜是填满肥鹅肝的鹌鹑或驯鹿肉（2012 年莫言吃的正是鹿肉——笔者注）伴加蘑菇、西红柿、芦笋和芹菜；甜食是冰淇淋，饰有棉花糖。每道菜分别配有优质香槟酒、葡萄酒和白兰地，伴随着唱诗班优美的歌声。①

晚宴的宾客包括获奖者亲友、学术界名流，以及瑞典皇室成员。晚宴对着装的要求一般是男士穿配着领结的燕尾服，女士穿晚礼服。当然，晚宴也没有绝对严格的规定，所以也有一些人穿民族服装，比如 1968 年的川端康成。最高潮部分是当晚的演讲。获奖者演讲穿插在晚宴期间，每个奖项均有一名代表上台发言，这种 Banquet Speech 往往是一篇充满哲理的精彩演讲，为人们所津津乐道。

2012 年 12 月，中国作家莫言在斯德哥尔摩领取该年度的文学奖，他曾记录一些领奖现场的见闻，相关内容在本书后文中将有所记述。

三　诺贝尔和平奖和国际政治

> 为了和平，即使仅仅向前迈进一步，而花费许多金钱也没有什么关系，我们千万不要认为和平是乌托邦。
>
> 我想把部分的财产移作颁发和平奖之用，……颁给对促进欧洲和平有伟大贡献的人……我们也许可能使所有国家联合抵抗破坏和

---

① 凌永乐：《话诺贝尔奖》，社会科学文献出版社 2011 年版，第 88—89 页。

平的国家，我们必须这么做……使好战的国家服从国际法庭的裁决。

——阿尔弗雷德·诺贝尔

从诺贝尔奖的分类看，我们注意到，这几乎体现了诺贝尔本人的想法和理念。诺贝尔本人是一个化学家，也将化学科学应用于现实中，尽管他的发明很大程度上被用于战争，这引起了他长久的不安，但他仍然深信科学本身是有力量的，且科学的作用关键是被谁使用。

他作为一个在很多国家有产业，且有复杂感情的人，对于国家的政治关系和战争深有体会，而他本身是一个相对纯粹的人，他希望国与国之间能够和平相处，国泰民安，因此在为数不多的五个奖项中，他特别设立了和平奖。他年轻时是一个有些文学理想的人，也曾写过很多的诗歌。他或许从他一生的经历中，认为文学对于整个社会的作用，是能够推进人的解放，实现人的价值。他的梦随之也转化为诺贝尔文学奖。

这或许是诺贝尔设立这几个奖项的初衷。他的本性和理想主义，注定了文学奖和和平奖，可能因为理想主义的认知的区别，对世界和国际和平的定义的不同，而引发争议。如果诺贝尔的这两个奖项是由诺贝尔本人来评，或者由其家族来评，那么不管他将这个奖项颁发给谁，应该不会有任何异议。但是，这两个奖项是和诺贝尔科学奖一道颁发的。而后者随着科学在现代社会的重要性越来越强以及科学本身的客观标准等，演变为一个国际的头等奖项，并被认为是超越意识形态的，具有普遍意义的。和平奖和文学奖仿佛也获得了国际认可和超越意识形态的形象。显然，这是不可能的。诺贝尔经济学奖设立与诺贝尔本身毫无关系。但是因为该奖项也由瑞典皇家科学院评选，且也被冠名为纪念诺贝尔的奖，并由于其与其他诺贝尔奖项相当的高额奖金，诺贝尔经济学奖一经设立，就广受关注。随着经济在一个国家发展和国际竞争中的重要作用，诺贝尔经济学奖甚至有超越诺贝尔文学奖和和平奖的趋势。本节我们重点讨论诺贝尔和平奖。

诺贝尔和平奖是最早设立的五个诺贝尔奖项之一，创立于1901年。在诸诺贝尔奖项中，有关和平奖的授予问题争议性最大，这是因为其与政治之间有着复杂和紧密的联系。和平奖与其他奖项有两处不同，此处略作说明：第一，和平奖可授予个人，也可授予机构；第二，和平奖的评审和颁发是在挪威首都奥斯陆举行，而不是其他四个奖项的授予地——瑞典的斯德哥尔摩。

关于第一点不必赘言。至于为什么诺贝尔会在遗嘱中单独提出，和平奖由挪威议会选举产生的 5 人委员会颁发，人们未能从诺贝尔生前的言谈和留下的遗嘱中找到相应的答案。不过，当时的历史背景或许有助于我们理解这一问题：一方面，瑞典与挪威是联盟关系，彼此亲密互信；另一方面，挪威议会早在 1880 年就开始赞成国际仲裁，是世界上第一个投票表决支持和平运动的立法机构。

挪威诺贝尔委员会委员任期六年，任期结束后可以继续当选。手操予夺权柄的挪威诺贝尔委员会自我标榜为独立机构，与政府没有关系。诚然，在法律和程序上的确如此。可在实际运行过程中却未必然。该机构在 1977 年之前被称为"挪威议会诺贝尔委员会"，其成员多由政府官员或议会议员组成，如组成第一届诺贝尔委员会的便是首相乔纳斯·斯蒂恩、外交大臣乔根·拉夫兰德、议会议员约翰·兰德、法学教授波恩哈德·盖兹和文学家昂斯腾·比昂松。[1] 委员会成员构成到 1937 年发生了变化，自该年起，挪威政府大臣被禁止任职于诺贝尔委员会。[2] 1977 年起挪威议会决定议会议员不再参加诺贝尔委员会，委员会名称也变更为"挪威诺贝尔委员会"，一直沿用至今。尽管如此，诺贝尔委员会的组成与挪威议会各党派的力量对比仍是钟响磬鸣。

从以上介绍可以看出，诺贝尔和平奖是挪威人评价体系下的一个奖项。不禁要问，这一地方性奖项何以成为可以在全球社会中进行流通的符号？要知道，世界上其他名目的和平奖为数可谓甚众。

回答这一问题，恐怕得先从诺贝尔奖最引世人注目的奖金说起。若将世界上的各种和平奖项略作梳理比较，我们就会发现，诺贝尔和平奖的奖金额度是最高的。进入 21 世纪，奖金额度保持在 100 万美元左右。以 2009 年为例，美国的那位总统先生奥巴马获得诺贝尔和平奖，轻而

---

① 刘炳香：《国际关系视野中的诺贝尔和平奖》，中共中央党校 2011 年博士学位论文，第 27 页。

② 1935 年，诺贝尔和平奖授予德国的奥西茨基（1936 年宣布）。此公以反纳粹闻名于世，获奖消息一出，纳粹德国便警告挪威政府，这是针对德国的不友好行为。虽然，挪威政府解释诺贝尔委员会乃独立于政府之机构，但因委员会中有政府大臣任职而被纳粹德国抓住口实。1937 年的变化即本于此。

易举地将 140 万美元收入篚内，可谓名利双收。① 与诺贝尔奖相比，世界上其他和平奖的奖金额度就会显得有点寒酸，只有 10 个左右奖项的奖金数额在 10 万美元以上，如 1995 年设立的甘地国际和平奖（the Gandhi International Peace Prize），奖金约 30 万美元，居世界第二。②

诺贝尔奖按期有规律地进行评选，也有助于诺贝尔奖成为一种得到国际社会承认的符号。从人类认知心理学的角度来看，人们总是倾向于有规律可循的事物，这意味这类事物具有可预测性，使人们避免因未知而产生恐惧心理，从而获得人们的信任和好感。一个反面的例子是，国际巴尔扎恩奖（The Balzan Foundation's award for Humanity，Peace and Brotherhood among Peoples）的奖金数额大约是 70 万美元，数额可观，但是这个奖项的颁发是不定期的，两届之间须隔三年或更久，该奖自 1961 年之后只颁发了五次，最近的一次是 1996 年，颁给了国际红十字委员会。③

此外，诺贝尔和平奖的声誉还得益于诺贝尔科学奖项。与和平奖的评选标准相对比，物理奖、化学奖、生理学或医学奖和经济学奖，这类奖项的评选具有统一的标准，而且在技术层面具有很强的可操作性，异议较小。人们以为，科学类诺贝尔奖的评选是具有统一客观标准的。当然，事实并非如此。不过，这不是此处所要讨论的问题④。这里要讲的是，由于人类的联想思维遵循接近律和类似律，⑤ 所以人们对于其他科学类诺贝尔奖项客观性的认可，使人们对和平奖也抱以乐观的态度。刘炳香也指出，诺贝尔和平奖是诺贝尔奖系列中的一个，其声誉得益于这

---

① 参见《奥巴马获得 2009 年诺贝尔和平奖奖金 140 万美元》，中国新闻网，http：//www. chinanews. com/gj/gj - gjrw/news/2009/10 - 09/1901718. shtml。

② Petervanden Dungen，"What Makes the Nobel Peace Prize Unique？" *PEACE & CHANGE*，Vol. 26，No. 4，October 2001. 转引自刘炳香《国际关系视野中的诺贝尔和平奖》，中共中央党校 2011 年博士学位论文，第 151 页。

③ Petervanden Dungen，What Makes the Nobel Peace Prize Unique？PEACE & CHANGE，Vol. 26，No. 4，October 2001. 转引自刘炳香《国际关系视野中的诺贝尔和平奖》，中共中央党校 2011 年博士学位论文，第 151—152 页。

④ 有兴趣的读者可参见《权谋》一书。该书通过对诺贝尔物理奖和化学奖的精细考察，发现即便是科学类的诺贝尔奖，也是权谋倾轧的结果。尽管西方人的线性逻辑习惯使其经常得出一些耸人的结论，但诺贝尔奖由该书所揭出的一面，确实发人深省。［美］罗伯特·马克·弗里德曼：《权谋——诺贝尔科学奖的幕后》，杨建军译，世纪出版集团、上海科技教育出版社 2005 年版。

⑤ 密尔提出联想遵循接近律、类似律、对比律和因果律。接近律，指会对空间或时间上接近的事物产生联想。类似律，指对性质、形态或其他方面相似的事物产生联想。

种关联。①

　　上述几点可归结为诺贝尔奖本身的因素，此外，诺贝尔和平奖能夺世人之心还有其宏观的外部因素，正所谓"道假诸缘，复须时熟"。诺贝尔和平奖草创及至大行其道之时，世界只是西方的世界。即使存在着多元化或多样化，都仅是同一话语系统内的不同意见，隶属于当时的"元叙事"或"大叙事"。② 因为评选和平奖的理念源于当时的大叙事，所以其评选标准在当时的人们看来十分熨帖，于是人们也就非常自然地接受、认可并予以加强。从这个意义上来讲，和平奖是西方的，同时也是"西方—非西方"的。

　　但是随着社会的不断发展和进步，大叙事遮蔽下的小叙事逐渐获得解放。同时，随着二者之间矛盾和对抗的加剧，和平奖的"西方对非西方性"也越来越明显。如同硬币的两面，也正是在"小叙事—非西方"的凸显下，"大叙事—西方"的线条才越显明朗。如果说要像传统的历史研究那样，划出一条线分割开"西方的诺贝尔和平奖时代"和"西方对非西方的诺贝尔和平奖时代"，那应该选在 1945 年：二战结束之际，冷战孕育之时。冷战时期的东西方对峙是国际政治中的大结构，"西方—非西方"的格局也就形成了。

　　看看历届和平奖获得者的名单，我们就会发现，1945 年之前的和平奖获得者中占大部分的是西方人的名谓，这给和平奖的西方性质加了一个注脚。1945 年之后，非西方的面孔多了起来，可是，若进一步了解他们的生平，便会惊奇，原来"非西方皮囊之下，却是西方的内核"。这些非西方面孔的加入，体现了和平奖在这一时期的"西方—非西方性"，不过要明确，这里"非西方"的出现是为了凸显"西方"。为了说清楚这一个问题，不妨列举几位获奖者的案例略作分析。

　　1975 年，苏联著名核物理学家安德烈·萨哈罗夫（1921—）被授予和平奖。他在苏联的氢弹研制工作中发挥着举足轻重的作用。或许正是像爱因斯坦一样有感于氢弹的巨大威力，这位核物理学家从 20 世纪

---

　　① 刘炳香：《国际关系视野中的诺贝尔和平奖》，中共中央党校 2011 年博士学位论文，第 150 页。

　　② "元叙事"或"大叙事"的概念由法国哲学家利奥塔在 1979 年提出，是指"具有合法化功能的叙事"。一个时代有一个元叙事或大叙事，同时又存在着各种不同于大叙事且受其遮蔽的小叙事。

60 年代开始反对核武器——自己参与研制——的扩散。如果说，萨哈罗夫因其推动 1963 年《部分禁止核试验条约》的签署而获得和平奖，还勉强能够说通。那评审委员会因其"在极端困难的条件下，以卓有成效的方式，为实施赫尔辛基协议所规定的各项价值观念而进行了斗争"（评审委员会评语）而授彼奖章，则很难说通。西方看重的赫尔辛基协议所规定的各项价值观念为何？答曰：尊重人权和基本自由。的确，这是一项伟大的事业，全世界的人们应该对为这项事业做出贡献的人发出赞美，若有可能，更要像萨哈罗夫那样投身于这项事业。可是，这与人类的和平有什么关系？至于美国、赫尔辛基协议和苏联的关系，早已是世人皆知的常识了。

1990 年，苏联总统戈尔巴乔夫（1931—）获得该年度诺贝尔和平奖。他是苏联的第一任总统也是最后一任总统，正是在他手上，苏联社会主义帝国大厦倒塌。苏联解体涉及政治、经济、社会、民族等各方面的原因，不过戈尔巴乔夫作为关键历史人物难脱干系。在解体前夕的 1988 年，戈尔巴乔夫宣布减少对东欧国家内政的干涉，特别是停止了武力干预，放弃外交上的勃列日涅夫主义。这一政策的后果是，东欧社会主义国家发生了剧变。① 紧接着，两德统一，这从形式上标志着冷战时期"欧洲一分为二"的局面结束。这也就意味着东西两大阵营间的冷战结束。戈尔巴乔夫因此获得了 1990 年的和平奖。这堪称是"西方—非西方"框架下的一个典型大叙事文本，对戈氏的这次嘉奖，是在言说和加强整个西方对非西方在话语强权上的合法性。联系一下福山鼓吹的"历史终结论"，就会发现，评审者是在以胜利者的姿态对获奖者的行为进行肯定，这暴露了二者在身份上的不平等。

2009 年，诺贝尔和平奖授予了美国总统奥巴马，并称其"吸引了全世界的注意力，只有极少数人能达到与他同等的程度，他为人民带来了对美好未来的希望"。且不论这段评价是否为溢美之词，大概任何一位智识正常的人都应该会问一句：2009 年的奥巴马履职未久②，有何"和平"作为？即便是今天，人们也会发出疑问：他为哪国的人民带来

---

① 郑羽研究员在其著作中对这段历史有精彩的分析，参见郑羽《既非盟友，也非敌人：苏联解体后的俄美关系（1991—2005）》上卷，世界知识出版社 2006 年版，第 59—81 页。

② 奥巴马 2008 年 11 月 4 日正式当选，2009 年 10 月 9 日获诺贝尔和平奖，前后尚不足一年。

了美好未来的希望？依照和平奖的评审标准，获奖者应当是为"全世界人民"的和平作出贡献，但水深火热中的叙利亚的人们似乎不会答应，况且对此不能苟同的还不止叙利亚一国人民。不能不说，其目的便是树立和巩固以美国为代表的西方标准。可惜，这场秀做得太露骨，实在不算高明。

诺贝尔在遗嘱中交代，将和平奖授予"为促进民族团结友好、取消或裁减常备军队以及为和平会议的组织和宣传尽到最大努力或作出最大贡献的人"。但今天的诺贝尔和平奖已越来越偏离诺贝尔的初衷，如中国社会科学院欧洲研究所所长所言，"诺贝尔和平奖评奖作为政治工具的作用已暴露无余"。① 在结尾处，笔者对本章立场略作说明：本章只是试图从符号学的角度，提醒人们在"西方—非西方"这一大叙事之下，应当注意到诺贝尔和平奖作为一个符号所体现出的权力关系，而并非旨在贬抑一方或褒扬一方。因为很容易举出一些其他的例子，如苏联便曾设立一个斯大林和平奖作为宣扬自己意识的符号。

四　批评和拒绝：诺贝尔文学奖的尴尬

> 毋庸讳言，"文学是文学，奖是奖"，能让人们感兴趣的主要原因，还是因为这是一个世界瞩目的"奖"，因为它有世界影响，而并不一定是它本身的绝对"文学"价值。
>
> ——万之②

（一）瑞典文学院的传统

文学奖的评奖机构是 1786 年 4 月 5 日由瑞典国王古斯塔夫三世仿照法兰西学院的模式，在首都斯德哥尔摩设立的"瑞典文学院"。瑞典文学院与瑞典皇家科学院并不是一个机构。瑞典文学院设立目的是为了保证瑞典语言的"纯洁、力量和庄严"。瑞典文学院由 18 名终身院士组

---

① 《诺贝尔和平奖无关世界和平》，人民网 2010 年 10 月 24 日，http：//news. 163. com/10/1024/13/6JOU4L8100014JB6. html。

② ［瑞典］万之：《诺贝尔文学奖传奇》，上海人民出版社 2010 年版，序言第 6 页。

成，最初都是古斯塔夫三世直接聘任的。院士各坐一把有编号的交椅，终身固定不变。去世院士的缺额由其他院士提名，秘密投票补选，然后经国王批准聘任，公布于众。早期院士的主要职责是编撰两部瑞典语辞典。其中的一本类似于牛津英语词典，第一卷出版于1898年，然而直到2011年，他们才编撰到字母L。之所以这么慢，很有可能是诺贝尔文学奖的颁发工作使院士们分心了，从1901年起，举世瞩目的诺贝尔文学奖就由瑞典文学院颁发。而辞典编撰工作被转移到瑞典南部的另一座学院建筑里了。由于以往的重点是语言，因此传统上的院士多为语言学家和历史学家，文学家和作家只是少数，这种情况到如今才有根本改变，作为文学院终算实至名归。①

全世界的人们都认为诺贝尔文学奖的评选是这18位院士每一年最重要的工作。因为评选过程极其保密，评选结果有时又会引发争议，因而神秘、威严乃至质疑和口水围绕了这座小楼。② 小楼如今遇到的问题，其实在100多年前的1897年，就被预见到了。也正是因为预见到这一点，所以当诺贝尔遗嘱的执行人和瑞典文学院商谈设立诺贝尔文学奖的事宜时，被瑞典文学院的院长拒绝了。

瑞典文学院的院长，历史学家福塞尔和一些院士，一开始就拒绝接受评选和颁发文学奖的责任。他们怀疑学院的18名院士是否有能力评估欧洲各国的文学作品，更不要谈来自世界各地的文学作品。文化界正处于一个动荡的年代，各国文学的品位、时尚差异很大。他们害怕院士们会遭受到"难堪、压力和诽谤"。③ 前文说过，瑞典文学院的主要任务是编撰词典，院长也担心行使一项国际性裁决可能会影响到学院对国家应尽的义务。后来的事实也的确如此。

不过，当时大权在握的瑞典文学院常务秘书长阿夫·威尔森却不同意院长的意见。他是自封的瑞典主流文化的捍卫者。他要使瑞典文学院成为理想的新经典文化的堡垒。他推崇传统的真、美、善的价值，反对一些走红的激进作家，如斯特林堡和易卜生。他认为颁发诺贝尔文学奖

---

① 参见百度百科"诺贝尔文学奖"，http://baike.baidu.com/view/30507.htm。
② 李梓新：《探秘瑞典学院：世界上最高端的"读书俱乐部"》，http://cnmedia.org/?p=877。
③ ［美］罗伯特·马克·弗里德曼：《权谋——诺贝尔科学奖的幕后》，杨建军译，世纪出版集团、上海科技教育出版社2005年版，第19页。

是一个绝好的机会，如果拒绝这项工作，就会被人批评为推卸了一个伟大的责任，错过了可能让瑞典文学院对世界文学界的影响力登上新高峰的机会。他设法推动瑞典文学院和诺贝尔遗嘱执行人的谈判，并最终达成共识。从这一小段历史看，文学奖在设立时，就被组织者赋予了推崇传统价值、加强瑞典文学院的世界影响力的意图。

前文已就诺贝尔文学奖评选的流程做了介绍。这里再陈述一些细节。

瑞典文学院内由五人组成的文学奖评委会，专门负责整理和推荐获奖者，最终得出一个五人候选名单，交由所有院士投票。评委会每三年换届一次，但可以无限期连任。很多时候，评委会的委员们工作量非常大。每年2月，他们要整理各国作协或历届获奖者推荐来的大约200多个候选人名单。在第二年4月份他们提交一份筛选后的约15—20人的名单给院士们。在5月底，他们根据各方意见将这个名单缩减到五人。然后所有人要读这些候选人的作品。评委会成员每人要读这五个候选者各自的五部作品。在一个夏天里他们最少要读25部作品，并且要为每个人撰写10页左右的评估报告，提出推荐或者不推荐的理由。委员们大多会好几门语言，通常都会阅读英语、瑞典语、法语、德语、西班牙语等译本。对其他的一些语言，比如中文和日语等，翻译的质量就显得尤为重要。运气好的时候，会出现一个候选人连续多年出现在五人名单里，这样他们的阅读任务就会降低。事实上，没有一个获奖者能在第一次出现在五人名单后就在当年直接获奖。莫言也出现在2011年的五人候选名单里。

9月份，评委会成员在会上宣读他们的读书报告，并给出他们的推荐人选和理由。院士则为自己的心仪候选人投票。获奖者一般在10月中旬公布前一周便大局已定。不过，一个有趣的规定是，在宣布获奖者当天，居然还要进行一轮新的投票，以作为最后的确认。①

（二）文学奖委员会和内部政治

1989年，瑞典文学院内爆发了两百年来最大的争议，以至有三名院士愤而辞职，18张椅子一下子空了三张。这三位是学院前任常任秘

---

① 李梓新：《探秘瑞典学院：世界上最高端的"读书俱乐部"》，http://cnmedia.org/? p=877。

书（1977 年至 1986 年）兼诺贝尔奖委员会主席（1981 年至 1987 年）
L. J. W. 于伦斯坦，瑞典最著名的女作家、当时两名女院士之一 K. L.
艾克曼，以及 K. W. 阿斯本斯特罗姆。

此事的起因是伊朗宗教领袖霍梅尼下令追杀《撒旦诗篇》作者、英
籍印度裔作家萨尔曼·拉什迪，这一追杀举世震惊，瑞典各文化团体尤
其是作家纷纷发表抗议声明，瑞典文学院院士的基本道义倾向虽然支持
拉什迪，但多数院士仍以"学院不应干预政治"为由，拒绝以文学院
名义发表声明。因此，三名异议院士公开宣布退出学院，尽管文学院基
于终身制的规定不予批准，他们也不再参加文学院的活动。

"因为与前任常任秘书阿伦和他的后继者恩道尔之间的矛盾"，昂
隆德从 1996 年开始不再参与评选工作。在 2005 年 10 月 11 日，距 2005
年诺贝尔文学奖获奖者公布仅几天的时间，他在《瑞典日报》上发表
一篇声明，称为了抗议上一年的获奖者埃尔弗里德·耶利内克，他将退
出委员会；他称耶利内克的作品混乱且色情。

（三）"理想主义"的政治倾向和艰难的平衡

前文说，在诺贝尔文学奖开办之初，瑞典文学院的实权派就想按照
保守的理想主义的方式来颁发奖章。这或许是诺贝尔遗嘱中对文学奖的
要求，即要颁给在文学上创作了具有理想主义的最杰出作品的作家。诺
贝尔在其遗嘱中对文学奖的设想，一经公布就遭到许多的怀疑。时任
《社会民主党人》报主编、1896 年起任斯德哥尔摩市政府下院议员及后
来的瑞典首相雅尔玛·布兰廷在题为《诺贝尔的遗嘱——伟大的善意，
伟大的无的放矢》中，认为诺贝尔的捐赠是"精心伪造的"，特别是考
虑到文学奖颁发"给那些在文学上创作了具有理想的最杰出作品者"。
"这一定是言过其实了"，"由于选择瑞典皇家科学院等作为颁奖者，因
此整个捐赠都是精心伪造的"，他期待一个保守的机构对"理想"做的
解释。

当有人问诺贝尔的好友乔治·布兰德斯，诺贝尔的"理想"指的是
什么时，他回答道，"诺贝尔是无政府主义者，因此他所认为的理想就
是对整个宗教、王权、婚姻、社团秩序持争议和批评的态度"。也有人
认为，"当他讲到理想时，他也许界定了对反叛及独立趋势的更大的范
畴，这是他同时代的解释者想理解却又做不到的"。《诺贝尔全传》的

作者肯尼·范特认为，"或许我们永远无法确定诺贝尔所指的'理想的'（idealisk）的确切含义。此外我们也不能排除作为常年在国外居住的瑞典人，诺贝尔误解了瑞典语中某些词的细微差别，而实际上他指的是'理想主义的'（idealistisk），他碰巧把它误写成了'理想的'（idealisk）"①。

约翰·马克斯韦尔·库切是2003年诺贝尔文学奖得主。他提到阿尔弗雷德·诺贝尔不喜欢以左拉为代表的整个自然主义写作流派，并猜想原因可能是他更相信人的精神力量而非不可控的自然环境。在诺贝尔所处的时代最富才气的瑞典作家是斯特林堡，"但诺贝尔显然对斯特林堡没什么好感"，库切说，"诺贝尔喜爱的瑞典作家是维克托·里德伯格，他认为他是个超级理想主义者"。斯特林堡是继易卜生之后的又一位北欧戏剧大家。他和诺贝尔有很多相似之处，他们上的是同一所学校，两人都活了63岁，死后都由后来的瑞典大主教那坦·苏德布隆做的悼词。

在1901—1911年间，斯特林堡有过11次获得诺贝尔奖的机会，但诺贝尔奖评审委员会从未将此殊荣授予他。因此库切认为诺贝尔奖不一定会颁给一个时代客观意义上的伟大作家，而更倾向于选择与诺贝尔意识形态接近的作家。② 保守性或者意识形态性100余年来使诺贝尔文学奖错过了一些具有划时代意义的伟大作家：卡夫卡、易卜生、托尔斯泰、斯特林堡、乔伊斯、普鲁斯特、鲁迅、卡尔维诺、博尔赫斯……这个名单是如此华丽。一些人认为，这些作家并不需要诺贝尔奖来证明自己的伟大和永恒；错过他们，却是诺贝尔奖的遗憾、甚至耻辱。③

1923年，得奖呼声最高的是托马斯·哈代，但最后桂冠却属于爱尔兰诗人叶芝，因为瑞典文学院要通过对后者的嘉奖来表现对爱尔兰民族自治运动的支持。1939年，诺贝尔评委会为了表达对苏联的不满和对芬兰的支持，把文学奖授予西兰帕。

---

① ［瑞典］肯尼·范特：《诺贝尔全传》，王康译，世界知识出版社2014年版，第403—404页。

② 韩见：《诺贝尔奖不一定会颁给那个时代客观意义上伟大的作家》，http://news.xinhuanet.com/2013－05/13/c_124700588.htm。

③ 吴海云：《诺贝尔文学奖的政治性格》，http://www.21ccom.net/articles/qqsw/qqgc/article_2010110123376.html。

　　吴海云认为，诺贝尔文学奖对政治的关注，有其近乎偏执的偏好。流亡，是诺贝尔文学奖近年来特别看重的一个政治主题。诺贝尔奖对流亡命题的情有独钟，显然也与20世纪中期的战争灾难和之后复杂多变的全球政治格局有着密切的关系。在这个时代，流亡话语经常涉及民族政治与生命个体的冲突，这种冲突在文学语境中产生的那种独特的张力，正是诺贝尔奖看中的东西。21世纪初的获奖名单显示，凡是出走母国（未必脱离国籍）、从事后殖民主义文学创作，尤其以反抗强权专制为主题的作家，比较容易赢得诺贝尔奖的青睐；如果他/她偏巧又是流亡或移民作家，那获得诺贝尔文学奖的概率又高了好几成。

　　当然，瑞典文学院的文学奖评委们，毕竟不是铁板一块，彼此之间也存在不同意见甚至矛盾乃至冲突。因此，尽管有上文说的一些政治倾向，但总体来说，诺贝尔文学奖的评奖还是尽量地避免卷入政治旋涡——虽然往往身不由己。剑桥大学女王学院的中国文学与历史研究员蓝诗玲（Julia Lovell）分析指出，第二次世界大战之前，诺贝尔文学奖以包容性和可接受性寻求自我合法化，战后则采行一种布尔迪厄称之为"双重分裂"（Double Rupture）的立场，即在某个独立运行的文学领域，其先锋成员以如下态度保持自己的领袖地位：我憎恨××，但我也同样憎恨××的反面。用在诺贝尔奖的评委们身上，即：我们憎恨那些为金钱写作的人，但我们也同样憎恨那些为政治写作的人。

　　瑞典的政治文化即中立主义，文学院有时不得不煞费苦心，在左右之间寻找平衡。以冷战前半期为例，诺贝尔文学奖奖励了4位苏联制度的反对者（加缪，1957；帕斯捷尔纳克，1958；安德里奇，1961；索尔仁尼琴，1970），但同时也表彰了4位苏联体制内的作家或其同情者（拉斯克内斯，1955；萨特，1964；肖洛霍夫，1965；聂鲁达，1971）。颁奖给帕斯捷尔纳克一事遭到了苏联政府的猛烈抨击，获奖者本人亦迫于压力宣布弃奖，7年后，瑞典文学院又不无补偿性地表彰了肖洛霍夫，反过来又受到西方世界的质疑。①

　　瑞典文学院不光要照顾到左右之间的平衡，还可能要考虑到地区之间的平衡。文学奖评委会现任委员、秘书贺瑞斯·恩格道尔认为，"文

① 慷慨：《2009诺贝尔文学奖得主：近十年来政治色彩最强》，中国新闻网，http://www.chinanews.com/gj/gj-sswh/news/2009/10-20/1920321.shtml。

学这件事，是地区分布不平衡的，它有时就像粉刺，爱在哪里长就在哪里长，你不能控制它。爱尔兰那么小的一个国家，出了那么多的好作家。而并不是说美国很大，就一定有很多好作家。这个事情是没有'国际公正'可言的"①。恩格道尔尽管说的没错，但文学奖在评奖时却不能简单地这么干，而是需要考虑不同地区的一种面子上的平衡。例如，2012 年文学奖颁发给了中国的莫言。尽管日本的村上春树作为诺贝尔奖的热门夺标人物已经很多年，但 2013 年的文学奖并没有颁发给他，而是选择了加拿大作家爱丽丝·门罗。因为 2012 年颁给了亚洲作家，2013 年再次颁给亚洲人就显得不平衡了。而自 1993 年美国黑人女作家托尼·莫里森获诺贝尔文学奖之后，北美文学家已经"消失"整整二十年了，因此当年有人大胆预测，本届文学奖肯定会给北美作家"平均"一个，结果居然言中了。②

诺贝尔文学奖委员会前主席 L. J. W. 于伦斯坦曾介绍了"实用主义"的政策，即诺贝尔奖不是一种荣誉，而是一种投资或赌注，用来促进创作，"要求奖金有一种益处的功能"。1971 年授予巴勃罗·聂鲁达和 1973 年授予帕·怀特，这两项奖都符合指出"一项鲜为人知的语言或文化领域"的愿望。实用主义观点的突破，就是 1978 年令人惊异地选中鲜为人知的艾·巴·辛格。接着 1982 年授予并非无名之辈的加西亚·马尔克斯。1986 年在他任上的最后一年，奖金给了尼日利亚作家索因卡，"尽量使获奖者遍布全球"，改变诺贝尔奖给人造成的欧洲中心主义的印象。③

（四） 对文学奖的批评和拒绝

前文提到，诺贝尔自身的理想主义色彩，加之他的遗嘱中对文学奖要授予具有理想或者理想主义的杰出作品的限定，非常容易导致诺贝尔文学奖的政治或者意识形态倾向。而颁奖机构瑞典文学院评委会的 5 位

---

① 李梓新：《专访瑞典学院前常务秘书，文学奖评委会现任秘书恩格道尔：文学就像粉刺，无法控制生长》，http：//cnmedia. org/？ p = 867。

② 《诺贝尔文学奖不一定"讲政治"文学应回归文学》，中国新闻网，http：//news. xinhuanet. com/yzyd/culture/20131011/c_ 117675359. htm。

③ 朱又可：《瑞典学院历史上的 18 张椅子》，南都网，http：//news. nandu. com/html/201301/29/19154. html。

委员，以及其他共计 18 位院士的观念和想法，一定会映照在对获奖人的选择上。这是没有办法的事。谁让很多文学作品都有政治倾向，而那些完全没有政治倾向的作品，却往往会被做政治的解读。正是因为诺贝尔文学奖可能或多或少地夹杂着或被认为夹杂着政治性，一些人对诺贝尔文学奖持保留意见。

在诺贝尔文学奖设立之前，瑞典文学院的院长福塞尔就怀疑学院的 18 名院士是否有能力评估欧洲各国的文学作品，更不要谈来自世界各地的文学作品。这也是诺贝尔文学奖受到诟病的一个原因。我国著名学者钱锺书就对此颇有意见。1985 年冬，《文艺报》登门采访钱锺书。钱锺书先是问记者是否知道萧伯纳的话："诺贝尔设立奖金比他发明炸药对人类的危害更大。""当然，萧伯纳后来也领取了这个奖。其实咱们对这个奖不必过于重视。只要想一想，不说活着的，在已故得奖者中有格拉齐娅·黛莱达（意大利小说家）、保罗·海泽（德国作家）、鲁道夫·奥伊肯（法国哲学家）、泼尔·布克（赛珍珠，美国作家）之流，就可见这个奖的意义是否重大了。"说着，他从书架上取了一本巴黎出版的《新观察杂志二十年采访选》，翻到博尔赫斯因为拿不到诺贝尔文学奖而耿耿于怀的一节，说道："这表示他对自己缺乏信念，而对评奖委员会似乎太看重了。"[①]

我们看一个差不多十年前发生的拒领诺贝尔文学奖的案例。2004 年 10 月 7 日，瑞典文学院宣布 2004 年诺贝尔文学奖的得主为奥地利女作家埃尔弗里德·耶利内克，理由是："她的小说和戏剧具有音乐般的韵律，她的作品以非凡的充满激情的语言揭示了社会上的陈腐现象及其禁锢力的荒诞不经。"而在得知自己成为第一个获得诺贝尔文学奖的奥地利人后，耶利内克并未如人们意料的那样激动。相反，她在 8 日发表声明，正式宣布自己不会去斯德哥尔摩接受该项大奖。她罗列了两条理由：第一，身体健康状况不佳；第二，她认为自己没有资格获得这一大奖。

耶利内克说，在得知获得如此崇高的奖项后，她感觉到的"不是高兴，而是绝望"，"我从来没有想过，我本人能获得诺贝尔奖，或许，

---

① 朱绍杰：《诺贝尔文学奖另类声音：鲁迅拒提名萨特拒领奖》，http：//book.sohu.com/20121013/n354795506.shtml。

这一奖项是应颁发给另外一位奥地利作家彼杰尔·汉德克的"。耶利内克并不认为自己获得的诺贝尔奖是"奥地利的花环",她与政府仍完全保持着距离。① 当然,鉴于耶利内克的情况,最终,瑞典文学院委派专人专程到她的家中为其颁奖,她也接受了奖项。

除了对诺贝尔文学奖委员会的能力的怀疑外,还有人从作家的独立性,文学作品的独立性的角度,批评诺贝尔奖。这个人就是法国的萨特,他因为对诺贝尔奖的异议而拒绝了文学奖。

萨特是战后法国哲学界、文学界的头面人物,他的存在主义哲学思想,影响了法国乃至全世界整整两代文学家和思想家。他的主要哲学著作有《想象》、《存在与虚无》、《存在主义是一种人道主义》、《辩证理性批判》和《方法论若干问题》等。非但如此,萨特还把深刻的哲理带进小说和戏剧创作,他的中篇《恶心》、短篇集《墙》、长篇《自由之路》,早已被承认为法国当代文学名著。他的戏剧创作如《苍蝇》、《间隔》等,在法国当代戏剧中占有重要地位。1961 年,据说萨特缺钱用了,便重写了已经搁置七八年之久的自传,书名改为《词语》。《词语》发表在《现代》杂志 1963 年 10—11 月号上,1964 年 1 月伽利玛出版社出单行本。它的出版获得评论界的好评,虽然有种种不同的理解,如有的认为这标志着作者又回到文学上来了,有的认为这是作者自欺的新表现,有的认为这是对其童年的谴责,有的认为这表现了一种彻底的悲观主义等等,但有一点是公认的,即这是一部优秀作品,可以与文学史上的任何经典自传作品相媲美。正是由于《词语》的巨大成功,瑞典文学院把 1964 年度诺贝尔文学奖授予萨特。瑞典文学院授奖给萨特的理由是:"他那思想丰富、充满自由气息和探求真理精神的作品已对我们时代产生了深远影响。"

当报纸传出他获奖的消息后,萨特立即给瑞典文学院写了一封措辞委婉但意思明确的信,请对方取消这项决定,否则他会拒绝领取。萨特以为这样一来,对方会取消他的获奖人资格,谁知瑞典文学院根本不顾及获奖者本人的意愿,仍然把这项奖给了他。得知这个消息后,萨特立即写了一个声明《我为什么拒绝诺贝尔文学奖》,由他在瑞典的出版商委派一位代表于 10 月 22 日在斯德哥尔摩宣读。在声明中,萨特说明了

---

① http://book.ifeng.com/special/nobelwxj2008/list/200810/1007_4772_820475.shtml.

他拒绝的理由。①

　　我很遗憾这是一件颇招非议的事情：奖金被决定授予我，而我却拒绝了。原因仅仅在于我没有更早地知道这件事的酝酿。我在十月十五日《费加罗文学报》上读到该报驻瑞典记者发回的一条消息，说瑞典学院可能把奖金颁发给我，不过事情还没有决定。这时我想，我只要写一封信给瑞典学院（我第二天就把信给发了），我就能改变这件事情，以后便不会再有人提到我了。

　　那时我并不知道颁发诺贝尔奖是不征求受奖者的意见的。我还认为我去信加以阻止是及时的。但我知道，一旦瑞典学院做出了决定，他就不能再反悔了。

　　我拒绝该奖的理由并不涉及瑞典学院，也不涉及诺贝尔奖本身，正如我在给瑞典学院的信中说明的那样。我在信中提到了两种理由，即个人的理由与客观的理由。

　　个人方面的理由如下：我的拒绝并非是一个仓促的行动，我一向谢绝来自官方的荣誉。如在 1945 年战争结束后，有人就提议给我颁发荣誉勋章，我拒绝了，尽管我有一些朋友在政府部门任职。同样，我也从未想进法兰西学院，虽然我的一些朋友这样向我建议。

　　这种态度来自我对作家的工作所持的看法。一个对政治、社会、文学表明其态度的作家，他只有运用他的手段，即写下来的文字来行动。他所能够获得的一切荣誉都会使其读者产生一种压力，我认为这种压力是不可取的。我是署名"让－保罗·萨特"还是"让－保罗·萨特：诺贝尔奖获得者"，这决不是一回事。

　　接受这类荣誉的作家，他会把授予他荣誉称号的团体或机构也牵涉进去。我对委内瑞拉游击队抱同情态度，这件事只关系到我。而如果是诺贝尔奖获得者让－保罗·萨特支持委内瑞拉的抵抗运动，那么他就会把作为机构的所有诺贝尔奖得主牵连进去。所以作家应该拒绝被转变成机构，哪怕是以接受诺贝尔奖这样令人尊敬的荣誉为其形式。

---

① http://hi.baidu.com/qqoffcgolgboryd/item/3df1995768c5d710da1635d0.

　　这种态度完全是我个人的，丝毫没有指责以前的诺贝尔奖获得者的意思。我对其中一些获奖者非常尊敬和赞赏，我以认识他们而感到荣幸。

　　我的客观理由是这样的：

　　当前文化战线上唯一可能的斗争是为东西方两种文化的共存而进行的斗争。我并不是说，双方应该相互拥抱，我清楚地知道，两种文化之间的对抗必然以冲突的形式存在，但这种冲突应该在人与人、文化与文化之间进行，而无须机构的参与。

　　我个人深切地感受到两种文化的矛盾：我本人身上就存在着这些矛盾。我的同情无疑趋向社会主义，也就是趋向于所谓东方集团，但我却出生于一个资产阶级的家庭，在资产阶级的文化中长大。这使我能够与一切愿意使这两种文化相互靠拢的人士合作共事。不过，我当然希望"优胜者"，也就是社会主义能取胜。

　　所以我不能接受无论是东方还是西方的高级文化机构授予的任何荣誉，哪怕我完全理解这些机构的存在。尽管我所有同情都倾向于社会主义这方面，不过我仍然无法接受譬如说列宁奖，如果有人想授予我该奖的话。现在当然不是这种情况。

　　我很清楚，诺贝尔奖本身并不是西方集团的一项文学奖，但它事实上却成了这样的文学奖。有些事情恐怕并不是瑞典文学院的成员能决定的。

　　所以就现在的情况而言，诺贝尔奖在客观上表现为给予西方作家和东方叛逆者的一种荣誉。譬如，南美一位伟大的诗人聂鲁达就没有获得这项荣誉。此外人们也从来没有严肃地对待路易·阿拉贡，而他却是应该获得这一荣誉的。很遗憾，帕斯捷尔纳克先于肖洛霍夫获得了这一文学奖，而唯一的一部苏联获奖作品只是在国外才得以发行，而在它本国却是一本禁书。人们也可以在另一种意义上通过相似的举动来获得平衡。倘若在阿尔及利亚战争期间，当我们签署"一二一人权宣言"的时候，那我将十分感激地接受该奖，因为它不仅给我个人，而且还给我们为之而奋斗的自由带来荣誉。可惜这并没有发生，人们只是在战争结束之后才把该奖授予我。

　　瑞典科学院在给我授奖的理由中提到了自由，这是一个能引起众多解释的词语。在西方，人们理解的仅仅是一般的自由，而我所理解的却是一种更为具体的自由，它在于有权利拥有不止一双鞋和有权利吃饭。在我看来，接受该奖，这比谢绝它更危险。如果我接受了，那我就顺从了我所谓"客观上的回收"。我在《费加罗文学报》上看到一篇文章，说人们"并不计较我那政治上有争议的过去"。我知道这篇文章并不代表科学院的意见，但它却清楚地表明，一旦我接受该奖，右派方面会做出何种解释。我一直认为这一"政治上有争议的过去"是有充分理由的，尽管我时刻准备在我的同伴中间承认我以前的某些错误。

　　我的意见并不是说，诺贝尔奖是一项"资产阶级"的奖金，这正是我所熟悉的那些阶层必然会做出的资产阶级的解释。

　　最后我再谈一下钱的问题。科学院在馈赠获奖者一笔巨款的时候，它也同时把某种非常沉重的东西放到了获奖者的肩上，这个问题使我很为难。或者接受这笔奖金，用这笔钱去支持我所认为的重要组织或运动。就我来说，我想到了伦敦的南非种族隔离委员会。或者因为一般的原则而谢绝这笔奖金，这样我就剥夺了该运动可能需要的资助。但我认为这并不是一个真正的问题。显然我拒绝这笔二十五万克郎的奖金只是因为我不愿被机构化，无论东方或是西方。然而你们也不能为了二十五万克郎的奖金而要求我放弃原则，须知这些原则并不仅仅是你们的，而且也是你们所有的同伴所赞同的。正是这一点使我无论对奖金的馈赠还是对我不得不做出的拒绝感到十分为难。

　　最后，我谨向瑞典公众表示我的谢意。①

　　在十年后的 1974 年，在他的伴侣波伏瓦对其所作的一次访谈中，萨特对拒绝诺贝尔文学奖做了更充分的说明。

　　波伏瓦：是不是由于这种在人们之间平等的感受，你总是拒绝一切使你受到注意的东西？你的朋友经常看到你对那通常称作荣誉的东西的拒绝——人们甚至可以说你厌恶它。这多少同平等的思想有关吧？你为什么厌恶荣誉？

---

① http://www.douban.com/note/98055498/.

萨特：这两者确实有一定联系，但也跟我的这种思想有关：我的深层实在是超出荣誉的。这些荣誉是一些人给另一些人的，而给这荣誉的这些人，无论是给荣誉勋位还是诺贝尔奖金，都没有资格给这荣誉。我无法想象谁有权利给康德、笛卡儿或歌德一项奖，这奖意味着现在你属于某一个等级。我们把文学变成了一种有等级的实在，在这种文学中你处于这种或那种地位。我拒绝这样做，所以我拒绝一切荣誉。

波伏瓦：这解释了你对诺贝尔奖的拒绝。但较早时期你还有一次拒绝，在战后对于荣誉勋位的拒绝。

萨特：对。在我看来，荣誉勋位是给一大批平庸之辈的酬劳。就是说，一个得到了荣誉勋位的工程师应得这个荣誉，而另一个跟这人情况相同的人却不应得。他们不是由于自身的真实价值，而是由于做了一项工作或头头推荐或其它情况而受到判别。这完全不符合他们的实在。这种特殊的实在是无法计量的。

波伏瓦：你刚才使用了"平庸"这个词。这样你甚至从你时常提出的平等理论退回到一种非常贵族化的词语和表达。

萨特：噢不，完全不是，因为正像我已经说过的，一开始自由和平等在这儿，在一个人的过程中，在一个人的发展中，平等最后应该还在这儿。但人又是一个服从等级系统的存在物，作为一个分等级的存在物，他可能变得愚蠢起来，或者他开始喜欢等级制度而宁肯不要他自己深层的实在。在这个水平上，在等级的水平上，他也许应该得到一个轻蔑的形容词。你理解这一点吗？

波伏瓦：我理解。

萨特：我认为，我们周围的多数人对荣誉勋位、诺贝尔奖和类似的东西评价过于高了，而事实上这些奖不说明任何东西。它们仅仅符合于等级制度所给出的一种区别，但这不是一种真实的存在，是抽象的存在，是我们只知其然而不真正知其所以然的存在。

波伏瓦：也有你乐于接受的承认。你不接受——比如说——某些人为了给你诺贝尔奖而对你哲学著作价值的认可。但你接受你的读者、读者大众的承认，你甚至还希望得到这种承认。

萨特：是的，这是我的职责。我写作，于是我希望读者认为我写得好。不是说我认为它们都是很好的——远非如此——但当它们碰巧是好作品时，我希望能马上得到读者对它们的很高评价。

波伏瓦：因为你的作品就是你自己，如果你的作品得到承认，你的实在就得到了承认。

萨特：确实如此。①

总体而言，萨特主要是担心诺贝尔奖将影响读者对作者和作品的判断。因为诺贝尔奖本身将一名作家归类为某一个阶层和类型的一员，而其作品也相应具备了一个地位。这些一方面可能会抹杀作家的本意，另一方面也影响了读者和作家之间平等的互动。作家和作品不需要作品以外的东西来替他们说话。

萨特的担心不是没有道理。英国有家报纸曾经做过一个实验。他们把 2001 年已经得奖的英语作家奈保尔的作品重新打印成文稿，改换了姓名发给十多家英国的文学出版社，假装是新作家的投稿。结果这些出版社的编辑全都看不出作品的"文学"价值而退稿。反过来，如果是得奖作家的作品，只要有了这顶桂冠，出版社连文稿都不用看就会立刻把版权买下。②

---

① ［法］波伏瓦著，黄忠晶译，《萨特传》，百花洲文艺出版社 1996 年版，第 287—288 页。

② ［瑞典］万之：《诺贝尔文学奖传奇》，上海人民出版社 2010 年版，自序第 5—6 页。

第二章 万花筒里的诺贝尔奖

前一章对诺贝尔奖的设立，它的基本规则，以及两项诺贝尔奖——诺贝尔和平奖和诺贝尔文学奖——做了讨论。关于诺贝尔奖本身，我们还能说些什么呢？

我们认为，诺贝尔奖虽然只是一个科学和其他精英的奖励系统，但正如我们在导言中提到的，诺贝尔奖由于其越来越大的社会影响力，其实已经超越了一种奖励系统——它不仅仅是对物理学、化学、生理学或医学、和平、文学和经济学的奖励制度，还具有非常丰富的寓意。对于诺贝尔奖，我们可以做出以下几个判断：

第一，诺贝尔奖是一种奖励体系。社会上的奖励体系分很多种，诺贝尔奖是其中的杰出代表。由于其高端性和国际性，以及非政府色彩，从而获得世界的广泛的认可。

第二，诺贝尔奖也是一个社会建构，其自身也经历了一个逐步调整、日趋完善的过程，其中存在的诸多争议至今不绝。

第三，诺贝尔奖和政治具有难以理清的关联。上一章我们分析了诺贝尔和平奖，明确了和平奖和国际政治之间的诸般关系。但是，诺贝尔奖和政治之间的关联并不只局限于和平奖。诺贝尔科学奖也深刻地反映了科学和政治之间的关系。简单地说，科学和政治之间在很长一段时间，关系并不密切。科学是社会里一部分人的一种自发活动，随着科学对社会的影响越来越大，政府开始支持一些实用性的、技术性的研究。到了20世纪，特别是第二次世界大战后，政府开始全方位地支持科学研究。科学与政治之间的关系从无到有（获得资助），再到进一步密切（二者之间达成社会契约）。从而，科学成为政府的一种姿态，人力资本理论的提出更是强化了这一点。诺贝尔科学奖作为一种科学奖项，通过建构，逐步成为科学和政治的一个中间物。不论是西方国家，还是后进国家，均将其视为一种极高的荣誉和国力的标志，使之成为一个符号。而在诺贝尔奖和国家政治的关系中，特别要研究的是瑞典——它不仅是评奖和颁奖国家，也是诺贝尔奖获奖较多的国家。那么，诺贝尔奖的评选对瑞典究竟意味着什么呢？

第四，诺贝尔奖和科学的关系。一方面，诺贝尔奖的建构过程本身说明了其并不能完全代表科学，至少有许多专业没有设立奖项，而且评奖环节也有纰漏。另一方面，由于国际政治的存在，诺贝尔奖中的和平奖、文学奖的评选往往带有较大的偏见。

一 诺贝尔奖是怎样炼成的：诺贝尔奖的社会建构

上一章对诺贝尔奖的设立做了非常简要的介绍，侧重于其规则的说明。按照一般国人的想法，一个大发明家、大企业家将自己的巨额财产捐出，设立大奖来奖励世界的精英，是多么公正无私的想法，也一定会振臂一呼，应者云集。因此从诺贝尔的第三份遗嘱到诺贝尔奖的设立一定是一帆风顺的吧。但历史事实恰恰与想象相反：诺贝尔奖设立的过程是非常艰辛的。一个大家族的巨额遗产，绝大多数的子女和其他亲戚，并不会那么慷慨地像诺贝尔一样放弃对财产的拥有，虽然有遗嘱在先，大家也不会轻易就范。因此，遗嘱一公布，诺贝尔家族便表达强烈的异议。他们本来可以从前一个被废弃的遗嘱中得到最后一份遗嘱所中规定的 3 倍的金钱。站在这些诺贝尔亲戚的立场，最好是将诺贝尔的最终遗嘱判决无效。他们甚至为了达到这个目的，也怂恿那些被指定的颁奖机构拒绝这份荣誉和责任。

家族对财产的争夺，一般也很容易理解。可是，就连被诺贝尔寄予"厚望"的几个拟定的颁奖机构，瑞典皇家科学院，瑞典文学院一开始也明确表态，并不欢迎诺贝尔遗嘱的邀请和安排。瑞典皇家科学院的院士威德曼认为，如此多的钱，花在一个史无前例的真正国际性的奖上，他担心会引起浮夸、诡计和偏袒。另一位瑞典科学家担心"每一次颁奖都会引起无休止的争端"。彼得松认为用诺贝尔的遗产来促使科学家为奖金而竞争，简直是他能想得出的使用一份遗产的最愚蠢的方式！科学家是不屑为钱而工作的。一些持积极态度的人士指出，这个含混不清的遗嘱忽视了法律条文和学院操作的细节，对如何解决遗嘱本身相互矛盾的文字也毫无提示。候选人如何产生和评估？诺贝尔本人这种奇特的表述的真实用意是什么？是否可以由诺贝尔私人文件中找到一些线索？否则这些被制定授奖的机构将会遇到"一大堆麻烦"。[①] 他们的确预见到了诺贝尔奖诞生后的种种困境和难题。

诺贝尔的遗嘱一经传出，在公众层面也出现此起彼伏的批评。很多声音提出要求改变"不切实际"的遗嘱的决定，甚至要阻止捐赠者实现其最后遗愿。一些人坚持认为，在很多组织甚至个人需要拨款时，却花这么多钱去奖励少数几个研究人员实在是一种浪费。至于诺贝尔文学奖的颁发，则会使其他抱有严肃治学目的的作家改变其兴趣方向。[②] 一些科学家则担心诺贝尔奖的颁发将会导致欺诈。

因为诺贝尔奖除了和平奖外，其他奖项都交给瑞典的公共机构来颁发，按理说，瑞典国王应该是欢迎的。但当时的国王奥斯卡对此也表示反对。当瑞典国王奥斯卡接见诺贝尔家族的一个代表时说："作为弟弟妹妹的监护人，你有责任照顾他们的利益不被你们叔叔的荒诞的念头所漠视。"国王认为一个不仅奖励瑞典人而且也奖励外国人的遗嘱是"不爱国"的。[③]

不仅国王表达出"肥水不流外人田"的意思，当时整个瑞典社会，特别是斯德哥尔摩市的人也表达了下面的观点：诺贝尔的钱应该花在瑞典，而不应该散给外国人。诺贝尔应该给瑞典首都斯德哥尔摩带来科学的和整个城市的繁荣。当然，最有趣的是，瑞典的这些机构对诺贝尔奖的计划也没有什么兴趣。本书的第一章第四节和第二章第三节有专文介绍，这里就不再论述。

幸好，在诺贝尔的亲戚中，有一位叫艾马努埃尔的侄儿，他支持他叔叔的遗嘱，并愿意与遗嘱的执行人索尔曼进行合作。于是，诺贝尔家族和瑞典以及挪威的拟议中的授奖机构进行了艰难的谈判。谈判起初获得一定进展，双方计划在斯德哥尔摩建立一个庞大的由诺贝尔基金会支持的研究院，使之成为世界上居领导地位的科学中心。大部分的钱用于

---

① ［美］罗伯特·马克·弗里德曼：《权谋——诺贝尔科学奖的幕后》，杨建军译，世纪出版集团、上海科技教育出版社 2005 年版，第 18 页。

② ［瑞典］肯尼·范特：《诺贝尔全传》，王康译，世界知识出版社 2014 年版，第 403 页。

③ 同上书，第 405—406 页。

建立和维持诺贝尔研究院的开支，少量的钱用于支持得奖的科学家在诺贝尔研究院进行研究时的津贴。这个计划堪称完美，因为在当时，这个计划可以平息很多人的批评，诺贝尔的钱应该花在瑞典，花在斯德哥尔摩。诺贝尔研究院更会给斯德哥尔摩带来可观的繁荣。不过，由于一些机构不愿意将原本属于自己机构的颁奖权交给庞大的诺贝尔研究院，整个计划最终搁浅。

各机构的代表被迫重新回到谈判桌前，重温诺贝尔遗嘱的本意，考虑真正落实诺贝尔颁发巨额奖金的意愿。于是，开始逐步明确诺贝尔遗嘱中的文字的明确内涵，商议谁有资格推荐值得考虑的成就，谁来做评审。经过艰苦谈判人们达成一致，初步确定了作为以后颁奖的基础的一些规章。其中，遴选候选人的方法，恐怕是受到当时瑞典大学聘请教授的程序做法的启发。瑞典大学在聘请一名教授时，要求一个由校方指定的小组，由三到四位主要来自其他大学或外国的高级专家（sakkunni-ga），对候选人作详细的评估。

评委人员的报酬问题也是争论的焦点之一。最终达成的协议是，各个奖项的委员会由各著名大学有全职地位的人组成。这3—5位委员每年可领到相当于教授薪水的三分之一的酬金。而各学院院长的报酬，则等于一年的教授薪水，但是他们不许再兼任其他职务，而且是委员会的自动委员。

提名人的范围。经过谈判，确定下来的有提名权人选的范围包括：瑞典各大学相关院系的教授、所有1900年前建立起来的北欧各大学有关院系的教授。另外，每个委员会可以个别邀请6所以上任何国家的大学科学教授。头10年中，一般都是从德国、法国、意大利、英国和美国各选一所大学。加上至少还有一所大学轮流地由其他国家选出，包括俄国、西班牙、波兰和日本。此外，他们还同意让各委员会邀请不定数额的博学而公正的学者。①

索尔曼是一个极为优秀的诺贝尔遗嘱的执行人。经过他的极大的努力和付出，1900年6月29日，以他为首向瑞典国王呈递的关于诺贝尔奖的所有协议和章程终获通过。他所做的巨大努力使得某些人想，这个

① ［美］罗伯特·马克·弗里德曼：《权谋——诺贝尔科学奖的幕后》，杨建军译，世纪出版集团、上海科技教育出版社2005年版，第24—25页。

奖是不是应该叫做诺贝尔—索尔曼奖，没有这位年轻工程师，"诺贝尔亡灵的代言人"矢志不渝的努力，诺贝尔的遗嘱可能永远不会变成一个章程完备，有 3000 万瑞典克朗本金撑腰的机构。[①]

诺贝尔奖开始颁发的几年，几个奖项的委员会和皇家科学院的院士们同心协力地使诺贝尔奖成为一个逐渐受人尊重的机构，一方面摸索着建立一套实用的程序和传统。用智慧和经验、狡诈和结伙，他们创建并不断更新这个机构，同时推动了特定的议程。每一年都增加一些新的经验和教训。[②]

开始的几年，提名人几乎从来不推举众望所归的候选人，委员会除了靠他们自己的专业知识和判断外别无他法。不过，委员会和皇家科学院的院士都确切地认为，发奖的事是操在他们的手上。颁奖实在是人情味很重的活动。不完美的判断、偏见和私利，交织在超越狭隘地区观念的愿望和对无私公平的追求中。

在瑞典科学界内部的争斗和结伙，间或在委员会和瑞典皇家科学院的会议中爆发。有时瑞典皇家科学院中的派系对抗委员会的优先权。为了在各种不同利益的冲突中保持平衡，委员会有时对候选人的取舍，基于对当时内部问题的考虑高于对候选人成就的价值的考虑。[③]

二　国家的盛典：诺贝尔奖和瑞典

> 每个诺贝尔奖都可比拟为一面瑞典国旗。
>
> ——罗伯特·马克·弗里德曼[④]

（一）被神话化的诺贝尔奖

今天的诺贝尔奖，已经成为标榜人类最高智慧的一个奖项。众多科学家、文学家大多以得奖为莫大的荣誉。每个得奖的科学家和文学家大

---

①　[美]罗伯特·马克·弗里德曼：《权谋——诺贝尔科学奖的幕后》，杨建军译，世纪出版集团、上海科技教育出版社 2005 年版，第 26—27 页。

②　同上书，第 29—30 页。

③　同上书，第 31 页。

④　同上上，第 67 页。

多受到全世界的尊重与瞩目，而随后而来的将是各种巨大的利益。似乎，获奖者将会成为其所在领域里的最突出者，其后而来的可能不只是金钱、荣誉，更有权威与社会地位，他的研究成果也可能获得人们的肯定与推广。在这里，诺贝尔奖不只是一种表彰的手段，更像是一种点石成金的"仙术"。而在这种"仙术"背后，瑞典皇家科学院及其他评选单位就成为评价人类智慧与成就的权威，而瑞典、挪威的国家形象、国际地位、国际影响力则得到潜在的提升。

虽然诺贝尔奖本身对每个人的影响不同，但是对于诞生在瑞典国土上的奖项，它在世界上的总体影响还是值得考虑的。说到底，诺贝尔奖最大、最长久的赢家是阿尔弗雷德·诺贝尔出生的这个国家。①

作为阿尔弗雷德·诺贝尔遗嘱的重要执行人之一的拉格纳·索尔曼在自己的书中总结诺贝尔奖设立的过程时说道："对于我们的国家来说，颁发诺贝尔奖的任务是一项特权，而诺贝尔基金会作为一个整体，则是一项有着巨大价值的财产。从各方面来看，那些关于在执行阿尔弗雷德·诺贝尔委托给我们的责任时必将遇到巨大冒险和困难的悲观预言，都是完全没有根据的。相反的是，它有助于促进对瑞典、挪威和斯堪的纳维亚文化的更大了解和尊重。"② 诺贝尔学研究专家弗里德曼也曾言：

　　为什么人们如此崇拜诺贝尔奖呢？本书通过对这个问题的讨论指出，我们没有一个简单的答案。从一开始就出现了一帮崇拜者，这与新闻媒体对它的高度关注不无关系，它激起了人们的兴趣和幻想。这种崇拜并不是建立在获奖者本身非凡的优异上，而多半是建立在由于诺贝尔奖带来的名声、地位和许多连带的利益上。各国科学界的带头人欣然加入这个行列，随后各种与诺贝尔奖有利害关系的团体和机构更加扩大了这个群体。③

从这段话中我们可以看到，诺贝尔奖是一个共谋的产物，它关系到

---

① ［澳大利亚］彼得·杜赫提：《通往诺贝尔奖之路》，马颖、孙亚平译，科学出版社2013年版，第16页。

② ［瑞］伯根格伦：《诺贝尔传》，孙文芳译，湖南人民出版社1983年版，第173页。

③ ［美］罗伯特·马克·弗里德曼：《权谋——诺贝尔科学奖的幕后》，杨建军译，世纪出版集团、上海科技教育出版社2005年版，中文版序第Ⅱ页。

许多利益方的切实利益，每一方都在这里各取所需。获奖者在这里能够得到名声与金钱；新闻媒体需要的是发行量，是人们的关注，更需要的是"明星"；大学和科研机构需要这个奖项作为评判学术水平的标准；有的国家会将之与国运盛衰相联系；而对于瑞典、挪威这两个国家来说，诺贝尔奖就是推行国家影响力的一种重要手段，是国家的一张名片，是宣扬国家政治与文化的工具，是向全球推销自己国家形象、国家特性和国际地位的手段。这是经过多年积淀的结果。

诺贝尔奖借助巨额奖金、获奖者的名气、新闻媒体的助力等因素创立了一个品牌，使得人们对之注目与尊敬。可以这样说：诺贝尔奖从当初的设立到今天成为全世界的焦点，它就是一个"神话"，是一场造神运动的产物。诺贝尔奖可以被认为是瑞典、挪威两个国家苦心经营的一大国际商标或招牌。每年12月，斯德哥尔摩金色大厅和奥斯陆市政厅都不只是诺贝尔奖颁奖的场所，更是两个国家展现自我、推广自我文化影响力的一个巨大舞台。例如瑞典国王授奖、国旗国歌、高贵排场，每一次颁奖晚宴其实就是一次瑞典文化的"盛宴"。这些北欧独特的文化元素由颁奖晚会扩散至全世界，向世界描绘了一个令人向往的国家形象，产生了一定的国际影响力。恰如弗里德曼所说："每个诺贝尔奖都可比拟为一面瑞典国旗。"①

而对于颁发诺贝尔和平奖的挪威国会来说，它更有机会利用诺贝尔奖来介入国际政治。诺贝尔奖已经被神话化了，它不再是它本身，而成为一种复杂的象征，一种被建构的文化符号，它的背后存在着巨大的阐释空间。②

由此来看，尽管由于诺贝尔奖的符号性，使得世界各地都有很多人迷信诺贝尔奖，但需要清楚的是，它并非具有与生俱来的权威，就像虔诚教徒心目中上帝的存在那样不受丝毫怀疑——它是一种经过一百多年慢慢建构而成的旗帜、商标、符号。

（二）国家美学

瑞典在公元1100年前后开始形成国家，1157年兼并芬兰，1397年

---

① ［美］罗伯特·马克·弗里德曼：《权谋——诺贝尔科学奖的幕后》，杨建军译，世纪出版集团、上海科技教育出版社2005年版，第67页。

② 后文会对诺贝尔奖的符号特征作专门的分析。

与丹麦、挪威组成卡尔马联盟（Kalmar），受丹麦统治，1523年脱离联盟独立，同年，古斯塔夫·瓦萨（Gustav Eliksson Vasa）被推举为国王。1654—1719年为瑞典的强盛时期，领土包括现芬兰、爱沙尼亚、拉脱维亚、立陶宛以及俄国、波兰和德国的波罗的海沿岸地区。瑞典在17世纪是欧洲的一个主要强国。1718年瑞典对俄国、丹麦和波兰作战失败后逐步走向衰落。1805年参加拿破仑战争，1809年败于俄国后被迫割让芬兰，1814年从丹麦取得挪威，并与挪威结成瑞典挪威联盟。1905年挪威脱离联盟独立。从这段历史可以看出，到18世纪末的时候，瑞典从一个强国变成了一个贫血的弱者，缺乏活力和自信似乎也成为了国民的性格。此时的瑞典从上到下都在寻找对这个民族国家的形象的表达，以此来形成自身的强有力的民族和国家认同。当时的瑞典保守主义哲学盛行。基督教的道德观、古典唯美主义都认为个人和社会都附属于一个理想化的国家。而国王、皇室和官员则是这个国家的具体体现和象征。

当时的国王，奥斯卡二世希望能够动员整个国家的人民为生存而斗争——征服大自然，与其他西方文明国家进行竞争。他与当时的许多国家的领导人一样，知道"对进步的信心"可以使整个国家团结起来，而社会的进步则可以保证国家的稳定和民众的生活水平的提高。奥斯卡二世已经接受了作为瑞典科学的庇护人的角色，他是当然的瑞典皇家科学院的官方保护人。

1897年瑞典在首都斯德哥尔摩举办的斯堪的纳维亚艺术和工业博览会把整个瑞典国家的自信和爱国的热情调动起来。这个计划周密、操作完美的博览会，展示了瑞典和谐强盛的形象。既有的、新兴的权力精英，在国王的支持下，一道赞扬新的瑞典国家主义。一位瑞典的高层官员说，"我们瑞典人今年醒来了，看到我们自己的价值、我们自己的力量、我们自己的潜能……许多人的心中充满了这个温暖的意念：这就是瑞典"。

当时的欧洲各国深受进化论的影响，普遍认同一个国家必须在竞争中得到考验，以此得到发展并提升自己的生存能力。很显然，博览会可以达到这一点，诺贝尔奖也可以达到这一点，甚至可以得到更多。

1896年4月在雅典举办了第一届现代奥运会。当时的希腊国王乔治一世宣布了大会开幕，有八万人参加了开幕式，这个规模直到1932年洛杉矶奥运会才被突破。第一届奥运会在整个西方世界产生了非常大的影响。那么，诺贝尔奖是否也可以成为科学文化界的奥运会呢？当时的确有很多瑞典人这么想。颁发诺贝尔奖将会吸引全世界的目光，因为它如同奥运会一样，为各个国家提供了一个新的竞技场。这场竞技由诺贝尔奖机构主持，而瑞典国家则是裁判。①

（三）华丽的盛典

一贯谦虚、含蓄的诺贝尔肯定无法预见到，他的遗产会以极为高贵的典礼和宴会来作为他的标志。授奖的各部门的代表和诺贝尔基金会，建立了一套繁缛的仪式来凸显成功的形象。每年一度的庆祝会，成为一个祝贺科学、文化和瑞典的舞台，更确切地说，是庆贺与这些相关的形象、意识形态和价值的舞台。

诺贝尔遗产的执行人索尔曼等非常愿意将诺贝尔基金会、甚至诺贝尔奖的评审都和当时瑞典保守的权力阶级连在一起，以获得他们的支持。政府高层的贵族成员控制了诺贝尔基金会，它的成员都是由国王参议会所指定，甚至其董事长都是由当时的首相博斯特伦担任。许多贵族和官员也列席到皇家科学院的一个混合组，这个组的名字叫"一般学术组"。

富丽堂皇的颁奖典礼是一个绝好的机会，让老一辈的精英们参加到进步的科学技术、医学、文学的行列，甚至分享一点"理想"的文学的道德升华作用。而科学和医学组也乘着这个机会与瑞典皇室和达官贵人密切联系，借此得到更大的政治合法性和社会地位。

科学院的人们、皇室、达官贵人等一起举办这个庆典，在国内和国际两方面巩固了瑞典在文明国家中的显赫地位。而为这个国家带来荣誉的庆典，也反过来保证了这些精英继续统治的合法性。

在世纪之交的奥斯卡二世时代，瑞典当时的社会风尚是，喜好各种热闹的仪式、宴会和华丽的奖章。而瑞典的官场则尤其崇尚炫耀的典礼、欢呼、演讲、颁发奖章和碰杯，国王、颂词和其他国家的标志等更

---

① ［美］罗伯特·马克·弗里德曼：《权谋——诺贝尔科学奖的幕后》，杨建军译，世纪出版集团、上海科技教育出版社 2005 年版，第76—79 页。

不可少。

在这种背景下，诺贝尔奖要具有斯德哥尔摩博览会同样的文化和政治意味，就必然会沿袭当时的社会风潮，精心安排，达到庄重、华丽和隆重的效果，确保第一次诺贝尔奖在国内外一炮走红。

尽管奥斯卡二世很喜欢隆重的仪式来显示国家的团结和力量，他也支持科学，但前文说过，他对诺贝尔奖金花在那么多外国人身上还是耿耿于怀，因此第一次的授奖典礼他没有参加，而是派皇太子去了。第一次颁奖的成功——皇室的国家传统和科学文化的和谐交流——显然改变了他的主意。到了第二年的颁奖典礼，他就亲自参加并颁发诺贝尔奖证书给获奖者，由此也形成了国王参加颁奖典礼的传统。

诺贝尔奖的遗产对整个瑞典影响巨大。如今，瑞典花费了高比例的国内生产总值用于研究和发展，2001 年为 GDP 的 4%。虽然瑞典的现代化一般被认为是开始于 19 世纪 70 年代，当时的推动者包括阿尔弗雷德·诺贝尔，但是很明显，诺贝尔奖诞生后的 100 余年见证了这个国家的巨大变化。快速的技术进步理所当然地伴随着劳工和雇主之间的良好关系。大学教育系统是一流的。虽然很难估量，但看起来，积极的政治承诺和对高等教育的积极参与反映了诺贝尔奖对科学和知识活动的推动。如果看看世界其他的地方，就会知道知识生活和民主政治在瑞典一直保持着良好的状态。[①]

三 迟到的奖章：爱因斯坦和诺贝尔奖评委会的戏剧

人站在这个微不足道的地球上，凝望着浩瀚的星空、巨浪翻腾的海洋和摇曳多姿的树木，不仅浮想联翩。这一切意味着什么？它是如何产生的？300 多年来，我们中间出现的最有思想的探索者莫过于阿尔伯特·爱因斯坦。

——《纽约时报》[②]

---

① ［澳大利亚］彼得·杜赫提：《通往诺贝尔奖之路》，马颖、孙亚平译，科学出版社 2013 年版，第 17 页。

② "Einstein the Revolutionist", *New York Times*, Apr. 19, 1955. 转引自［美］沃尔特·艾萨克《爱因斯坦传》，张卜天译，湖南科学技术出版社 2013 年版，第 481 页。

　　委员会的成员是些什么样的人？他们在甄选候选人的过程中如何看待自己的任务？他们认为科学上什么是重要的？什么因素可能影响他们的决定？……也许我们可能身临其境去观察他们，体验他们评估候选人的繁难任务，和决定每年一度的颁奖时所面临的许多问题。

——罗伯特·马克·弗里德曼（2005）①

　　诺贝尔奖是世界上几乎所有科学家都希望获得的荣誉。因为诺贝尔奖差不多象征着科学的最高层级，获得诺贝尔奖的人则会跻身顶级科学家的行列。诺贝尔奖评审委员会也总是作为居高临下的评判者来决定谁能够进入这个顶级科学家的行列。不过，这种事情也有例外，大致也是20世纪所有诺贝尔奖中的一个例外。人们大都认为，这个人不管是否获得诺贝尔奖，都无法掩盖他的光芒，掩盖他20世纪世界上最伟大的科学家的称号。但是，如果他没有获得诺贝尔奖，那只能说明一个事实，即诺贝尔奖一定是不公正的，甚至是"瞎了眼的"。这个人，就是阿尔伯特·爱因斯坦。

（一）诺贝尔科学奖的评奖：理想和现实

　　爱因斯坦堪称是20世纪最伟大的科学家，他获得了1921年的诺贝尔物理学奖。但蹊跷的是，1921年的物理学奖虽然最终授予爱因斯坦，但却是在1922年授予的。就在1921年时，委员会否定了对爱因斯坦的提名，当年的奖项因而暂时空缺。需要注意的是，爱因斯坦没有被选中并不是因为有更优秀的人选——正如我们在后面将要提到的科学界的故事。同样蹊跷的是，爱因斯坦1921年获奖的原因并不是他最有名的相对论，而是光电效应。这两点就足以勾起我们的兴趣，爱因斯坦的通向斯德哥尔摩的诺贝尔奖之路，可看作是诺贝尔奖评奖委员会的提名和确定过程的一个展现，只不过这个展现多了些地方主义的狭隘、意识形态的斗争，以及组织的潜规则，却少了些公平、公正和公开。

　　当然，需要声明的是，我们分析爱因斯坦获诺贝尔奖的例子，并不

---

　　① ［美］罗伯特·马克·弗里德曼：《权谋——诺贝尔科学奖的幕后》，杨建军译，世纪出版社集团、上海科技教育出版社2005年版，第8页。

是要完全否定诺贝尔奖的公正性和科学性。恰恰相反，爱因斯坦的案例告诉我们，任何一个奖项，不管它的制度和规则设立的多么完备，在实际的评奖过程中，仍然存在各种各样影响结果的因素，即使著名的诺贝尔奖，也概莫除外。我们无法否定这些因素的存在，但确实要时刻当心。目前已经有非常多的文字来分析诺贝尔奖的评奖特点，强调这些特点的优越性。以下的文字是类似观点的典型：

诺贝尔奖的评选实际上采取的是"无条件提名—投票制"。所谓"无条件"，其实质就是将评选条件全部交给提名人和评选委员会全体成员。它具有以下三个方面的特点：

（1）公开性。每年秋季诺贝尔奖各专门委员会给许多国家的大学知名教授，科学院院士和符合诺贝尔奖评奖委员组成条件的数千名人士发出私人邀请信，约请他们提名未来的诺贝尔奖获奖候选人。这一向全世界范围内科学共同体人士征集被提名人的方式充分体现了奖金评选的公开性原则。

（2）公正性。公正性要求被提名人要能得到客观和无偏见的评审。其实，从整个评奖过程来看，每个环节都努力试图消除可能会出现的主观偏见和徇私作弊的情况。首先，最广泛征集被提名人的方式，足以消除因国籍、政治态度、权威等造成的影响。其次，虽然由5名成员组成的诺贝尔委员会负责具体筛选候选人，但他们并没有表决权，仅仅只有提名权。真正享有确定获奖名单的是授奖全体会议的无记名投票，物理学奖和化学奖全体会议成员共为300名，生理学或医学奖全体会议成员50名。由此可见，诺贝尔奖的评奖制度最大限度地保证了每一个被提名人都将受到相当公正的评选。

（3）权威性。从诺贝尔奖的提名人以及评奖委员会的组成名单来看，他们不仅自己具有高水平的研究成果，而且是非常杰出的科学家，这确保了评奖的权威性。

（4）可靠性。科学成果，即由科学家们生产出来的科学知识是一种建立在经验和逻辑基础上的高度系统化、组织化的知识，没有受过长时间严格专业训练的人别说做出可靠的评价，即使理解其意义都力不从心。而各个科学共同体中的成员由于所受教育和训练相同，内部交流比较充分，专业方面的看法比较一致，对本范围内科学家做出的科学成果就有足够的鉴别能力。诺贝尔奖的层层评审制度，为新发现的科学知识的正确无误提供了保障。其实，在实践中，由于认识到不可能绝对正确，诺贝尔奖各专业委员会倾向于采取一条相当保守的原则：旨在减少授奖中的错误而不是减少不授奖中的错误。他们宁可犯这种错误而不犯另一种错误。当某种科学贡献是否正确还属于可疑的情况时，这些判断者就把它否决掉，宁可选择那些看来不那么重要的，但是经过比较彻底的考验的贡献。①

文字可以写得很漂亮。但在诺贝尔奖的评奖历史上，的确有很多的人为因素影响了一些奖项的评选。在早些年代，这种不公平、公开、公正的评奖行为则更为多见。让我们来看这类事件的经典案例——爱因斯坦的诺贝尔奖。

（二）爱因斯坦进入诺贝尔评委会的视野

1919年5月，英国派出两支日食观测队，分别到巴西和非洲西海岸，在日食期间进行观测，发现光线经过太阳时发生了偏离现象。1919年11月，在英国皇家学会和皇家天文学会的联合会议上，科学家戴森教授宣布了观测结果，证实了爱因斯坦的广义相对论。伦敦《泰晤士报》于11月7日发出头版头条新闻"科学革命：牛顿的思想被推翻"。英国皇家学会的实验证实了爱因斯坦的相对论后，爱因斯坦获得了全世界的关注，以及众多科学家的拥戴，他被视为在世的最伟大的物理学家。在1920年，科学文化和大众传媒，将爱因斯坦和相对论作为一个史无前例的焦点。很多人都在猜测，瑞典皇家科学院会不会给爱因斯坦1920年的诺贝尔物理学奖。

爱因斯坦对自己在科学界的地位是非常清楚的，他甚至在1918年和米列娃离婚时，就承诺把将来得到的诺贝尔奖金3.2万美元交给米列娃作为儿子的抚养费。

1905年26岁的青年爱因斯坦发表了6篇划时代的科学论文。很多

---

① 刘宏：《诺贝尔奖的设立对科学建制的影响》，中南大学2003年硕士学位论文，第18页。

人认为其中至少有三篇（即关于量子理论、布朗运动与狭义相对论的论文）以上，其中每一篇都造成了物理学思想上的巨大改变，可以分别获得诺贝尔物理学奖。这一年因此被称为爱因斯坦奇迹年。[①] 1915 年是爱因斯坦的另一个"奇迹年"，他在这一年完善了他的广义相对论。他预言，当恒星的光非常接近太阳时，因为太阳的引力将会有一个小小的偏离，这就是广义相对论的"光线偏折"预言。他还提出这种恒星光线的弯曲是可以用实验方法测量，从而可以验证的。不过直到这时候，爱因斯坦的名声还基本上是在科学界范围内。而且科学家对爱因斯坦预言的反应也很不相同，相信的少，怀疑和反对的多。使他在公众中间声名鹊起的，是 1919 年日全食观测验证了光线偏折的预言。爱因斯坦因而一夜成名。

早在 1910 年起就不断有著名科学家推荐爱因斯坦为诺贝尔物理学奖候选人。1910 年诺贝尔化学奖得主奥斯特瓦尔德首次提名爱因斯坦。他在 1901 年时曾拒绝过爱因斯坦的求职申请。或许这次提名是一种对自己早先犯下的错误的一种弥补。他在提名中盛赞爱因斯坦的狭义相对论，强调这一理论涵盖了基础物理学，而不像某些诋毁爱因斯坦的人所声称的仅仅涉及哲学理论。1910 年以后他又数次提名爱因斯坦。

1910 年后的十年间，爱因斯坦获得过 8 次提名。尽管爱因斯坦被提名数次，且有很多非常著名的科学家支持爱因斯坦，但当时的诺贝尔物理学奖委员会并不认可理论物理学的研究。1910 年到 1922 年，诺贝尔奖物理学委员会的五位成员中有三位都是来自瑞典乌普萨拉大学，他们都精通物理实验，而不很熟悉理论。在这些物理学家的眼里，一个物理学家的分量取决于他在精密测量上的能力。在物理学上使用艰深的数学是件不寻常的事，他们认为理论应该简单，而且可以由实验直接导出。这也决定了诺贝尔奖物理委员会的观念，影响到他们的选择。委员会的委员，以自己手里的投票权来自诩为这门学科的守门人，把持有不同物理学见解的人拒之门外。

---

① 2005 年，为了庆祝爱因斯坦首先发表的关于量子理论、布朗运动与狭义相对论的传奇论文 100 周年，国际物理社会及各国物理学会在 2005 年（及其前后）采取多样化的形式，开展一系列重大庆祝活动，如"物理照耀世界"光束全球传递活动，2005 年被定为"世界物理年"。

（三）历时三年的曲折评奖历程

1. 1920 年的失败

1920 年时，物理委员会委员哈塞尔贝里，本已经卧床数年，准备退休，不料此时病情恶化。这时的委员会希望通过某种方式向他致敬。在当时的瑞典学术界，一个行规是允许一个即将退休的教授在他的继任人的选择上有决定性的发言权。委员会中的当权派希望整个委员会显示出和睦，自然愿意尊重和支持哈塞尔贝里提名的候选人。哈塞尔贝里非常喜欢精确度量学，赞赏国际度量衡署的瑞士籍署长纪尧姆（Charles - Edouard Guillaume）的工作，因此从 1908 年开始就不断提名他。但纪尧姆没有获得其他人的提名。哈塞尔贝里甚至在 1912 年的报告中提到，纪尧姆的镍钢合金发现是绝对符合诺贝尔奖的要求的。正是因为这样，1920 年哈塞尔贝里病重时，委员会提名了纪尧姆。

当然，除了组织内的和谐和潜规则外，政治因素也影响了委员会的决定。在当时，一些批判者认为，自富兰克林降服闪电之后，爱因斯坦忽然一下子成为了国际上最著名的科学家和超级巨星，恰恰证明他善于自我推销，不配获得诺贝尔奖。当时还有一些反犹主义的批评者发动了一场反对爱因斯坦的运动。这场运动的发起人之一，勒纳德极力劝说其他人相信，"相对论实际上不是一个发现"，而且也没有得到证明。①

前面提到的诺贝尔委员会对实验物理学的精通和对理论物理学的排斥，显然也是一个重要的影响因素。诺贝尔委员会尽管收到众多的对爱因斯坦的提名（他的提名数遥遥领先），但基于上面的原因，丝毫没有打动委员会的心。在 1920 年的报告中，委员会只是轻描淡写地略过爱因斯坦。1920 年 9 月，病榻上的哈塞尔贝里写信给委员会，说他将会很高兴见到纪尧姆得奖。最终，瑞典皇科院的投票结果没有使哈塞尔贝里失望。

2. 1921 年的搁置

到了 1921 年，公众对爱因斯坦的狂热已经如火如荼。爱因斯坦在物理学界的地位得到毫无疑问的肯定。第一次世界大战后，协约国科学

---

① ［美］沃尔特·艾萨克：《爱因斯坦传》，张卜天译，湖南科学技术出版社 2013 年版，第 275 页。

家持续地对德国科学界进行抵制。而爱因斯坦，因为其杰出的成就，赢得了全世界科学界的喝彩，也成为唯一一名受到协约国科学家提名的德国候选人。① 著名学者、英国皇家学会会员爱丁顿认为，爱因斯坦甚至像牛顿那样超过了他的同时代人。② 当年 32 名提名人中有 14 人推荐爱因斯坦，远远超过其他竞争者。但 14 人之外其实还有一些人原本要提名爱因斯坦。他们或者因为瑞典皇家科学院的偏见和判断让人感到迷惑、失望，或者由于 1920 年的事件而怀疑是不是有法律上的限制不许为理论物理学家授奖。

不仅在其他国家，即使在瑞典也掀起了一场爱因斯坦热，而 1921 年正值这场"热浪"的高潮期。除了科学上的巨大贡献外，爱因斯坦和相对论成为那个时代的象征和争议的焦点。激进人士认为相对论是从社会、文化和智性传统束缚中的一种解脱。而保守派的学界领袖和文化批评家则害怕相对论所蕴涵的价值相对性的意思。委员会的委员们很难想象让这位头发蓬松、政治上和智识上的激进分子作为物理学的头面人物站在诺贝尔奖的颁奖礼舞台上，从他们尊敬的瑞典国王手中接过诺贝尔奖。③

这一年诺贝尔物理学奖委员会安排委员会委员、乌普萨拉大学眼科学教授古尔斯特兰德就爱因斯坦相对论的物理学贡献做一份报告。

古尔斯特兰德是瑞典皇家科学院最有名的院士之一，曾经获得 1911 年的诺贝尔生理学或医学奖。虽然他的本专业是医生，但他获得了医学和物理学两个教授头衔。最有趣的是，尽管他对高等数学和理论物理学知之甚少，但他在皇家科学院的"乌普萨拉帮"的帮助下，1911 年被选入诺贝尔奖物理学委员会。古尔斯特兰德根本不懂相对论，但他决定不能让爱因斯坦获奖。他坚持认为，诺贝尔奖这一伟大奖项不应该授予这样一个高度思辨的理论。这个理论虽然现在引发了公众狂热，但很快就会消退。

---

① ［美］罗伯特·马克·弗里德曼：《权谋——诺贝尔科学奖的幕后》，杨建军译，世纪出版集团、上海科技教育出版社 2005 年版，第 160 页。

② ［美］沃尔特·艾萨克：《爱因斯坦传》，张卜天译，湖南科学技术出版社 2013 年版，第 276 页。

③ ［美］罗伯特·马克·弗里德曼：《权谋——诺贝尔科学奖的幕后》，杨建军译，世纪出版集团、上海科技教育出版社 2005 年版，第 161 页。

在一个孤立的地方上有名的小学术环境里，自傲像潮湿的地窖中的霉菌一样繁殖。自傲也促使古尔斯特兰德与爱因斯坦作对，促使他力图向委员会、皇家科学院和瑞典社会来证明相对论是毫无价值的。同其他地方一样，在瑞典皇科院里头衔和权威有时，尽管不是永远，被误认为是专家的标志。①

最终，瑞典皇家科学院经过投票，没有定出其他人选，而是暂时将1921 年的物理学奖推迟到1922 年。这或许是由于有了1920 年的教训，从而尽量选择一个对爱因斯坦伤害较小、从而对爱因斯坦的支持者打击较小的做法。

当然，这种做法还是引发了一些科学家的批评。法国物理学家马塞尔·布里渊在1922 年的提名信中说："试想一下，如果50 年后爱因斯坦的名字没有出现在诺贝尔奖获奖名单中，舆论会怎么想。"②

3. 1922 年：迟到的奖章

这一年，爱因斯坦在提名人中仍然获得压倒性的支持。不过有一个人尽管也提名了爱因斯坦，但与众人不同的是，他提出的推荐理由是光电效应定律的发现，而没有提相对论。

这个人是奥森，古尔斯特兰德的同事和朋友，在理论物理学方面有相当造诣，他在该年刚刚成为委员会委员。他此次提名颇费心机。一方面他知道诺贝尔奖的声望已经开始下降，奖金额的贬值是一个原因，但1920 年度颁奖给纪尧姆也影响广泛。奥森认为给爱因斯坦一个奖，应该能够为诺贝尔奖机构带来名声。

他考虑到相对论问题太富争议，最好另谋出路。他提出将"发现光电效应定律"作为爱因斯坦的获奖原因，不是因为任何理论，而是因为一条定律的发现。这条定律已经完全被实验所证实。奥森还提出，授予爱因斯坦迟到的1921 年的诺贝尔奖可以使委员会同时授予青年物理学家波尔1922 年的诺贝尔物理学奖，因为波尔提出的原子模型是建立在对光电效应定律的解释上。这种做法非常巧妙，它既能有十足的理由确保当时两位最伟大的理论物理学家获得诺贝尔奖，同时又不违反瑞典皇

---

① ［美］罗伯特·马克·弗里德曼：《权谋——诺贝尔科学奖的幕后》，杨建军译，世纪出版集团、上海科技教育出版社 2005 年版，第 162 页。

② ［美］沃尔特·艾萨克：《爱因斯坦传》，张卜天译，湖南科学技术出版社 2013 年版，第 277 页。

家科学院重视实验的传统。① 1922 年 9 月 6 日，瑞典皇家科学院投票，爱因斯坦和波尔被分别授予了 1921 年和 1922 年的诺贝尔物理学奖。

爱因斯坦 1922 年应日本改造社邀请赴日讲学，抵达日本前曾乘"北野丸"号于 1922 年 11 月 13 日在上海短暂停留；当日，瑞典驻上海总领事通知爱因斯坦获得 1921 年诺贝尔物理学奖。

当爱因斯坦终于获得诺贝尔奖时，他已经对此期待了 3 年。他 1919 年以来深受离婚后经济的困扰。因此，他获奖后对一位瑞士记者说，奖金为一个古老的不公作了一种"社会性的调整"，"通过奖金，科学家们终于可以从他们的工作上获得利益，就像生意人一样"②。

（四）诺贝尔奖的评奖是科学公正的吗？

前文已经对爱因斯坦的迟到的奖章的不平凡经历做了描述。可以说，瑞典皇家科学院是在巨大压力下决定授予爱因斯坦诺贝尔奖的，因为提名他的人太多了，而且物理学界的大人物也已经承认了爱因斯坦的成就。

在中国多年没有获得诺贝尔奖，尤其是文学奖的时候，很多国人都会猜疑诺贝尔奖评选中的确存在的不公平。种种资料表明，许多年来，诺贝尔奖评选中的确存在着巨大的缺陷与不足。而最为明显的证据就是众多伟大的科学家或文学家却没能获得诺贝尔奖的表彰。弗里德曼就指出："我们没有理由相信诺贝尔奖的获奖者就是一群'最佳'的科学家。有些 20 世纪最伟大的智识成就，并没有被斯德哥尔摩认可……"他认为，大量具有突出成就的科学家并不能获得诺贝尔奖的肯定，这就说明了诺贝尔奖评选中的弊端，以及这个奖项带有的偏见。

诺贝尔奖形成的初年，就错过了很多伟大的科学家。例如创立元素周期表的化学家门捷列夫。在诺贝尔奖评选的最初几年，这位年迈的化学家已经基本停止研究。一些人以诺贝尔奖是奖励目前仍活跃在科学界的人为由，拒绝将化学奖颁给门捷列夫。但是，凭着他对化学所做的贡献，却不能得到一枚奖章的肯定，这一点值得遗憾与思索。

---

① ［美］沃尔特·艾萨克：《爱因斯坦传》，张卜天译，湖南科学技术出版社 2013 年版，第 277 页。
② ［美］罗伯特·马克·弗里德曼：《权谋——诺贝尔科学奖的幕后》，杨建军译，世纪出版集团、上海科技教育出版社 2005 年版，第 173 页。

　　提出遗传物质是核酸而非蛋白质的奥斯瓦尔德·艾弗里（Oswald Avery）曾于 20 世纪 30—50 年代多次获得诺贝尔奖的提名。但是，因为一些评委的某些落后陈旧的观念，这位在 DNA 研究上具有重要成就的科学家始终没能得到诺贝尔奖的肯定。这就再次说明，评委们的观念可能造成巨大的谬误。

　　另外，发现核子裂变的利塞·迈特纳（Lise Meitner）、进行太阳中微子研究的约翰·巴赫恰勒（John Bahcall）、发现链霉素的艾伯特·沙茨（Albert Schatz）等有着杰出贡献的科学家，都因为各种原因没能登上诺贝尔奖的领奖台。

　　在文学奖方面，也有许多典型的例子。被列宁称作"俄国革命的镜子"的列夫·托尔斯泰是 19 世纪末 20 世纪初整个世界最伟大的作家、思想家之一，当时的文坛无出其右。他所创作的《战争与和平》、《安娜·卡列尼娜》、《复活》等世纪之作，随意选出一部，几乎都配得上诺贝尔文学奖。当时的候选者又有谁能与他相提并论呢？但是，瑞典文学院却以托翁晚年的宗教思想而拒绝授奖。这件事能够看出当时的评委们违背了阿尔弗雷德·诺贝尔的遗愿，将政治、宗教偏见带进了诺贝尔的评选中，使得这个奖项成为了某种政治、宗教意图的工具，这无疑是令人痛心的。当然，也有坊间之谈认为，托翁是自己主动拒绝获得诺贝尔文学奖提名的。

　　还有就是遗嘱执行的教条性产生的影响，最出名的是挪威戏剧家易卜生。他的社会问题剧，在当时引起了巨大的反响。尤其是代表作《玩偶之家》中娜拉出走后留下的疑问，曾在中国文坛引起了广泛的关注。但是，诺贝尔的遗嘱中要求文学作品要具有理想主义的要素，而易卜生的作品大多是深刻揭露社会的黑暗、人性的缺陷，因此，瑞典学院院士多以此为由，否定易卜生的文学地位。在这里，价值观与意识形态成为影响授奖的因素。

　　除了托尔斯泰、易卜生等人外，诺贝尔文学奖还没有颁发给高尔基、瑞典文学家斯特林堡、阿根廷文学大师博尔赫斯等人。这些文学大家的成就是有目共睹的，而很多获奖者的文学成就根本无法与他们比肩。可以说，诺贝尔奖没有颁发给他们，是自己的一种损失。

　　众多的"遗珠"说明了一个问题，那就是诺贝尔奖评选规则必然存在着一定的缺陷。根据各种历史材料可以看到，早期诺贝尔推荐和评选缺乏一种明确的规则,因此,诺贝尔奖刚开始的几年出现了许多令人不满的状况。诺贝尔奖不能说明获奖者的成就,众多该受到表彰的人总是与此奖项擦肩而过,而一些得奖的人却名不见经传,成就较小;获奖者分布也出现抱团的状况,有些国家(例如早期的瑞典等北欧国家)成为得奖大户,而有些国家则总是无人得奖(这一点在文学奖中尤显突出)。因此我们可以得出,诺贝尔奖评选中存在的不公平因素主要体现在评委个人权力的过大、具有国别偏见、瑞典本土参选者受偏爱等等问题上。

比如在评委的个人权力的问题上,早期的诺贝尔奖评选更像是一种松散的个人力量之间的博弈。一些具有较大影响力的科学人物会对评奖产生决定性的作用,例如瑞典化学家阿伦尼乌斯、物理学家西格班、奥森等。而这些评委们总是青睐于与自己的专业有着密切相关的人,而且还在评选中表现出明显的偏见。评委之间的相互争权也是很突出的。掌握权柄的阿伦尼乌斯与另一位评委米塔 - 列夫勒明争暗斗,他们为不同的候选者而摇旗呐喊,其结果是某位名不见经传的小人物力压著名科学家而获奖。不难看出,弗里德曼称之为"乌普萨拉的小教皇们"的瑞典皇家科学院院士所做出的选择不能保证绝对的公正,甚至,他们可能是一种特权的拥有者,而且他们并不总是对自己的特权负责。

正如上文所说,诺贝尔奖对于瑞典本土人士是有所偏爱的,尤其是在早期。弗里德曼指出:"皇科院(皇家科学院的简称)对本地英雄(local heroes)的偏爱,比其他任何事情都更有力地展现出它拥有诺贝尔奖的'所有权'。在这方面,一个持续的信念——诺贝尔的遗产理所应当地属于瑞典科学界——一再地浮现出来。"许多本来不具备得奖的条件,甚至不具备科学家的身份,却能令时人大跌眼镜地获得诺贝尔奖。比如1912年瑞典皇家科学院没有将物理学奖颁发给普朗克、卡夫林 - 昂内斯等著名物理学家,而是发给了达伦,一位皇家科学院技术组的成员,一位工作所用的都是已知原理的工程师。前文提到的1920年的物理学奖获得者纪尧姆,是国际度量衡署的瑞典籍署长,根本算不上一位物理学家,而且只被居伊(C. E. Guye)一人提名,他自己都很惊奇自己的获奖。当时的世界物理学界就此对皇家科学院表现出了极大的不满。这些人都有一个共同的特点,那就是来自于瑞典本土。本土科学家受到照顾,与阿尔弗雷德·诺贝尔的遗愿是相违背的。想当初,诺贝尔的遗嘱是为瑞典皇室所不满的，其原因就在于诺贝尔奖没有偏向瑞典人。而在评奖的最初几年，瑞典皇家科学院等评选机构利用手中的权力，悖逆了诺贝尔对于人类科学、文学、和平事业的伟大理想和博大胸襟。

幸运的是，这些不公平的现象随着诺贝尔奖历史的进程而不断得到修正。在阿尔弗雷德·诺贝尔的遗嘱中，并未明确提到应该如何推荐、评选获奖者，这就成为后来的若干年内诺贝尔评选规则在一定程度上的混乱。但是，随着这个奖项逐渐受到人们的普遍认同和重视，它的规则也不断得到明确和固定。例如弗里德曼在《权谋》一书第四篇中以诺贝尔化学奖的评选变化为例，说到这个奖项曾经的状态与经历的变化，科学界人士对于个别评委绝对权力的抵抗，从而来维护这个奖项的公平性以及阿尔弗雷德·诺贝尔留下的伟大物质与精神遗产。这些内容正体现诺贝尔奖的评选从开始的不完备状态经历了各种权衡和斗争，走向今天的较为完善状态的过程。

四　诺贝尔奖的功能和负功能：诺贝尔奖的科学社会学分析

> 像其他的制度一样，科学制度也发展了一种经过精心设计的系统，给那些以各种方式实现了其规范要求的人颁发奖励。当然，情况并非总是如此。这一系统的演化历经了好几个世纪的工作，而且显然，永远也不会结束。
>
> ——R. K. 默顿①

从社会功能看，诺贝尔奖是一个"兼有荣誉性奖励和研究资助两项功能，但以荣誉性为主的货币资金体系"②。从科学社会学的视角来看，诺贝尔奖是作为一类奖励制度而存在的。对科学领域中有价值的东西的分级奖励，即科学家同行表示尊敬的承认，是按照科学成就的分层等级

---

① ［美］R. K. 默顿：《科学社会学——理论与经验研究》（下册），鲁旭东、林聚任译，商务印书馆 2010 年版，第 400—401 页。

② 赵万里：《从荣誉奖金到研究资助》，《自然辩证法研究》2000 年第 3 期。

进行分配的。……在最近几十年中，由全世界知名科学家提名而获得诺贝尔奖，或许就是在科学界得到承认的成就的最高证明。① 既然是一种奖励制度，那么我们就必须要考虑以下几点：一是这种奖励制度的评价体系是什么？二是这种奖励制度的作用又如何？三是这种奖励制度是否存在负面效应，在多大程度和范围内存在负面效应。这后两者在默顿那里，被称为奖励系统的功能和反功能。本节我们就来集中分析诺贝尔奖的功能。

（一）诺贝尔奖的功能及其局限

从正面作用来讲，可以分为对获奖者本人的影响，对其他同领域内者的影响，以及对整个该领域（例如自然科学的物理学科，或者文学领域）的发展的影响。

奖励制度的一个重要功能是对获奖者个人的社会认可，并可能通过奖金和社会地位等方式来帮助获奖者。当然，这种奖励对处于不同年龄段的人，不同处境的人的价值是不一样的。熊彼特曾说，"……人生的第三个十年，神圣的多产时期，每一位思想家都在这一时期创造出了后来会产生预期结果的成果"② 。人类的成就，特别是知识领域的成就，多数都是在人们的青壮年时创造出来的。因此，奖励制度确立奖励时机，是非常重要的。但是，基于很多研究或者成就是需要经过很长时间的检验才能为世人所普遍承认，因此有时一项奖励对于获奖人而言往往姗姗来迟。英国著名的物理学家、化学家法拉第的谈话是经典的例子。法拉第因为首次发现了电磁感应而奠定了电磁学的基础，在物理和化学领域做出了巨大的贡献。100 余年前，当英国科学促进协会审议委员会问他："在这个国家，是否政府或立法机关采取的任何议案都能改善科学的地位或科学工作者的地位呢？"法拉第当时已经 63 岁了，他说他本人很久以前得到过他所需要的一切帮助和承认，他不能说他不重视这些荣誉，他高度重视这些荣誉，尽管他认为他从不是为了荣誉或刻意追求荣誉而工作；但是即使新的荣誉"现在来了，它们也不再像当年那样对

---

① ［美］R. K. 默顿：《科学社会学——理论与经验研究》（下册），鲁旭东、林聚任译，商务印书馆 2010 年版，第 406 页。

② ［美］R. K. 默顿：《科学社会学——理论与经验研究》（上册），鲁旭东、林聚任译，商务印书馆 2010 年版，第 1 页。

我有很大吸引力了"。

通常，对那些已取得重大成就的人，当他们在其生活的后期才获得荣誉性承认时，尽管他们也会高兴，但或许更多的是感到酸楚。① 诺贝尔经济学奖获得者罗纳德·科斯，作为新制度经济学产权理论的创始人，当他 1991 年获得诺贝尔奖时，已经 81 岁。科斯在诺贝尔奖颁奖礼上讲到，一个学者必须承认：如果他说的是错的，立刻就会有人指出来，至于如果他是正确的，他会指望最终见到人们接受他的理论——只要他活得足够长。

英国社会学家赫伯特·斯宾塞对迟到的荣誉的不公正性，并且从普遍意义上对奖励成就系统的不公正性做了说明。在他致英国道德与政治学会的信函中，他解释了为什么他必须谢绝当选的荣誉，他说这类荣誉对"更有前途的人"最有用，因为他们"陷于同偏爱成名的社会的不利环境进行的斗争之中"，有时这类奖励可以把他们从中解决出来，但是这种帮助通常是在不需要它时，当障碍被克服之后才到来的。②

因此，总体而言，诺贝尔奖作为一个奖励制度，和其他的奖励制度一样，对于那些年龄较大的获奖者而言，其鼓励和奖励的作用有限。但是，如果这个奖项授予给一个年龄较轻的，或研究正当年的人来说，理应作用更大。诺贝尔奖在尚未设立时，诺贝尔遗嘱的执行人和瑞典的几个机构进行谈判，他们一度达成协议，要建立一个庞大的高规格的诺贝尔研究院，然后用相当于研究津贴的形式发放诺贝尔奖，因为他们认为，诺贝尔不想将奖金给已经功成名就的科学家，而是想"帮助身无长物的梦想家。他们也许怀有绝世的诗才，但却默默无闻，甚至不容于世；年轻的研究工作者，在物理、化学或医学方面已经到了重要发现的边缘，但是没有能力实现"。③

不过这时也还要再进一步分析。对于一个科研状态正佳的获奖者而言，获奖可能给予他更充分的信心，更好的科研环境，更充分的经济支

---

① ［美］R. K. 默顿：《科学社会学——理论与经验研究》（下册），鲁旭东、林聚任译，商务印书馆 2010 年版，第 601 页。

② 同上书，第 601—602 页。

③ ［美］罗伯特·马克·弗里德曼：《权谋——诺贝尔科学奖的幕后》，杨建军译，世纪出版集团、上海科技教育出版社 2005 年版，第 21 页。

持，这些都会支持他、推进他的研究。但在很多时候，获奖也会给他带来很高的名望，或被委任为某个重要研究机构或者部门的负责人和行政管理者。这时对于其获得进一步的成果和贡献是好是坏，尚没有一致的结论。

从科学的累积性角度看，如果获奖者能够领导一个机构，带领更多的学者进行研究，整体来看是好事情。因为根据对历届诺贝尔奖获得者的背景分析，在诺贝尔奖获得者手下进行学习和工作的人，获得诺贝尔奖的非常多。这是从师徒关系、科学的优势累积和传承的角度来看的。获奖者和没获奖者同样申请一个科研项目，或者各自都领导一个研究机构，那么显然，由于默顿所言的科学的马太效应的存在，诺贝尔奖者所在机构更有可能获得政府或者资助机构的青睐，获奖者提出的政策建议等也更有可能被采纳。这些整体来看对获奖者所在的机构或者他关注的领域的发展都是好事情。

但是对于获奖者本人，却未必是好事情，至少是不确定的。如果获奖者的研究状态已处于下滑，那么，他将更多的时间和精力投入到项目和行政管理中，未尝不是好事。但是，如果诺贝尔奖者的研究状态正处于高峰期，则他将更多的精力投入到管理中，却很可能是对其智慧和学识的浪费。

当然，以上的分析主要是针对诺贝尔科学奖项的。以上的分析还有个前提，即诺贝尔奖获得者志在于学术和科研。他并没有学而优则仕的主观愿望。

以上是从诺贝尔科学奖的获奖对获奖者个人以及后续科学研究和研究团队而言的。诺贝尔科学奖正面作用可能更多地体现在其社会影响方面。我们知道第二次世界大战之后，世界上很多国家都开始重视，或者越来越重视科学技术的作用。政府对科学技术的重视和投入，与历届诺贝尔科学奖的评选和颁发之间有一个相互促进的作用。每年诺贝尔奖的揭晓，都成为一项世界瞩目的盛事，这项盛事通过大众传媒、官方的回应等，推动着公众对科学的理解和重视，也进一步推动着各国政府更加重视发展科学技术。诺贝尔奖一定程度上成为科学在大众心目中的形象代表。

对于诺贝尔奖的其他三个奖项，包括文学奖、经济学奖和和平奖，诺贝尔奖本身由于可能存在意识形态上的因素，因此其社会影响是需要区分来看的。例如一些诺贝尔文学奖的颁发对象与该国政府的政见相反或不同，从而遭到获奖者所在国政府对诺贝尔奖的批评或抵触，但却受到另一些国家的欢迎和支持。诺贝尔奖获得者这时并不像诺贝尔科学奖获得者那么受尊崇，有可能成为一个持不同政见者。而诺贝尔和平奖的意识形态形象更加明显。

（二）诺贝尔奖的第 41 席位者

　　法国科学院在较早时候就决定，只有 40 人能有资格成为法国科学院的 40 名定额院士。很长一段时间，法国科学院对数目的限制不可避免地把许多有才华的人排斥在科学院院士大门之外，包括笛卡尔、帕斯卡、莫里哀、卢梭、圣西门、狄德罗、司汤达、福楼拜、左拉等人，尽管在法国甚至世界上都是鼎鼎有名的人物，他们甚至比同时代的法国科学院院士更加有名，但他们却都不是法国科学院的院士。这些人因此被戏称为法国科学院的"坐第四十一席位者"。①

　　默顿认为，对于诺贝尔奖而言，可能存在两种错误。第一种指那些值得怀疑或价值不大的科学成果却获得诺贝尔奖的现象。不过这种错误总的来说并不多。第二种就是前面提到的"坐第四十一席位者"现象。因为诺贝尔奖的规则规定，一个奖项最多只能授予 3 人。以诺贝尔科学奖为例，科学的发展并不是一贯的平静如水、步步为营，有时科学会有一个快速发展的时期，在很短时间内会涌现出众多的杰出人物。他们可能都有获得诺贝尔奖的资格。但是由于诺贝尔奖的获奖名额限制，他们却只能默默地"坐第四十一席位"。这些坐在第四十一席位者构成了一个杰出者群体，如果从 1901 年诺贝尔奖开始颁发算起，这些第四十一席位者的名单可以列的很长很长。

　　如果将第四十一席位的现象再做一个扩展，我们用它来分析诺贝尔奖本身。诺贝尔奖到目前为止，只有物理学、化学、生理学或医学、和平、文学，以及由瑞典银行设立的经济学奖。对于大众而言，获得诺贝尔奖相当于整个科学领域的最高荣誉。但是，区区 3 个（如果加上经济学奖，就是 4 个）诺贝尔奖，岂能涵盖整个科学领域。例如环境科学、

---

　　① ［美］R. K. 默顿：《科学社会学——理论与经验研究》（下册），鲁旭东、林聚任译，商务印书馆 2010 年版，第 605—607 页。

地质学、天文学家、非医药取向的生物科学和数学等，这些科学领域对
一个国家非常重要，也同样应该赢得人们的尊重。但是，正如朱克曼所
言，诺贝尔奖金有一种超出科学以外的特殊意义，使得在它颁发范围之
外的科学家，虽然无人有意安排，却不知不觉地被贬到第二流的地位。
事情几乎到了这种地步，如果一门学科没有自己的诺贝尔奖金获得者，
便不成其为一门曾对科学知识做出过重大贡献的学科。①

（三） 诺贝尔奖可能的负面效应

一些科学家认为诺贝尔奖对科学是无益的。其一，它并不促进科学
知识的发展。因为奖金强调的是报酬而不是直接促进学术的发展，这就
会使科学家们放弃艰深难解的课题，转而从事"能获奖的"研究。这
将会使科学界集中注意某一狭小范围内的若干问题，而其他许多问题得
不到充分研究。也会使希望得奖的科学家不去研究重大的实际问题，而
比较专一地潜心于某些基本理论问题。这一点在中国也是存在的。我们
知道中国近些年来科学技术的发展主要集中于一些重大的实际问题。因
此，从国家的需求角度上看，以及政府通过科学奖励系统对科学研究的
方向指导看，政府都会重点表彰和奖励国家急迫需求的应用性研究。这
是符合中国实际情况的。也是朱克曼所担心的。他推测到，既然科学界
的奖励制度只表彰解决问题而不表彰未能成功的大胆尝试，只表彰对热
门问题的研究而不表彰对冷僻问题的研究，那就难免造成一种都来"赶
浪头"的影响，引起科学界注意力的集中。②

其二，诺贝尔奖金使人们首先过分关心获得承认和奖励，而不是首
先对科学工作本身发生兴趣，这实际上就妨碍了科学的发展。

其三，从诺贝尔奖获得者成名之后的工作经历可以发现，获得诺贝
尔奖金往往降低了获奖人对科学不断做出贡献的速度。因为成名之后，
种种的需求和引诱相继而来。一旦获奖者深陷其中，就可能会影响他们
的科学研究工作的进度。

有人可能会说，诺贝尔奖促进了科学界的创新和进步。但无数事实

---

① ［美］哈里特·朱克曼：《科学界的精英——美国的诺贝尔奖金获得者》，周叶谦译，
商务印书馆 1979 年版，第 338 页。

② 同上书，第 339—340 页。

证明的是，科学的历史进程并不因诺贝尔奖金获得者而有多大变更。科学领域经常出现的是，好几个人同时独立做出了同样的发现。这一现象提醒我们，这位或那位诺贝尔奖金获得者本来可能做却没有做的工作，总会有别人去完成——也许不是以完全相同的方式进行，但他们对本门科学的发展所起的作用却大体相似。而诺贝尔奖金的存在，过分强调了获奖人的个人贡献，并使他们显得是科学的实际发展过程中独立无二的不可或缺的人物，从而充分地体现了英雄发展科学这一理论。① 它最终将降低科学活动的质量。

（四）诺贝尔奖的象征意义

朱克曼曾说，诺贝尔奖金已经成了形容最高成就的一种比喻。当心理学家们谈论"诺贝尔奖奖金狂"时，我们也知道他们指的是这样一种症状，即追求最野心勃勃的目标。当科学家们读到那个不祥的声明，说的是对研究工作的拨款已经大为缩减以致全国科学基金会"甚至不能保证对最优秀的人物——诺贝尔奖金获得者——给予支持"时，他们很快意识到自己获得研究经费的机会是微乎其微的了。

朱克曼认为，诺贝尔奖金的任何一个特点都不足以说明它之所以获得巨大声望和威信的原因。毋宁说，这种声望和威信来自它整体，由于综合了一些互相作用的特点而形成的优越地位，尽管单从它的任何一项特点——例如它比较悠久的历史，奖金的数额，或授奖单位的威望等——来看，别的奖金都可能跟它媲美甚至超过它。从这方面说，各种奖金之间在争取威信上所进行的没有计划的和不言而喻的竞争，多少有些类似运动会上关于十项运动的有计划的和公开的竞争，而诺贝尔奖金由于它在一系列博取威信的特点上居于领先地位而成为冠军。

诺贝尔奖最初的奖金额是 20 年的工资收入。按照诺贝尔本人的意思，是要让获奖者在获奖后，生活有良好保障的情况下继续致力于研究事业。奖金额最初的金额这一点在诺贝尔奖一公布立即使诺贝尔奖在公众的心目中变得难能可贵。很多国际媒体，例如《纽约时报》都予以重点报道。除了奖金额高之外，诺贝尔奖同时又几乎是全世界最国际化

---

① ［美］哈里特·朱克曼：《科学界的精英——美国的诺贝尔奖金获得者》，周叶谦译，商务印书馆 1979 年版，第 340—341 页。

的奖项。这种国际化有助于获得世界范围内的声望，它每年一度重新提醒公众注意它的国际性。而它的影响和威信又反过来引起激烈的国际竞争，这种竞争又进一步加强了奖金的影响和威信，因为人们焦急地等待着一年一度的奖项的揭晓，然后迅速重新计算各国在奖金获得者数目上那种逐渐变化的竞争记录。它的各项特征之间相互加强的正反馈作用，明显提高了诺贝尔奖作为科学成就的一个普遍象征的巨大威信和广泛影响。

在诺贝尔奖获得名声过程中，政治和媒体起到非常大的作用。每年12月10日，阿尔弗雷德·诺贝尔逝世纪念日，都会举行有点世纪末味道的盛大的颁奖仪式。仪式中，瑞典国王扮演重要的角色。[①] 这就将历史、政治、国家和科学、社会等全部凝聚在了一起。甚至第一次世界大战的灾难，尽管对诺贝尔奖的评选带来了诸多困难，但也未能减弱人们对诺贝尔奖的狂热。在媒体和科学领导人的操纵下，诺贝尔奖不但提供了一个自我庆贺的机会，也借此扬名海外。第一次世界大战前，西方一些自诩的文明国家对和平竞争通向进步的信念，转变成更为庸俗的国家自我吹捧的花招。在那些牺牲了数百万人的国家里，人们不论是进行集体哀悼或是集体庆祝，都要求有纪念他们国家荣耀的活见证。在大众媒体和利益集团的引导下，公众将诺贝尔奖、奥利匹克奖章和其他国际间可见形式的竞争看作一种国家光荣（如果不是优越性）的见证。在美国，随着美国人把越来越多的诺贝尔奖捧回家，媒体、地区爱国者和学术企业家也逐渐养成了一种对诺贝尔奖的崇拜。[②]

（五）诺贝尔奖符号和中国：声誉资本的夸大和转移

本书后面的章节将阐述中国科学界与诺贝尔科学奖之间的距离。这个讨论的前提是我们假设或者认可诺贝尔奖是名副其实的科学界第一奖。

但是在现实中，诺贝尔奖由于其超过奖项本身的象征意义，因此，从资本的角度看，我们可以将精英们获得的诺贝尔奖视为获得了一种声

① ［美］哈里特·朱克曼：《科学界的精英——美国的诺贝尔奖金获得者》，周叶谦译，商务印书馆1979年版，第26—30页。

② ［美］罗伯特·马克·弗里德曼：《权谋：诺贝尔科学奖的幕后》，杨建军译，世纪出版集团、上海科技教育出版社2005年版，第150页。

誉资本。各个国家、地区、机构和组织计算和宣称自己拥有的诺贝尔奖获得者的人数，就是致力于把诺贝尔奖的威力转移到形形色色的组织和事业上去，由此将诺贝尔奖的声誉资本转移到自己组织身上，获得了自身在竞争者中的优势地位。对于诺贝尔奖的获得者，则往往被捧上天，被奉为获奖领域的代言人。很多获奖者自然不会谢绝这样的好事，他们不但声称自己是为事实所证明的本行中的佼佼者，甚至还以无所不知、处处是权威自居。也就是说，获奖者也将诺贝尔奖的声誉资本转移到其社会资本或者其他方面，供自己使用。

诺贝尔奖的声誉资本的转移前文已经简要说明了。在中国的当下，这种声誉资本的转移尤为明显。一方面，中国本土仅有莫言获得诺贝尔文学奖，还无人获得诺贝尔自然科学奖或者经济学奖。另一方面，诺贝尔奖获得者在中国尤为稀缺，其声誉资本也就更为机构和组织，乃至社会大众所看重。因此，国内的很多地方政府都花大气力请国外的诺贝尔奖获得者参与其举办的活动。2013 年 9 月 10 日由国务院发展研究中心、中国科学院、中国科学技术协会、北京市人民政府共同主办的2013 诺贝尔奖获得者北京论坛已经是 2005 年以来的第 9 次论坛了。国外的诺贝尔奖获得者在中国当然会受到格外的礼遇。很多诺贝尔奖获得者纷纷接受邀请参加国内的活动，他们除了参与那些与自己专业相关的活动外，还经常就超出自己领域的问题等发表意见。尽管他们可能并不熟悉这些领域，但他们却侃侃而谈，自信满满。中国的地方政府或者商界则也深以为是，相信权威，特别是期待权威说出他们想听的或想说的话。

第三章 精英的特质：诺贝尔奖获得者的统计分析

> 胸中有"数"。就是说，对情况和问题一定要注意到它们的数量方面，要有基本的数量分析。任何质量都表现为一定的数量，没有数量也就没有质量。[①]
>
> ——毛泽东

> 我们信仰上帝。除了上帝，任何人都必须用数据来说话。[②]
>
> ——爱德华·戴明

> 在终极的分析中，一切知识都是历史；在抽象的意义下，一切科学都是数学；在理性的基础上，所有的判断都是统计。[③]
>
> ——C. R. 劳

　　尽管从本质上说，诺贝尔奖是一个个人奖项，但随着诺贝尔奖被人们赋予越来越多的意义，随着获奖者人数的增加，其代表的自然科学发展轨迹线索越发明显，使得人们开始从统计学角度研究诺贝尔奖，研究诺贝尔奖获得者的个人特质，以及从国家层面分析对比不同国家诺贝尔奖获得者的数量、发展趋势等。这将有助于我们更加客观地了解获奖人的得奖原因以及获奖者之间的不同，更深入地理解科学精英的成长过程和教育科研特质，理解科学发展的本质，也能让我们在国家比较中更好

[①] 毛泽东：《党委会的工作方法》，《毛泽东选集》第 4 卷，第 1380—1381 页。

[②] 英语原文为："In God we trust; everyone else must bring data. —Edwards Deming."

[③] ［美］C. R. 劳：《统计与真理》，科学出版社 2004 年版，扉页。

地思考如何从国家层面提供科学拔尖人才的成长环境。

　　本章作为第一篇的最后一章，在全书中起着承前启后的作用，既在前两章总论诺贝尔奖起源和作用基础上，展现出具体的诺贝尔奖获得者的个人特征，又为第二篇的国别分析和第三篇联系中国、展望未来提供数据支撑。在内容上本章分为两节，第一节对迄今为止六个领域的851名[1]个人获奖者进行整体分析，从时间、空间两个维度入手，具体指标包括：获奖年龄、国籍、教育环境等方面，然后对获奖者中特殊个体（相当于统计分析中的奇点），如：华裔、女性以及两次得奖等特殊人物进行专门列表统计；第二节分别从六个颁奖领域，对获奖者进行更细致的统计分析。其中每个领域均沿袭第一节的思路，从时间、空间两个维度出发：时间方面涉及获奖者的出生时段、获奖年龄等方面；空间方面涉及获奖者的国籍、获奖时所在机构等方面；最后，对获奖者的研究方向进行了大致归类，希冀推断出今后诺贝尔奖的获奖热点。

　　希望聪明的读者透过这一张张精英们个人信息的统计图表，探求他们事业成功背后的规律，从而得到启发，受到鼓舞，更好地开发自己的思维潜能，实现自己的人生价值。

一　诺贝尔奖获奖者整体统计

　　举世闻名的诺贝尔奖于1901年首次颁奖[2]，迄今已颁发700多个奖项。由于战争或其他原因，113年间，物理奖有6年，化学奖有8年，生理学/医学奖有9年，文学奖有7年，和平奖有15年未颁奖。

表3—1　　　　　　　　　　诺贝尔奖分学科获奖人次

	物理学	化学	生理学或医学	文学	和平	经济学
颁奖次数（单位：次）	107	105	104	106	98	45
获奖人次（单位：人）	196	166	204	110	101	74
占总人次的比例	23.03%	19.51%	23.97%	12.93%	11.87%	8.70%
每次授奖的平均人次（单位：人次）	1.83	1.58	1.96	1.04	1.03	1.64

注：先后两次获奖的科学家共有4位，表3—1中每位作两人次进入统计。

---

[1]　有4位两次获得诺贝尔奖的科学家，统计时均作两人次计入。
[2]　经济学奖除外，诺贝尔经济学奖于1969年首次颁奖。

由表3—1可看出，在诺贝尔奖颁发的五个学科领域中，生理学/医学每次授奖的平均人次最多，为1.96人次，文学奖最少，平均人次为1.04人次；同时，生理学/医学也是迄今获奖人数最多的领域，共有204人获奖，其次为物理学196人，化学166人，可见，自然科学领域，团队合作攻关和学术交流非常重要。文学奖平均获奖人次最少，可能在文学世界中，作者个人的瑰丽想象、敏锐的观察社会的眼光和自身感受更重要。

（一）获奖者年龄统计

以下对113年间851位个人获奖者的年龄进行统计分析。众所周知，年龄对于一个科技工作者或者作家，具有重要的意义。它是一种势能标志，是个人体能和心力的综合反映。各个领域的获奖者的获奖年龄是否有显著差异呢？如果某个学科的获奖年龄显著地比其他学科大，这意味着什么？还有这些学科的获奖年龄服从什么分布？是正态分布还是均匀分布，抑或其他分布等。

表3—2　　　　　全部获奖者获奖年龄描述统计（单位：岁）

最小值	最大值	平均年龄	标准差	中位数	众数
25	90	59	12.45	59	56

表3—2中给出851位获奖者的描述性统计，迄今全部获奖者中年龄最小的是澳大利亚的劳伦斯·布拉格（1915年诺贝尔物理学奖得主），获奖时年仅25岁；年龄最大的是美国的里奥尼德·赫维克兹（2007年诺贝尔经济学奖得主），获奖时已经90岁；56岁获奖的人最多，所有学科的平均获奖年龄是59岁，标准差为12.45岁，说明有一半的获奖者在59岁以前获奖。

表3—3　　　　　分学科获奖者获奖年龄描述统计（单位：岁）

	最小值	最大值	平均年龄	标准差	中位数	众数
物理	25	88	55	13.48	54	42
化学	35	88	58	11.50	57	54

续表

	最小值	最大值	平均年龄	标准差	中位数	众数
生理或医学	32	87	57	11.33	56	55
文学	42	88	65	10.64	65	60
和平	32	87	62	12.39	62	63
经济	51	90	67	8.46	67	73

表3—3 给出了各学科获奖者年龄的描述性统计，社会科学学科（文学、和平和经济学）的平均年龄和众数都明显要比自然科学学科（物理、化学、生理学/医学）的大，说明，人文社会学科取得较大成就要比自然科学投入更长的时间，付出更多的耐心，需要更多的知识积累和更加深厚的人文素养，得到的成果也需要更长的时间被人们肯定。同时，可看出经济学奖得主的标准差最小，即经济学奖得主的年龄跨度最小，普遍分布于63—73岁之间，物理学奖得主的标准差最大，说明物理学奖得主的年龄分布比较离散，难于集中于某个年龄段附近，物理学奖得主的众数也是最小的，说明物理学相比其他学科，科学家做出成果时更年轻，这可能与物理学的学科特质相关。

表3—4   分学科分年龄段获奖人数统计（单位：人）

	30岁以下	30—39岁	40—49岁	50—59岁	60—69岁	70—79岁	80岁以上
物理	1	23	54	47	40	21	10
化学	0	6	36	54	43	19	8
生理或医学	0	13	43	61	54	27	6
文学	0	0	9	27	36	32	6
和平	0	6	14	19	29	27	6
经济	0	0	0	12	35	22	5

表3—4可看出物理学奖得主主要集中于40—49岁，占物理学获奖总人数的28%；化学奖、生理学/医学奖得主主要集中于50—59岁，分别占各科获奖总人数的33%、30%；文学、和平和经济学奖得主年龄都主要集中于60—69岁，分别占各科获奖总人数的33%、29%、47%。

（二）获奖者国籍统计

表3—5分自然科学和社会科学两大类对诺贝尔奖颁发的六大学科中得奖人数最多的前10位国家的具体情况进行统计。统计时采用获奖者获奖成果在哪个国家做出就计入该国的原则，与获奖者获奖时国籍可能不一致，如：1957年诺贝尔物理学奖得主杨振宁和李政道得奖时国籍均为中国，但获奖成就主要在美国做出，本表中计入美国。

表3—5　　　　拥有获奖者最多的前10位国家（单位：人）[①]

| | 自然科学 | | | | | | 社会科学 | | | | | | 总计 | 占总人数百分比（%） |
| | 物理学 | | 化学 | | 生理或医学 | | 文学 | | 和平 | | 经济学 | | | |
	人次	占本学科比例	人次	占本学科比例	人次	占本学科比例	人次	占本学科比例	人次	占本学科比例	人次	占本学科比例		
美国	90	45.92%	74	44.58%	100	49.02%	10	9.09%	28	27.72%	52	70.27%	354	41.60
美国	264人（占自然科学总人数46.63%）						90人（占社会科学总人数31.58%）							
英国	27	13.78	23	13.86	32	15.69	10	9.09	14	13.86	6	8.11	112	13.16
英国	82人（占自然科学总人数14.49%）						30人（占社会科学总人数10.53%）							
德国	19	9.69%	29	17.47%	17	8.33%	9	8.18%	5	4.95%	1	1.35%	80	9.40
德国	65人（占自然科学总人数11.48%）						15人（占社会科学总人数5.26%）							
法国	13	6.63%	8	4.82%	10	4.90%	15	13.64%	9	8.91%	2	2.70%	57	6.70
法国	31人（占自然科学总人数5.48%）						26人（占社会科学总人数9.12%）							
瑞士	9	4.59%	7	4.22%	7	3.43%	2	1.82%	11	10.89%	0	0.00%	36	4.23
瑞士	23人（占自然科学总人数4.06%）						13人（占社会科学总人数4.56%）							
瑞典	4	2.04%	5	3.01%	7	3.43%	8	7.27%	4	3.96%	2	2.70%	30	3.53
瑞典	16人（占自然科学总人数2.83%）						14人（占社会科学总人数4.91%）							
俄罗斯	10	5.10%	1	0.60%	1	0.49%	4	3.64%	2	1.98%	1	1.35%	19	2.23
俄罗斯	12人（占自然科学总人数2.12%）						7人（占社会科学总人数2.83%）							
日本	6	3.06%	7	4.22%	2	1.00%	2	1.82%	1	0.10%	0	0.00%	18	2.12
日本	15人（占自然科学总人数2.65%）						3人（占社会科学总人数1.05%）							

[①]　参考陈其荣、廖文武《科学精英是如何造就的》，复旦大学出版社2011年版。本表中两次获奖得主均作两人次计入。

续表

	自然科学						社会科学						总计	占总人数百分比（%）
	物理学		化学		生理或医学		文学		和平		经济学			
	人次	占本学科比例	人次	占本学科比例	人次	占本学科比例	人次	占本学科比例	人次	占本学科比例	人次	占本学科比例		
奥地利	2	1.02%	2	1.20%	5	2.45%	1	0.91%	3	2.97%	1	1.35%	14	1.65
	9人（占自然科学总人数1.59%）						5人（占社会科学总人数1.75%）							
意大利	2	1.02%	1	0.60%	1	0.49%	6	5.45%	1	0.10%	1	1.35%	12	1.41
	4人（占自然科学总人数0.71%）						8人（占社会科学总人数2.81%）							
总计	182	92.88%	157	94.58%	184	89.22%	67	60.91%	78	77.23%	66	89.19%	732	86.02

表3—5可看出：排名前三位的美国、英国和德国是获得诺贝尔奖的超级大国，拥有546位得奖者，占总人数64%以上，而位居第一的美国更是遥遥领先，有354位获奖者，得奖人数是第二名英国的3倍以上。为什么美国的科研实力如此之强？当然，归根结底由于美国的经济实力，美国连续几十年保持着世界第一的经济形势，其次，美国的文化具有很强的包容性，素有"民族熔炉"之誉，世界各大洲100多个民族的后裔生活在美国，在共同生存和奋斗目标的指引下逐渐融合成统一的美利坚民族，有得天独厚的自然条件，又有自由、民主的政治氛围，吸引着全世界的优秀人才，占全世界人口不到5%的美国却有40%以上的诺贝尔奖获奖者，无疑，在科技领域，美国是当今世界上绝对的超级大国。剩下的9个国家，除日本是亚洲国家外，其余8个均是欧洲国家，当今世界，美国和欧洲的科技水平足以代表整个世界的主流，人口虽然只占世界的17%左右，但113年来851位诺贝尔奖得主中有90%以上是欧洲和美国人。

众所周知，科技的竞争归根结底是人才的竞争，国家间争夺人才的战争愈演愈烈。表3—6统计了诺贝尔奖获得者中有多少是以"外援"身份到美、英、德国留学后得到诺贝尔奖的。

表 3—6　　　　　　　　获奖者国籍改变情况（单位：人）①

	加入国籍是美国		加入国籍是英国		加入国籍是德国		该学科国籍改变总人数
	人数	占比	人数	占比	人数	占比	
物理学	23	69.70%	2	6.06%	1	3.03%	33
化学	16	47.06%	4	11.76%	3	8.82%	34
生理学/医学	26	60.47%	8	18.60%	1	2.33%	43
文学	4	26.67%	2	13.33%	1	6.67%	15
和平	2	33.33%	1	16.67%	0	0	6
经济学	9	90.00%	1	10.00%	0	0	10
总计	80	56.74%	18	12.77%	6	4.26%	141

　　表 3—6 可看出，人才引进这一因素对排名前三甲的国家具有重要作用，其中，对美国的作用最大。占国籍改变者一半以上的精英为美国所用，世界上其他国家总共才得到 61 名。美国确实有吸引人才的优厚条件：学习、工作环境好，生活水平高，社会稳定，工资、福利待遇好等，很多科学精英移民美国。这在经济学领域表现尤其明显，该领域国籍改变的获奖者移民美国占九成，不仅说明美国十分重视经济学的研究和发展，同时也说明经济学领域里美国无可争辩的霸主地位。

　　从表 3—6 还可发现，自然科学领域国籍改变人数远远超过社会科学领域，社会科学领域国籍改变者所占获奖者比例约为 11%，而自然科学领域则高达近 20%，这从侧面说明自然科学领域专家交流机会更频繁，当代，自然科学比社会科学发展更迅速大概与此相关，因为，不同层次、不同规模的交流是科学技术发展与社会进步必不可少的重要环节之一。

（三）获奖者所处机构及教育环境统计

　　个人成才当然离不开学习和受教育的环境，表 3—7 对培养自然科学领域诺贝尔奖得主最多的前十名大学进行统计。

---

① 具有双重国籍的获奖者统统计入国籍改变者。

表3—7   培育自然科学领域获奖者的大学前十名（单位：人）①

大 学 名 称	国 名	物理学	化学	生理学或医学	总计	排名
剑桥大学	英国	22	16	18	56	1
哈佛大学	美国	14	19	20	53	2
哥伦比亚大学	美国	11	10	13	34	3
加州大学伯克利分校	美国	7	11	5	23	4
麻省理工学院	美国	12	5	3	20	5
芝加哥大学	美国	11	4	4	19	6
巴黎大学	法国	6	4	8	18	7
加利福尼亚理工学院	美国	9	4	4	17	8
哥廷根大学	德国	6	5	5	16	9
慕尼黑大学	德国	6	7	3	16	9
牛津大学	英国	2	6	8	16	9
柏林大学	德国	6	6	3	15	12
伦敦大学	英国	3	3	9	15	12

注：本表统计方法：若获奖者的学士、硕士和博士学位分属于不同的大学获得，则每个大学各统计一次。若两个阶段学位的获得同属于一个大学，则仅计算一次。表中大学不包含其从事获奖研究工作时所属大学，只统计其学位获得的大学。

从表3—7可看出，自然科学奖得主所接受的大学本科和研究生教育，高度集中于少数几所世界一流大学。以上10所世界名校以其独特的人才培养方式、大师会聚的科研氛围以及充足的资金支持培养了数百名诺贝尔奖得主，这些名校的授课体例和管理体制非常值得我国的高校和科研院所学习。诺贝尔奖得主中有不少是师生关系，所谓"名师出高徒"，这在后面章节会详细分析。

（四）获得诺贝尔奖的华人

迄今共有十位华人获得诺贝尔奖，物理学有六位，占一半以上，化学、文学领域各有两位，他们的一些基本情况见表3—8。

---

① 参见陈其荣《诺贝尔自然科学奖与世界一流大学》，《上海大学学报》（社会科学版）2010年11月第17卷第6期，以及诺贝尔基金会网站的统计数据。

表3—8　　　　　　　　　　获得诺贝尔奖的华人

姓名	出生年份	获奖年龄	获奖时间	学历	获奖时所在单位	获奖领域
杨振宁	1922	35	1957	博士	普林斯顿大学	物理学
李政道	1926	31	1957	博士	哥伦比亚大学	物理学
丁肇中	1936	40	1976	博士	麻省理工学院	物理学
朱棣文	1948	49	1997	博士	斯坦福大学	物理学
崔琦	1939	59	1998	博士	普林斯顿大学	物理学
高锟	1933	76	2009	博士	不详	物理奖
李远哲	1936	50	1986	博士	加州大学伯克利分校	化学奖
钱永健	1952	56	2008	博士	加州大学圣迭戈分校	化学奖
莫言	1955	57	2012	荣誉博士	中国作家协会	文学奖

　　自然科学领域的八位华裔获奖者中七位出身于书香门第，家境很好，从小受到良好的教育，均在美国一流大学获得博士学位，毕业后继续在美国顶尖的研究机构从事教学和科研工作，都获得终身教授职称，后也都加入美国国籍。可见，优越而充满科学气息的家庭环境对个人的成长和成才非常重要，且这些获奖者在机构间交叉任职经历很多，透露出美国一流大学间的学术交流十分频繁，使得科技工作者能够兼收并蓄、厚积薄发，在科学道路上走得更远、更快。

（五）获奖者中的特殊人物

1. 女性获奖者

　　851位诺贝尔获奖者中，女性获奖者有43位，约占总人数的5.05％，其中：物理学奖2位，化学奖4位，生理学或医学奖8位，文学奖13位，经济学奖1位，和平奖15位。诚然诺贝尔奖得主男性占绝大多数，但这些女性精英的出现犹如一座美丽大花园里的几株鲜艳夺目的花朵，格外引人注目，吸引着后来人探寻她们成功的足迹。

表3—9　　　　　　　　　　诺贝尔奖中的女性获奖人

姓名	出生年份	获奖年龄	获奖年份	国籍	学历	获奖时所在单位	获奖领域
居里夫人	1867	36	1903	法国	博士	法国塞夫勒高等师范院校	物理学
梅耶	1906	57	1963	美国	博士	加利福尼亚大学	物理学
居里夫人	1867	44	1911	法国	博士	法国塞夫勒高等师范院校	化学
伊伦娜·约里奥－居里	1897	38	1935	法国	博士	巴黎居里实验室	化学
霍奇金	1910	54	1964	英国	博士	牛津大学	化学
阿达·约纳特	1939	70	2009	以色列	博士	以色列魏茨曼科学研究所	化学
柯里夫人	1896	51	1947	美国	博士	华盛顿大学	医学
蒙塔尔西尼	1909	77	1986	意大利/美国	博士	意大利国家研究委员会	医学
埃利昂	1918	70	1988	美国	博士	杜克大学	医学
芙尔哈德	1942	53	1995	德国	博士	普朗克发育生物研究所	医学
琳达·巴克	1947	57	2004	美国	博士	美国国家科学院	医学
弗朗索瓦丝·巴尔—西诺西	1947	61	2008	法国	博士	巴黎巴斯德学院	医学
伊丽莎白·布莱克本	1948	61	2009	美国	博士	加利福尼亚大学旧金山分校	医学
卡罗尔·格雷德	1961	48	2009	美国	博士	约翰·霍普金斯大学	医学
西尔玛·拉格洛夫	1858	51	1909	瑞典	学士	兰斯克罗娜女子高中	文学
格拉齐亚·黛莱达	1871	55	1926	意大利	小学	无	文学
西格丽德·温塞特	1882	46	1928	挪威	职中	无	文学
赛珍珠	1892	46	1938	美国	硕士	不详	文学
加夫列拉·米斯特拉尔	1889	56	1945	智利	自学	智利外交部	文学
内莉·萨克斯	1891	75	1966	瑞典	自学	不详	文学
内丁·戈迪默	1923	68	1991	南非	学士	不详	文学
托妮·莫里森	1931	62	1993	美国	硕士	普林斯顿大学	文学
希姆博尔斯卡	1923	73	1996	波兰	学士	《文学生活》周刊	文学
埃尔弗里德·耶利内克	1946	58	2004	奥地利	学士	不详	文学

续表

姓名	出生年份	获奖年龄	获奖年份	国籍	学历	获奖时所在单位	获奖领域
多丽丝·莱辛	1919	88	2007	英国	中学	不详	文学
赫塔·米勒	1953	56	2009	德国	学士	不详	文学
爱丽丝·门罗	1931	82	2013	加拿大	学士	不详	文学
埃莉诺·奥斯特罗姆	1933	76	2009	美国	博士	美国国家科学院	经济
贝尔塔·弗赖茹劳·冯·苏特纳	1843	62	1905	奥地利	中学	伯尔尼国际和平局	和平
简·亚当斯	1860	71	1931	美国	学士	妇女国际和平联盟	和平
艾米莉·巴尔奇	1867	79	1946	美国	学士	妇女和平自由同盟	和平
贝蒂·威廉斯	1943	33	1976	英国	大专	爱尔兰和平人民运动	和平
梅里德·科里·麦奎尔	1944	32	1976	爱尔兰	荣誉博士	爱尔兰和平人民运动	和平
特蕾莎修女	1910	69	1979	印度	中学	洛雷托修女会	和平
阿尔瓦·米达尔	1902	80	1982	瑞典	硕士	瑞典驻外大使	和平
昂山素季	1945	46	1991	缅甸	学士	缅甸全国民主联盟	和平
里戈韦塔·门楚·图姆	1959	33	1992	危地马拉	自学	印第安农民合作联盟	和平
乔迪·威廉姆斯	1950	47	1997	美国	硕士	国际禁用地雷组织	和平
希林·伊巴迪	1947	56	2003	伊朗	不详	德黑兰大学	和平
旺加里·马塔伊	1940	64	2004	肯尼亚	博士	肯尼亚环境和自然资源部	和平
埃伦·约翰逊－瑟利夫	1938	73	2011	利比里亚	硕士	利比里亚总统	和平
莱伊曼·古博薇	1972	39	2011	利比里亚	中学	和平运动组织	和平
塔瓦库·卡曼	1979	32	2011	也门	不详	妇女权益活动组织	和平

　　表3—9看出，女性获奖者多集中于和平奖和文学奖领域，物理、化学、经济学领域几乎被男性垄断，由于从事自然科学的研究需要投入大量时间和精力，且要求持续不断，而女性大都承担着生养抚育后代的责任和很多家务劳动，投入到科学研究中的时间、精力受到极大

限制，自然科学领域的竞争异常激烈，一年或半年的休息就很可能再也无法达到世界前沿的研究水平。再有女性性格大都比较感性，对科学研究的热情相对较少；而男性则更偏向理性的思维习惯，动手能力较强。

但是，我们依然欣喜地看到在文学、和平领域，越来越多的女性站上最高的领奖台，她们以女性特有的细腻、温柔、善良、勤奋等美德，活跃于政坛、文坛及社会活动中，让全世界感受到女性的力量。她们是女人的榜样。

2. 同一人两次获奖

一生能获得一次诺贝尔奖已是死而无憾，足以名垂青史。世界上不知有多少英才为自己挚爱的事业穷尽毕生精力，却仍与诺贝尔奖无缘，或擦身而过，同一个人能够两次问鼎诺贝尔奖，是十分难得的人生际遇。表3—10将这些上帝两次垂青的幸运儿单独列出。

表3—10　　　　　一人先后两次获奖的获奖者[1]

姓名	国籍	出生年月	第一次获奖			第二次获奖			获奖年龄差
			领域	时间	年龄	领域	时间	年龄	
玛丽·居里	法国	1867.11	物理	1903	36	化学	1911	44	8
鲍林	美国	1901.2	化学	1954	53	和平	1962	61	8
巴丁	美国	1908.5	物理	1956	48	物理	1972	64	16
桑格	英国	1918.8	化学	1958	40	化学	1980	62	22

这四位得奖者中，玛丽·居里是唯一的女性，也是最出类拔萃的一位，不仅得奖领域横跨两个不同的自然科学学科，而且获奖年龄在这四人中都是最小的，获奖间隔只隔8年，剩下的三位男性，只有鲍林相隔8年，第二次获得和平奖，巴丁和桑格的两次获奖间隔分别相差16年和22年。更值得一提的是，玛丽·居里还培养了一位日后获得诺贝尔化学奖的女儿。四位获奖者都是自然科学家出身，鲍林同时还是一位坚强的和平战士，为世界和平事业做出巨大贡献。

① 参考许光明《摘冠之谜：诺贝尔奖100年统计与分析》，广东教育出版社2003年版。

3. 两代获奖者

在获得诺贝尔奖的科学家中，迄今有七个家庭的十六位两代获奖者非常引人注目。再次印证了优秀的遗传基因和良好的家庭科研环境对个人成才非常重要，父母的言传身教有利于下一代快速成才。

表 3—11　　　　　　　　　　两代人获奖者①

序号	第一代获奖者		第二代获奖者			两代间获奖时差
	父亲/生卒年月/国籍/获奖年龄	母亲/生卒年月/国籍/获奖年龄	儿子/生卒年月/国籍/获奖年龄	女儿/生卒年月/国籍/获奖年龄	女婿/生卒年月/国籍/获奖年龄	
1	皮埃尔·居里 1859.5—1906.4 法国/44	玛丽·居里 1867.11—1934.7 法国/36		伊伦娜·约里奥－居里 1897.9—1956.3 法国/38	约里奥—居里 1900.3—1958.8 法国/35	32
	1903 年共获物理学奖			1935 年共获化学奖		
2	J. J. 约翰逊 1856.12—1940.8 英国/50		G. P. 约翰逊 1892.5—1975.9 英国/45			31
	1906 年获物理学奖		1937 年获物理学奖			
3	亨利·布拉格 1862.7—1942.3 英国/53		劳伦斯·布拉格 1890.3—1971.7 澳大利亚/25			0
	1915 年共获物理学奖					

① 参考许光明《摘冠之谜：诺贝尔奖 100 年统计与分析》，广东教育出版社 2003 年版。

续表

序号	第一代获奖者		第二代获奖者			两代间获奖时差
	父亲/生卒年月/国籍/获奖年龄	母亲/生卒年月/国籍/获奖年龄	儿子/生卒年月/国籍/获奖年龄	女儿/生卒年月/国籍/获奖年龄	女婿/生卒年月/国籍/获奖年龄	
4	N. 玻尔 1885.10—1962.11 丹麦/37		A. 玻尔 1922.6— 丹麦/53			53
	1922 年获物理学奖		1975 年获物理学奖			
5	K. M. G. 赛格巴恩 1886.12—1978.9 瑞典/38		K. M. B. 赛格巴恩 1918.4— 瑞典/63			57
	1924 年获物理学奖		1981 年获物理学奖			
6	汉斯·冯·奥伊勒 1873.2—1964.11 德国/56		冯·奥伊勒 1905.2—1983.3 瑞典/65			41
	1929 年获化学奖		1970 年获生理学/医学奖			
7	阿瑟·科恩伯格 1918.3— 美国/41		罗杰·大卫·科恩伯格 1947.4— 美国/59			47
	1959 年生理学/医学奖		2006 年获化学奖			

　　表3—11 可看出，上述获奖者均是从事自然科学方面研究，其中物理学 10 人，占总人数的 62.5%，化学 4 人，占总人数的 25%，生理学/医学 2 人，占总人数的 12.5%（统计中将居里夫人计入物理学奖得主，未计其化学得奖）。父母教育、家庭环境对孩子的成长和成才至关重要，有潜移默化的作用，科学家父母的悉心教导和领路，孩子就能较容易地对科学发生兴趣，少走弯路，更短时间在科学界崭露头角，这从第二代的获奖年龄普遍低于第一代，也可看出"青出于蓝而胜于蓝"。

4. 夫妻获奖者

迄今，获奖者中有四对夫妻获奖人，他们不仅在生活上相互扶持、互敬互爱，工作中也是亲密的合作伙伴，事业上比翼双飞，着实令人羡慕不已。

表3— 12 　　　　　　　　　　　　 **夫妻获奖者**①

概况		夫	妻
1	姓名	皮埃尔·居里	玛丽·居里
	生卒年月	1859.5—1906.4	1867.11—1934.7
	国籍	法国	法国
	获奖时间及领域	1903 年共获物理学奖	
2	姓名	伊伦娜·约里奥—居里	约里奥 - 居里
	生卒年月	1897.9—1956.3	1900.3—1958.8
	国籍	法国	法国
	获奖时间及领域	1935 年共获化学奖	
3	姓名	柯里	柯里夫人
	生卒日期	1896.12—1984.10	1896.8—1957.10
	国籍	捷克斯洛伐克	捷克斯洛伐克
	获奖时间及领域	1947 年共获生理学/医学奖	
4	姓名	G. 米达尔	A. 米达尔
	生卒年月	1898.12—1987.5	1902.1—1986.2
	国籍	瑞典	瑞典
	获奖时间及领域	1974 年获经济学奖	1982 年获和平奖

表3—12 中最引人注目的还是居里家族，一个家庭有 2 对夫妻获此殊荣，确实百年不遇。这 4 对夫妻的平均获奖年龄是 51.4 岁，其中年龄最小的是第 2 对夫妻，即居里夫人的女儿和女婿；年龄最大的获奖者是第 4 对的米达尔夫妇，且他们也是唯一一对在两个领域里获奖的夫妻。

5. 兄弟获奖者

迄今仅有一对出生于荷兰的廷伯根兄弟双双获得诺贝尔奖，且巧合的是两人获奖年龄都是 66 岁，这对兄弟是荷兰人民的骄傲。

---

① 参考许光明《摘冠之谜：诺贝尔奖 100 年统计与分析》，广东教育出版社 2003 年版。

表 3— 13　　　　　　　　　　　　　　兄弟获奖者①

	兄	弟	获奖时间差
姓名	J. 廷伯根	N. 廷伯根	
生卒年月	1903—1994	1907.4—1988.12	
国籍	荷兰	荷兰	4 年
获奖年龄	66	66	
获奖时间及领域	1969 年获经济学奖	1973 年获生理学/医学奖	

6. 各领域最大和最小年龄获奖者及首次获奖者

时至今日，诺贝尔奖仍然是最有权威、最有荣誉感、具有最高才智含量的奖项，其首次颁发之年，应该是竞争最激烈、入选最困难、最具轰动性和历史意义的一届，表 3—14 将其单独列出；两极年龄获奖者也是值得我们深入关注和研究的对象，首先，年龄最小的获奖者非常引人注目，他们能够在很年轻的时候就成为该领域最出色的专家，激起后人无限的崇敬和羡慕；年龄最大的获奖者会给我们很大的鞭策，他们身上有"老骥伏枥，志在千里。烈士暮年，壮心不已"的豪情，耗尽毕生精力奉献于科学事业，一朝得奖轰动全球，得到世人肯定和褒奖，这怎能说不是最美好的事情呢？值得我们铭记。

表 3—14　　　　　　　　　两极年龄获奖者及首次获奖者②

		物理	化学	生理学/医学	文学	和平		经济	
首次获奖者	姓名	伦琴	范特霍夫	冯·贝林	苏利·普吕多姆	迪南	帕西	拉格纳·弗里希	简·伯根
	生卒年份	1845—1923	1852—1911	1854—1917	1839—1907	1828—1910	1822—1912	1895—1973	1903—1994
	国籍	德国	荷兰	德国	法国	瑞士	法国	挪威	荷兰
	获奖年龄	56	49	47	62	73	79	74	66

---

① 参考许光明《摘冠之谜：诺贝尔奖 100 年统计与分析》，广东教育出版社 2003 年版。
② 同上。

续表

		物理	化学	生理学/医学	文学	和平	经济
最大年龄获奖者	姓名	戴维斯	乔治	弗里希	多丽丝·莱辛	约瑟夫·罗特布拉特	里奥尼德·赫维克兹
	生卒年份	1914—2006	1879—1978	1886—1982	1919—	1908—	1917—
	国籍	美国	英国	德国	英国	英国	美国
	获奖年龄	88	88	87	88	87	90
最小年龄获奖者	姓名	劳伦斯·布拉格	约里奥—居里	班廷	吉卜林	科里根	阿罗
	生卒年份	1890—1971	1897—1956	1891—1941	1865—1936	1944—	1921—
	国籍	澳大利亚	法国	加拿大	印度	英国	美国
	获奖年龄	25	35	32	42	32	51

在成名的道路上，流的不是汗水而是鲜血，他们的名字不是用笔而是用生命写成的。

法国波兰裔物理学奖、化学奖得主
——居里夫人（1867—1934）

一日暴之，十日寒之，未有能生者也。①

中国古代哲学家、社会活动家
——孟子（公元前372—前289年）

各个领域获奖的诺贝尔奖得主都是该领域的大师级人物，该领域文化的集大成者。有哪些因素促成了他们的成功呢？机遇？努力？抑或是

---

① 出自《孟子·告子上》，比喻做事一日勤，十日怠，没有恒心，是不会成功的。

天才？幸运？下面通过对获奖者分领域、分指标统计，逐一列表，我们在这些表格背后看到了一个个在人生路上奋力拼搏、坚持不懈的精英；一个个不怕失败、总结经验反复尝试的弄潮儿；一个个善于进行人生规划、掌控时间的高手；同时也是一个个不断超越自我、胸中有祖国和人民的国士。

二　各领域诺贝尔奖获奖者统计

由于各学科本身差异较大，各个学科获奖者都有不同于其他学科获奖者的独特的地方，下面分学科逐一展示获奖者的基本信息。

（一）物理学奖获奖者统计

诺贝尔物理学奖于 1901 年 12 月 10 日首次颁发，截至 2013 年已颁奖 107 届[①]，共有 18 个国家的 196 位物理学家因其卓越贡献获此殊荣。美国物理学家巴丁分别于 1956 年和 1972 年两次得奖。其中，有六名华裔科学家获此桂冠。

表 3—15　　　　诺贝尔物理学奖颁奖情况（单位：届）

	1901—1910	1911—1920	1921—1930	1931—1940	1941—1950	1951—1960	1961—1970	1971—1980	1981—1990	1991—2000	2001—2013
1 人独享	7	8	8	4	8	2	5	1	2	2	0
2 人共享	2	1	2	3	0	6	2	3	3	4	5
3 人共享	1	0	0	0	0	2	2	3	6	5	4	8

表 3—15 可看出，物理学奖得奖领域中两人或三人分享越来越多，将成为以后发展的趋势。1950 年以前，一人独享占绝大多数，约为 80%，接下来的 50 年里发生明显变化，两人或三人共享占比近 78%，一人独享仅占两成左右；进入 21 世纪以后更加明显，均为两人或三人共享。可见，随着物理学科的发展研究的问题越来越难，更加强调团队合作，想单凭一己之力问鼎物理学界的最高奖项将会非常困难。

---

①　物理学奖有六年未颁奖：1916 年、1931 年、1934 年、1940 年、1941 年、1942 年。

　　为了使读者能够全方位了解物理学奖获奖者的总体特征，以下拟从时间、空间以及获奖研究方向和学历等方面对 196 位物理学家进行统计分析，期待进一步揭示精英们夺得物理学奖桂冠的原因。

　　1. 获奖者的时间分布特征

　　要探讨事物发生的规律，时间、空间是非常重要的两个维度，古人曰，天时、地利、人和，想要做出超越常人的事业必然要占据天时、地利，我们先从出生年龄、获奖年龄等时间维度近距离观察这些精英。

　　（1）获奖者出生年龄分布特征

　　图 3—1　列出 196 位物理学奖得主出生年龄分段统计，图形大致呈马鞍形状。

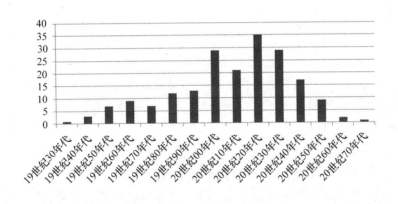

图 3—1　诺贝尔物理学奖得主出生年龄时段统计

　　20 世纪前 30 年是物理学奖得主出生最多的时段，共 113 人（占比近 58%），近几十年里，得奖者的年龄出现越来越大的趋势，诚然，出现这种现象有其必然性，随着科技水平不断提高，物理学领域里留给人们解决的课题越来越复杂，难度越来越高，攻克科技难关光靠科学家的聪明过人、思维敏捷是不够的，个人的经验、资历成为越来越重要的成功要素。还有前两章中提到的诺贝尔的评奖机制等也是重要原因，近几年物理学奖得主中出现越来越多的 60 岁以上"老人"的身影。

　　（2）获奖时年龄分布特征

　　图 3—2 是获奖者获奖年龄分段统计图，可看出此图重心明显向右偏移。40—59 岁是得奖的黄金区域，共有 106 人获奖（占比近 55%），

25 岁到 88 岁这一宽广的年龄跨度内，有 26，27，28，29，30，78，81，82，83 这 9 个年龄点无人获奖。

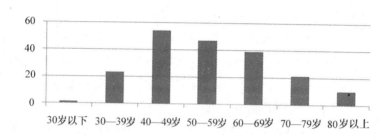

图 3— 2 诺贝尔物理学奖得主获奖年龄分段统计①

物理学科前沿，60 岁以上"老人"获奖的数量不在少数，共有 70 名。由此联想到我国的退休政策，其实所有人统一 60 岁以后退休在家，对人力资源是一种极大地浪费。这个年龄段的某些人，不仅掌握了丰富的书本知识，还具有深厚的实践经验，在身体情况允许的条件下，可为祖国、人民做出极大贡献。

2. 获奖者的空间分布特征

下面进行物理学奖得主的空间分布特征统计，主要从获奖者的国籍、接受教育的大学等方面分析，探讨培育这些精英的沃土，同时也为后面的国别分析打下数据基础，希望进一步揭示造就科技精英的关键因素。

（1）获奖者国籍分布特征

迄今共有 18 个国家的物理学家摘得桂冠，绝大部分获奖者分布在美国和欧洲，尤其美国以 90 名获奖者雄居榜首，诚然，美国是当之无愧的培育一流物理学家的超级大国，具体原因可从许多方面进行探讨，如：美国的科研体制、研究经费充足、大师级人物会聚等硬性条件，以及美国人民对创新精神和个人主义的崇拜，对权威的大胆挑战和质疑等，这些都是其成为科技大国的因素。详细的探讨将在第二篇的国别分析——美国篇中阐述。

_____

① 美国物理学家巴丁两次获奖，在本图中统计了两次。

中国这个占世界人口近 1/4 的大国，要实现腾飞，需要物理等基础学科的振兴，我们应该怎样奋起直追呢？从哪些方面着手改革，向美国和欧洲学习他们的长处呢？应该是最值得我们深思的问题。本书的后续篇章将着重探讨这一问题。

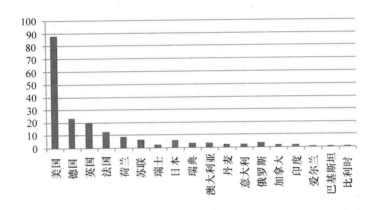

图 3—3 诺贝尔物理学奖得主国籍分布

图 3—3 可看出，18 个国家中有 15 个（占比 83.3%）是欧美国家，186 位欧美物理学家获奖（占比 94.90%）。二战前，欧洲的德、英、法三国是世界物理学研究的中心，前二十年的物理学奖获得者中，约有 75% 来自这三个国家；战后美国迅速崛起，超过了欧洲三国，成为世界物理学界的领头羊，1940 年以后约有 58% 的获奖者持有美国国籍。

（2）获奖者机构分布特征

能培育出诺贝尔物理学奖得主的科研机构自然是全世界最顶尖的物理研究中心，这些机构具备最佳的硬件和软件设施，相得益彰，实现了最优搭配，从而做出举世瞩目的成就，他们的管理经验、科研合作机制等方面非常值得我国学习，将在以后的章节详细阐述。表 3—16 简单对获奖者学习过的机构进行排名。

表 3— 16　　　　物理学奖获奖者所在机构前五名（单位：人）①

机构名称	国名	1901—1950年	1951—2001年	2002—2013年	总计	排名
斯坦福大学	美国	0	9	0	9	1
哈佛大学	美国	1	7	1	9	1
加利福尼亚大学	美国	1	7	0	8	2
普林斯顿大学	美国	1	7	0	8	2
剑桥大学	英国	3	5	0	8	2
贝尔实验室	美国	1	4	2	7	3
苏联科学院	苏联	0	7	0	7	3
哥伦比亚大学	美国	2	4	0	6	4
麻省理工学院	美国	0	5	1	6	4
巴黎大学	法国	5	1	0	6	4
芝加哥大学	美国	3	2	1	6	4
加利福尼亚理工学院	美国	1	4	1	6	4
IBM 研究中心	美国	0	5	0	5	5
欧洲粒子物理研究中心	瑞士	0	5	0	5	5

注：本表中的机构是指获奖者获奖时所在的机构。

统计过程中发现，世界一流大学和科研机构间的交流合作非常频繁，而一项获奖成果通常是在几个机构合作完成的，这一趋势二战后表现更明显。物理学研究成果和科技精英越来越集中于世界上少数几个国际知名机构，呈现一种垄断现象。

3. 获奖成果研究方向分布特征

表 3—17 对获奖者获奖成果的研究方向大致归类统计，学科划分参考中国科学院文献情报中心主办的《中国物理文摘》一级科目。希望通过统计可以大致看出前百年物理学科的获奖重点领域以及该学科的未来走向。

---

① 参考徐万超、袁勤俭《诺贝尔物理学奖获奖者的统计分析》,《科学学研究》2004 年第 1 期，第 33 页。

表 3—17　　　　　物理学奖得主的研究方向（单位：人）①

获奖研究科目	1901—1920 年	1921—1940 年	1941—1960 年	1961—1980 年	1981—2000 年	2001—2013 年	总计
理论物理	1	5	5	12	2	5	30
高能物理及粒子物理	0	4	4	6	10	6	30
原子与原子核物理	9	7	4	5	6	2	33
热力学与统计物理	5	0	0	0	1	0	6
经典物理	2	3	0	0	0	0	5
等离子体物理	0	0	0	1	0	0	1
固体与凝聚态物理	3	0	6	8	13	1	31
空间物理及宇宙学	0	0	0	2	2	8	12
地球物理	0	0	1	0	0	0	1
天文学和天体物理	0	0	0	2	2	0	4
物理交叉学科	1	0	1	0	0	2	4
实验及应用物理	4	2	7	8	10	7	38

从表 3—17 可大致归纳出，物理学奖获奖成果的学科分布具有如下特征：

（1）理论物理、高能物理与粒子物理、原子与原子核物理、固体与凝聚态物理、实验及应用物理五个方向的获奖比例很高，占比近83%。其中，实验及应用物理领域成果最多，占比近 20%，表明前百年诺贝尔奖对实用发明专利、实验技术革新的认可和重视。

（2）近十几年来原子物理与原子核物理的获奖人数相比前几十年有急剧下降，这和当今的国际政治环境密切相关，世界大战期间，由于军事需要，核物理研究在现代物理学中占据较为重要的地位，而当今和平与发展是时代主题，因此，应用物理领域逐渐成为近年物理研究的核心。

（3）理论物理是物理学研究的基础，也一直是物理学奖得奖的热门领域，20 世纪初理论物理迎来革命性的发展。1921—1980 年理论物

---

① 参考徐万超、袁勤俭《诺贝尔物理学奖获奖者的统计分析》，《科学学研究》2004 年第 1 期，第 35 页。

理学家们大量获奖，其中1961—1980年是高峰时期，有12名理论物理学家获奖。该领域的研究和突破是其他物理学领域发展的基础，对物理学发展有重要的推动作用。

（4）高能物理是现代物理研究的重点领域之一，与其他研究领域相比更具潜力，通常是一个国家物理学科发展实力甚至综合国力的象征。伴随基本粒子领域一系列的新理论和新发现，高能物理在80年代后渐渐成为得奖的热门领域之一。

（5）80年代后物理学奖评奖的另一个特征是凝聚态物理成果大量获奖，凝聚态物理有"未来物理学"之称，是目前较为前沿的物理学科，预计也会是今后十几年诺贝尔奖的生长点。

4. 获奖者学历分布特征

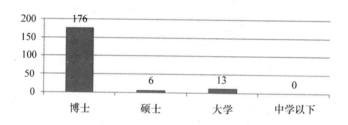

图3—4　诺贝尔物理学奖得主学历分布

图3—4显示，物理学奖获奖者绝大多数都拥有博士学位，占比90%以上，硕士学历和大学学历的获奖者绝大多数在1950年前得奖，近几十年几乎没有博士以下学历的获奖者。说明，物理学科发展飞速，而博士学位只是科研工作者独立研究的开始，是做出成果的基础阶段，想摘得科学界桂冠，博士学位及以上的学习是十分必要的。

（二）化学奖获奖者统计

诺贝尔化学奖于1901年12月10日首次颁发至今已颁奖105届①，共有17个国家的166位化学家获得该一荣誉。其中，有两名华裔科学家。

---

① 化学奖八年未颁奖：1916年、1917年、1919年、1924年、1933年、1940年、1941年、1942年。

表3—18　　　　　　　诺贝尔化学奖颁奖情况（单位：届）①

	1901—1910	1911—1920	1921—1930	1931—1940	1941—1950	1951—1960	1961—1970	1971—1980	1981—1990	1991—2000	2001—2013
1人独享	10	6	8	4	6	5	6	5	4	4	3
2人共享	0	1	1	4	1	3	3	3	3	2	2
3人共享	0	0	0	0	1	2	1	2	3	4	8

表3—18可看出，化学领域有和物理学同样的趋势，越来越多的是多人共享一个奖项，这预示着化学学科的日渐成熟，同时也说明团队协作攻关在该学科的重要意义。

1. 获奖者的时间分布特征

（1）获奖者出生年龄分布特征

图3—5显示，1900—1940年是获奖者的出生高峰期（占比52.76%），预计今后获奖者出生时间会越来越多的集中于20世纪五六十年代出生的化学家。

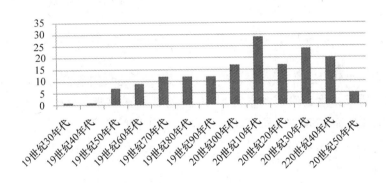

图3—5　诺贝尔化学奖得主出生年龄时段统计

图3—5中，每个时段获奖者出生时间都有一个峰值期，该峰值期出生的科学家是该时段获奖的主力军，化学奖得主的峰值期随着获奖时

---

① 化学奖二十三年授予两位科学家：1912、1929、1931、1935、1937、1939、1950、1951、1952、1956、1962、1963、1969、1973、1975、1979、1981、1985、1989、1993、1998、2003、2012年。十九年授予三位科学家：1946、1967、1972、1980、1986、1987、1988、1995、1996、1997、2000、2001、2002、2004、2005、2008、2009、2010、2013年。

间的推后而平稳地后移。

（2）获奖时年龄分布特征

图3—6列出166位获奖者的年龄分布，得奖年龄以50—69岁最多，由于诺贝尔奖的评审机制，得奖者从出成果到获奖之间往往要经历很长时间。获得诺贝尔奖的科学家其实往往都把奖金、荣誉看得很淡，正如本书开篇斯德哥尔摩大学化学家、海洋学家彼得松的名言："科学家是不屑于为钱而工作的。"他们对于自己的科学事业永远保持着一颗好奇的赤子之心，这可能是他们能够问鼎科学界至高荣誉的很重要的原因。

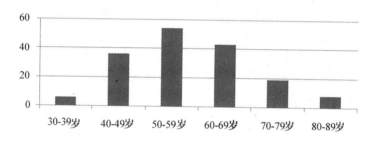

图3—6　诺贝尔化学奖得主获奖年龄分段统计

近三十年获奖年龄出现越来越大的趋势，说明化学学科在逐渐走向成熟，研究难度越来越大，想在40岁前就问鼎该学科的最高奖项，几乎不太可能；同时，学科交叉性、应用性日益凸显，要求研究者不仅具有化学学科的基础知识，最好还有物理、生物等相关领域知识，方能有所突破。

2. 获奖者的空间分布特征

以下统计化学奖得主的国籍、接受教育的大学等空间分布特征，希望通过揭示精英们的地理分布信息，加强国家间的化学实力对比，为下一篇的国别分析做铺垫。

（1）获奖者国籍分布特征

化学获奖者分布于20个国家，同物理学科一样，大部分是欧美国家（占比90%），欧美国家的获奖人数为155人（占比93.4%）。

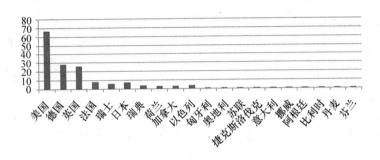

图3—7　诺贝尔化学奖得主国籍分布

　　美国是拥有化学奖得主最多的国家，拥有全球近45%的获奖者，1940—1980年是加速发展期，1980年后，美国一跃成为化学学科的世界霸主。这与当时的世界时局有密切关系，世界大战期间，美国有良好的科研环境、优厚的研究待遇和一系列优待人才的政策措施，大量的化学家移民美国，造就了美国化学的跨越式发展；当前，中国要想实现化学领域的飞跃，需要在人才待遇、职称评审等多方面进行改革才会有所突破，将在第三篇中详细探讨。

　　（2）获奖者机构分布特征

　　表3—19对化学奖获奖者获奖时所在机构进行排名，可看出得奖者从事研究工作所在机构高度集中于一流大学，这些机构不仅拥有世界一流的学术优势和雄厚的师资力量，同时他们独特的人才培养机制和晋升评级机制也非常值得我国学习。

表3— 19　　　化学奖获奖者所在机构前五名（单位：人）①

机 构 名 称	国 名	1901—1960年	961—2001年	2002—2013年	总计	排名
加利福尼亚大学	美国	4	6	2	12	1
马克普朗研究院	德国	5	5	0	10	2
剑桥分子生物实验室	英国	0	5	1	6	3
哈佛大学	美国	1	4	1	6	3
斯坦福大学	美国	0	3	3	6	3

---

　　①　参考葛君、岳晨《诺贝尔化学奖获奖者的统计分析》，《图书馆理论与实践》2004年第2期，第56页。

机构名称	国名	1901—1960 年	1961—2001 年	2002—2013 年	总计	排名
柏林大学	德国	5	0	0	5	4
苏黎世联邦技术学院	瑞士	2	1	2	5	4
洛克菲勒大学	美国	0	3	1	4	5
海德堡大学	德国	3	1	0	4	5

3. 获奖成果研究方向分布特征

表 3—20 对化学奖得主的主要研究方向进行大致归类，希望能从中捕捉到一些未来化学研究的走势和热点。

表 3— 20　　　　　化学奖得主的主要研究方向（单位：人）①

获奖研究科目	1901—1939 年	1940—1972 年	1973—2000 年	2001—2013 年	总计
有机化合物的结构及生物化学	1	5	5	14	25
放射性和原子化学	0	4	4	0	8
化学变化与反应动力学	9	7	4	8	28
化学热动力学及其应用	5	0	0	0	5
胶体、色谱、表面化学	2	3	0	0	5
分子结构，原子价，各种气体与蒸气的 X 射线及电子衍射	0	0	0	3	3
制备有机化学	3	0	6	3	12
有机物的分子结构	0	0	0	1	1
无机化学	0	0	1	0	1
微量化学	0	0	0	0	0
农业化学	1	0	1	0	2
高分子化学与物理	4	2	7	0	13

表 3—20 可看出，化学奖获奖成果的学科分布具有如下特征：

（1）化学的获奖领域集中于化学变化与反应动力学、有机化合物的结构及生物化学、高分子化学与物理、制备有机化学四个方向，占比近 75.5%。其中，化学变化与反应动力学一直是研究热点，每个时间段都有不少化学家在此领域做出贡献而获奖；有机化合物的结构及生物

---

① 参考杨建邺主编《20 世纪诺贝尔奖获奖者词典》，武汉出版社 2001 年版。

化学则是近十几年的研究新宠，21 世纪以来就有 14 位专家在此领域获奖。表明诺贝尔奖对化学与生物交叉学科研究的重视。

（2）放射性和原子化学、化学热动力学以及高分子化学与物理三个领域在近十几年的研究中相对变冷，这和当前国际政治环境密切相关，在战争岁月，由于军事需要，放射性及化学物理研究占有较为重要的地位，而在和平年代，人们更加关注健康、疾病的治疗等方面的研究，因此，化学与制药工程的结合成为研究新贵。

（3）80 年代以后化学奖评奖的另一个特征是有机化学成果大量获奖，有机化学一直是化学领域的基础学科，预计今后也将继续成为得奖热点。

4. 获奖者学历分布特征

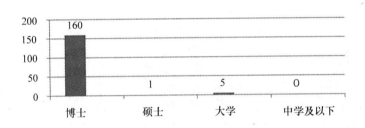

图 3—8 诺贝尔化学奖得主学历分布

获得诺贝尔化学奖的科学家 96% 以上均为博士学历，可看出，化学学科前沿性研究领域的门槛是比较高的，需要研究者有较多知识积累和良好的学术修养。

（三）生理学/医学奖获奖者统计

迄今，113 年间诺贝尔生理学/医学奖共颁发 104 届[1]，有 21 个国家的 204 位科学家获诺贝尔生理学或医学奖。遗憾的是没有一位华人获得此项桂冠。

---

[1] 生理学/医学奖有九年未颁奖：1915 年、1916 年、1917 年、1918 年、1921 年、1925 年、1940 年、1941 年、1942 年。

表3—21　　　　诺贝尔生理学/医学奖颁奖情况（单位：届）①

	1901—1910年	1911—1920年	1921—1930年	1931—1940年	1941—1950年	1951—1960年	1961—1970年	1971—1980年	1981—1990年	1991—2000年	2001—2013年
1人独享	7	5	6	6	7	7	6	5	4	2	4
2人共享	3	1	2	3	0	3	3	3	3	4	1
3人共享	0	0	0	0	1	0	1	2	3	4	8

表3—21可看出，生理学/医学领域有和物理学、化学同样的趋势，即越来越多的由多人共享奖项，2000年以后更是三人共享占绝大多数，占比近54%。

1. 获奖者的时间分布特征

（1）获奖者出生年龄分布特征

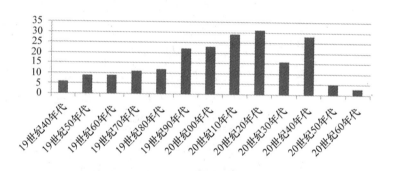

图3—9　诺贝尔生理学/医学奖得主出生年龄时段统计

图3—9显示，19世纪90年代至20世纪40年代间的60年是生理学/医学奖得主出生人数最多的时段，共149人（占比近73%），整个图形呈现不太标准的抛物线形状，可以预测，随着时间的推移，得奖者的出生日期也会平稳地向后推移。

---

① 二十三年授予两位科学家：1912年、1929年、1931年、1935年、1937年、1939年、1950年、1951年、1952年、1956年、1962年、1963年、1969年、1973年、1975年、1979年、1981年、1985年、1989年、1993年、1998年、2003年、2012年。十九年授予三位科学家：1946年、1967年、1972年、1980年、1986年、1987年、1988年、1995年、1996年、1997年、2000年、2001年、2002年、2004年、2005年、2008年、2009年、2011年、2013年。

（2）获奖时年龄分布特征

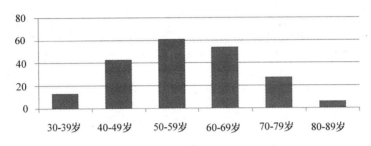

图3—10　诺贝尔生理学/医学奖得主获奖年龄分段统计

图3—10可看出，生理学/医学奖获奖者的得奖年龄呈现较标准的抛物线分布，50—69岁是得奖的黄金时段，占比近56%，30—49岁间占比近28%，70岁以上共有33人获奖，占比约16%。30岁以下无人获奖，这表明要想摘得生理/医学领域的最高奖项是需要一定专业积累的，绝大部分获奖者有十年以上的研究时间投入。

2. 获奖者的空间分布特征

作为一个世界性的科学奖项，诺贝尔生理学/医学奖获得者的国籍分布一定程度上也是各个国家生理学/医学领域科研实力的反映。

（1）获奖者国籍分布特征

生理学/医学获奖者分布于21个国家，同物理、化学学科一样，大部分国家是欧美国家，占获奖国家总数的62%，获奖人数为188人，占全部获奖人数的92%以上。

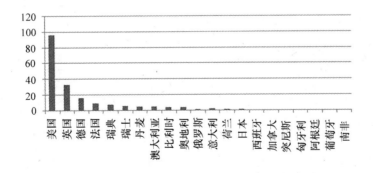

图3—11　诺贝尔生理学/医学奖得主国籍分布

　　图3—11显示，生理学/医学领域仍旧美国获奖人数最多，占总人数的47%左右，约是排在第二位英国获奖人数的3倍。德国紧随其后，约是英国获奖人数的一半。美国是生理/医学领域绝对的"霸主"，当然有多方面的原因，第二篇中会详细分析。

　　（2）获奖者机构分布特征

　　表3—22对生理学/医学获奖者获奖时所在的机构进行排名，可看出这些机构和物理学、化学奖得主所在机构有部分重叠，这些获奖者绝大部分拥有名校的博士学位，表3—22的统计可看出，他们的研究起点较高，有较高的研究训练平台，绝大部分是精英带精英的模式，对该学科的前沿把握精准清晰，学术交流机会很多，研究经费充足。

表3— 22　　生理学/医学获奖者所在机构前五名（单位：人）①

机 构 名 称	国 名	1901—2000年	2001—2013年	总计	排名
哈佛大学	美国	11	1	12	1
洛克菲勒大学	美国	11	1	12	1
伦敦大学	英国	7	0	7	2
巴黎巴斯德研究所	法国	5	2	7	2
剑桥大学	英国	3	3	6	3
华盛顿大学	美国	5	0	5	4
加利福尼亚理工学院	美国	5	0	5	4
牛津大学	英国	5	0	5	4
皇家癌症研究基金会	英国	3	2	5	4
麻省理工学院	美国	4	1	5	4
德克萨斯大学	美国	4	0	4	5
卡罗林斯卡学院	瑞典	4	0	4	5
马普学院	德国	4	0	4	5
哥伦比亚大学	美国	3	1	4	5
加利福尼亚大学	美国	4	0	4	5

---

　　① 参考于建荣、胡伶莉、伍宗韶《1901—2001年诺贝尔生理学或医学奖统计与分析》，《生命科学》2001年第6期，第288—289页。

3. 获奖成果研究方向分布特征

表3—23 对生理学/医学奖得主的主要研究方向进行统计，既是对以往得奖方向的总结，也可以窥出一些该学科未来的研究走势和热点。

表3— 23　　　生理学/医学得主的主要研究方向（单位：人）①

获奖研究科目	1901—1959 年	1960—2000 年	2001—2013 年	总计
经典遗传学和分子生物学	8	28	7	43
微生物学和免疫学	11	11	7	29
中间代谢作用	9	4	0	13
消化、呼吸和循环	8	0	0	8
激素	7	4	0	11
维生素	7	0	0	7
神经纤维和突触接头的传导作用	3	3	4	10
感觉生理学	2	4	2	8
自主神经作用和化学递质	3	6	0	9
化学疗法和神经生物学	6	3	0	9
经典神经解剖学和神经生理学以及神经外科学	4	4	0	8
昆虫传染	3	0	0	3
肿瘤	1	7	1	9
光热疗法和器官移植	2	2	0	4
发育机制	1	0	4	5
杀虫剂	1	0	0	1
动物行为	0	3	0	3
细胞生物学	0	15	5	20
诊断仪器	0	2	2	4

表3—23 可看出，诺贝尔生理/医学奖获奖成果的学科分布具有如下特征：

（1）生理/医学的获奖领域主要集中于经典遗传学和分子生物学、微生物学和免疫学、细胞生物学三个方向，占比近45%。其中，经典

---

① 参考杨建邺主编《20 世纪诺贝尔奖获奖者词典》，武汉出版社 2001 年版。

遗传学和分子生物学领域成果最多，占比20%以上，表明诺贝尔奖对遗传学和分子生物学的认可和重视。

（2）微生物学和免疫学一直是生理/医学研究的基础，也一直是诺贝尔生理/医学奖关注的重点之一，20世纪初几次全球传染病的爆发，引起世界各国对免疫和病毒微生物学的重视，这个领域的研究和突破是造福全人类的重大贡献，对其他领域的发展也有重要的推动作用，预计今后会继续是得奖的热门方向。

（3）80年代以后生理/医学发展的另一个特征是，器官移植、癌症的防治等领域发展极为迅速，此领域人类需求日益旺盛，预计对癌症的防治和治疗将会是今后诺贝尔奖的最大生长点。

4. 获奖者学历分布特征

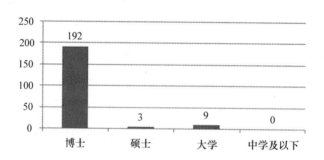

图3—12   诺贝尔生理学/医学奖得主学历分布

图3—12显示，生理学/医学奖领域同物理学、化学学科一样，博士学历的获奖者占据绝对优势，占总人数94%以上，硕士、大学学历获奖者分别仅占1.5%、4.4%，且非博士文凭者大多数是1950年之前获奖。

（四）经济学奖获奖者统计

经济学奖自1969开始设立，迄今已颁发45届，共有14个国家的74位经济学家获得该项荣誉。

表3—24　　　　　诺贝尔经济学奖颁奖情况（单位：届）①

	1969—1980 年	1981—1990 年	1991—2000 年	2001—2013 年	总计
1 人独享	6	9	5	2	22
2 人共享	6	0	4	7	17
3 人共享	0	1	1	4	6

　　表3—24 可看出，经济学奖领域一人独享情况越来越少，两人或三人共享该奖渐渐成为趋势，但在 1990 年以前，绝大多数为一人独得奖金，仅 6 次两人共享（约占比 16%），1 次三人共享（约占比 2.3%）。说明，随着经济学科的逐步成熟，研究的问题越来越复杂，同时经济现象也越来越国际化，需要更多的团队合作和学者间的交流，大家群策群力才能有所突破。

　　1. 获奖者的时间分布特征

　　（1）获奖者出生年龄分布特征

　　图3—13 可看出，20 世纪前 40 年是经济学奖获得者出生的高峰期，占得奖总人数 80% 以上。预计随着时间推移，后期得奖者的出生时间会平稳后移。

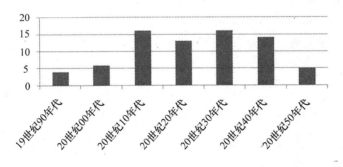

图3—13　诺贝尔经济学奖得主出生年龄时段统计

　　（2）获奖年龄分布特征

　　图3—14 显示，60—79 岁间得奖的经济学家最多，有 57 人，占比

---

　　① 经济学奖有十六年授予两人：1969、1972、1974、1975、1977、1979、1993、1996、2000、2002、2003、2004、2005、2009、2011、2012 年。七年授予三人：1990、1994、1997、2001、2007、2010、2013 年。

76%以上，相比其他 5 个学科明显偏大，且有一位 90 岁的老人获奖①。可见，经济学领域想取得被世人认可的成就需要较长时间，从成果发表到获得诺贝尔奖，平均时间远大于物理学等自然学科。难怪著名经济学家科斯②就曾开玩笑说，要想获得诺贝尔经济学奖，关键要活得长。有许多优秀的经济学家就曾因过早离世而无缘这一荣誉。

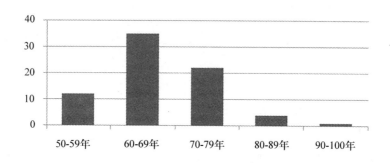

图 3—14　诺贝尔经济学奖得主获奖年龄分段统计

经济学奖得主们的理论或者发现，在人类的经济生活中起着至关重要的作用，更是各国领导人制定国家政策的主要参考和依据。

2. 获奖者的空间分布特征

（1）获奖者国籍分布特征

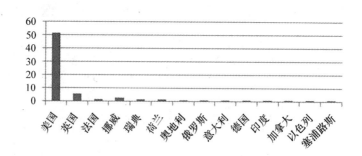

图 3— 15　诺贝尔经济学奖得主国籍分布

---

① 这也是迄今为止夺得诺贝尔奖年龄最长者，见表 3—14.
② 1991 年诺贝尔经济学奖得主，新制度经济学鼻祖。

图3—15显示，经济学奖得主依旧美国人最多，占比70%以上，获奖人数是排在第二名英国的8倍以上，可以说，经济学领域美国的优势地位是最明显的。这与美国的经济实力相对称，经济学界的大师级人物几乎全在美国，商科在美国的各个大学几乎普遍设立，上至总统下至普通民众，都非常关心经济领域的发展，经济学在整个国家几乎达到普及的程度。同时，美元在货币界占据"霸主"地位，纽约更是几十年来的世界金融中心，这也是美国经济实力的有力佐证。

（2）获奖者机构分布特征

拥有较多经济学奖获得者的机构同拥有其他自然科学领域获奖者较多的机构有许多交叠，且得奖者越来越集中于世界上顶尖的几所大学，这些机构几乎全部集中于美国。

表3—25　　　　经济学奖获奖者所在机构前四名（单位：人）

机 构 名 称	国 名	1969—2003年	2003—2013年	总计	排名
芝加哥大学	美国	9	3	12	1
哈佛大学	美国	4	2	6	2
加州大学伯克利分校	美国	4	2	6	2
普林斯顿大学	美国	3	3	6	2
麻省理工学院	美国	3	2	5	3
剑桥大学	英国	4	0	4	4
哥伦比亚大学	美国	3	1	4	4
斯坦福大学	美国	3	1	4	4

3. 获奖成果研究方向分布特征

表3—26对经济学奖得主的研究方向进行统计，希望可从中得出一些未来经济学研究的研究热点。

表 3—26   经济学奖得主的主要研究方向（单位：人）①

获奖研究科目	1969—1990 年	1991—2000 年	2001—2013 年	总计
数量经济学	5	0	2	7
宏观经济统计研究	2	2	3	7
货币理论	3	1	0	4
分配理论	2	1	0	3
国际经济学	2	0	1	3
动态经济学	5	1	2	8
信息经济学与产业组织理论	1	2	2	5
一般均衡理论	4	0	0	4
制度经济学	2	1	0	3
博弈论	0	4	6	10
发展经济学	2	0	0	2
数量金融	4	2	3	9
经济史	0	2	0	2
实验经济学	0	0	7	7

由表 3—26 可大致归纳出，经济学奖获奖者的研究方向具有如下特征：

（1）获奖领域主要集中于博弈论、动态经济学、数量经济学、宏观经济统计研究、实验经济学五个方向，占比近 55%。数理实证研究、博弈论和金融数量化研究一直是经济学奖得奖的热门方向。经济学从设立为一门独立的学科开始，就备受"不是科学"的质疑，数量化工具的引入，使得经济学科更加严谨、更有逻辑性。所以，使用数量化的工具来探讨人类在经济活动中的表现以及如何规划达到社会最优，始终是诺贝尔经济学奖倡导的经济学研究方向。

（2）货币理论、一般均衡理论和经济史的研究热度则在消退，可从以下几个方面来理解，首先，在这三方面引入数量化工具是比较困难的；其次，这三个方面的发展进步得益于其他方面的研究，它们是经济学领域中较高层次的研究方向，要在这三方面做出有突破性的贡献，具

① 参考杨建邺主编《20 世纪诺贝尔奖获奖者词典》，武汉出版社 2001 年版。

有很大的难度。

（3）近十年来，实验经济学是经济学奖得奖人数最多的方向，说明诺贝尔奖鼓励将实验机制引入经济学研究。"行为经济学"、"心理经济学"等新兴学科的出现，也表明经济学科发展的新动向。

（4）未来经济学科的发展将越来越多的引入其他学科的成就，注重交叉性、实验性，更加强调从人的心理特征探究经济行为背后的原因。

4. 获奖者学历分布特征

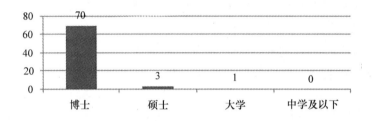

图3—16　诺贝尔经济学奖得主学历分布

经济学奖得主几乎是清一色的博士学历，占比94%以上，且获奖人士中有很大比例在硕士或者本科期间不是经济学专业，即不少得奖者是"半路出家"，看来，经济学是一个比较综合性的学科，想在该领域有所建树，需要数学、社会学、心理学等其他学科方面的知识，融会贯通方能学有所成。

（五）文学奖获奖者统计

迄今，共有37个国家的110位作家荣获诺贝尔文学奖。由于战争等因素，有七年未颁奖，分别是：1914年、1918年、1935年、1940年、1941年、1942年、1943年。

表 3—27   诺贝尔文学奖颁奖情况（单位：届）①

	1901—1910 年	1911—1920 年	1921—1930 年	1931—1940 年	1941—1950 年	1951—1960 年	1961—1970 年	1971—1980 年	1981—1990 年	1991—2000 年	2001—2013 年
1 人独享	9	7	10	8	7	10	9	9	10	10	13
2 人共享	1	1	0	0	0	0	1	1	0	0	0

文学奖每次获奖人数呈现出与其他自然科学领域不同的特征，一人独享最多，两人共享仅有四届，无三人共享情况。可能要成为一位优秀的作家，需要有观察世界的独特、敏锐视角以及批判的精神和敏感的心，更加看重作者的个人主观感受，而其他科学领域更多地需要团队力量和协同攻关。

1. 获奖者的时间分布特征

（1）获奖者出生年龄分布特征

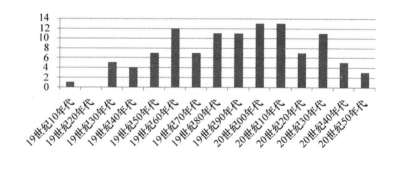

图 3—17   诺贝尔文学奖得主出生年龄时段统计

图 3—17 可看出文学奖得主的出生时间相比其他学科更加分散，19 世纪 80 年代至 20 世纪前十年是获奖作家出生的黄金时段，约占 44%。预计今后几年获奖者的出生年龄会集中于 20 世纪的 30—50 年代。还有一个很奇怪的现象是 19 世纪的 20 年代没有一位获奖者，是获奖者出生的空白地带。

---

① 迄今，文学奖有四年授予两位作家：1904 年、1917 年、1966 年、1974 年。

（2）获奖时年龄分布特征

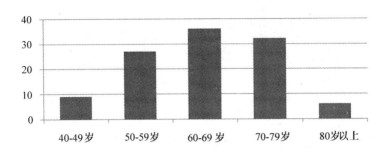

图3—18　诺贝尔文学奖得主获奖年龄分段统计

图3—18 显示，文学奖获得者的获奖年龄集中于 60—79 岁间，可见，想写出一部震撼人心、洞察世事的名著，需要很多的经验积累和人生感悟，40 岁以前没有一位得奖者的事实也印证了这点。

2. 获奖者的国籍分布特征

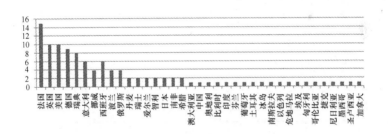

图3—19　诺贝尔文学奖得主国籍分布

文学奖是覆盖国家较多的奖项，迄今共有 37 个国家的作家摘得过这一荣誉①，仅次于和平奖覆盖的 38 个国家。获得文学奖是一个国家人文科学实力的反映，从文学奖的覆盖国家可看出：即使国家的经济实力和科技实力比较弱小，但在文学世界的较量中仍然可以占有一席之地。

———————————

① 2010 年的文学奖获奖者具有西班牙和秘鲁的双重国籍，统计时计入西班牙。

3. 获奖者学历分布特征

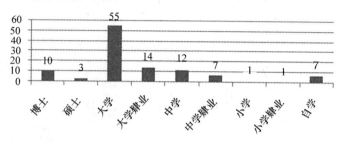

图3—20 诺贝尔文学奖得主学历分布

文学奖得主的学历中大学最多，占比50%以上，其次为大学肄业和中学，占比20%以上，可见，在文学领域写出优秀作品的大师不一定具有很高的学历，文学家更多地需要和普通大众接触，敏锐地感知时代的脉搏和人民的疾苦，光是坐在书斋里读书、做学问，怕是不行的。

（六）和平奖获奖者统计

根据诺贝尔的遗嘱，和平奖①应该奖给"为促进民族团结友好、取消或裁减常备军队以及为和平会议的组织和宣传尽到最大努力或做出最大贡献的人"。迄今共有38个国家的101个个人，22个组织获此荣誉，其中有15位女性获奖者。

表3—28   诺贝尔和平奖颁奖情况（单位：届）②

	1901—1910年	1911—1920年	1921—1930年	1931—1940年	1941—1950年	1951—1960年	1961—1970年	1971—1980年	1981—1990年	1991—2000年	2001—2013年
1人独享	3	4	3	5	3	7	5	4	6	3	6
2人共享	5	1	4	1	2	0	0	4	2	4	1
3人共享	0	0	0	0	0	0	0	0	0	1	1

---

① 迄今，和平奖有十五年没有颁奖1914、1915、1916年、1918年、1923年、1924、1928、1932、1939、1940年、1941年、1942、1943、1966、1967年。

② 迄今，和平奖有二十七年授予两位个人：1901、1902、1907、1908、1909、1911、1921、1925、1926、1927、1931、1946、1947、1973、1974、1976、1978、1982、1993、1995、1996、1997、1998、2001、2005、2006、2007、2012年。两年授予三位个人：1994、2011年。十七年单独授予组织：1904、1910、1917、1938、1944、1947、1954、1963、1965、1969、1977、1981、1985、1988、1999、2012、2013年。六年授予组织和一位个人：1995、1997、2001、2005、2006、2007年。

从和平奖获奖者人数趋势，可看出，近十几年的和平奖越来越多地出现多人共享，这从侧面反映出，关注和平事业、积极投身世界和平发展的队伍在不断壮大，反对战争、反对不平等和压迫渐渐成为全世界人民的共同心声。和平是大势所趋、民心所向。

1. 获奖者的时间分布特征

诺贝尔和平奖相较于诺贝尔奖的其他奖项，有更多的争议性，这是由该奖项的本质决定的。个人获奖者的时间分布也较其他奖项显得分散而无一定的规律。获得和平奖往往是对获奖者一生事业的肯定。下文从获奖者的出生年龄、获奖年龄两方面对该奖的时间特征进行统计。

（1）获奖者出生年龄分布特征

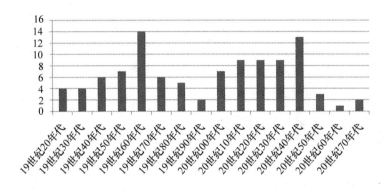

图 3—21　诺贝尔和平奖个人得主出生时段统计

和平奖个人得主的出生时间十分分散，没有明显的聚集区域，相比而言，19 世纪 60 年代和 20 世纪 40 年代是和平奖个人获奖者的出生高峰期，其次，20 世纪前 30 年相对获奖人数较多。总体而言，无一定规律性。可见，年龄因素在和平奖得奖因素中影响力较小。

（2）获奖时年龄分布特征

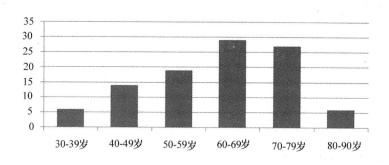

图 3—22   诺贝尔和平奖个人得主获奖年龄分布

和平奖得主的获奖年龄以 60—79 岁间为最多，有 56 人（约占获奖总人数 55%），相比其他获奖学科，该领域的获奖年龄最分散，标准差为 12.39，获奖年龄的众数是 63 岁，平均年龄为 62 岁，低于文学奖和经济学奖获得者的平均获奖年龄。

2. 获奖者的空间分布特征

下面，先对和平奖的个人获奖者进行国籍统计，然后对获奖组织的概况进行列表统计。

（1）获奖者国籍分布特征

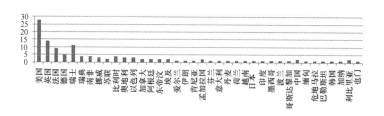

图 3—23   诺贝尔和平奖个人得主国籍分布

和平奖是覆盖国家最多的一个奖项，共有 38 个国家的 101 位个人获得过这一荣誉。如，南非、东帝汶、肯尼亚、加纳、也门、越南等国都是首次获得诺贝尔奖。当然，得奖人数最多的国家依然是美国，共有 28 人（占比约 28%），是排在第二位英国的两倍。瑞士以 11 位得奖者名列第三。

（2）获奖组织分布概况

迄今共有 22 个组织机构获得和平奖，表 3—29 对其进行列表统计，可看出，这些获奖组织总部所在地有 21 个位于美国和欧洲地区，而发起者多为国家元首或一些有威望的政界人士和行业专家。

表 3— 29 　　　　　　　　　　诺贝尔和平奖获奖组织概况

获奖时间	组织名称	总部所在国家	成立时间	主要发起者（或运动）
1904 年	国际法研究院	荷兰	1873	居斯塔夫·罗兰 – 耶格敏
1910 年	国际和平局	瑞士	1891	世界和平运动
1917 年	国际红十字会	瑞士	1863	迪南
1938 年	南森国际难民办公室	挪威	1931	南森
1944 年	国际红十字会	瑞士	1863	迪南
1947 年	美国教友会	美国	1917	宗教组织
1947 年	英国教友会	英国	1927	宗教组织
1954 年	联合国难民署	美国	1951	联合国
1963 年	国际红十字会	瑞士	1863	迪南
1963 年	红十字与红新月协会	瑞士	1919	国际联合组织
1965 年	联合国儿童基金会	美国	1946	联合国
1969 年	国际劳工组织	美国	1919	联合国
1977 年	国际特赦组织	英国	1961	英国、德国、丹麦、美国
1981 年	联合国难民署	美国	1951	联合国·
1985 年	国际防止核战争医生组织	美国	1980	叶夫盖尼、伯纳德
1988 年	联合国维持和平部队	美国	1948	联合国
1995 年	帕格沃什科学和世界事务会议	加拿大	1957	约瑟夫·罗特布拉特、伯特兰·罗素
1997 年	国际反地雷组织	加拿大	1992	非政府组织
1999 年	"无国界医生"组织	法国	1971	法国一些医生和记者
2001 年	联合国	美国	1945	美国、英国、苏联
2005 年	国际原子能机构	奥地利	1956	联合国
2006 年	孟加拉乡村银行	孟加拉国	1983	穆罕默德·尤努斯
2007 年	政府间气候变化专门委员会	美国	1988	联合国

续表

获奖时间	组织名称	总部所在国家	成立时间	主要发起者（或运动）
2012 年	欧洲联盟	28 个成员国	1992	《马斯特里赫特条约》
2013 年	禁止化学武器组织	荷兰	1997	国际组织

注：其中，国际红十字会组织于 1917 年、1944 年、1963 年先后 3 次获奖，联合国难民署于 1954 年、1981 年先后 2 次获奖。

第 二 篇

国家的视野:诺贝尔奖的国别分析

第四章　实力与标准:国际政治中的 诺贝尔奖

实际上，大多数诺贝尔奖获得者的科研成果由于太过专业、尖端和深奥，并不为世人所熟知。即便是谈及当年的那些成果，非专业人士中也很少有人能说出个子丑寅卯。那么，这个基本不与普通人之日常生活发生直接关联的诺贝尔奖，何以会聚敛全球人们的目光？要回答这个问题，就须将这一现象放至国际政治的大背景之下去分析。

本书在这一部分尝试借助社会符号学的相关理论来观察国际政治中的诺贝尔奖。因为，符号不仅是象征性表达手段，而且还是表述性象征。它既可以用作促进社会进程的工具，又是构成交际媒介的符号工具。诺贝尔奖完全符合上述特点。在国际政治中，诺贝尔奖是一国科技、文化、制度实力的象征性表达手段，我国国民之所以殷切关注诺贝尔奖的获奖特点、研究其获奖规律，就是希望借此证明本国的科技实力。同时，诺贝尔奖也是一国科技、文化、制度实力的表述性象征，例如世界上许多研究机构在比较各国人才储备、科技实力时都用"诺贝尔奖获得者人数"为评估指标。而且必须承认，国际政治中的诺贝尔奖已的确成为促进国家之间了解彼此软实力的工具，以及就此进行对话的媒介符号。

在诸多诺贝尔奖获奖国家中，美国无疑堪称"王者"。国际社会的主体公认诺贝尔奖的权威性，诺贝尔奖因此成为权威性构成能指/所指关系。科学类诺贝尔奖的权威性指向实力，即诺贝尔奖—权威性—国家实力，美国在科学类诺贝尔奖领域的成绩彰显了其科技实力；而非科学类诺贝尔奖的权威性则指向标准，即诺贝尔奖—权威性—标准，美国（或美国主张的意识形态）斩获非科学类诺贝尔奖则意味着其具有了规范和指导他者的权力，因为它是标准。通过这一观察角度，我们会发现诺贝尔奖既是美国软实力的一部分，又是美国软实力的外在表现。

一　作为符号的诺贝尔奖

诺贝尔奖的创立者在辞世之前留下遗嘱：

> 在此我要求遗嘱执行人以下面的方式处置我可以兑现的剩余财产：将上述财产进行安全可靠的投资，用这份资金成立一个基金会，将基金所产生的利息每年奖给在前一年中为人类做出卓越贡献的人。将此利息划分为五等份，分配如下：
> 一份奖给在物理界有最重大的发现或发明的人；
> 一份奖给在化学上有最重大的发现或发明的人；
> 一份奖给在医学和生理学界有最重大的发现的人；
> 一份奖给在文学界创作出具有理想倾向的最佳作品的人；
> 最后一份奖给为促进民族团结友好、取消或裁减常备军队以及为和平会议的组织和宣传尽到最大努力或做出最大贡献的人。

奖励"为人类做出卓越贡献的人"无疑是诺贝尔奖最原始的意义。他还在遗嘱中说道：

> 对于获奖候选人的国籍不予任何考虑，也就是说，不管他或她是不是斯堪的纳维亚人，谁最符合条件谁就应该获得奖金，我在此声明，这样授予奖金是我的迫切愿望。

"对于获奖候选人的国籍不予任何考虑"再次强调了诺贝尔奖的全人类意义。若遵从诺贝尔的意愿，后人在评选诺贝尔奖获得者时当只以"贡献大小"为标准，而不论国籍、种族、宗教信仰和意识形态等。然而吊诡的是，诺贝尔奖已经是国际政治中一个不可或缺的关键词。当然不必责备今人对诺贝尔原本意愿的背叛，须知，被造之物一旦离却造物者之手进入社会，便不会再按照造物者当初的理念存在，而是沿着另外一种轨迹演化开来。

（一）

如前所述，诺贝尔遗嘱既立，后人自当依言从事。那么，诺贝尔奖的评选就遵从"只看成就，不问出身"的原则。又加之其覆盖面为全人类，故极易得到全世界的公认，"权威"成为其重要性质。如此一来，诺贝尔奖便成为了一种适用于全世界的符号。在此有必要对这一问题稍加申述。

一切都可以成为符号，可以是文字、图片，也可以是建筑、音乐、烹饪、艺术，还可以是穿着、举止、态度。符号的能指（形式、载体）与所指（概念、意义）之间的关系是任意的。这意味着一个符号将拥有任意的社会价值。例如一个人穿了一条名牌牛仔裤，有些人关注到的是此人的社会地位（重心在名牌），有些人关注到的是此人的审美风格——休闲（重心在牛仔裤）。

但能指与所指之间并不是随意的，这取决于符号的流通领域。社会符号学家认为一切意义均来自代码系统，具体的客观世界和我们对它的理解源于社会实践和社会化进程层面的代码化意识形态。当经验世界与物质世界互动时，物质世界将引发并支持价值系统或文化代码。通过这一过程，新的所指不断地通过社会交往和生活经验创造出来。可以说，意义植根于日常生活经验。具体到诺贝尔奖这一符号，对于科学家而言，诺贝尔奖指向的是"巨大的科学成就"，因为科学家的生活经验决定了其更关注科学研究。而对于以实力为安身立命之本的国家（由国民/个体组成）而言，诺贝尔奖这一符号则指向"一国的科技、文化、制度实力"，关于这一点，种种评估各国综合实力的论文报告中援用"诺贝尔奖获得者人数"这一指标即是明证。"作为偶像、神话和仪式，诺贝尔奖已经深入人心。"[1]

诺贝尔奖初创之时，设有五类奖项，分别为物理奖、化学奖、生理学或医学奖、文学奖和和平奖，1968 年又增经济学奖一项（1969 年首次颁发）[2]。这六类奖项根据其评选标准的统一性和可操作性又可分为

---

[1]　［美］罗伯特·马克·弗里德曼：《权谋——诺贝尔科学奖的幕后》，杨建军译，上海科技教育出版社 2005 年版，前言。

[2]　1968 年，瑞典国家银行成立 300 周年，向诺贝尔基金捐献巨资，增设"瑞典国家银行纪念诺贝尔经济科学奖"，世称诺贝尔经济学奖。于 1969 年首次颁发。

两种：一种是物理学奖、化学奖、生理学或医学奖和经济学奖，这类奖项的评选具有统一的标准，而且在技术层面具有很强的可操作性，基本不会引起异议；另一种是文学奖及和平奖，这类奖项的评选标准较之前者显得模糊，尤其在技术上可操作性差，例如诺贝尔文学奖应授予"创作出具有理想倾向的最佳作品的人"，可大家在什么是"最具有理想倾向的最佳作品"这一问题上却莫衷一是，因此，评选结果极易引起异议，例如，因为文学奖曾授予丘吉尔而感到惊讶的人大概不是少数。也就是说，诺贝尔奖/符号的能指/表现形式又可细分。那么，诺贝尔奖/符号的所指/表达内容也会有其相应的差别，如此便产生了两种不同的演进思路：

① 诺贝尔物理学奖、化学奖、生理学或医学奖和经济学奖→权威性→国家科技实力；

② 文学奖及和平奖→权威性→文化、制度标准。

1. 诺贝尔物理学奖、化学奖、生理学或医学奖和经济学奖——国家科技实力

如前所述，人们对诺贝尔物理学奖、化学奖、生理学或医学奖和经济学奖的评定几无异议。因此，获奖强国不必言己之强，寰宇之内皆知其强，获奖弱国不必人言其弱，而自知其弱。这就使获奖强国自然而然地借助诺贝尔奖的权威性，被其他国家承认"具有较强科技实力"。由于双方具有共识——认同这些奖项的权威性，所以双方均认为自己获奖的机会是公平的。这使得在该演进过程中，获奖强国和获奖弱国之间形成了一种合作关系，最起码是非对抗性的关系。双方的立场并不随其身份（获奖强国或获奖弱国）的变化而变化。

2. 文学奖及和平奖——文化、制度标准

在涉及文学奖及和平奖时，诺贝尔奖的权威性将文学作品、和平奖获得者言行中所体现出来的文化、制度变为了标准。但国际社会是多元的，不同的国家拥有不同的文化与制度。与诺贝尔奖所体现的文化、制度标准相合的国家大肆鼓吹这类奖项，而与此不合者则借其评选标准模糊、技术上可操作性，对其合法性进行攻击。在这一演进过程中，既存在合作的国家间关系，也存在对抗的国家间关系。而且，一国一旦实现

身份的转化，其立场也容易发生变化：鼓吹可能变为批判，抵制也有可能变为支持。

但须指出的是，这两种演变理路只是言其大端，两者之间并非是泾渭分明的二元对立。实际上，诺贝尔物理奖、化学奖、生理学或医学奖和经济学奖在彰显出国家实力之后，就自然成为了标准，只不过这种标准并不需要获奖大国进行自我标榜。而文学奖及和平奖获奖大国试图借此确定一种文化、制度标准，这本身就是一种实力，只不过这种实力并不像前者那样容易被其他国家所接受。

总之，在国际政治中，诺贝尔奖是一国科技、文化、制度实力的象征性表达手段。同时，诺贝尔奖又是一国科技、文化、制度实力的表述性象征，例如世界上许多研究机构在比较各国人才储备、科技实力时都用"诺贝尔奖获得者人数"为评估指标。缘于此，那些有条件且有意图成为科技大国的国家均对诺贝尔奖十分重视。国际政治中的诺贝尔奖已的确成为促进国家之间了解彼此软实力的工具，以及就此进行对话的交际媒介符号工具。而且，作为一个独立的符号，它还有主体性的一面，例如冷战时期，苏联设置了与和平奖进行对抗的斯大林和平奖，在这里，斯大林和平奖其实是诺贝尔和平奖的一种衍生，可以称之为"类诺贝尔奖"。国际政治因诺贝尔奖/符号而产生的各类对话与种种冲突，肯定是诺贝尔当年设立此奖时未曾预料到的。

（二）

权力是国际政治的关键词之一，而福柯建立的知识考古学告诉我们，任何话语和符号背后都有权力的因素，诺贝尔奖作为一种符号也不能例外。专治诺贝尔科学奖史的著名科学史家罗伯特·马克·弗里德曼通过缜密的考察得出一个结论，"一个真正客观的国际性奖项，不受个人、宗教、政治、方法和认识上的偏见的影响，那简直是太稀有了。随着时间的推移，那些为了自己的利益而要推崇诺贝尔奖'信条'的利益、团体和机构逐渐增多"[1]。由于弗里德曼先生将自己的研究领域限制在科学史领域，所以他那本研究诺贝尔奖的扛鼎之作《权谋》略过

---

[1]　［美］罗伯特·马克·弗里德曼：《权谋——诺贝尔科学奖的幕后》，杨建军译，上海科技教育出版社 2005 年版，第 336 页。

了文学奖和和平奖。事实上，"权与谋"在文学奖与和平奖评选过程中的作用甚至比科学类奖项更大，如果将这重真相揭出来，我们会恍然发现，文学奖和和平奖的奖章上铭刻着"国际政治"这几个字。

诺贝尔文学奖的不公平早已是世人皆知，例如，1901年首届诺贝尔文学奖颁发之时，托尔斯泰本是众望所归，结果却是出人意料：评委会将文学奖授予了文学成就远逊托翁的法国诗人普吕多姆。当时，瑞典国内有42名知名作家和艺术家在报上发表声明，对该结果表示质疑和不满。次年，托尔斯泰再次成为候选人，然而，此次却是花落德国，得主是历史学家蒙森。托翁1910年驾归道山，此前据说又多次被列为候选人，但终无缘诺贝尔奖。如刘文飞研究员所讲，托尔斯泰未获得诺贝尔奖于己无损，而诺贝尔奖却因未授予托尔斯泰而蒙尘。[①]

正是由于这种评奖标准的模糊性及其较差的操作性，权力获得发挥作用的空间，国际政治中的玩家才可以借"诺贝尔奖文学奖"这一符号进行有利于自我的演绎，进行有利于自我的诠释。偶然间的讹误自然不可避免，但是权力操纵下的蓄意安排则令人为之侧目。

斯陶乐（Ann Laura Stoler）在其《种族与欲望之教育》一书中指出，在哲学的意义上，欲望主体必须同时在将自己外化和对外界模仿的过程中，才能在自己的内心呈现外部世界的全部。他写道，"说到西方人的欲望，没有什么政治传奇比殖民主义的故事更切题了，因为资产阶级喜欢自己的镜像，喜欢到对现在的制度进行戏仿式的颠覆，所有这一切都在殖民的过程中起到了决定性的作用。资产阶级的自我确证和自我教养所依赖的是一系列相互重叠的话语置换和区分。资产阶级的身份也从来都取决于那些不断地变化中的他者，那些他者既可美又可憎，既让人忌惮又让人受用，他们的角色全然不同却又总是同一个"[②]。

萨义德对西方"东方学"的考察也揭示了这一问题。西方认识东方的立场并非是客观中立的，而是先存有了某种自在观点——西东对立，西方文明，东方野蛮，西方优于东方。为了凸显自己的优越性，通过知识、制度和政治经济政策，建构出一种"东方"。这种"东方"是作为

① 刘文飞：《诺贝尔文学奖与俄语文学》，《外国文学动态》1997年第3期，第4页。

② Ann Laura Stoler, Race and the Education of Desire (Durham: Duke University Press, 1995)，第192—193页。转引自刘禾《帝国的话语政治：从近代中西冲突看现代世界秩序的形成》，杨立华等译，三联书店2009年版，第21页。

西方的异质，是站立在于"我们"反面的"他们"。例如鼓吹"文明冲突论"的著名学者亨廷顿，还有凭"历史终结论"扬名的美籍学者福山。这种东方学根源于西方的殖民主义思想，实际上是一种控制工具。季羡林先生曾指出，由于英国曾在印度传播其文化，印度文明即曾受此荼毒。其实中国也未曾幸免，翻翻近代史，不是有不少人认为中国文化影响中国进步，要废除中国文化的代表——汉字，改用字母文字吗？而且，这些事迹的发生年代离我们尚不久远。

即便在当代，这样的事例也不鲜见。以中国电影为例，凡是那些在西方博得盛名的作品，无一不是迎合了西方人观察东方中国的视角，比如张艺谋早期电影作品所塑造的那些形象：深宅大院、一夫多妻、专制的老者、羸弱多疾的男性、乱伦、渴望原始欲望的妇女①，等等。为了取悦于西方，电影利用虚构出的情节和捏造的场景，形塑出一个西方人喜欢的充满异国情调的中国，②"建构一种西方的、弗洛伊德式的主题——窥视癖的视觉主题和关于欲望的叙事"。"《大红灯笼高高挂》中陌生化的环境不是为了满足中国观众的胃口，而是为了迎合西方世界的愉悦与检阅。甚至其中使用的摄影机的位置、封闭的大宅院的空间安排和场面调度的手法，都是在西方凝视下重组了东方文化秩序的结果。中国历史和文化变成了一只死蝴蝶，绚烂翩然但是钉死在西方的凝视之中。"③

笔者曾有机会在俄罗斯电影文化节上与八一电影制片厂的一位前辈谈及此事，那位前辈说，"没办法，要想成名，就得先拍几部西方承认的片子"。北京大学的戴锦华教授也曾指出这一问题，为了回避中国电影的主流模式，吸引外国资本的投入和赢得国外电影节的青睐成为在艺术电影模式下工作的导演生存的先决条件。要结合西方的认可搏出位，权力操于谁手，已是不言自明。显然，如周蕾教授在其著作《原始激情：视觉、性别、人种学和当代中国电影》中指出的那样，就对一部电

---

　　① 为了满足世界窥淫的眼睛，张艺谋电影中那种亵渎性的展示将中国的女性妓女化，使传统的中国为此丢尽了颜面。[美]尼克·布朗：《论西方的中国电影批评》，陈犀禾、刘宇清译，《当代电影》2005年第5期，第16页。

　　② 例如礼仪、建筑、服饰等。参见[美]尼克·布朗《论西方的中国电影批评》，陈犀禾、刘宇清译，《当代电影》2005年第5期，第15页。

　　③ 王晶、泰尼·巴罗主编：《电影与欲望：戴锦华作品中女性主义马克思主义与文化政治》，伦敦：维索出版社2002年版，第57页。转引自[美]尼克·布朗《论西方的中国电影批评》，陈犀禾、刘宇清译，《当代电影》2005年第5期，第17页。

影进行定位的阐释权力而言，东西方的阐释权力关系必然是非对称性的。①

苏联／俄罗斯与诺贝尔文学奖的关系也极为典型地体现了这一点。一般说来，20世纪的俄国文学史可分为两大部分：一部分为苏维埃文学，具有官方、主流意识形态性质；另一部分为侨民文学、流亡和地下文学，具有自由主义、持不同政见的性质。若将五位苏联／俄罗斯的文学奖得主的家数和立场加以分梳，很容易就发现，其中有四位属于非官方的侨民文学、流亡和地下文学，他们是蒲宁（1933年）、帕斯捷尔纳克（1958年）、索尔仁尼琴（1970年）、布罗茨基（1987年）；只有一位肖洛霍夫（1965年）获得了苏联官方的认可。此外，还可再添一佐证，那就是完全可以获奖却因其革命的立场而未获奖的高尔基。

和平奖亦同此理，诺贝尔在遗嘱中写道要将和平奖授予"促进民族团结友好、取消或裁减常备军队以及为和平会议的组织和宣传尽到最大努力或作出最大贡献的人"。尽管和平奖的标准并不清晰，但这似乎和"人权""人道主义"之类的西方式词语搭不上界。马克思主义批评家雷蒙·威廉斯在其《关键词》中提示我们，词语有其特定的政治学。西方将"人权""人道主义"之类的西方式词汇强加于和平奖的内涵之中，其意图便是通过"再诠释"这一过程以达到自己的目的。

再看看历届和平奖获得者的名单，不难发现，1945年之前的和平奖获得者中占大部分的是西方人的名谓，这将和平奖的西方性质彰显无遗。1945年之后，非西方的面孔多了起来，可是，若进一步了解他们的生平，便会惊奇，原来"非西方皮囊之下，却是西方的内核"。这些非西方面孔的加入，体现了和平奖在这一时期的"西方—非西方性"。但是，这里"非西方"的出现仍是为了凸显"西方"。

（三）

国际问题研究大家陈乐民先生曾在书中表达了这样一种观点：研究国际问题时心中常装一个中国。② 换言之，即研究国际问题是为了解决

---

① ［美］尼克·布朗：《论西方的中国电影批评》，陈犀禾、刘宇清译，《当代电影》2005年第5期，第14页。

② 参见陈乐民先生《20世纪的欧洲》一书序言。陈乐民：《20世纪的欧洲》，三联书店2007年版。

中国的问题。本篇乃至本书的立意也在于此。20 世纪 90 年代时，就有人提出，中国是否有诺贝尔情结？这个问题的答案应该是有。因为，无论是民众——各种形式的坊间热议，还是官方——《人民日报》曾就此有过时评，乃至学界——有大量的科研论文、著作讨论这一问题（本书的写作本身即是为此加一注脚），都对这一问题予以了特别的关注。

中国社会科学院的张宇燕研究员曾以《西游记》里的故事譬喻当今的国际政治体系：在《西游记》中，如来佛和太上老君各揆执一方——西方体系和东方体系，美国和中国的关系恰似如此。① 中国的诺贝尔情结，意味着中国部分地承认这一明显服务于西方的符号的有效性。这证明，在目前的国际政治中，西方仍然掌握着主要权力，操控着话语体系，非西方国家或自愿或被迫地来与其配合和适应。

如同一个硬币的两面，西方之所以拥有霸权，是因为非西方难以与其比肩。美国问题专家资中筠先生曾直言，中国的诺贝尔情结有些太过强烈，这不是正常现象，并且指出，"很多其他国家的人没有把诺贝尔奖看得这么了不起"。② 资中筠先生这句话显然有深意存焉。或许陆建德研究员说得更为直白一些：中国人对诺贝尔奖还有自卑情结。③ 不过在此还要再追问一句：如同中国这样，很少获得甚至一次都未获得诺贝尔奖的国家不在少数，为何唯独中国有如此狂热的情结？大概有两方面的原因：第一，中国是一个有大国抱负的国家，中外都承认这样一个事实——这个国家曾是其他国家学习和羡慕的对象，只是近代以降才落后于西方，而且中国认为"那段历史是耻辱史、血泪史"④，那么，对于这样一个立志于复兴且正在复兴的中国而言，亟须一个诺贝尔奖这样的符号来证明自己已不再孱弱，从这个意义上来讲，这和国人崇拜奥运金牌的心理出自一脉；第二，中国总是处在获奖的边缘上，例如已有不少华裔科学家获奖，已有不少人被提名却因为其他种种原因而未获奖，总之是"令人遗憾的"，"只差一步了""20 年内一定可以获奖"的噱头常

---

① 张宇燕：《〈西游记〉与中美关系定位》，《瞭望》2008 年第 2 期。

② 《钱钟书学生称中国人诺贝尔奖情结过热》，引自人民网：http://world.people.com.cn/n/2012/1027/c157278 - 19406836.html。

③ 《中国人对诺贝尔奖还有自卑情结》，引自《时代周报》网站：http://www.time - weekly.com/story/2013 - 10 - 24/131324.html。

④ 见我国历史教科书对近代史的评价。

见诸报章。心理学的一个常识是，人只对自己极有可能得到而又无法得到的东西予以极大关注甚至崇拜。例如，对于王子和庶民而言，王位的诱惑显然是不同的，对于大多数庶民而言，或许一生都不会考虑这个问题，即便是白日梦（如果承认梦境是人的潜意识）。

由诺贝尔奖的评选我们可以看出，规则并非中性，其背后自有其权力的倾向。显然，西方体系的规则是为了维护西方的利益。那么中国如何破解呢？一种方案是，抛弃东方体系，加入现行的西方体系，但这就要遵守西方体系那些有利于西方的规则，如此一来，中国自身利益势必受损。还可以有另外一个方案，那就是努力使自己强大起来，经营好东方体系，与西方体系平行发展。笔者更倾向于后一种方案，或许只有自身强大才能让中国更健康地对待诺贝尔奖。

中国何去何从？"时"！"势"！

二　各国概况①

诺贝尔奖于 1901 年创立到 2010 年，共有 608 名科学家获三大科技奖，分属 27 个国家。获奖者 97% 为欧洲、北美科学家，其中美国排名第一，有 246 人获奖，占获奖总人数的 44%。亚洲国家中日本有 13 人获三大科技奖，印度和巴基斯坦各有 1 人获奖。诺贝尔经济学奖由 13 个国家的 67 名经济学家分获，97% 为北美和欧洲经济学家，美国有 46 人获奖，约占获奖总人数的 69%。

接下来的几章分别对美、英、德、法、俄、日六国的获奖情况进行专门介绍。各国情况迥异：在人数上，有些国家获奖人数以百人计，有些国家则零星几个；在获奖领域上，有些国家是"面面俱到"，能够覆盖所有领域，而有些国家则是"一枝独秀"，只在某一领域建树特伟；在时间上，有些国家是"老资格"，有些国家是"后起者"。鉴于此，本章各节在篇幅上不可能整齐划一，论述重点也是各有侧重，有些章节侧重经验的评述，有些章节则主要进行获奖人员基本情况的介绍。但是，各章节始终遵循一个总原则——尽量客观和翔实地反映一个国家的获奖情况。在此撷取各节内容大要成一概览，以对六国情况进行宏观把握。

---

①　概况中的数据均详见于以后各节，此处不再注明来源。

（一）美国

从 1901 年诺贝尔奖创立到 2012 年，美国共有 253 人获得诺贝尔自然科学奖，居全球第一位；50 人获得诺贝尔经济学奖，居全球第一位。

有研究者根据 1901—2000 年的数据，称美国为获得诺贝尔奖的超级大国。① 其实到目前，这一情况并未发生根本性变化。截至 2008 年，共有 13 个国家 62 名经济学家获诺贝尔经济学奖，其中 42 名是美国的，占经济学奖获奖总人数的 67.74%；有 21 个国家 192 名生理学或医学科学家获诺贝尔生理学或医学奖，其中美国有 89 名，占生理学或医学奖获奖总人数的 46.35%；共有 17 个国家 183 名物理学家获诺贝尔物理学奖，其中美国有 81 名，占物理学奖获奖总人数的 44.26%；共有 20 个国家 154 名化学家获诺贝尔化学奖，其中有 59 人属于美国，占化学奖获奖总人数的 38.31%。美国仍然是世界上无可置疑的诺贝尔奖获奖超级强国。

无论是自然科学的有关奖项、经济学奖，还是文学奖、诺贝尔奖，美国都堪称是获奖大国。除文学奖（排名第三）外，其他奖项的获奖人数均为第一。

对于美国如此骄人的成绩，人们除了感性上对其进行赞美和羡慕，还在思考：美国何以成为获得诺贝尔奖的超级大国？如苏沃洛夫所言，"羡慕他，学习他，赶上他，超过他"。"学习"是"赶上"和"超过"的前提。学习美国什么呢？本篇第一章尝试从个人、大学、国家三个不同的层面寻找"美国何以成为获得诺贝尔奖的超级大国"的有益经验。

（二）英国

英国一直是仅次于美国的第二获奖大国。截至 2010 年，英国共有 95 人获得诺贝尔奖（不包括和平奖）。其中 26 人获得物理奖，22 人获得化学奖，31 人获得生理学或医学奖，6 人获得经济学奖，10 人获得文学奖。从单个领域来看，英国并非任何一个领域的单项冠军。但大多数情况下排名保持在第二名或第三名。纵向上，英国在不同的时间段获

① 许光明：《摘冠之谜——诺贝尔奖 100 年统计与分析》，广东教育出版社 2003 年版，第 251 页。

奖人数变化不大；横向上，得奖人数在各领域的分布也比较平均。这意味英国是一个传统的科技强国，而且无论是在自然科学、经济学还是人文领域，都卓有建树。

在对英国历史上和目前的国家科研政策进行分析后，认识到国家在培养国家创新和科研能力方面有着举足轻重的作用，国家可通过多方面措施来直接或间接地促进创新能力的发展。另外，自 20 世纪 80 年代起，英国科研经费开始市场化，其中相当大的部分来自于民间——主要是企业的出资，因此，企业是保障英国较高科研水平的另一因素。本篇第二章将对上述进行深入讨论。

（三）德国

在总的获奖人数上，德国与英国相差不大。截至 2010 年，德国共有 74 人获得诺贝尔奖（不包括和平奖）。其中 19 人获得物理奖，29 人获得化学奖，17 人获得生理学或医学奖，1 人获得经济学奖，9 人获得文学奖。德国在自然科学领域是毫无争议的强国，但在经济学方面，似稍显薄弱。若单就自然科学领域而言，德国与英国更是旗鼓相当。因此，将德英两国进行对比分析，可以得出一些有益的规律，本篇第三章即主要从这一视角切入。

与英国相同的是，德国在科研方面也重视政府的管理和引导作用，制定相关政策以提升国家创新能力，这包括科研经费的配拨，科研体系的构建，重大项目的扶持，等等。与英国的不同之处主要体现在教育方面。英国在 20 世纪初才放弃精英教育和贵族教育，逐步转为大众教育，而德国很早便完成了类似的大学改革。在教育模式上也不尽相同，英国注重学术教育，直到 20 世纪七八十年代才开始重视技术教育，注重与市场的结合；而德国人才教育的主要理念就是"学术自由"和"教学与科研相结合"，分为综合类大学和应用技术大学，前者注重理论研究，主要任务为科研提供后续人才，后者注重应用和实践，主要为工业企业培养人才。

通过第三章的分析，可以看出，德国的成功之处在于，通过建立合理的教育机制和人才培养机制，使工业和科研创新相辅相成，创新促进工业经济发展，而工业的发展反过来能资助新的科研创新开展。

（四）法国

法国是传统上的诺贝尔奖获奖大国，排名于美、英、德之后，稳居第四。自诺贝尔奖项设立至今，法国共有 56 人（居里夫人先后获得1903 年的诺贝尔物理学奖和 1911 年诺贝尔化学奖）获得诺贝尔奖，其中诺贝尔文学奖有 15 人，诺贝尔物理学奖有 13 人，诺贝尔生理学或医学奖有 10 人，诺贝尔和平奖有 9 人，诺贝尔化学奖有 8 人，诺贝尔经济学奖有 2 人。

在自然科学领域，共有 31 人获得。这与法国科技大国的身份是相符合的，无论是物理学奖、生理学或医学奖，还是化学奖，法国人都占有相当的比例。而且横向上分布也较均衡。

法国在诺贝尔文学奖领域，一直处于执牛耳的地位。从 1901 年诺贝尔文学奖设立到现在，已有一百多年的历史，共有 110 人获得，其中法国获得诺贝尔文学奖人数占诺贝尔文学奖总人数的比例为 13.6%。

另外，法国还是获得诺贝尔和平奖的大户，排在美国（27 人）和英国（14 人）之后。

（五）俄罗斯

从获奖的绝对人数来看，俄罗斯可算是获奖强国。根据 1901—2012 年的数据，俄罗斯诺贝尔奖（不包括文学奖、和平奖）获得者人数占全世界第八位。

但相对于美、英等获奖强国来说，俄罗斯的获奖人数并不多。但覆盖了诺贝尔奖的各个领域。截至 2008 年，共有 13 个国家 62 名经济学家获诺贝尔经济学奖，其中 2 名是俄罗斯的；有 21 个国家 192 名生理学或医学科学家获诺贝尔生理学或医学奖，其中俄罗斯有 2 名；共有 17个国家 183 名物理学家获诺贝尔物理学奖，其中俄罗斯有 10 名；共有20 个国家 154 名化学家获诺贝尔化学奖，其中有 1 人属于俄罗斯。

俄罗斯在物理学、经济学和文学三个领域的相对获奖能力较强。一个国家在某领域的相对获奖能力，可用获奖国家在某领域获奖人数与获奖国家的获奖总人数的比来表示。根据这一指标，俄罗斯可算是这三个领域的传统强国。据 1901—2000 年的统计数据，苏联／俄罗斯有 8 人获得诺贝尔物理学奖，相对获奖能力为 44.4%，居世界第二；有 1 人获得诺贝尔经济学学奖，相对获奖能力为 5.6%，居世界第四；有 4 人获得诺贝尔文学奖，相对获奖能力为 22.2%，居世界第四。

俄罗斯是获奖大国，但距离美、英、德、法等国则尚有距离。在时间上，获奖人数在不同时期——帝俄时期、苏联时期、独立以来的新俄罗斯时期——的分布十分不均。这意味着俄罗斯既有可资借鉴的经验，也有引以为戒的不足。纵观俄罗斯的科研发展过程，科研经费和科研自由是两个"关键词"。与其他国家相比，这两项因素在俄罗斯科研的成败中特别明显，本篇第五章拟对这两点加以分析，以图得出一些经验和教训。

（六）日本

日本共有 19 人获得诺贝尔奖。到目前为止，日本获得的诺贝尔化学奖有 7 人，诺贝尔物理学奖有 7 人（南部阳一郎为美籍日裔理论物理学家），诺贝尔生理学或医学奖有 2 人，诺贝尔文学奖有 2 人，诺贝尔和平奖有 1 人，未获得诺贝尔经济学奖。诺贝尔化学奖和物理学奖是日本的两个"夺金点"。

尽管，日本在获奖总人数上远远落后于欧美等发达资本主义国家，但是日本一直稳居亚洲诺贝尔奖头号获奖大国。在亚洲，总共有 43 人获得诺贝尔奖，就有 19 人是日本人，占亚洲获得诺贝尔奖总人数的 44.1%，将近一半。

近几十年来，日本获得诺贝尔奖的人数更是以惊人的速度不断增长。以 2000 年为界，此前，日本仅有 5 人获得，而进入 21 世纪之后，获奖人数突飞猛进，共有 14 人（南部阳一郎为美籍日裔理论物理学家）获得。其中，仅 2008 年日本科学家在物理和化学研究领域就有 4 人获得了诺贝尔奖。

第五章　诺贝尔奖的超级大国：美国

一　美国获奖概况[①]

从 1901 年诺贝尔奖创立到 2013 年，美国共有 316 人获得诺贝尔自然科学奖，居全球第一位；52 人获得诺贝尔经济学奖，居全球第一位。

表 5—1　美国获诺贝尔奖（不包括文学奖、和平奖）人数（1901—2013）

奖项	物理奖	化学奖	生理学或医学奖	经济学奖	总计	世界排名
人数	90	74	100	52	316	第一

数据来源：根据各年人数统计而成。

注：以获奖者获奖时具有美国国籍为统计标准，双重国籍者均计入。

有研究者根据 1901—2000 年的数据，将美国列为获得诺贝尔奖的超级大国。[②] 该研究列举了一些数据：

（1）1969—2000 年这 32 年间，共有 12 个国家 46 名经济学家获诺贝尔经济学奖，其中 30 名是美国的，占经济学奖获奖总人数的 65.22%，是英国（排名第二）的 7.5 倍，是其他 11 个诺贝尔经济学奖获奖国家获奖人数总和的 1.8 倍多；

（2）100 年来共有 19 个国家 172 名生理学或医学科学家获诺贝尔生理学或医学奖，其中美国有 85 名，占生理学或医学奖获奖总人数的 49.42%；

---

① 本节着重于通过诺贝尔奖这一视角，讨论美国何以成为世界第一科技强国。因此在以下行文中若不做特殊说明，诺贝尔奖即指诺贝尔自然科学奖及经济学奖。

② 许光明：《摘冠之谜——诺贝尔奖 100 年统计与分析》，广东教育出版社 2003 年版，第 251 页。

（3）100 年来共有 16 个国家 162 名物理学家获诺贝尔物理学奖，其中美国有 71 名，占物理学奖获奖总人数的 43.83%；

（4）100 年来共有 19 个国家 135 名化学家获诺贝尔化学奖，其中有 48 人属于美国，占化学奖获奖总人数的 35.56%[①]。

其实到目前，这一情况并未发生根本性变化。截至 2008 年，共有 13 个国家 62 名经济学家获诺贝尔经济学奖，其中 41 名是美国的，占经济学奖获奖总人数的 66.12%；有 21 个国家 192 名生理学或医学科学家获诺贝尔生理学或医学奖，其中美国有 92 名，占生理学或医学奖获奖总人数的 47.9%；共有 17 个国家 184 名物理学家获诺贝尔物理学奖，其中美国有 84 名，占物理学奖获奖总人数的 45.65%；共有 20 个国家 154 名化学家获诺贝尔化学奖，其中有 67 人属于美国，占化学奖获奖总人数的 43.51%[②]。美国仍然是世界上无可置疑的诺贝尔奖获奖超级强国。

从横向上看，美国涵盖了所有的获奖领域，而且在每一领域内都是第一。可以说，无论是综合还是单项，美国都独占鳌头，是名副其实的"全能王"。从前面的数据可以看出，美国在各领域的占比保持在 30%—70%，远远高于排在其后的其他获奖强国，有些国家甚至与美国不在一个数量级。

二　美国何以成为获得诺贝尔奖的超级大国

美国的成绩实在太耀眼，如江上奇峰，人们很难不慨叹其雄丽。在感性的赞美和羡慕之后，人们不禁从理性层面发问：美国何以成为获得诺贝尔奖的超级大国？社会科学不像自然科学那样可以进行重复实验、严格控制各个变量，人们总是能找出若干条因果关系链。因此，对于前述问题，本节试图从个人、大学、国家三个不同的层面予以回答。

（一）个人层面：美国文化熏陶下的美国人

美国不同于世界上任何其他国家，它是一个由不同文化背景的移民

---

①　数据均引自许光明《摘冠之谜——诺贝尔奖 100 年统计与分析》，广东教育出版社 2003 年版，第 251 页。

②　以上数据根据各年统计而成。

组成的多彩拼盘（只有印第安人可算是真正土生土长的美国人，但如今的他们只是美国的边缘）。先来到这块土地上的是1492年的哥伦布；第二波则是一个世纪之后的欧洲各类人群，其中英国人拔得头筹；1607年，登陆弗吉尼亚州詹姆斯敦的120名英国人开启了美利坚合众国建国前期有组织移民的先河，此后一发不可收拾。著名学者资中筠先生曾对这些美国人有过一段精彩的描述，现抄录如下：

> 背井离乡远涉重洋到这还属于蛮荒之地的新大陆的人出身和教育背景各异，移民的动机不一，有的是寻求宗教自由，有的是谋生，有的是躲债，有的是逃犯。但是有一点是共同的，都是对原来的处境不满意而另谋出路，期望在这里闯一番事业，改变命运或实现理想。自由女神像底座所刻的脍炙人口的诗句最好地表达了这一事实。[1]

如资中筠先生所言，这样形成的美国人，先天地具有一些文化特征，其中对于科研起积极作用的有：

——美国人对多元化的尊重有利于美国人多元思维的养成。美国是由全世界各地移民拼搭而成。由多元人种组成的美国社会反对某种"定于一尊"的文化，而是强调平等的多元化，这构成了美国教育中反对统一性、强调个性的基础。托克维尔在《美国的民主》中说，"与自私相反，个人主义是一种成熟和平静的感情"。美国社会学家罗伯特·贝拉也指出，美国特色的"个人主义是美国文化的真正核心"。美国个人的一切价值、权利和义务都是来自这种个人主义。受个人主义的支配，美国人强调个人的独立性、创造性。[2] 由这种文化熏陶出的美国人不认为自己的学说和理论可以放之四海而皆准，因此容忍和欢迎来自各方面的质疑和批评；同时也不迷信他人的理论，敢于提出挑战。

——美国文化中的开拓性有利于科研人员进军新的科研领域。如前所述，移民至这个新大陆的人，都是因为对原来的处境不满意而另谋出路。一方面，那些得过且过、因循守旧的人不会离开熟悉的故土；另一

---

[1]　资中筠主编：《冷眼向洋·上》，三联书店2000年版，第217—218页。
[2]　韩召颖：《美国政治与对外政策》，天津人民出版社2007年版，第14页。

方面，那些没有勇气白手起家的人也不会来到这蛮荒之地。这种开拓精神早已成为美国文化的基因，而科学研究的灵魂恰恰就是推陈出新。美国之所以取得诺贝尔奖的优势地位，得益于美国人勇于创新的科学精神。他们认为，科学理论只是通过严密的逻辑体系对客观世界描述出了具有一定精密度的对应，每一时期的科研成果只是人类漫长认识过程中的一个阶段性产物。因此任何成果（包括思想、理论、假说等）都有其时效性，是相对真理，理应对它进行怀疑和批评，进而加以发展或纠正，甚至完全否定，这是从相对真理走向绝对真理的必然过程。齐曼曾说过，科学是对未知的发现。这就意味着，科学研究成果总应该是新颖的。一项研究没有给充分了解和理解的东西增添新内容，则无所贡献于科学。这项规范强调了科学认识论中的发现因素，它迫使科学家们要有不同形式的创造性行为，而对未知领域的开创和探索本是美国人安身立命之本。

　　——美国文化强调实用，不尚玄谈空论，与科学精神中的严谨求实符契相合。著名美国教育家杜威称其为工具主义，并把这种科学方法论归结为"五步"说———疑问、问题、假设、推理、证明。实用主义的主要论点是："强调知识是控制现实的工具，现实是可以改变的；强调实际经验是最重要的，原则和推理是次要的……强调行动优于教条，经验优于僵化的原则。"① 这种实用文化的哲学基础为产生于 19 世纪下半叶的实用主义哲学，曾被人们称为美国的"官方哲学"、"美国精神"，对美国教育产生了重大影响。实用主义的具体方法论意义或已过时，但是它所造就的求真精神却已融进很多美国人的血液。对于他们而言，追求真理是一种信仰。另外，科学精神的重要内涵之一便是实证精神——科学不同于文学、艺术等人文学科，任何科学理论或假说都必须要有足够的事实来支撑。美国文化中的实用主义倾向恰与这一精神相合，即一切（理论、学说、假说）皆根于现实（事实），而又须接受现实（事实）的检验。这与一些崇尚哲学思辨、玄想、内省的文化有本质的区别。这里并无褒扬一种文化贬斥另一种文化的意思，只是客观地指出，美国的这种文化特质恰与科学精神相符。从这一点上来讲，美国的科学

---

① 江宏：《20 年培养 43 位诺贝尔奖获得者的启示》，《人民教育》2013 年第 7 期，第 58 页。

研究活动占尽了地利。

——美国文化崇尚自由，视自由为呼吸之空气，须臾不可离。而科学精神的一大特点也正是拥有真理、追求自由。爱因斯坦在谈到科学家的自由时，认为可分为外在的自由和内在的自由。外在的自由是指科学家可按自己的意愿从事科学研究，并可不受约束地发表和交流科学思想（在后文讨论"国家层面"时展开论述），概言之即自由氛围。而内在的自由则指精神上不受陈规旧俗和权威的束缚，不受习惯和偏见的左右。如果说外在的氛围可由国家凭指令和条文在数十年间塑造而成，那内在的品性则只能是在自由文化的长期濡润下渐渐养成。

此外，科学得以进步和发展的重要因素——批判精神，也只有在存在自由时可发挥其作用。波普尔曾从科学哲学的角度强调和突出批判精神对于科学研究的重要性，认为批判是任何理智发展的主要动力。他说，科学之伟大和美的部分正在于，我们通过自己批判性的考察能够认识到，世界不免与我们的想象不同，——我们的想象必会通过对我们早先理论的反驳而被摧毁。[①] 因此，科学方法就是批判的方法。通过开放的批判，科学形成了一种良好的自我改进机制。虽然波普尔过分强调了批判在科学研究中的重要性。但是他提倡的批判精神——对于任何科学知识，无论是新的还是旧的，都应该先存一怀疑态度，用审慎的眼光对其可能出现的事实错误或论证矛盾进行持续地审查——的确是科学研究所不可或缺的。而能够保障这种批判精神落实为行动，则必须要有自由的氛围。否则，动辄扣帽子、打棍子，只能产生陈陈相因的党派。

（二）研究型大学

从某种程度上讲，将诺贝尔奖收入美国囊中的是美国的优秀大学。这具有两重含义，一是指诺贝尔奖获得者多为美国大学培养出来；二是指诺贝尔奖获得者多是在美国大学所提供的科研环境下，取得了凭其获得诺贝尔奖的科研成果。

——美国的优秀大学是培养诺贝尔奖获得者的基地。根据1901—2009年的数据，全球培养了10名以上诺贝尔奖获得者的大学有19所，

———————————

① 张庆熊：《社会科学的哲学：实证主义、诠释学和维特根斯坦的转型》，复旦大学出版社2010年版，第58页。

而其中美国的大学 11 所，占了 58%。这些美国的大学分别是：哈佛大学、哥伦比亚大学、加利福尼亚大学（伯克利）、麻省理工学院、芝加哥大学、加利福尼亚理工学院、耶鲁大学、约翰·霍普金斯大学、威斯康星大学、普林斯顿大学、伊利诺伊大学（香槟）。详见表 5—2。

——美国的优秀大学是诺贝尔奖获得者进行科学研究的良好环境。根据 1901—2009 年的数据，世界上拥有 10 名以上诺贝尔自然科学奖获得者从事获奖研究工作的大学有 12 所，其中美国大学 8 所，占了 67%。这些美国的大学分别是：哈佛大学、哥伦比亚大学、加利福尼亚大学（伯克利）、斯坦福大学、洛克菲勒大学、加利福尼亚理工学院、芝加哥大学、康奈尔大学。详见表 5—3。

美国的优秀大学为何能做到以上两方面？本节试从以下几个方面进行剖析：

第一，注重研究生的科研训练，将科研与教学有机地结合在一起。美国大学对研究生教育的定位为"也工也读"、"工主读辅"、"寓读于工"。"也工也读"指的是研究生既要参与科研实践，又要修读一些课程；"工主读辅"指的是研究生教育重点为科研训练，修读课程是为了辅助科研训练；"寓读于工"则是指通过科研实践掌握和运用所学知识。由于科研训练是研究生教育的重心所在，所以采用导师制。也正是由于以上所述特点，导师在很多情况下视学生为同事，而学生视导师为"老板"。研究生是大学科研活动中的重要组成部分，无论是导师还是国家都十分重视。这体现在，美国将划拨给大学的科研经费配备与大学研究生招收规模挂钩，研究生招收规模扩大，科研经费随之增加。美国大学的这种定位不仅使研究生在实践中锤炼出过硬的科研动手能力，更使大多数处于精力旺盛年龄段的研究生直接接触该领域较为前沿甚至最前沿的问题，其科研起点较高。学生与导师共同获得诺贝尔奖的多属此类情况，如贝格斯特罗姆和萨米尔松共同发现前列腺素并确定其化学结构及在生物体内的作用方式，获得了 1982 年生理学或医学奖，赫希巴赫和李远哲共同发明交叉分子束技术并应用于分子反应动力学研究，获得了 1986 年化学奖，布莱克本、格雷德和绍斯塔克一起发现端粒和端粒酶如何保护染色体，获得了 2009 年生理学或医学奖。

第二，通识教育思想培养出思维开阔和具有良好思维习惯的美国人。美国博德学院（Bowdoin College）的帕卡德教授将通识教育定义为：一种古典的、文学的和科学的、尽可能综合的教育，它是学生进行任何专业学习的准备，为学生提供所有分支的教学，这将使学生在致力于学习一种特殊的、专门的知识之前对知识的总体状况有一个综合的、全面的了解。[1] 通识教育的核心理念源于耶鲁大学校长 J. 戴伊等人提出的自由教育思想。他们在撰写的《耶鲁报告》中倡导，大学应先通过自由教育为学生提供广博的通识基础，学生在大学阶段接受自由教育比接受职业训练更为必要。[2] 学生在拥有了广博的通识基础之后，再学习专门领域的技术不过是水到渠成之事。这颇有点类似于中国古代教育家孔子提倡的"君子不器"。[3]

美国的优秀大学无不设置有完善的通识教育课程。以哈佛大学为例，该校自 1978 年起就制定了用于通识教育的核心课程计划，计划要求所有本科生用一学年的时间学习历史研究、社会与哲学分析、道德思考、科学与数学、文学与艺术等六类基础课程。并注重由大师、教授讲授通识课程，保证通识课程的教学质量。通识教育的面面俱到，使学生形成了开阔的视野；通识课扎实的基础训练又使学生养成了良好的思维习惯，这包括严谨的逻辑、精准的分析等。如因发现 DNA 双螺旋结构模型而获得诺贝尔生理学或医学奖的著名生物学家 J. D. 沃森便曾直言，他此生多受益于其早期在芝加哥大学攻读理学学士时所受通识教育。[4]

通识课的裨益不胜在立竿见影，而是使发散思维和良好思维习惯融进学生的血液，这不仅造就了科学上的佼佼者——诺贝尔奖获得者，也培养了众多的会思考之人。

第三，拥有优势学科。且不说哈佛大学、哥伦比亚大学、加利福尼亚大学（伯克利）等综合性大学，即便加利福尼亚理工学院、洛克菲

---

[1] 李曼丽：《通识教育——一种大学教育观》，清华大学出版社 1999 年版，第 57 页。

[2] 黄坤锦：《美国大学的通识教育》，北京大学出版社 2006 年版，第 75 页。

[3] 孔子认为，在社会生活中，"器"与"不器"都是必要的。具体而微的工作仍要人去做，不是"器"，便不能胜任实际事务的需要。但是，仅有"器"又是不够的，社会的长远发展，更需要合乎"道"的"不器"君子。"君子"任重道远，既要"不器"，又须多"艺"、"多能"。这里的"不器"与"通识基础"有款曲相同之处。参见栾贵川《君子不器》，载国际儒学联合会编《纪念孔子诞辰 2560 周年国际学术研讨会论文集》卷三，九州出版社 2010 年版，第 189 页。

[4] 陈其荣：《诺贝尔自然科学奖与世界一流大学》，《上海大学学报》（社会科学版）2010 年 11 月第 17 卷第 6 期，第 26 页。

勒大学这样的专门性大学也拥有自己的优势学科。优势学科既包括充裕的经费、先进的设备，也包括顶尖的学科带头人、优秀的科研团队。这可以为一个科研工作者提供物资和智识上的保障。其实，每一位诺贝尔奖获奖者的成果，都可以说是一个优秀团队的合作结晶，同时也是其所在优势学科多年来厚积薄发的成果。这也就是为什么许多同一领域的诺贝尔奖的获得者往往出自同一机构。如德尔布吕克发现了病毒的遗传结构和复制机理，获得 1969 年生理学或医学奖；斯佩里发现了大脑左右半球的功能与分工，获 1981 年生理学或医学奖；杰尼提出形成抗体的学说、建立细胞免疫理论，获 1984 年生理学或医学奖，他们皆出自加利福尼亚理工学院。优势学科的形成当然有传统的因素，但更重要的仍是后来的悉心经营，这包括经费的筹集、团队的建设、学科发展的规划，等等。美国大学在以上几方面都做得极为出色。从而打造了一个又一个世界上一流的优势学科，也因此产生了一个又一个的诺贝尔奖获得者。

表 5—2　培养 10 名以上诺贝尔自然科学奖获得者的世界一流大学排名（1901—2009）

	物理学奖	化学奖	生理学或医学奖	合计	排名
剑桥大学	22	16	18	56	1
哈佛大学	11	17	18	46	2
哥伦比亚大学	11	8	12	31	3
加利福尼亚大学（伯克利）	5	11	5	21	4
麻省理工学院	11	5	3	19	5
巴黎大学	6	4	8	18	6
芝加哥大学	11	4	2	17	7
慕尼黑大学	6	7	3	16	8
哥廷根大学	6	5	5	16	8
柏林大学	6	6	3	15	10
加利福尼亚理工学院	9	3	3	15	10
牛津大学	2	6	7	15	10
伦敦大学	2	3	9	14	13
耶鲁大学	4	2	6	12	14
威斯康星大学	5	3	4	12	14

续表

	物理学奖	化学奖	生理学或医学奖	合计	排名
约翰·霍普金斯大学	0	1	10	11	16
普林斯顿大学	8	2	0	10	17
伊利斯伊大学（香槟）	3	2	5	10	17
苏黎世联邦理工学院	7	1	2	10	17

资料来源：陈其荣：《诺贝尔自然科学奖与世界一流大学》，《上海大学学报》（社会科学版）2010 年 11 月第 17 卷第 6 期，第 23 页。

表 5—3　　　　拥有 10 名以上诺贝尔自然科学奖获得者从事获奖
研究工作的大学排名（1901—2009）

	物理学奖	化学奖	生理学或医学奖	合计	排名
剑桥大学	15	11	13	39	1
哈佛大学	11	9	10	30	2
哥伦比亚大学	9	2	7	18	3
加利福尼亚大学（伯克利）	6	4	3	13	4
斯坦福大学	8	3	2	13	4
巴黎大学	9	1	2	12	6
洛克菲勒大学	0	6	6	12	6
加利福尼亚理工学院	3	3	5	11	8
伦敦大学	3	3	5	11	8
芝加哥大学	5	3	3	11	8
康奈尔大学	6	3	2	11	8
柏林大学	5	2	3	10	12

资料来源：陈其荣：《诺贝尔自然科学奖与世界一流大学》，《上海大学学报》（社会科学版）2010 年 11 月第 17 卷第 6 期，第 22 页。

（三）国家层面

前面已经从个人（微观）和教育（中观）两个层面进行了试探性的分析，下边再从国家（宏观）的角度来寻找美国成为夺奖重镇的原因。毋庸置疑，国家的扶持和政策导向对于科学研究而言是十分重要的。本书认为，美国之所以能将为数不少的诺贝尔奖收入囊中，在国家层面的原因主要为：美国政府通过其成功的人才引进战略，将世界英才网罗于麾下，巨大的人才基数是美国产生更多诺贝尔奖获得者的前提条件；美国经济实力雄厚，同时国家又重视科研，这保障了国家对科研的投入，为科研工作者产生一流的成果创造了一流的条件；美国国家重视基础科研，其经费申请、评价机制等均有利于人们安心于基础科研工作。

首先，美国创造条件，招揽全世界的人才。美国是世界上人才储备最丰富的国家，这个巨大的基数有助于其推出较多的诺贝尔奖获得者。事实上，美国本土并无法保证这个巨大的人才储备基数。美国靠的是成功的人才引进战略，将全世界的优秀人才尽招在帐下。一项数据表明，美国诺贝尔奖获得者中，外来移民占到了26%。①

前边讨论美国一个大学的学科优势时已经提到，优秀的教授是打造一个先进学科的关键性因素。在美国，教授的流动性非常大，尤其是在一流的研究型大学之间，一名教授一生中甚至曾在许多所大学工作过。优秀教授的流动，主要受新岗位的学术声誉、待遇和科研条件的吸引。因此，往往能提供较优越待遇的大学可吸引更多的优秀人才。已故北大教授季羡林先生在一次接受电视台采访时说，北大如果要进一步发展，主要的是要解决钱的问题、教育经费的问题，如果没有钱，就请不到好教授，就不能把学办好，其他什么都是空话。这位曾负笈海外，而又学成归国的老教授可谓一语中的。

教授的这种流动性使各大学之间形成了一种竞争机制。在竞争过程中，握有重金的强者越发强大，而没有资金为优秀教授提供必要科研条件的机构则逐渐出局。其最终的结构自然是，最好的科研条件与最好的科研人才搭配起来，对于一个学科的建设和发展而言，这无疑是最佳的状态。如果将视域扩大至全世界，就不难发现，美国科研经费的投入是其成功招揽全世界最优秀科研人才，成为诺贝尔奖获奖大户的重要原因。

美国经济实力雄厚，远超过世界上其他大国。例如，根据美国中情局"各国概况"栏目的统计，美国2011年GDP为15.09万亿美元，人均为49000美元；中国为7.298万亿美元，人均为8500美元；

---

① Wadhwa, Vivek, etc. "American's New Immigrant Entrepreneurs", Part1, Duke Science, Technology & Innovation Paper, No. 23, Jan. 2007.

俄罗斯为 1.85 万亿美元，人均为 17000 美元。中国的人均 GDP 是美国的六分之一，中俄两国总值不过是美国的 60%。这种其他国家难以比拟的经济实力为美国科学研究提供了雄厚的资金支持。以 2009 年为例，全球研发费用为 1.276 万亿美元，其中美国占到了 31%，为 4005 亿美元。同时，美国研发开支增长也较快，以 1999—2009 年为例，年均增长 5%，而德国为 5.3%，英法两国均为 4.5%。年度研发总开支与当年国内生产总值的比可反映出一国对科研投入的强度，美国一直保持在 3% 左右，仍以 2009 年为例，美国年度研发开支占到了国内生产总值的 2.9%，而同时期的德国为 2.8%，法国为 2.2%，英国为 1.9%。[①]

除了经费方面的考虑之外，美国还可为个人提供提升个人专业能力的机会和世界一流的交流平台，舒适的人文环境、发达的教育体制等，这些都是吸引人才的隐形优越条件。

其次，美国重视科学研究，这不仅体现在科研经费在年度财政预算中占有重要比例，还表现为美国民间基金会的发展使之成为科研经费的另一重要来源。美国全国科学基金会主席科尔韦尔博士说，基金会对优秀科学家不遗余力地资助，成为促进科学研究的强大驱动器。[②] 美国半数以上的诺贝尔奖得主曾获得过该基金会的资助。值得一提的是，重视科学研究的不只是如全国科学基金会、国家科学院等这样的官方或半官方的联邦科研管理机构，还有美国的企业。数据显示，美国工业界在 1980 年之后对科学研究的支持就已超过美国政府，并呈持续上升趋势。在美国企业资助的科研机构中，最有代表性的要属贝尔实验室了。贝尔实验室自创建以来已经有 13 人获得了诺贝尔奖，如共同分享了 2009 年度诺贝尔物理学奖的美国科学家威拉德·博伊尔、乔治·史密斯与华裔科学家高锟。数据证明，诺贝尔奖获奖人数与科研经费投入呈正比关系。以二战为分界线：1901—1950 年，美国诺贝尔科学奖获奖人数为 30，占获奖总人数的比率为 15%；1951—2000 年，美国诺贝尔科学奖

---

① 资料来源：National Science Foundation, Science and Engineering Indicators：2012, U. S. R & D expenditures, by performing sector and funding source：1953 - 2009, http：//www.nsf.gov/statistics/seind12/appendix.htm。

② 吴伟农：《美国的诺贝尔奖获得者何以众多》，人民网，2000 年 10 月 12 日，http：//www.people.com.cn/GB/channel2/570/20001012/268567.html。

获奖人数为 176 人，占获奖总人数的比率为 85% 。①

再次，美国政府科研投资的一个重要特点是关注基础科研。相比于企业的"急功近利"，美国政府则更关注基础科研。关注基础科研的这种理念大概形成于二战之后。1945 年，布什及其研究团队为总统写过一份报告，名为《科学——没有止境的前沿》。该报告的主旨即强调基础科学的重要性，并提出国会应当创建一个专门的机构来管理和组织基础科学的研究。这个机构就是于 1950 年 5 月成立的国家科学基金会（NSF）。自此之后，美国联邦政府一直是基础研究经费的主要提供者。一般情况下，联邦政府的资助份额可占到所有基础科研经费的 1/2 到 2/3，有时甚至更高。② 以 2001 年为例，该年度的财政预算草案中，总的联邦研究和开发经费达到 853 亿美元，其中约 50% 用于基础科研。③注重基础科研有利于科研人员专注于某一科研领域，而不用迫于外界压力生产一些学术速成品。以 2006 年诺贝尔化学奖得主科恩伯格为例，他在自己的领域内可以进行 10 年的潜心钻研，而在这期间没有任何部门和机构对其施压要求其出成果。确如诺贝尔化学奖评委会委员利亚斯所说，美国相对于其他国家而言，在科研领域的一个重大优势是，美国的整个科研体制为科学家们营造了宽松、适宜的工作氛围。④ 尊重基础科研无疑是这一氛围的重要组成部分。

① 陈洪、孙宝国、李雨民：《诺贝尔奖析——科学研究规律探讨之二》，《北京工商大学学报》（自然科学版）2006 年 1 月第 24 卷第 1 期。
② 朱与墨、谢萍：《中国自然科学"诺贝尔奖"之困的四维解析》，《创新与创业教育》2013 年第 4 卷第 2 期。
③ 吴伟农：《美国的诺贝尔奖获得者何以众多》，人民网，2000 年 10 月 12 日，http://www.people.com.cn/GB/channel2/570/20001012/268567.html。
④ 张镇强：《诺贝尔科学奖为何再次全落美国》，《中国青年报》2006 年 10 月 10 日，来源于《中国青年报》网站，http://zqb.cyol.com/content/2006-10/10/content_1532601.htm。

第六章　诺贝尔奖的摇篮：德国

　　欧洲人常说，一所大学只要拥有一个诺贝尔奖得主，就足以在人类文明史上占有一席之地。而被誉为德国"大学城"的哥廷根却出了40多位诺贝尔奖得主，难怪"诺贝尔小城"成了哥廷根的别称。一直到20世纪初，哥廷根一直是"世界数学中心"、"自然科学的麦加"，被人称为的"诺贝尔奖得主摇篮"。德国自然也成为诺贝尔奖的摇篮。

　　德国是世界公认的科技强国，德国造产品是科技先进、品质优异、做工精良的代表，而德国人钻研、严谨的做事风格，也让世人信服。在20世纪初期，约1/3的诺贝尔奖颁给了德国科学家，他们的革新给世界带来了改变——相对论、核裂变、结核杆菌以及伦琴射线的发现等。德国能够在科技方面一直保持不败，得益于其沿袭已久的教育和科研体制，以及政府对科研创新的重视和支持。在这种合力的作用下，德国一直是诺贝尔奖的有力竞争者，迄今获奖总人次仅次于美国和英国，雄居世界第三。尤其是在诺贝尔奖创始初期，由于正值德国处于科技发展的黄金时期，作为当时的世界科学中心（日本学者汤浅光朝提出了"世界科学活动中心"概念，根据统计调查，将重大科学成果数占同期全世界总数的百分比超过25%的国家称为"科学活动中心"，按此定义1810—1920年期间，世界科学活动中心在德国[①]），德国在诺贝尔奖化学、医学、物理自然科学领域获得了卓越成就，尤其是1900—1919年期间，德国获得8次化学奖、7次物理学奖、5次医学奖。而在之后的数年里，虽然"世界科学活动中心"的称号被美国所取代，但德国一直保持着稳定的科技成就，这还是源于其历史悠久良好的教育体制以及

---

　　① 李铁林：《世界科学中心的转移与一流大学的崛起》，湖南师范大学博士学位论文，2009年。

科研体制，比如马克斯·普朗克学会及其前身共获得了 12 次诺贝尔奖，柏林大学也斩获 8 次。因此，良好的教育科研体制让德国成为了当之无愧的诺贝尔奖的摇篮。本章从分析德国诺贝尔奖得主的信息开始，进而深入分析德国教育科研体制等方面的特点，找出影响德国获奖的主要因素所在，为我国及早实现诺贝尔科学奖的突破提供一些可借鉴的经验。

一　德国获奖概况

（一）获奖奖项分布

德国诺贝尔奖得主人数一直排名世界前列，尤其在自然科学奖项方面更是长期占据三甲之列，这体现出德国基础科研方面的传统优势；而得益于其传统文化优势，德国在文学奖方面也有优异表现。截止到 2012 年，获得生理学和医学奖的 201 人中，德国 16 人，仅次于美国、英国；化学奖 29 人，仅次于美国，高于英国；物理学奖 23 人，位于美、英之后。文学奖，德国获奖人数 9 人，略低于法国、美国、英国①。

（二）获奖时间分布

获奖人员的时间分布呈现出较大的波动性，从图 6—1 及表 6—1 可以看出，德国在二战以前表现出较强的获奖势头，在 20 世纪初的几个年代中，诺贝尔奖获奖人数一直稳定地保持在 8 人以上，表现出德国在此时期的强大科研能力；而在二战期间，鉴于德国属于战败国行列，其科研能力遭受大重创，在 40 年代仅有一人获奖；而在二战后，德国分裂为民主德国和联邦德国，此时期（1949—1990 年期间）统计数据为联邦德国的获奖数据，可以看出德国在战后的科研恢复速度极快，在 50 年代就有 7 人斩获诺贝尔奖，此后进入了恢复调整期，获奖方面一直表现优异。

在与英国的诺贝尔奖获奖人数时间分布情况对比来看，两者呈现出不同的趋势，英国在二战前获奖人数始终比德国略逊一筹，而在战后，虽然英国遭受战争影响，但作为战胜国，战后积极发展经济科研，在诺贝尔奖方面表现更加优异；而德国在战后相当长一段时期内进行调整，

---

① 作者根据诺贝尔奖获奖情况统计。

不如战前表现。

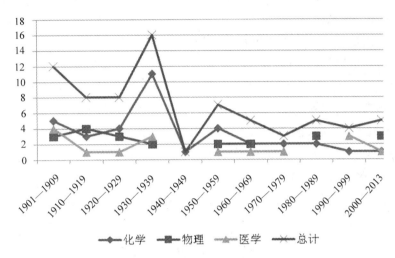

图6—1　德国诺贝尔科技奖每年得主人数（医学、化学、物理）

资料来源：作者根据诺贝尔奖历届得主获奖年份进行整理。

表6—1　　　　　　　　诺贝尔奖得主获奖年代统计（人）

年份	自然科学奖				社会科学
	化学	物理	医学	总计	文学
1901—1909	4	3	3	10	2
1910—1919	3	4	1	8	2
1920—1929	4	3	1	8	1
1930—1939	5	1	4	10	
1940—1949	1			1	1
1950—1959	3	1	1	5	
1960—1969	2	2		5	
1970—1979	2		1	3	1
1980—1989	3	6	1	10	
1990—1999	0	1	3	4	1
2000—2013	1	3	1	5	1
小计	28	24	17	69	9

资料来源：作者根据诺贝尔奖历届得主获奖年份进行整理。

（三）获奖人员来源分布

与英国类似①，德国诺贝尔奖得主也主要源自两类机构，一类是高校，如诺贝尔奖得主较多的几所大学：柏林大学 8 人，海德堡大学 7 人（包含联邦德国时期 3 人），哥廷根大学 5 人（虽然仅有 5 人在该大学获奖，但是有 44 名获奖人曾经在该大学学习或进修过），慕尼黑大学 4 人。另一类为科研机构，如马克斯·普朗克学会贡献了 12 位诺贝尔奖得主（其中 11 人为联邦德国时期），其前身德皇威廉研究所贡献了 7 人。

而在德国诺贝尔奖得主来源的全部 52 个机构中，有 27 个是科研机构，共培育了 29 位诺贝尔奖得主；其余 25 个高校，培育了 46 位诺贝尔奖得主。从中可以看出，德国高校在基础科研方面的强大优势和培育效率。

二　德国的教育和科研体系

（一）科研体系

本部分主要从近代德国统一之后所建立的科研体系进行分析，分为三个方面：一方面是针对当时遇到的一系列经济、科技发展等问题而制定的相关科研政策；此外还有德国科研机构的分类和发展；以及科研经费的资金来源和分配问题。通过分析来了解德国创新国家的科研体系有何特殊之处。

1. 科研政策

德国国家创新体系的构成和政策方面，主要是采用政府投资、制定法律和法规、推动和激励企业发展等手段和措施。德国的科技发展一贯奉行"科学自由、科研自治，国家干预为辅以及联邦分权管理"的基本原则。多年来，德国政府积极利用有限的干预职能和手段引导和把握着国家科技发展的目标和方向。

20 世纪 90 年代以来，随着德国的统一，德国政府承担了改造东部的巨大财政压力，并完成了统一的科研体制建设。在此期间，德国紧跟世界科技发展的步伐，适时地调整科技政策，不断加强国家创新体系的研究和建设。近年来，德国政策重点更倾向于提高知识创新和技术创新

---

① 资料来源：诺贝尔奖网站，http://www.nobelprize.org/nobel_prizes/facts/。

能力，特别是在当前国际热门的科技发展领域，例如 1999 年，德国科教部发表了《生物技术的机会》和《生物技术概览》两份政策性报告，明确生命科学和生物技术是 21 世纪最重要的创新领域，制定了对于新企业的具体扶持措施；加强知识的转化能力，为国家经济建设和社会发展服务。其主要措施有：

（1）加强基础研究，促进科研机构改革

德国的统一给联邦政府和州政府的财政带来了极大的困难，但政府对马克斯·普朗克学会和德意志研究联合会的资助强度每年仍提高 5%，保证了基础研究在各重点领域的开展。同时，政府还不断加强对基础研究大型设备包括大学基础设施的支持，不仅保障和增强了基础研究的实力，而且促进了人才的培养。

1996 年政府开始大刀阔斧改革国家研究机构，特别是国家重点研究机构，并提出了"科研重组指导方针"，通过优化科研机构和引入竞争机制增加研究实力、促进创新。主要包括：促进科研机构与工业界更紧密的结合；进一步加强学科交叉联合；扩大国际合作，提高科研机构在全球竞争中的地位。

1997 年以来，德国大型研究机构的改革继续深入。面对日益激烈的全球竞争，各研究机构加快具有创新能力的中心的建设，增加经费使用的灵活性，引入竞争机制。如德国的赫尔姆霍兹联合会（HGF），由包括德国航空航天研究院、数学和数字处理协会、尤利希研究中心在内的德国 16 家研究中心组成，他们大多是政府于 20 世纪 60、70 年代花巨资兴建的，拥有世界一流的研究设备和人才，但长期以来，由于研究经费几乎 100% 来自政府拨款，科研人员之间缺乏竞争，科研效率低下，项目成果与实际需求严重脱节。鉴于此，HGF 建立了"战略基金"，重点支持具有战略意义、面向未来的项目，经费申请引入竞争机制，并扩大经费使用的灵活性。对于从事基础研究的马克斯·普朗克学会的改革，则主要致力于基础研究评估体制的建立，提高科研效率和水平，争创世界名牌研究所。而以从事应用研究著名的弗朗霍夫学会则鼓励研究所建立私营的创新中心，利用研究所的知识和技术设备优势，为创新产品进入市场提供服务。

（2）促进企业创新

自 20 世纪 90 年代以来，德国中小企业的研究开发活动活跃，销售产品中，新产品的比重已远超过大企业，但中小企业研究与发展投入仅占企业界研究与发展投入的 14%。为促进中小企业的技术创新能力，增加其在国际竞争中的地位，德国政府近几年来一直采取特殊政策和措施予以支持。1996 年，联邦教育和科研部提出了推动中小企业研究与开发的措施，主要有：政府直接参与的"促进小型高技术企业创新风险投资计划"、"支持中型企业和研究机构合作计划"、支持东部地区建立中小型技术企业的"FUTOUR 计划"和"欧洲复兴创新 ERP 计划"等。

（3）推进大学改革

德国是一个社会福利国家，免费的高等教育和职业教育体系一直是培养科技人才的摇篮。然而福利体系造成的效率低下问题日益显现，特别是近年来在德国学习的外国学生减少等原因，促使德国开始对大学进行改革。改革措施主要包括：引入高校经费效益分配机制；加强对研究和教学的评估，大学生参加教学评估；重新确定法定学制时间等。

（4）促进科研成果转化

1996 年，德国政府在经过几年的酝酿后，正式出台了"主导项目"计划，该计划的目的是在科研资助领域引入新的思想，希望在成果转化方面取得突破，探索出资助创新的有效途径。"主导项目"作为德国国家科研资助中的一种新形式，核心思想是面向应用，强调创新，提倡工业界的项目拟订阶段就加入到研究机构的活动，共同提出合作项目，参与项目的研究、开发和成果转化的全过程，改变过去只有在成果转化阶段工业界才参与进来的传统创新过程。国家在"主导项目"中起指导作用，主要是根据德国社会、经济发展中迫切需要解决的问题，确定资助领域，提供启动资金，引导创新活动为社会进步和提高国家竞争力服务。

政府推出一系列重点发展领域计划，旨在提高德国的知识与技术创新能力，促进科研成果的工业化和商品化。政府已把信息、生物等尖端技术领域的成果商品化视为德国国家创新的发动机。

（5）推动国际合作

在经济、科技日益全球化的今天，各国都把倡导和支持国际合作放在重要的地位。德国正在凭借其强大的科技实力，立足欧洲，全方位地开展国际合作，逐步走向世界科技经济发展的前列。到 20 世纪 90 年代末，德国政府及由政府资助的组织机构同其他国家的多边科技合作关系有 30 多个，与 50 多个国家签订了双边科技合作协定。除双边科技合作外，多边科技合作方面也发展很快。1996 年执行的"尤里卡"计划的 156 个新项目中，德国参加了 54 个。自 1995 年德国联邦教育和科研部的《亚洲方案》出台后，德国加强了与亚洲国家特别是中国、以色列和日本的合作。之后又出台了《拉美方案》，加强了与拉美地区的国际科技合作。

2. 科研机构职能分层

德国在二战前后，加大了科研创新力度，马克斯·普朗克学会作为德国获诺贝尔奖最多的科研机构，是最具德国特色的研究机构。为适应科研发展需要和加强科研为国家服务的功能，德国随后建立了一大批科研机构，如从事大科学装置类和高技术类研究，并在此基础上最终整合建立了赫尔姆霍兹联合会，同时发展面向企业的应用研究开发机构，形成了弗朗霍夫学会[①]。

德国的科研机构分为三大块[②]，一是高等院校，包括大学和应用技术学院；二是高校以外的公立研究机构；三是工商企业的研究中心。高校和公立研究机构承担了绝大部分公共经费支持的科研开发项目，企业的研究中心主要从事应用型研究。其中由政府公共财政支持的研究机构约有 750 个，包括依托在大学里的研究机构、独立研究机构和其他研究机构；在企业的研发机构中，有 300 个专门从事市场定位与顾客需求服务的研究机构，中小企业联合研究机构约为 800 个。

（1）高校研究机构是基础研究的主体。

研究型大学在德国有悠久的历史传统，早在 20 世纪初德国的研究型大学就培育出了当时最多的诺贝尔科学奖获得者。大学要坚持学术的独立性，要从事科研和教学两项任务，所以大学一般比较倾向于基础研究，在这方面能够得到国家的大力支持。

在基础研究领域，由于其成果的公共物品性质，政府则直接介入，为企业的技术创新提供知识产品。德国大学是从事基础研究的基本力量。德国现有高等学校 410 所，其中综合性大学 105 家，高等师范学院

①　吴建国：《德国国立科研机构经费配置管理模式研究》，《科研管理》2009 年第 9 期。
②　李健民、叶继涛：《德国科研机构布局体系研究及启示》，《科学学与科学技术管理》2005 年 11 月。

6 家，神学院 16 家，艺术院校 51 家，高等专科院校 203 家，其他类型的培训机构 29 家①，绝大多数为由政府拨款办学的公立大学。约 97% 的学生在公立大学学习②。

（2）公立研究机构是基础应用研究的主体

德国独立科研机构是由联邦政府和州政府共同资助的非营利性科研机构。这些机构主要从事基础技术研发与推广应用研究，其中包括从事自然科学、人文科学、社会科学领域基础研究的马克斯·普朗克学会，从事应用研究的弗朗霍夫学会，从事综合性跨学科战略研究的 15 个国家研究中心以及 79 个"蓝名单"科研机构。其中马克斯·普朗克学会拥有 80 个规模、结构、任务各不相同的研究所、研究站、工作小组，弗朗霍夫学会拥有 56 个研究所。同时，在联邦政府的各个部门，下设了 28 个信息中心。此外，在德国的 16 个地方州共有州级研究机构 167 个，这些研究机构主要是为当地科技发展、技术推广应用、经济建设和社会发展服务。

马克斯·普朗克学会下属的 80 个研究所主要从事基础科学的研究，在那里集中了德国最优秀的科研人员，在最好的科研和生活条件下，进行尖端科学研究。而弗朗霍夫学会下属的研究所则着重于应用科学的研究，其研究人员同工业界合作十分紧密，甚至可以创办自己的公司，将科研成果商业化。赫尔姆霍兹联合会下属的 15 个研究机构则拥有世界最先进和昂贵的实验设备，供来自全世界的相关领域的科研人员共享。③

（3）企业的研究机构是产品技术研究与开发的主体

在德国，企业科研主要是面向市场的研究与开发，仅有 5% 的企业从事基础研究。大企业为了保护竞争，全部研究与开发经费原则上由企业自行承担，除非大企业申请到国家科技规划的重点项目。小企业为了降低科研成本，实现资源共享，成立联合研究机构。

总的来讲，由于行业的性质不同，企业的研发机构数量比例也有所

---

① 张帆：《卓越计划：德国高等教育强国的重要战略》，www.tsc.edu.cn/extra/col19/1257129011.doc．2009-11-021。

② Nobert Eickhof, Die Forschungs - und Technologiepolitik Deutschlands und der EU: Maßnahmen und Beurteilungen, ORDO, Band 49, Sonder druck: Lucius & Lucius, 1998, S. 467.

③ Tatsachen uber Deutschland, Hrsg. v. Societäts - Verlag Frankfurt am Main in Zusammenarbeit mit dem Auswärtigen Amt, Frankfurt am Main: Societäts - Verlag, 2005, S. 97-98, 121.

不同，工业技术的研究机构相对较多，而从事技术服务的研究机构相对较少。在工业中，有三分之一企业有独立的研发部门和进行 R&D 活动，在这些有研发机构的企业中，约有一半的企业从事连续的研发活动，而另一半企业只是从事零星的研发活动。在化学工业、医药工业、机械工程工业以及测量技术和控制技术行业中的企业进行 R&D 活动的积极性更高，从事 R&D 活动的企业约占该行业企业总数的 50% 以上[1]。这些企业的技术研发机构占整个企业研发机构的四分之三，是产品技术研究与开发的主体，对产品的国际竞争力起着决定性的作用。

3. 科研经费投入

德国重新统一后的初期，亦即 1992 年至 1998 年，联邦政府对研发的经费总投入曾逐年缩减，平均每年缩减折合 6.7 亿欧元。1998 年以来，新一届德国政府不断加大研发投入，从 1998 年的 10 亿欧元提升到 2000 年以来连续四年的 90 多亿欧元。2002 年，联邦政府对研发的投入占国民生产总值的 2.52%。这一百分比虽然高于英国和法国，但仍落后于美国和日本[2]。

德国目前的研发投入占国内产值的 2.5%，在欧洲国家中名列前茅。而其中私人企业的贡献为 65%，国家的投入仅为 35%。在企业的研发投入中约 95% 来自制造业（1999 年），其中近 90% 来自四大领域：车辆制造业占到 41%，电子技术占 19%，化学工业占 19%，机械制造业占 10%。2004 年，德国在欧洲专利局注册的专利为 23044 项，占欧洲专利局专利数的 18%，远远超过欧洲其他国家。[3]

从图 6—2 中可以看出，研发经费与经济增长的关系，从几个国家的分析中可以看出，研发经费的投入与 GDP 增长存在一个正相关关系。很明显，在该方面德国名列前茅，无论是从投入研发经费的比例来看，还是从投入产出的效率来看，德国都显著高于美国、法国等国家，仅次于日本和芬兰。

①　Facts and Figure Research 2012, http://www.bmbf.de.

②　陈仁霞：《德国〈2014 联邦科研报告〉解读》，《世界教育信息》2005 年第 2 期。

③　Gerd – Jan Krol/ Alfons Schmid, Volkswirtschaftslehre. Eine Problemorientierte Einführung, 21. Auflage, Tübingen：Mohr Siebeck, 2002, S. 368.

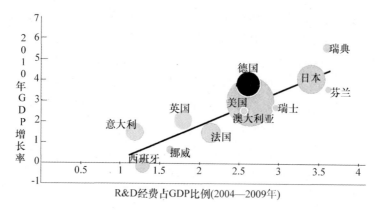

图 6—2　R&D 经费与经济增长相关度（2004—2009）

资料来源：Federal Ministry of Education and Research. Federal report on research and innovation 2012. Berlin，2012.

　　德国如此重视研发，投入大量研发经费，那么下面分析这些经费来源和分配情况。德国科研经费有四大来源：联邦政府及州政府、私人公益组织、工商业和海外。联邦政府除了支持联邦研究与发展中心以外，还与各州一起共同支持公立研究机构，并通过德意志研究联合会支持高校的基础研究。

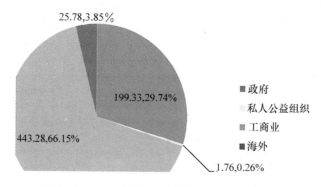

图 6—3　2009 年 R&D 经费来源（亿欧元，%）

资料来源：Federal Ministry of Education and Research，Federal report on research and innovation 2012，Berlin，2012.

　　在经费分配使用上，政府经费主要用来资助大学和政府科研机构的基础科研工作，分别为 96.1 亿欧元和 83.02 亿欧元，而投入工商业的部分极少；工商业资金绝大部分投入了自身的应用技术研发上面，2009年为416.62亿欧元，而分配到大学和政府科研机构的经费很少。这样就形成了政府资助基础科研、工商业资助技术研发和应用的经费分配制度。

表6—2　　　　　　　　　　2009年R&D经费使用情况

	政府科研机构		大学		工商业	
	金额（亿欧元）	占比（%）	金额（亿欧元）	占比（%）	金额（亿欧元）	占比（%）
政府	83.02	84	96.1	82	20.22	5
私人公益组织	1.37	1			0.39	0.08
工商业	9.76	10	16.9	14	416.62	92
海外	5.17	5	5.08	4	15.53	3
小计	99.32		118.08		452.76	

资料来源：Federal Ministry of Education and Research，Federal report on research and innovation 2012，Berlin，2012.

（二）德国高等教育科研体制

德国国家科学院1700年成立，德国的大学最早于14世纪建立，比意大利、法国和英国要稍晚些。19世纪德国高等教育开始了大踏步的改革和发展。德国率先在大学中实行教学和科研结合的制度。很快，德国从事科学研究的人数翻了好几番。科学研究从个人化的行为正式进入了大学，大学从而成为科学家进行研究活动的第二个特定的社会圈子。研究生培养制度也是首先在19世纪的德国出现的，这为进行大批高级科研人才的培养找到了一条有效途径。大学的改革、科研体制的形成和人才的培养，使德国在19世纪开始培养了大批科学技术人才，研究成果累累，一些新兴学科例如有机化学、实验生理学、实验心理学等都是在德国率先发展起来的。德国化学家李比希、生理学家路德维希、心理学家冯特、数学家高斯、物理学家欧姆等人都是当时世界科学界的巨匠。[1]

---

① 王顺义：《西方科技十二讲》，重庆出版集团2008年版，第152页。

1. 德国教育体制

德国有一个享誉世界的称号是工程师和发明家的国度。这得益于德国双轨制的教育体制。德国高等教育培养两方面的人才，一方面是传统的包括人文、历史到经济学等全方位学科的综合大学培养科研人才；另一方面德国还有集中开设工程和自然科学专业的工业技术大学培养技术人才，比较著名的有慕尼黑工业技术大学、亚琛工业技术大学等。20世纪60年代后期，在德国还发展出一种特殊形式的大学：应用技术大学（Fachhochschule），这类大学同企业合作十分紧密，注重技术应用和知识商业化的研究。[1]

德国高等教育从类型上划分包括七种类型：大学、综合高等学校、神学院、师范学院、艺术学院、高等专科学校和行政高等专科学校。现介绍德国的高等教育机构主要两部分的情况[2]：

一是大学系统，包括综合大学（Uni）、工业大学（TU和TH），在传统上主要从事研究活动和非职业的学术型人才培养，涵盖科学教育和研究的所有领域。综合大学如海德堡大学、科隆大学、哥廷根大学等，这类大学历史悠久，可追溯到中世纪。工业大学是德国大学的主要组成部分，如柏林工业大学、亚琛工业技术大学等，这类大学系科设置日益齐全，各有自己的特点。

二是高等专科学校（FH），属于非学术性高等学校，是为适应社会经济发展的需要，满足更多青年接受高等教育的要求，由以前的工程师学校、中等专科学校以及相应的教育机构改建而成的，以职业教育为方向，教学为主，研究为辅，面向工程和管理领域，大学教授只在某种程度上从事应用研究。这类适应经济社会发展需要而建立起来的专科学校，是绕过大学而建立起来的，其形成和发展未触及大学系统。

两类高等教育机构自成体系，互有侧重，各有优势，并且各自有评价体系。大学以基础研究和普通教育为主，专科学校则以应用研究和职业教育为主。反映到满足社会需求方面，大学毕业生主要分布于政府高级部门、研究机构以及高等学校，而专科学校的毕业生则对实业界的雇

---

[1]　Tatsachen uber Deutschland , Hrsg. v. Societäts – Verlag Frankfurt am Main in Zusammenarbeit mit dem Auswärtigen Amt, Frankfurt am Main：Societäts – Verlag, 2005, S. 97－98, 121.

[2]　参考刘敏《当代德国高等教育改革评述》，南京理工大学2007年硕士学位论文，第6页。

主来说很有吸引力。大学与其他高等教育机构这种"共生型"发展模式，对于两类不同的大学来说都是有利的，专科学校在找到自身位置的同时，代替了大学吸引学生数量上的压力，因此大学能保持其"精英"的地位。

而在近代，德国职业教育出现了贴近企业需求的"双元制"模式，它是德国职业教育具有特色的培养模式，最初形成于德国职业培训中，被称为"现代学徒制"。它是德国在工业化背景下，对中世纪学徒培训的发展，其特点是办学以企业为主，学校为辅；教学以实践为主，理论为辅；学生同时具备企业学徒和职校学生双重身份。学生一般先经过两到三年理论技术学习，然后到企业再进行两到三年的实践学习，这种学习模式由于很好地结合了企业需求，学生就业率高，而受到学校和企业的欢迎。[①]

2. 德国教育科研经费体制

德国高等学校的科研经费制度是双轨制。一方面是"基本资助"，它包括高等学校的人员经费、实验室经费、图书经费等方面的支出。这部分经费主要是由负责高等学校基本运行经费的州政府提供的。高等学校的人员经费单独由各州政府提供，但是其房屋和大型设备的费用由联邦政府和州政府各出一半。另一方面是"科研项目资助"，它主要包括来自多种渠道的所谓"第三渠道合同资助"，主要由德国科研协会的科研经费、来自德国联邦政府给予的研发方面的项目拨款、来自第七欧洲框架计划（The Framework Programme）的研发资助、来自德国工业研究协会联合会的研发经费等4个方面的经费组成[②]。

从表6—3中可以看出，德国教育科研经费有两大特点，一是同比增长，无论是预算总额还是GDP占比都有小幅度增长；二是教育预算及R&D为主，体现了德国教育科研经费的主要用途是提高教育质量和加强科学研究。

---

① 张磊：《"双元制"在德国高等教育中的延伸与创新——以代根多夫应用科技大学为例》，《职业技术教育》2013年第11期，第34卷。

② 李鹏、刘彦：《德国科研体系的发展及对我国创新基地建设的启示》，《科学管理研究》2011年4月第2期。

表6—3   德国的教育科研预算及其占国内生产总值比例

项目		科研预算总额（亿欧元）		与当年国内生产总值比例（%）	
		2007 年	2008 年	2007 年	2008 年
A	教育预算	131. 3	137. 9	5.4%	5.5%
B	额外教育开支	16. 5	17. 1	0.7%	0.7%
A + B	教育总预算	147. 8	155	6.1%	6.2%
C	R&D	61. 5	66. 5	2.5%	2.7%
D	其他教育及科技基础设施	4. 8	4. 9	0.2%	0.2%
A + B + C + D	教育、R&D 及其他	204. 1	215. 3	8.4%	8.6%

资料来源：德意志联邦调查局，http：//www. destatis. de。

三 德国国家创新体系

（一）德国创新指标

"Innovation UnionScoreboard 2013 – European Commission" 使用了 3 类共包含 24 个子指标来分析国家创新能力，如图 6—4 所示，分别从推动者、企业活动、产出三方面对国家创新能力进行了分析和评比。图 6—5 显示的是德国在该指标体系下，各个指标得分与欧盟平均水平对比情况。

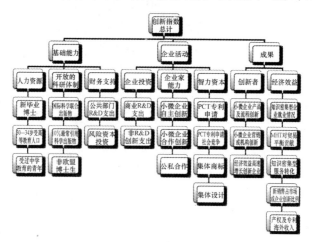

图 6—4 创新国家评分分组指标

资料来源：欧盟委员会（European Commission），http：//ec. europa. eu/enterprise/policies/ innovation/facts – figures – analysis/innovation – scoreboard/index_ en. htm。

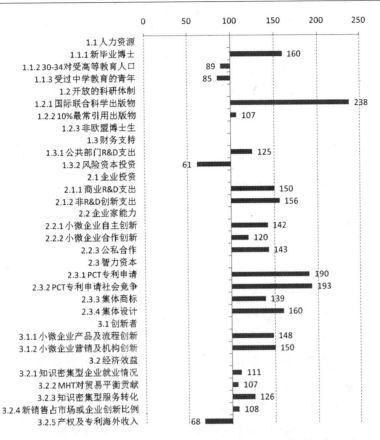

图6—5　德国创新能力各项指标得分（与欧盟平均水平相比,％）

资料来源：欧盟委员会（European Commission），http：//ec. europa. eu/enterprise/policies/innovation/facts – figures – analysis/innovation – scoreboard/index_ en. htm。

　　该指标的评比显示，在欧盟诸国中，德国创新能力仅次于瑞典，排名第二①。从图6—5中可以看出，德国在国际上一直是创新方面的佼佼者，非常突出的优势是在创新者和智力资本方面，在新毕业博士及国际联合科学出版物上面都远远高于平均水平，在企业投资与中小企业研发上面也是有很明显的领先优势。可见德国的科研体系、国家教育及企业研发都获得了很大的支持力度。下面我们就从这三方面来分析下德国国家对创新的支持。

---

　　① http：//ec. europa. eu/enterprise/policies/innovation/facts – figures – analysis/innovation – scoreboard/index_ en. htm.

（二）创新体系的特点

德国政府在创造创新国家的过程中，发挥了极其重要的作用，一方面直接通过经费和政策支持，为大学和公立科研机构提供基础研究的保障；另一方面间接通过对企业研发方面的政策支持，扶持企业研发部门，加强企业对研发的重视，从而打通了基础科研和技术研究并举的双通道。此外，政府还重视基础教育，不断改革和完善教育体制，重视教育的市场针对性，培养学以致用的科研人才。

1. 科学研究与技术开发并重。[①]

通过弗朗霍夫学会等机构将科学研究体系与技术开发体系联系起来，促进了科学和经济的协调发展。弗朗霍夫学会的性质类似于科研型的企业，它为企业提供有偿的技术开发和技术转让，是连接科学研究、工业界和政府部门的桥梁。

2. 重视对中小企业的扶持。

（1）不断完善对中小企业服务资助

德国政府将每年扶持中小企业发展的资金列入年初的财政预算，联邦议会直接讨论审查通过后，由部门组织实施。在支持中小企业发展的全部资金中，政府的财政预算资金占 70%。德国政府还专门制定了面向中小企业的 7 年减税计划（1998—2005 年），以保证中小企业有更多的自由发展资金。

（2）双轨制技术培训制度

强化职业培训，是德国促进中小企业发展的又一显著特征。德国政府把提高中小企业的整体素质、增强其经营能力作为发展中小企业的重要内容，并以法律的形式予以明确。经过多年的发展，德国已经形成了标准较为统一的双轨制职业培训制度。所谓"双轨制"技术培训，就是强制要求中小企业业主、企业管理人员以及初创业者、各类技术工人和青年人，在从事某种专业技术工作时，必须先经过 2—3 年的培训，其中一半时间为理论学习，另外一半的时间为企业岗位培训。

3. 重视对创新机构，包括大学、科研机构、企业实验室或技术开

---

① 参考史世伟《纠正市场失灵——德国中小企业促进政策解析》，《欧洲研究》2003 年第 6 期，第 129 页。

发中心的全方位支持，主要表现在如下两方面：一是对创新的支持贯穿整个创新链。基础研究领域主要由马克斯·普朗克学会提供资金支持，它以基金的方式为大学、研究所进行的长远性研究提供经费。二是资助机制特别鼓励产学研结合。德国的大学是创造知识的主要机构，但是如果不采取一定的措施，大学创造的新知识并不能自动转化为市场接受的产品或新的生产方法。德国政府在这方面下大力促进大学与企业的合作，积极支持产学结合的科技园和技术孵化中心的建立①。

4. 重视对基础研究的科研经费支持力度。德国的基础研究经费占的比重相比于其他发达国家都更高。政府投入的研发经费是公共事业经费，其使用原则是：公开性、保护竞争、科研单位自主支配。国家科研资金原则上只能用于基础研究和进入市场竞争以前的应用基础研究。同时政府对企业提供现代化的科研公共基础设施和条件，以及无偿提供基础研究获得的最新知识成果，促进了企业的技术创新。

---

　　① ［德］海尔曼·皮拉特著，杨志军译：《德国鲁尔区的转型与区域政策选择》，《经济与社会体制比较》2004 年第 4 期，第 74 页。

第七章　绅士的传统和创新:英国

　　1883 年英国诗人霍普金斯曾自豪地说,即使英格兰民族不能给世界留下别的什么东西,单凭绅士这一概念,他们就足以造福人类了。作为一种价值载体,英国绅士是一个在不断变化中的概念。绅士风度对"高雅"的追求,文学、艺术、哲学被看做是上等人必备的素质,缔造了重理论而轻应用的教育体制,使得英国在物理、生物、化学等基础理论研究方面一直保持世界领先优势,英国获诺贝尔科学奖人数高居世界第二。

　　英国作为一个传统强国,在科技方面一直是全球领先的国家之一,发明创造不计其数,科研成果相当可观,获得诺贝尔奖的总人数在全球也是名列前茅,本章通过分析奖项分布、获得者来源等相关信息,来研究此获奖分布背后的一些重要影响因素,对我国培养创新能力、实现诺贝尔奖突破具有较强的借鉴意义。

一　英国获奖概况

(一) 获奖奖项分布

　　英国在基础研究方面占有绝对优势①,尤其在生物、医学、教育等领域,这可以体现在其诺贝尔奖获得者人数方面。截止到 2013 年,获得生理学或医学奖的 204 人中,英国 30 人,仅次于美国,约占总获奖人数的 14.7%;化学奖获得者 24 人,次于美国,与德国持平,约占总

---

　　① 资料来源:诺贝尔奖网站,http://www.nobelprize.org/。鉴于本章主要讨论科教问题,本章中所使用的获奖人数是依据诺贝尔奖得主在获奖时所在机构的国别来划分,而不是依据其出生地或其获奖时的国籍。

获奖人数 12.24％；物理奖获得者 24 人，情况与化学奖类似，次于美国和德国，占总人数 14.46％；经济学奖获奖人数仅次于美国，共 6人；文学奖，英国获奖者共 10 人，次于法国，与美国并列第二。和平奖，同样位列第二，共 14 人获此殊荣。

（二）获奖时间分布

为分析英国所获诺贝尔奖时间分布情况，以下对各奖项得主获奖年份进行统计，如表 7—1 按年代进行划分和统计，图 7—1 按获奖年份统计制作柱状图来进行分析。

表 7—1   诺贝尔奖得主获奖年代统计（人）

年份	自然科学					社会科学
	化学	物理	医学	小计	经济学	文学
1901—1909	1	2	1	4		1
1910—1919		3		3		
1920—1929	3	2	2	7		
1930—1939	1	3	3	7		
1940—1949	1	2	3	6		1
1950—1959	5	3	1	9		2
1960—1969	5		5	11		
1970—1979	3	5	4	12	2	
1980—1989	2		3	5	1	2
1990—1999	2		1	3	2	
2000—2013	1	4	7	12	1	3
小计	24	24	30	79	6	10

资料来源：作者根据诺贝尔奖历届得主获奖年份进行整理。

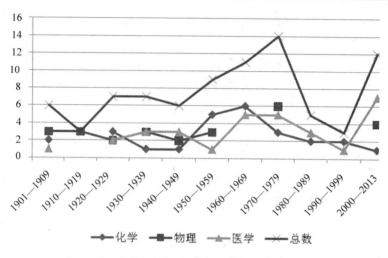

图 7—1 自然科学奖项得主获奖年份统计（人）

资料来源：作者根据诺贝尔奖历届得主获奖年份进行整理。

注：诺贝尔化学奖有八年没有颁奖：1916 年、1917 年、1919 年、1924 年、1933 年、1940年、1941 年、1942 年；诺贝尔物理学奖有六年没有颁奖：1916 年、1931 年、1934 年、1940年、1941 年、1942 年；诺贝尔生理学或医学奖有九年没有颁奖：1915、1916 年、1917 年、1918 年、1921 年、1925、1940 年、1941 年、1942 年。

　　从表 7—1 和图 7—1 可以看出，英国在两次大战期间因为有多次战争影响，诺贝尔奖并未颁布，但是在一战结束后 20 年代和 30 年代，英国有一个较连续的获奖时期。

　　英国获奖人数在二战后，尤其是 60 年代后有明显增多，这可以通过表 7—1 的统计和图 7—1 获奖年份的集中度得出，从 50 年代的 9 人到 60 年代的 11 人直到 70 年代的 14 人，逐年有较大提高，从 80 年代开始有所回落，到 21 世纪前后此种衰退趋势有所缓解，迎接了新一波增长。

　　此外从单个奖项的时间分布来看，化学奖与医学奖获奖人数表现了与总获奖人数相同的规律，在二战后有了较大的提高；但物理奖反而有相反的趋势，从之前较稳定的连续获奖变得不太稳定，中间甚至出现了时间断代。

（三）获奖人员来源分布

　　从获奖人员的背景资料分析中看出，在自然科学获奖 79 人中（化学奖、物理奖、医学奖），来自高校的占大多数，除此外为科研机构。在高校诺贝尔奖得主中，又以名牌高校为主，例如牛津大学、剑桥大学、伦敦政经学院和伦敦大学等国际著名院校。

在诺贝尔奖得主所在的 38 个机构中[①]，共有 22 个高校，15 个科研机构以及 1 个企业。科研机构中有些隶属于国家，例如在伦敦的国家医疗研究院（National Institute for Medical Research），也有基于高校而设立的知名科研机构，例如在剑桥的英国医学研究委员会分子生物实验室（MRC Laboratory of Molecular Biology），该机构自建立至今共培养了 8 位诺贝尔奖得主。高校中，剑桥大学一共培养了 17 位诺贝尔奖得主，牛津大学培养了 8 位诺贝尔奖得主，伦敦大学学院则拥有 5 位诺贝尔奖得主。

（四）获奖人员知识广度和深度

首先，诺贝尔奖得主中绝大多数具有博士学位，但是其中化学奖有 4 人为大学学历，物理奖有 1 人硕士 1 人大学，其余均为博士学历。其次，大部分人具备多学科综合知识。得主中有很多人都从事过其他专业的学习和研究，具备了跨学科研究能力。这方面表现出了英国在高等教育方面的多年积淀和传统优势。

二　影响获奖因素的历史分析

从上面数据分析可以得出，不同奖项的诺贝尔奖得主具有几个共同点和不同点，共同点是他们绝大多数都是在高校和科研机构的培养和资助下获得了所需的学科基础知识和专业知识，为获奖提供了必不可缺的前提条件，这涉及国家的教育政策和科技政策，以及科研经费的来源问题；不同点则在于时间分布，不同奖项的时间分布有着独有的特点，其中自然科学奖项具有相近似的特点和规律。经济学由于开始时间较晚，而目前该奖项绝大多数被美国所包揽，英国虽然与美国差距明显，位列第二，但某种程度上也是对其教育体制和科研制度的肯定。文学奖获奖

---

① 数据来源：诺贝尔奖网站，http：//www.nobelprize.org/nobel ＿ prizes/lists/universities.html。

原因涉及方面较多，除了基础教育外，社会文化的积淀以及历史变迁的经历都为文学创作提供了良好的题材和知识基础。鉴于篇幅以及通篇脉络分析考虑，本章暂不对文学奖获奖原因中有关社会文化方面的内容进行分析，此外，在影响获奖的诸多因素中，移民政策也是重要因素之一，但因获奖移民的存在，说明迁入国能够有效地吸引优秀人才进入该国开展科研工作，从某种意义上也是该国教育科研体制综合能力的体现，所以也暂不考虑对其分析。

综上所述，影响获奖的原因主要有三个，一是历史环境因素，二是教育和科技政策，三是科研经费。教育和科研政策以及科研经费在英国不同历史时期是不同的，高校和科研机构对这些科研人才的资助，源自于不同时期英国国家的利益核心以及因此而制定的促进科技发展的相关政策。下面我们将对英国 20 世纪以来的科研、教育状况进行分阶段研究，来分析不同时期英国诺贝尔奖获奖的原因。

（一）两次大战期间，为军事发展进行科研

1917 年英国出版的《教育署报告：1915—1916 年》指出："战争把教授和工厂主紧紧联系在一起所产生的结果使他们哪一方都不可能忘怀。"战争带来了解决问题的迫切性，1915 英国成立了科学和工业研究部（British Department of Scientific and Industrial Research），其中众多工作人员及相关工作都是以大学为依托的。这场战争的进行也让英国的许多名校如剑桥、牛津等以传统教育为主的学校主动参与到了应用科学技术研发领域，甚至当时的很多军事科研中心就设立在这两所学校。"第一次世界大战的教训之一就是工业需要科学全力以赴的帮助，而这种帮助是由大学通过训练专业人才和进行科学研究来达到的。"[①] 在英德交战时，英国的军事技术能力与德国相比有较大的差距，为了赶上德国的军事技术优势，英国各大学纷纷行动起来，发挥了它们的科学优势[②]。

二战时国家科技政策的主要内容就是使发展科技直接为战争服务。英国政府为增加战争科技力量，建立了大量的科研机构，并取得较多的科技成果。在第二次世界大战中，大学科技与工业的密切合作使得某些

---

① Pro – Chancellor Alsop of Liverpool University, Liverpool Courier, 29 November , 1981.

② E. J. Bowen, *Chemistry at Oxford*, Cambridge：Cambridge Press, 1966. p. 6.

具有重要军事意义的技术得以迅速发展，最典型的当属雷达和原子能两个领域。剑桥大学、牛津大学、伯明翰大学、普里斯托尔大学等与帕耶公司（Pye）、通用电气公司（GEC）、汤姆森—豪斯顿公司（BTH）、电疗同业公会（EMT）、大都会维克斯公司（Metro - Vickers）、帝国化学工业公司（ICI）等合作，在雷达研制方面做出了重大贡献；伦敦大学帝国理工学院、伯明翰大学、剑桥大学、牛津大学、利物浦大学等则与帝国化学工业公司、汤姆森 - 豪斯顿公司、大都会维克斯公司等合作，在原子能开发利用方面取得了重要成绩。[①]

（1）科研和教育政策进步

政府明确地承担起了发展和组织科技与教育事业的职责并初步制定了一些全国性的计划，帮助英国工业初步建立了自己的科学研究体系。自1915年枢密院（Privy Council）科学与工业研究委员会（后被科学与工业部取代）成立之后，英国政府就开始不断地为发展科技与教育事业做出规划。该委员会于1916年提出了第一份关于发展英国科技的计划报告，阐述了英国科学技术发展的问题，提出若干解决办法并提倡资本、管理、科学与工作者的合作[②]。

1917年，枢密院科学与工业研究委员会又提出了1916—1917年度报告。该报告表示："政府须在协定的年度内提供财政资助，否则就无法大规模发展系统性的研究。"该报告要求工业界也须大量投资于工业研究，认为政府在实行最初的推动之后，"那些大而繁荣的工业将愿意并能够在没有国家直接援助的情况下，继续其研究工作"；还要求各工业部门应设立自己的非营利性研究协会，由科学与工业研究部予以资助和指导。[③]

政府为科技事业形成了具有全国性规模的系统性的组织机构，为以后的进一步发展奠定了基础。自从1915年枢密院科学与工业研究委员会成立之后，在很长时间里都成为英国政府在科技方面的主管机构。当科学与工业研究部成立之后，就接替了枢密院科学与工业研究委员会的

---

① 徐辉：《高等教育发展的新阶段——论大学与工业的关系》，杭州大学出版社1990年版，第46—47页。

② H. Melville, *The Department of Scientific and Industrial Research*, Oxford University Press, 1962, pp. 77 - 79.

③ J. B. Pool & K. Andrews, The Government of Science in British, London, 1972, pp. 73 - 75.

工作。① 科学与工业研究部通过枢密院长向议会负责，部门的经费来自于议会的年度拨款，这个部门的成立标志着科学研究工作成为由国家资助的全国性事业。

（2）科研经费的投入递增

政府资助科学和教育的规模和力度不断加大。在科学研究方面，国家在一战前对科学研究总费用的开支仅仅 60 万英镑左右，工业界在这方面的开支也不超过 100 万英镑。② 一战之后，国家仅在民用方面的费用开支就由 1920 年的 130 万英镑上升到 1930 年的 400 万英镑。③ 1916年英国的科学与工业研究部成立了"百万基金"委员会，其中 24 万英镑是提供给各科学研究协会的经费，这笔费用从 1920—1930 年，一共从 32 万英镑增加至 93 万英镑。④

在对大学的拨款方面，政府的总体拨款呈较大幅度增加。1900 年，财政部只拨款 9 万英镑，到 1912 年，增加到 30 万英镑，而第一次世界大战后的增长更加迅猛。1919 年，该项费用增加到 100 万英镑；1925 年增加到 155 万英镑；1938 年更是增加到 221 万英镑。⑤ 政府的这种资助政策及其他因素，使英国的大学教育有了很大的发展。在 20 世纪 30 年代，英国的大学生人数经常保持在 5 万人左右，比前期增加了将近 1/3。⑥

（二）二战后初期为振兴经济，提升国家科研能力

20 世纪 50 年代中期以后，其他国家迅速发展，英国国内经济、社会和教育诸方面情况也发生了变化。

首先，其他发达国科技发展的压力。战后，世界各国都十分重视科学技术的发展，美、日及英国的近邻德、法等国把发展科技教育作为振

① H. Melville, *The Department of Scientific and Industrial Research*, Oxford University Press, 1962, p. 25.

② J. H. Dunning & C. J. Thomas, *British Industry*, Hutchinson, 1963, p. 117.

③ P. Gummett, *Scientists in White hall*, Manchester of University Press, 1980, p. 27.

④ H. Melville, *The Department of Scientific and Industrial Research*, Oxford University Press, 1962, p. 37.

⑤ G. L. Payne, *British Scientific and Technological Manpower*, Stanford University Press, 1960, p. 416.

⑥ J. B. Poole & K. Andrews, *The Government of Science in Britain*, Weidenfeld and Nicolson, 1972, p. 258.

兴经济的重要战略举措。

其次，英国经济发展的需求。20世纪50年代以后，英国经济发展进入黄金时代，但是此时其他国家发展更迅猛，以致英国经济沦落到第五位。经济发展的相对落后，迫使英国政府认识到，教育特别是科技教育发展上的差距是造成其经济相对衰落的一个重要原因。

再次，高等科技教育发展相对落后。作为科技教育发展基础的英国高等教育，尽管历史悠久，但发展缓慢。英国在大学的数量、规模以及受过高等教育的人口比例方面，都远不及其他发达国家。据统计，20世纪50年代末期，英国青年人口中只有4%的人接受过高等教育，而这一数据在美国是20%，在瑞典是10%，在荷兰是8%，在法国是7%。

国内外的双重压力迫使英国政府对科技教育政策进行调整。

（1）更加重视科学技术的重大作用，颁布法令，改组和扩充科技组织，使英国国家科技政策的体系更加完善[1]。

1945年工党执掌的战后第一任政府上台，在当时呼吁科技革命的舆论下，政府觉得应该重视科学技术在经济发展中发挥的重要作用，改变战时偏重于军用科技的政策取向，并声明政府尽一切可能鼓励工业利用科学研究。英国高级科学官员指出：为了国家利益，政府的职责之一就是促进科学研究，这一原则已为所有政治党派接受。[2]

1947年，国家又颁布"工业组织与发展法令"，鼓励科技在工业中的直接应用，建立"发展委员会"并授权征税作为科技发展的费用。同年，国家设立科学政策顾问委员会，负责民用科技，协调科技人力配置，以发展科技增加国家生产能力为主要任务。1948年，国家颁布"开发创造发明法令"，创立"全国研究开发公司"。1949年，政府设立"自然保护管理委员会"。从此以后英国科技组织机构陆续扩充起来。至此，英国有关的科技组织形成了新结构。

（2）大力发展高等教育，从传统走向现在，从精英化到大众型教育。

1963年，以罗宾斯勋爵为主席的高等教育委员会提出了一份关于

---

[1]　贺淑娟：《英国国家科技政策的演变（1850年代至1990年代）》，苏州科技学院2010年硕士学位论文。

[2]　吴必康：《权力与知识：英美科技政策史》，福建人民出版社1998年版，第105页。

改革和发展高等教育的报告。报告指出在英国从 1958—1959 年仅有
4.5% 的适龄青年达到高等教育学位水平，而法国占 7% ，瑞士占 10% ，
苏联占 5% ，美国占 20% 。1959 年，英国第一学位获得的比例，科学
技术学位只有 36% ，而加拿大为 65% ，法国为 48% ，德国为 68% ，美
国为 49% 。

　　报告建议扩大高等教育的招生人数；增加高等教育经费；创办新大
学。报告强调"所有具备入学能力和资格并希望接受高等教育的青年都
应该获得高等教育的机会"的原则，高等教育要向大众化、职业化和终
身教育方向发展成为英国高等教育政策的基调，正是这一原则和基调拉
开了英国高等教育 60 年代大发展的序幕。同时，报告中更加值得关注
的提议是：加强大学与政府研究机构及企业之间的联系，加强双方人员
之间的交流与合作。大学应邀请更多的政府研究机构人员和企业界人士
进入大学从事兼职的教学和研究工作，加强部分时间制的教学工作。①

　　战后高等科技教育的发展，为英国造就了一大批科技界精英，各领
域的研究也是硕果累累，这样可以从诺贝尔奖获奖人次上窥得一斑，从
表 7—1 统计中可以看出，60 年代和 70 年代，英国在诺贝尔奖评选中出
现了一个获奖小高峰。

　　（3）政府对科技的资助不断地扩大。

　　1939 年第二次世界大战开始时，英国政府对科研的经费投入还不
到国民总产值的 1% ，此后直至 1963 年，英国的科研经费不断地迅速
增加，1970 年达到了国民总产值的 3% 的历史制高点，这在英国历史上
是史无前例的②。1966—1970 年，英国科学研究与开发预算中用于国防
项目的经费是 25.6% ，仅低于美国（31.2%），大大高于日本、联邦德
国、意大利、加拿大和法国。尽管这一比例已经从 1963 年的 34.5% 大
幅下降，英国仍然居于西方第二位。③

　　战后初期，军用科技的庞大开支，挤压民用科技研究与开发的经
费。1949—1950 年英国供应部和海军的科研经费总共为 8670 万英镑，
而全部民用部门只有 1720 万英镑，仅为海军和供应部的 1/5 ，而

---

　　① 　徐辉、郑继伟：《英国教育史》，吉林人民出版社 1993 年版，第 330 页。
　　② 　J. Morell, *Britain through the 1980's*, Gower Publishing Company, 1980, p. 86.
　　③ 　贺淑娟：《英国国家科技政策的演变（1850 年代至 1990 年代）》，苏州科技学院 2010
年硕士学位论文，第 49 页。

1954—1955 年，供应部和海军的科研经费增长到 23580 万英镑，而全部民用部门仅为 2710 万英镑，为供应部和海军总费用的 1/10 强。[①]

直到 60 年代，政府研究与开发经费中，民用经费的比例才逐步上升，防务比例相应下降。在保守党执政的 1961—1962 年度，民用部分仅占 36.2%，防务部分占 63.8%；而在 1964—1965 年度民用部分占 40.3%，防务部分降为 59.7%；1967—1968 年度民用部分上升为 53.5%，防务部分为 46.5%；到 1970—1971 年度工党下台时，民用部分已上升到 60.3%，防务部分再降至 39.7%。这表明英国国家科技政策已经开始从防务转向民用。全国研究与开发经费中，基础研究比重继续下降，从 1964—1965 年度的 12.6% 逐渐降到 1969—1970 年度的 8.2%[②]。

（三）70 年代后对科技教育进行的私有化改革

由于经济发展的迟滞，从 20 世纪 70 年代开始，西方各国的高等教育经费都有相当程度的削减。许明等指出："从 1975 年到 1986 年，在主要发达国家中，除挪威、瑞典和奥地利等少数几个国家外，大多数国家的教育投资在国内生产总值中的比重均呈下降趋势。丹麦从 7.8% 下降到 7.5%，荷兰从 8.1% 下降到 7.0%，加拿大从 7.1% 下降到 6.5%，日本从 5.4% 下降到 5.0%，美国从 5.5% 下降到 4.8%，联邦德国从 5.4% 下降到 4.2%，英国政府的教育开支在国民生产总值中的比重也由 1980 年的 5.6% 下降到 1986 年的 5.2%"[③]。

70—80 年代，保守党上台后，撒切尔政府面临的是国内经济严重衰退，大批工人失业，大学毕业生就业困难，外交事务上马岛纷争等，国内外形势的困扰迫使政府不得不削减作为公共开支的教育经费。英国政府开展了规模宏大的私有化运动，对教育的投入大幅度减少，把教育推向了市场，同时鼓励高校适应市场竞争，通过出卖其专长走向市场从而获得财政资源。

（1）政府缩减教育开支，出台鼓励创新政策。

1972—1973 年度，由于五年期拨款无法继续，英国政府废除了

---

① Roy Innes, *Science and Our Future*, Lawrence & Wishart Ltd., 1954. p. 11.

② T. Dixon Long & C. Wright, *Science Policies of Industrial Nations*, Praeger Publisher, 1975, p. 765.

③ 许明、胡晓莺：《当前西方国家教育市场化改革述评》，《教育研究》1998 年第 3 期。

该方式，取而代之的是滚动式的三年期拨款制度（Rolling Triennial System），即除确定大学当年的拨款数额外，还对其后两年的拨款数额作出临时性的决定。① 1980—1984 年间，政府削减高等教育经费17%②。

为了促进高等教育与产业界的合作，英国还出台了一些政策。如英国科学和工程研究委员会（the Science and Engineering Research Council）曾制定了一个"合作研究资助计划"，用以鼓励校企合作科研。③ 80 年代的前 5 年许多企业界人士在大学事务中发挥了重要作用。

整个 80 年代，政府通过设立（建立）一系列短期的、半竞争性质的基金创新计划来努力扭转高等教育的发展方向。两个比较著名的计划为 PICKUP（Professional, Industrial and Commercial Updating Programme）和企业创新计划（Enterprise in Higher Education Initiative）。④

（2）教育科研经费分配制度市场化。

长期以来，英国高等教育的经费主要来源于公共渠道，通过相对独立于政府的大学拨款委员会（UGC）来分配教育经费，该分配制度导致高等学校对政府拨款的依赖，加重了政府的财政负担。

70 年代后，政府推动高等院校与企业的联系，通过与企业更密切、更有效的合作，高等院校从企业和私人财源获得更多的资金。1987 年政府发表的《高等教育——迎接新的挑战》白皮书在重申绿皮书"加强与市场的联系"和"谁能受益谁升学"等主要内容的基础上，着重强调通过高等教育自身来提高质量和效率，英国政府确定各项经费的总原则就是"用户—承包人原则"（customer - contractor principle）。这条原则是以政府的政策目标为基础，由各高等院校对各种提供经费的研究或其他项目进行投标。其中，政府部门是用户，高等院校以及系科就是项目承包人。这种新的体制使英国高等院校对投资者的愿望和顾客（学

① 汪利兵：《中英高等教育拨款机制比较研究》，杭州大学 1994 年博士学位论文，第7 页。

② 徐继宁：《英国传统大学与工业关系发展研究》，苏州大学 2011 年博士学位论文，第66 页。

③ Mary Tasker & David Packham, "Industry and Higher Education : a question of values", Studies in Higher Education , 1993, 18（2）: 132.

④ Malcolm Tight, *The Development of Higher Education in the United Kingdom since 1945*, Open University Press, 2009: 81.

生）的要求负有更多的责任。[①]

根据经济合作与发展组织（OECD）1990 年的统计，英国大学从工商业获取的资金占比相当高。英国大学从工商界取得的资金占全部大学资金来源的 13.2%，而德国和法国高校只分别占 6.5% 和 5.2%，美国和日本的公立院校分别占 11.4% 和 3.4%。在对公共资金的依赖程度方面，英国大学则最低，仅为 55.0%[②]。表 7—2 也显示了 70 年代后英国科研经费结构的变化情况，政府提供的经费比重不断降低，企业经费资助越来越多。

表 7—2　　　　　　　英国战后研发经费规模及结构（%）

	类别	60—80 年代初	80 年代初—1987
资金来源	占 GDP 的比例	2.11—2.22	2.24—2.41
	政府	51—48.1	25.9—19.9
	企业	42—42.1	74.1—80.1

资料来源：《加入 WTO 后对中国科技影响的研究报告》，2001 年。

三　新世纪英国培养科技创新能力的手段

（一）近期英国创新能力简述

"Innovation Union Scoreboard 2013 – European Commission" 使用了 3 类共包含 24 个子指标来分析国家创新能力，经分析得出，英国在欧盟国家中排名第八，高于欧盟平均水平。而且从图 7—2 其各项指标与欧盟平均水平的对比可以看出，英国在科研体系指标中，国际联合科学出版物以及国际最常引用科学出版物等三项分指标均大幅度领先，表明英国多年积累的基础科研及高等教育优势显著；而在人力资源培养一类指标中，新毕业博士及高等教育方面均表现突出；资助支持指标下，政府对公共科研机构的经费支持不足，但是风险资产引入方面表现优异；企业活动指标中，企业家能力表现不错，尤其是小微企业联合创新；但是

---

① ［英］G. L. 威廉斯：《英国高等教育财力资源形式的变化》，《华东师范大学学报》1990 年第 2 期。

② 王桂：《当代外国教育——教育改革的浪潮与趋势》，人民教育出版社 1995 年版，第 49—56 页。

在专利发明和申请等方面比较落后。

从上述分析可以看出英国科研政策侧重基础科研和高等教育方面的发展，但是对于中小企业的创新研发支持，以及相关的专利保护等方面还存在很大的问题，这也会导致创新研发与企业对接存在一定的不协调。

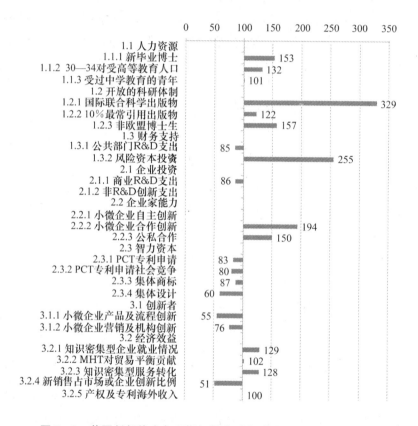

图7—2　英国创新能力各项指标得分（与欧盟平均水平相比，%）

资料来源：欧盟委员会（European Commission），http：//ec. europa. eu/enterprise/policies/innovation/facts – figures – analysis/innovation – scoreboard/index_ en. htm。

（二）创新能力的政府支持

英国是以政府为主导展开创新发展战略和创新人才培养的。政府对创新研究的支持分为两个方面，一是直接支持，包括直接经费支持，为高校、科研机构科研提供经费；二是间接通过政策对教育、科研、企业研发等方面进行规范和引导。

（1）制定培养创新能力的战略规划。

20 世纪 90 年代以来，英国政府提出要成为一个成功的国家，必须确保科学基础足够强大，因此政府目标是提高创新能力，并把创新作为提高生产效率和加快经济增长的核心。近年来，英国政府陆续出台了一系列政策文件，实施以创新为核心的新的国家科技发展战略。

首先，2004 年 7 月，英国贸工部发布了英国科学与创新投资 10 年规划《科学与创新投资框架（2004—2014 年）》，明确提出要将英国建设成为世界上最好的创新型国家，在六个方面（建立世界级创新中心、可持续的财政投入、基础研究对经济和公共服务需求的反应能力、企业的研发投资和参与、高素质劳动力的培养、公众对科学研究的参与和信任）提出了 29 个子目标和 40 项指标。主要内容包括：保持和发展英国国际水平的研究基础；加强研究机构与企业、消费者之间的联系；使英国的知识转移更加顺畅；促进科技创新在产品设计、加工生产、销售和售后服务各个阶段的应用。为实现这些目标，英国政府将加大对科技创新的投入力度，2007 年财政经费比 1997 年翻一番，达到 34 亿英镑。同时鼓励企业增加对科技创新的投入，把研究开发的总投入从 2004 年占 GDP 的 1.9% 提高到 2014 年占 GDP 的 2.5%，即从 2004 年的 165 亿英镑增加到 2014 年的 225 亿英镑（以 2004 年为基准），增长幅度 36%。

其次，2008 年，当时英国工党政府发表了题为《创新国家》（Innovation Nation）的科学与创新战略白皮书[1]。概述分为 9 个部分，分别为：政府的作用、需求创新、支持企业创新、创新研究基地、国际创新、创新人才、公共部门创新、创新场所，以及为成为创新国家所需要进一步采取的措施。该白皮书中的多个部分都包含有英国创新人才的培养和开发策略，尤其是强调加强对人才以及知识的投入、强调将科技发展战略与人才发展紧密结合。

白皮书全面阐述了英国的人才发展战略，尤其在教育领域。主要包括以下几项措施：第一，继续大力发展继续教育，并将人才培训与企业创新相结合，主要是通过"继续教育知识与技术转让"计划（FE Knowledge and Technology Tranfer）、继续教育与创新基金（FE Specialization and Innovation Fund）等来实现；第二，继续推动高等教育作为培养人才重要

---

[1]　Department for Innovation, Universities and Skills, "Innovation Nation".

基地的作用，为此政府拟在 10—15 年内采取以下措施："新大学挑战计划"（New University Challenge），特别是增加高校与企业的互动；出台"高等技能战略"（Higher Level Skills Strategy），进一步促进有助于企业创新的高等技能发展；增加科学、技术、工程和数学等学科的高校学生数量。该白皮书是迄今英国最完整、最全面的国家创新战略规划。

再次，2011 年 12 月，英国政府发表《促进增长的创新与研究战略》（*Innovation and Research Strategy for Growth*）[1]，为保守党与自由民主党联合政府的国家创新政策制定了指导方针。白皮书指出："政府要发挥作用，与商业、学术界和社会合作，为培养世界上最优秀的发明家和最优秀的发明创造最佳环境。"

为提升英国的总体创新技能，白皮书提出以下四个优先发展的政策领域：第一，加强公共部门、私营部门与其他部门之间的合作，加强创新体系内部的知识传播与共享；第二，推动并加强知识基础设施的建设，特别是高等院校、科研机构以及信息机构；第三，推动各个经济部门的企业投资，不仅包括高科技领域，也包括中低端的科技活动；第四，改善包括中央政府和地方政府在内的公共部门在促进创新方面的潜力，使其成为重要的创新驱动者。

（2）改革政府管理机制。

政府在制定和实施人才发展战略中发挥着主导作用，尽管英国重视市场在培养创新人才方面的作用，但创新离不开政府的参与和支持[2]。英国负责创新的部门主要有政府部门商业、创新和技能部和其他一些专门性负责科研的公共机构组成。

商业、创新和技能部（Department for Business, Innovation and Skills, BIS）是于 2009 年 6 月由原商业、企业和制度改革部（BERR）与创新、大学和技能部（DIUS）重组而成。该部门是负责创新事宜的重要政府部门，主要职能包括：发展高等教育和继续教育体系，为学生提供在全球就业市场竞争所需的技能；鼓励和支持创新，发展英国科学与研究事业；支持英国商业的发展，提高生产力，在全球参加竞争等。基金委员会资助的研究（也称为质量相关研究，Quality Related or QR

---

① Department for Business, Innovation and Skills, "Innovation and research Strategy for Growth".

② Department for Innovation, Universities and Skills, "Innovation Nation".

funding）根据研究评估办法（RAE）的结果，对高等教育机构中的个别优秀部门进行资助。①

专门性研究理事会（Research Council UK，RCUK）是英国创新管理方面的一大特色，目前共有七个研究理事会，是由英国公共资金设立的国家级科研机构，隶属商业、创新与技能部，但在行使职能时有较强的独立性。每个理事会负责一个专业的学科领域，分别是：艺术与人文科学研究理事会（Arts and Humanities Research Council，AHRC）；生物技术与生物科学研究理事会（Biotechnology and Biological Sciences Research Council，BBSRC）；工程与自然科学研究理事会（Engineering and Physical Sciences Research Council，EPSRC）；经济与社会科学研究理事会（Economics and Social Research Council，ESRC）；医学研究理事会（Medical Research Council，MRC）；自然环境研究理事会（Natural Environment Research Council，NERC）；科学与技术设施理事会（Science and Technology Facilities Council，STFC）。② 研究理事会每年从政府获得约 25 亿英镑的公共基金，占英国政府科学预算的 50% 左右，用于学术研究和培养研究生，所涉及的主要领域包括：医学、生物学、天文学、物理学、化学、工程学、社会科学、经济学等。

除了研究理事会外，英国还有诸多科学学会，例如著名的英国皇家学会（The Royal Society），为一个独立、自治的机构，是英国最具名望的科学学术机构。③

英国技术战略委员会（TSB）成立于 2004 年，当时隶属于英国创新技能部，为政府咨询机构。2007 年 7 月该机构独立出来，成为一个非政府部门性质的公共机构。该委员会主要任务是驱动创新，鼓励在那些可以最大限度促进英国经济增长和提高生产力的领域进行技术辅助式创新。

（3）建立科研经费双重资助体系。

英国实施了以大学科研质量评估为基础的科研条件拨款和科研项目

---

① 李燕萍、黄霞、郭玮：《英国科研经费使用支出管理对我国的启示》，《经济观察》2011 年第 6 期。

② 参见英国研究理事会网站：http：//www. ruck. au. uk。

③ 参见英国皇家学会网站：http：//royalsociety. org。

资助相结合的资助模式，称为"双重资助体系"（dual support system）①。在这个系统中，基金委员会（Funding Council）提供整体款项支持科研基础设施建设。一方面，在商业、创新和技能部（BIS）和教育部的支持下，基金委员会资助的研究（也称为质量相关研究，Quality Related funding）根据研究评估办法（RAE）的结果，对高等教育机构中的个别优秀部门进行资助，负责在大学和其他高教机构内开展各类科研活动，包括经费提供、人员工资发放以及设备管理等。另一方面，对具体研究项目和计划的资助，则由专门性研究理事会（RCUK）指导下的七大研究理事会提供。在个人研究者的申请基础上，运用独立的、专家同行评审，对具有研究潜力的项目授予研究经费。②

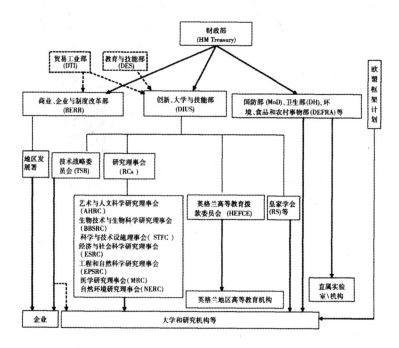

图 7—3 英国政府的科研资助渠道

　　资料来源：欧阳进良、杨云、韩军、施筱勇：《英国双重科研资助体系下的科技评估及其经验借鉴》，《科学学研究》2009 年第 7 期。

---

　　① 喻明：《英国基础研究方面的重大政策调整和优先发展领域》，《中国基础科学》2002年第 2 期，第 53—457 页。

　　② Grants Guide, Biotechnology and Biological Sciences Research Council, http：//www.bbsrc.ac.uk/funding/apply/grants – guide.aspx，2010 – 01 – 28.

英国政府 1972 年投入的科技经费为 6.7 亿英镑，2000 年达到了 50.7 亿英镑，增长幅度达 6.6 倍。

专门性研究理事会（RCUK）的投资大约在 28 亿英镑，涵盖各个学科的研究项目，从医药和生物科学到天文学、物理学、化学和工程学、社会科学、经济、环境科学以及艺术和人文科学。七大研究理事会经费主要由 BIS 管理下的政府科学预算（Science Budget）提供。2005—2006 年英国的科学预算达到 31 亿英镑，2007—2008 年上升到 34.5 英镑。在财政部的要求下，这部分经费只能由科学与创新办公室（Offices of Science and Innovation）使用，用以实现政府的科学与创新目标。大部分经费划拨给 RUCK 使用，剩余部分则分配给 BIS，或英国皇家学会，英国皇家工程学会以及英国研究院。[1]

（三）政府对企业创新扶持政策

上面已经提到过，企业、政府、捐赠、基金和慈善机构是英国研发经费的主要来源。其中企业是提供研发经费的主力军，其投入占研发经费的 47%，政府占 11%。而且企业获得研发经费的比例也最高，占 67%。因此，英国非常重视对企业的激励政策，以便激发企业创新热情。英国政府对企业的扶持主要表现为支持与产业相关的科技创新，包括税收政策激励、资金投入以及知识转移体系建设等。

（1）发挥研发税收减免政策的激励作用。[2]

为了鼓励企业和社会增加对创新的投入，英国政府制定了公共部门、私营部门和慈善机构在创新投入方面的利益分配机制，实施了研发税收减免政策，并重点向中小企业倾斜。从 2000 年起，中小企业符合条件的研发费用支出部分，可享受的税收减免额最高可达 150%；新创办的公司如放弃税收优惠，则可获得占符合条件的研发费用 24% 的现金退款。从 2002 年起，大公司的研发费用税收优惠以无须支付的大额扣除实现，其额度相当于开支的 125%。

这一措施已初见成效。2003 年，仅英国服务行业的研发经费就比

---

① 李燕萍、黄霞、郭玮：《英国科研经费使用支出管理对我国的启示》，《经济观察》2011 年第 6 期。

② 参考程如烟《英国政府促进企业创新的做法和措施》，《中国科技产业》2006 年第 12 期。

1998 年提高了 23%，其中既有企业自身增加的投入，也有外部研发资源的投入。2005 年 7 月，英国贸工部又出台了关于减税效果评估的讨论文件，其目的是更好地对可能发展成高度创新的公司给予税收方面的支持，并使研发减税工作更好地体现简化、连续和明确的原则。

（2）鼓励企业参与国家重大战略技术计划的实施。

英国贸工部于 2004 年开始实施技术计划（The Technology Program），支持国家重大战略技术研发。该计划主要由合作研发（Collaborative Research and Development）和知识转移网络（Knowledge Transfer Networks）两大部分组成。合作研发主要是鼓励企业投资具有商业前景的早期研发，政府为此提供部分资助，典型的出资模式是政府和企业（或联盟）各出一半研究经费，出资额一般为每项 100 万—200 万英镑，航空领域可高达 3000 万英镑，项目期一般为 3 年。

在国家重大战略技术的规划和决策过程中，英国政府十分注重企业家和行业协会的作用。2004 年，贸工部成立了一个由企业界领袖组成的技术战略理事会（TSB），负责向贸工部提出未来 3—10 年的重大新兴技术发展战略，对贸工部掌握的 3.7 亿英镑科技扶持资金的使用方向和应该优先支持的技术领域提出建议，研究英国与国外先进科技水平的差距，并对如何缩小这些差距提出对策，同时跟踪和评估相关政策的执行情况。

（3）投资产学研合作研究项目。

英国的政治体制决定了政府公共财政不能直接投入私营部门，财政对企业技术创新活动的资助主要通过支持公共部门、非营利性科研机构与企业之间的产学研合作项目来实现。因此，英国各大科研基金对具有产业背景的项目一般都给予倾斜，而且还设立了资助产学研合作的专项资金，引导企业联合投资研发项目。比较突出的有：

工程与自然科学研究基金会（EPSRC），该基金在约 5 亿英镑总额中安排了 45% 左右的经费作为专项基金，以"促进知识和技术向产业转移"、"满足企业对科技创新的需求"为目标，支持大学、科研机构与企业的合作项目。对于已经得到企业支持或认可的项目，获得基金资助的几率更大。同时，该基金会还设立了联合培训计划（CTA），资助工程硕士、博士学位项目，知识转移合作项目和企业实习项目。

LINK 计划，该计划始于 1986 年，目的是实现政府与企业共担科技创新的投资风险。目前，已经有 12 个政府部门（贸工部、农业部、交通部、卫生部、国防部等）以及各研究基金会联合参与了该计划，资助科研机构和产业界开展研究合作。LINK 计划的每一个项目都要求至少有一个科研机构和一家企业共同申请，由企业自己出资资助一部分，LINK 配套资助一部分。其中，核心科技创新研究政府资助 50%，研究成果产品化研究政府资助 75%，产品开发研究政府资助 25%。

法拉第伙伴项目，该计划于 1997 年开始实施，由英国贸工部和工程与自然科学研究基金会共同发起，所支持的不是某个学校与某个企业的合作，而是旨在建立由多个大学、独立研究机构、制造业公司以及金融机构组成的协作集团。到 2003 年，英国已建有 24 个法拉第伙伴组织，涉及 51 个大学的专业系所、27 个研究机构、25 个中介组织和 2000 家不同规模的企业。英国政府对这 24 个研究中心的核心研究和基础设施，已经提供了 5200 万英镑的资助。

科学企业中心项目（即企业孵化器），通过大学与企业合作的方式，建立了 13 个科学企业中心，主要为新技术企业提供孵化条件。这些中心为工程领域的本科生和研究生提供接触创业技能的机会，强化了知识转移工作，促进了高科技企业的创建。1995 年，英国大学新增加的专利有 306 项，2001 年这一数字上升到 967 项；同期知识产权许可收入由 1100 万英镑上升到 3300 万英镑，孵化企业数由 28 个增加到 213 个。

四　小结

英国作为一个传统强国，在科技方面一直处于全球领先的国家集团中，发明创造不计其数，科研成果相当可观，获得诺贝尔奖的总人数在全球也是名列前茅，仅次于美国。通过对其诺贝尔奖获奖奖项分布情况、获奖时间分布、得主工作机构等信息的分析，获知英国在各个奖项都有不俗表现，与美国、德国一起占据前三位置；而在不同历史时期，国家不同的科技教育政策，对英国科研能力的培养，乃至诺贝尔奖的获得有一定的影响；在获奖人员中，大部分来自高校，其余大多来自科研机构，因此高等教育也对诺贝尔奖有很大影响。在对国家科研政策进行历史性分析以及对英国目前的科研能力和科研政策分析后，认识到政府在培养国家创新和科研能力方面有着举足轻重的作用，政府通过多方面措施来直接或间接地促进创新能力的发展。首先，政府可以通过直接划拨科研经费来支持科研机构的创新。其次，政府可以通过间接方式来支持科研创新，这些方式包括调整国家创新政策，又或者建立相关的科研主管机构，规范相应的科研市场，促进高等教育的发展，通过税收优惠等间接方式支持企业来促进企业研发能力等一系列方式方法。再次，在80年代英国科研经费开始市场化后，英国科研经费相当大部分来自于民间，主要是企业的出资，因此在此过程中，企业也为英国科研能力的提升做出了大量贡献。正是由于英国政府的重视以及企业的支持，英国才能使自身科研能力多年保持在强国之列，才培育出了诸多诺贝尔奖得主。

第八章　浪漫思想的国度:法国

苦难对于天才是一块垫脚石,对于能干的人是一笔财富,对于弱者是一个万丈深渊。

——巴尔扎克

人的智慧掌握着三把钥匙,一把开启数字,一把开启字母,一把开启音符。知识、思想、幻想就在其中。

——维克多·雨果

法国作为老牌资本主义国家,传统的科学技术强国,综合实力强大,经济产业高度发达,拥有一大批优秀的科学技术人才,在知识创新与科学发展方面走在世界前列。在法国,红酒、香水、时装和美女也为世人所熟知,首都巴黎更是举世闻名的时尚浪漫之都,但是法国人最引以为荣的,还是他们的文学。法国对世界做出的最大贡献就在于它的思想和艺术文化,作为欧洲的思想文化中心,法国产生了许多优秀思想家、文学家,对世界文学发展产生了重要影响。

法国是获得诺贝尔文学奖人数最多的国家。然而,具有五千多年文明历史的中国直到 2012 年才由莫言敲开了诺贝尔文学奖的大门,这其中的缘由不得不让人深思。对诺贝尔文学奖情结颇深的中国人来说,认真了解诺贝尔文学奖的获奖原因也是一件非常有意义的事情。本章将重点分析法国获诺贝尔文学奖的情况及其获得众多诺贝尔文学奖的原因,从中总结经验以供参考。

一　法国获奖概况

　　法国作为传统上诺贝尔奖获的大国，虽然不像美国、英国获奖人数那么多，但也占有相当大的比例。自诺贝尔奖项设立至今，仅6300多万人口的法国就有56人（居里夫人先后获得1903年的诺贝尔物理学奖和1911年的诺贝尔化学奖）获得诺贝尔奖，其中获得诺贝尔文学奖的有15人，诺贝尔物理学奖有13人，诺贝尔生理学或医学奖有10人，诺贝尔和平奖有9人，诺贝尔化学奖有8人，诺贝尔经济学奖有2人，详见图8—1。

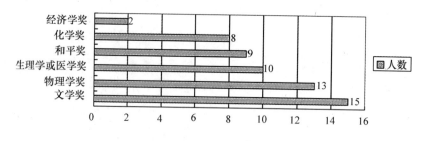

图8—1　法国获诺贝尔奖情况

资料来源：作者根据诺贝尔官方网站统计得出。

　　法国作为重要的思想文化中心、文学艺术大国，在文学方面所取得的成就是斐然的。从1901年诺贝尔文学奖设立到现在，已有一百多年的历史，共有37个国家（2010年诺贝尔文学奖获得者马里奥·巴尔加斯·略萨拥有秘鲁和西班牙双重国籍）的110人获得该奖项。从1901到2013年这113年间（其中1914年、1918年、1935年、1940年、1941年、1942年、1943年这七年没有颁发，1904年、1917年、1966年和1974年四次是由两名获奖者共享）的统计来看，在所有诺贝尔文学奖获奖国家里，获奖人数最多的国家是法国，共有15人获得，也就是说平均不到8年就会有一名法国人获得诺贝尔文学奖，其次是美国（10人）、英国（10人）和德国（9人），详见图8—2。就获奖比例来看，法国获得诺贝尔文学奖的人数占诺贝尔文学奖总人数的比例高达13.6%。法国在文学方面取得的成就虽与德国、美国、英国及瑞典等西方国家并无太大差距，获奖人数也显得较为均衡，但是与中国乃至亚洲相比就具有明显的优势，处于绝对的领先地位。

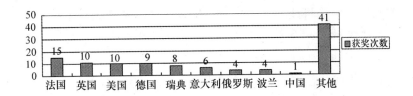

图8—2 1901—2013年各国获诺贝尔文学奖次数统计
资料来源：作者根据诺尔官方网站统计得出。

在自然科学领域，法国有13人获得物理学奖，10人获得生理学或医学奖，8人获得化学奖，共有31人获奖。虽然这些奖项在一定程度上代表了法国在自然科学方面取得的成就，但是法国自然科学的绚烂之花，远远不限于这31名获得诺贝尔奖的科学家，正是法国丰富多样的学术沃土才孕育了这缤纷多彩的科研之果。

法国作为传统的科技大国，实施开放的科研政策，注重跨学科研究和人才的合理流动及国际交流合作，科研实力以及科技创新能力非常强，并且拥有众多知名院所和科研机构。在这里，他们善于吸引并接纳来自他国的科学技术人才。2007年法国通过修改《移民法》，为赴法留学的外籍学生提供了更多便利条件[1]，以吸引外国优秀留学生。法国驻上海总领事馆科技处于2009年推出的"法国科研创新人才计划"，其目的就是吸引中国具有强大潜力的青年科技人才。在这里，同样还拥有基础雄厚的学术机构，法国国家科学研究中心（Centre national de la recherche scientifique）成立于1939年，是法国自然科学与人文社会科学的最高综合性研究机构，也是欧洲最大的基础研究机构之一，它的科研活动涵盖自然科学和社会科学的所有领域，跨学科特色明显，并且拥有数量众多的实验室、研究所等科研单位。在科学研究领域，法国特别重视青年科研人才的培养，通过以课题研究为导向，积极培育优秀青年科研人才，并于1990年开始实施面向青年科研人才的"专项激励行动"

---

[1] 李钊：《法国吸引人才政策浅析》，《科技日报》2009年1月20日。

项目，为青年科研人才提供经费支持，鼓励和帮助他们创建自己的科研团队。法国还通过设立"学术科研金奖"、"科研创新奖"、"学术科研银奖"、"学术科研铜奖"等科学奖项来激励科研人才，促进科技创新，极大地促进了本国科技人才的培养，培育了大量高精尖科学技术人才。

尽管法国的自然科学诺贝尔奖不算少，但与美国、德国、英国相比，却是最低的，为什么呢？法国人太爱他们的文化，而对于自然科学却不是那么推崇。法国人民也是热爱和平的，历史上涌现出许多和平、正义之士，并先后有9人获得诺贝尔和平奖，排在美国（28人）、英国（14人）和瑞士（11人）之后。法国作为目前世界上最重要的经济体之一，虽然近年来经济发展受"欧债危机"的影响有所下滑，但是法国之前的经济成就是不可磨灭的，尤其是二战后法国通过一系列的科学发展规划和人才发展战略极大地促进了本国经济和科技的发展，缩小了同美国之间的差距，确保了法国在欧洲和世界大国中的地位。正是在这一时期，法国的经济学家吉拉德·德布鲁和莫里斯·阿莱分别于1983年和1988年获得诺贝尔经济学奖。

二　法国成为诺贝尔文学奖获奖大国的原因

诺贝尔文学奖虽说仅仅是一个符号、一个象征，然而正是由于人们对于这个"符号"的认可和赞同，才使得诺贝尔文学奖成为当今世界上最具影响力的文学奖。自诺贝尔文学奖设立以来，获奖作家多数来自欧洲和北美，而亚洲仅有5人获得（日本2人、印度1人、以色列1人、中国1人），仅为法国的三分之一。这其中的缘由，值得我们仔细推敲，其中的经验也值得我们认真学习。

诺贝尔文学奖是颁发给"在文学界创造出具有理想倾向的最佳作品的人"。在法国，每个时代都有各自的特点，并且都能产生充分反映该时代精神的经典作品。1901年，法国诗人兼哲学家苏利·普吕多姆（Sully Prudhomme，1839—1907年）凭借作品《孤独与深思》成为第一个获得诺贝尔文学奖的人。

（一）法国的文学传统

在法国，文学有着悠久的历史。法国作为欧洲乃至世界的主要思想文化中心之一，文化源远流长，丰富多彩。法国文学是欧洲乃至人类文学艺术史上的一块璀璨的瑰宝，像《红与黑》、《巴黎圣母院》、《基督山伯爵》、《茶花女》等不胜枚举的经典文学作品，不仅是法国文学领域中的传世佳作，更是对法国民族文化和社会风俗的传承和记录。

法国文学历史悠久、种类繁多，积累了大量的文学巨著，形成了浓郁的文学传统。在历史上，法国出现过各种各样的社会政治理论和哲学思想流派，如空想社会主义思潮、观念论、唯灵论、折中主义、实证主义等，这些思想、观点及方法，都为法国文学中各种流派的出现和发展提供了坚实的思想基础和社会基础。

从法国文学发展历史时期来看，主要包括便于行吟诗人传诵的中世纪法国文学、体现新兴资产阶级反抗封建意识和教会神权的文艺复兴时期的法国文学、反映为君主专制制度服务的古典主义的 17 世纪法国文学、标志着古典主义没落和启蒙文学开始的 18 世纪法国文学、注重描写自然景色和抒发主观感情的 19 世纪法国浪漫主义文学以及 20 世纪法国文学中的现实主义文学。从文学学说种类上来看，法国文学又有众多文学种类，主要包括浪漫主义文学、现实主义文学、自然主义文学、巴黎公社文学、象征主义文学，等等。① 多样化的文化背景、多样化的文学体裁，给法国人民提供了多样化的文化大餐。

随着文学的发展、历史的延续，法国还设置了众多的官方文学奖和民间文学奖奖项，根据法国《文学奖和文学奖评选指南》一书统计，法国共有大大小小的文学奖项 2100 多种，比较著名的有"法兰西学院小说大奖"、"法兰西学院文学大奖"和"国家文学大奖"等官方文学奖及"龚古尔文学奖"、"勒诺多文学奖"、"费米娜文学奖"、"美第西文学奖"、"联盟文学奖"等民间文学奖。这众多的文学奖不仅在法国国内具有极高的影响力，代表了法国文坛的最高荣誉，而且在国际上也受到了广泛关注。众多的文学奖起到了催化剂的作用，极大地带动了人们对文学的关注，也给法国文学增添了新的动力。另外，法国在处理本国文学与其他国家文学的关系上，采取一种善于吸取和积极借鉴的进取精神，学习吸取他国文学中的精华和养分，同时也积极传播本国文学，

---

① 相关内容详见：http：//baike. baidu. com/link? url = 7jRrDukGp _ aBezWlPRC-Noa5IoFkEkm_ VbJr1dFyt1AUx227IHNDAgLH7RqdHo5tz。

把本国的优秀文学产品传播给不同国家的人们，促进交流与学习，使得法国文学呈现出丰富性、多样性、创新性和包容性的优秀品质。

悠久浓郁的文学传统营造了一个浓厚的文化氛围，使法国人沉浸在这浓厚的文化氛围、遨游在书香的海洋之中而不知疲倦。在历史的长河里，文学早已成为法国文化中不可分割的一部分，巴尔扎克、雨果等家喻户晓的大作家深深地影响了一代又一代的法国人，为法国打上了深深的文学烙印。

（二）法国的教育体制

法国拥有众多古老的大学，并且经过 800 多年历史的发展与演变，形成了现在这样一个层次结构多样、学科门类齐全、学制灵活、讲求实效，并且能与中等教育有机衔接和具有本国特点的高等教育体系。整个教育体系倡导平等与自由、统一与个性、传统与现代的有机结合，造就了像巴黎大学、巴黎综合理工大学、巴黎高等师范学院等全球知名的高等学府，教学质量享誉全世界，毫不逊色于美国、英国、德国、加拿大、澳大利亚等其他西方发达资本主义国家。

法国政府十分重视教育，加强基础教育教学，提高教育质量，并且在教育投入方面具有一定的政策倾斜性，注重加大教育的公平力度，有力地促进了法国教育事业的发展。法国通过增加教育经费、加强教师培训、提高教师待遇来促进教育质量的提高。"1989 年政府教育预算达 2150 亿法郎，主要用于扩大基础教育师资规模，推行带薪教育和培训制度，促进在职人员的能力提升。"[1] 法国为所有适龄儿童提供高质量的教育服务，实行免费的学前教育，有效提升了学前教育的普及率；法国按照平等与自由的原则，尊重儿童的自由与个性，满足儿童学习成长的不同需求，提供连续性的、统一的、自由的中小学教育；为培养国家的精英人才、打造属于本国的高水平专业性人才，法国设置多样化、多层次的高等教育，既有独具特色的法国"大学校"精英教育模式，又有培养各类专业型人才的综合性大学，其中法国的"大学校"就被誉为政治和经济精英的"养鱼塘"；1984 年颁布的《高等教育法》指出

---

① 白春礼主编：《人才与发展：国立科研机构比较研究》，科学出版社 2011 年版，第 20 页。

"终身教育是高等教育的重大使命之一"。法国政府不断运用现代科学信息技术推广远程教育，构建技术手段先进、教学资源丰富、教学模式多样及学生生源多元化的独具法兰西特色的远程教育体系，同时立足于终身教育理念推广继续教育，拓宽个人成才发展渠道，深层次挖掘人力资源，保持本国的国际竞争优势。多样完善的教育机构、多元合理的教育模式为法国培育了大量各方面的人才。法国比较完备的高等教育体系也为法国培养了大批文学人才，极大地促进了法国文学的发展与创新。

进入新世纪以来，法国政府还积极探索高等教育的发展创新。法国政府"通过大学自治改革、组建研发联盟、资助原始性创新项目、促进企业创新、推动科研成果转化等措施加强创新体系和科研能力的建设"①，以提高法国的科技创新能力和科技竞争力，确保法国在未来科技竞争中立于不败之地。同时，法国发达的高等教育，极大促进了本国文学人才的培养，为后续法国文学的传承、发展与创新奠定了重要基础。

（三）法国人的读书习惯

众所周知，法国是一个热爱读书的国家，而且法国人的文学修养很高，在法国人的文化基因里，出书是一个人成功的象征。因此，法国人崇尚文化、尊敬文化人，文学艺术在法国永远是最高尚的。在法国，每个人都有一个良好的阅读习惯，并且把读书视为最具文化价值的活动，认为读书是最有意义的事。

在日常生活中，读书是法国人日常生活中的重要组成部分，也是法国人首选的休闲娱乐方式。在法国的商场、公园、地铁和大街上都能随处见到读书人。法国人读书习惯的养成，离不开法国浓厚的文学氛围，同时也包含着家庭、学校、政府以及其他社会团体的共同努力。法国家庭非常注重培养良好的文化氛围，同时也鼓励孩子多读书，读好书，营造浓浓的家庭文化读书氛围。法国儿童从小就接受父母的熏陶，在学校也是不断接受文学的洗礼、感受文学的魅力，养成了热爱文学、喜欢读书的好习惯。

---

① 白春礼主编：《人才与发展：国立科研机构比较研究》，科学出版社 2011 年版，第 22 页。

　　法国的现代生活丰富多彩，文化娱乐活动多种多样，尽管电视、广播、互联网和电子读物的普及对阅读文化带来了一定冲击，但是法国人依然保持着传统的阅读习惯，读书的热情不减，法国人的书籍阅读量依然十分庞大。根据法国著名民意调查机构曾发布的一项统计调查显示：法国人均每年读书12本，多则可达20本以上。然而，根据中国新闻出版研究院2013年4月份发布的第十次全国国民阅读调查结果显示：2012年我国18—70周岁国民图书阅读率为54.9%，18—70周岁国民人均纸质图书阅读量仅为4.39本①，这其中的差距是显而易见的，也从侧面上反映了我国国民的阅读习惯亟待养成和提高。

（四）　法国的图书馆、出版行业发达

　　在法国，大大小小的图书馆遍布全国各地，免费向公众开放，并且为读者提供良好的阅读服务。法国虽然只拥有6300多万人，出版业却非常发达，"约有6000家出版社"②。法国完善的图书馆服务和发达的出版行业，为法国文学的传播和发展提供了便利的条件。在法国，大部分人都喜欢阅读文学作品，因为文学在历史上铸就了法国文化，比如巴尔扎克、雨果等伟大作家深深地影响了一代又一代的法国人，据统计在法国高居出版首位的就是文学作品类图书，市场份额多达20%。

　　法国人良好读书习惯的养成，既离不开法国浓厚的历史文化氛围和家庭学校的培养熏陶，也离不开法国政府对相关产业的积极扶持。法国政府非常重视基础文化设施建设，倾力打造阅读大国，每年都拨出几十亿法郎用于兴建图书馆、博物馆、剧场等文化设施，使得各类文化场所如图书馆、博物馆、美术馆、歌剧院、音乐厅和画廊等无处不在，极大地丰富了法国人民的精神文化生活。法国蓬皮杜中心大众信息图书馆，拥有现代化的设施并且实行开放阅览，以多种现代化手段向所有情报需求者（无须借阅证）提供新型的文献信息服务。巴黎市区内更是有100多座现代化图书馆向公众开放，只要你在任何一家图书馆办理了借书证，就可以在60多家市立图书馆借阅书籍、报刊和磁带等。巴黎最大

---

　　①　相关内容详见：http://www.chuban.cc/yw/201304/t20130419_140027.html。
　　②　相关内容详见：http://baike.baidu.com/link? url = PTwNwYNez3wr48zfpydt - tfDRBVV28618xgqzlNrbOxMfzwwxNWY9spQet6k_ g1z。

的图书馆是法国国家图书馆，据说图书馆里拥有 3600 个座位，是美国国会图书馆的 3 倍。法国图书馆长年免费向读者开放，使得各类读者都能从中受益。

　　一般认为，现代信息网络的飞速发展会对图书出版行业造成极大的威胁，严重影响图书出版行业的发展。然而，近年来法国出版物的销售数量依然呈持续增长的势头。在法国人的生活方式日益多样化的同时，法国人的书籍阅读量依旧，这是因为法国的出版业能够适应现代生活方式的变化，例如以廉价形式传播的古典文学作品和重版书的"袖珍版"图书，已经成为重要品种，销售量份额持续增长。

　　此外，法语作为联合国 6 种工作语言之一，被广泛应用于国际性社交和外交活动中，作用仅次于英语，它不仅是法国的官方语言，而且还是遍布五大洲的 40 多个国家和地区的官方语言或通用语言，讲法语的人数估计在 1.2 亿人左右①。在所有文学奖获奖作家里面，按照获奖作品的创作语言排名，前三位的分别是：英语（26 人）、法语（13 人）、德语（13 人）。虽然世界上讲法语的人数并不多，但是法国文学作品分布却很广，法国大量的法语书籍通过优秀的翻译人才翻译成多国语言，并通过发达的出版行业传播到世界各国为世界人民所熟知和认可，极大地促进了法国文学的传播，这也在一定程度上扩大了法国文学作品的知名度和影响力，为诺贝尔文学奖的获得奠定了基础。

　　法国作为传统的文学大国和科技大国，不仅有着悠久浓厚的文化传统、文化氛围，而且也拥有优秀的科学技术人才和创新科研体系，积淀了浓厚的文化底蕴，培养了法国人民热爱文化的优良品质，极大地促进了法国科学技术的发展。法国雄厚的科研教育经费以及完善的高等教育体系，培育了大批优秀的科学技术人才。政府的重视和支持，也在一定程度上促进了法国诺贝尔奖项的获得，使其成为传统的诺贝尔奖获奖大国。

---

　　①　相关内容详见：http://baike.so.com/doc/3757364.html。

第九章　经验和教训:俄罗斯和苏联

一　俄罗斯和苏联获奖概况

本章的俄罗斯所指的是原俄罗斯、苏联和现代的俄罗斯。俄罗斯的科学技术与文化在世界历史上占有重要地位,其别具一格的文化体系和思维习惯常使寰球侧目。俄罗斯算是获诺贝尔奖的传统强国。如不做特殊交代,本章中所讲的"俄罗斯"在时间跨度上包括"帝俄时期""苏联时期""独立以来的俄罗斯"。

自诺贝尔奖设立至今,已有20位俄罗斯人将此奖收入囊中。与美、英、德等国并论,自然逊色不少,但与日本、印度、中国等国家相比,这一成绩已是不菲。在这20名获得者中,文学奖获得者3位,和平奖获得者2位,自然科学奖及经济学奖共计15位。详见表9—1和附录2:

表9—1

年份	奖项	获奖人
1904	生理或医学奖	伊·巴甫洛夫 (1849—1936)
1908	生理或医学奖	伊·梅契尼科夫 (1845—1916)
1956	化学奖	尼·谢苗诺夫 (1896—1986)
1958	文学奖	鲍·帕斯捷尔纳克
1958	物理学奖	巴·切伦科夫 (1904—1990)
1958	物理学奖	伊·弗兰克 (1908—1990)
1958	物理学奖	伊·塔姆 (1895—1971)
1962	物理学奖	列·朗道 (1908—1968)
1964	物理学奖	尼·巴索夫 (1922—2001)
1964	物理学奖	亚·普罗霍罗夫 (1916—2002)
1965	文学奖	米·肖洛霍夫

续表

年份	奖项	获奖人
1970	文学奖	阿·索尔仁尼琴
1975	经济学奖	列·坎托罗维奇（1912—1986）
1975	和平奖	安·萨哈洛夫
1978	物理学奖	彼·卡皮察（1894—1984）
1990	和平奖	米·戈尔巴乔夫
2000	物理学奖	若·阿尔费罗夫（1930—　）
2003	物理学奖	维·金茨堡（1916—　）
2003	物理学奖	阿·阿布里科索夫
2010	物理学奖	康·诺沃肖洛夫

根据上述数据可看出，俄罗斯获诺贝尔奖的情况具有以下特点：

第一，从获奖的绝对人数来看，俄罗斯可算是获奖强国。根据 1901—2012 年的数据，俄罗斯诺贝尔奖（不包括文学奖、和平奖）获得者人数占全世界第八位。

表9—2　俄罗斯获诺贝尔奖（不包括文学奖、和平奖）人数（1901—2012）

奖项	物理奖	化学奖	生理或医学奖	经济学奖	总计	世界排名
人数	11	1	2	1	15	第八

资料来源：根据各年人数统计而成。

注：以获奖者获奖时具有俄罗斯国籍为统计标准。

第二，与英、美等国家相比，俄罗斯的获奖人数并不多，但覆盖了诺贝尔奖的各个领域。截至 2008 年，共有 13 个国家 62 名经济学家获诺贝尔经济学奖，其中 1 名是俄罗斯的；有 21 个国家 192 名生理学或医学科学家获诺贝尔生理学或医学奖，其中俄罗斯有 2 名；共有 17 个国家 184 名物理学家获诺贝尔物理学奖，其中俄罗斯有 10 名；共有 20 个国家 154 名化学家获诺贝尔化学奖，其中有 1 人属于俄罗斯。[①]。

第三，俄罗斯在物理学、经济学和文学三个领域的相对获奖能力较

_____

① 以上数据根据各年统计而成，参见附录 2。

强。一个国家在某领域的相对获奖能力，可用获奖国家在某领域获奖人数与获奖国家的获奖总人数的比来表示。根据这一指标，俄罗斯可算是这三个领域的传统强国。据1901—2000年的统计数据，苏联／俄罗斯有8人获得诺贝尔物理学奖，相对获奖能力为47%，居世界第二；有1人获得诺贝尔经济学学奖，相对获奖能力为5.9%，居世界第四；有3人获得诺贝尔文学奖，相对获奖能力为17.6%，居世界第四。

第四，苏联时期的俄罗斯诺贝尔奖获得者在其总数中占比较大，而帝俄时期和苏联解体后的新俄罗斯则明显见绌。

二　俄罗斯和苏联的经验与教训

俄罗斯虽是获奖大国，但距离美、英、德、法等国则尚有距离。在时间上，获奖人数在不同时期——帝俄时期、苏联时期、独立以来的新俄罗斯时期——分布十分不均。这意味着俄罗斯既有可资借鉴的经验，也有引以为戒的不足。"好走极端"、"剑走偏锋"是俄罗斯这个民族的典型性格，这一点在俄罗斯的科研建设中再次得到了体现。影响一国科研成果的因素可列出种种，但鲜有某国将一种因素发挥至极致的情况。然而，俄罗斯却是个例外。纵观俄罗斯的科研发展过程，科研经费和科研自由是两个"关键词"。与其他国家相比，这两项因素在俄罗斯科研的成败中特别明显，本节拟对这两点加以分析，以图得出一些经验和教训。

（一）科学研究需要足够的经费

苏联时期，国家对科学研究的投入在世界中名列前茅。苏联的领袖均为现实主义的政治家，他们一边将科学家斥之为理应被消灭肃清的资产阶级专家，同时又清楚地知道马列主义不能取代科学研究，因此主张对这些资产阶级的专家进行"改造"和"利用"。对于国内的"人"是这种实用主义的策略，对于国外的"物"和"技术"也是如此。例如，从20世纪20年代末开始，苏联就开始大规模地引进西方发达国家的仪器、设备和流水线等，同时学习这些国家的先进工艺和技术，并加以改进以适应本国情况。彼时，至于那些发达国家的"资本主义"性质暂且搁在一边。后来的事实证明，苏联在科学研究方面的实用主义政策

（不为意识形态所束缚）在工业化进程中发挥了积极作用。

也正是基于这一经验，斯大林较之列宁更是格外看重科学研究，甚至提出"技术决定一切"的口号。这也就为苏联政府关于科学研究的政策奠定了思想上的基础。

首先，承认科研工作者是重要的国家建设者。科学为苏联政府看重，科学家和工程师们因此生逢其时，逐渐被视为国家建设者的重要组成部分，许多科学工作者因自己的贡献而获得了列宁勋章、劳动红旗勋章等荣誉。这些具有浓重官方色彩的荣誉意味着国家对科研及其从事者在身份上的承认。这种承认在物质上表现为，苏联给予科研工作者优厚待遇。例如，通讯院士、院士享受专项补贴，以及配套的院士服务待遇，包括住房标准、别墅、用车和疗养条件等；科研人员若具有博士学位不仅享受专项补助，还有专门的医疗待遇；副博士则是双倍工资。因此，从事科研工作成为苏联青年人最向往的职业之一。

其次，苏联政府投入了大量的资金。据统计，在1940年时①，苏联共有各类科研人员9.8万人，科研经费为3.6亿美元，而同时期的美国为4亿美元。② 虽然在绝对值上，苏联较之美国稍欠，但从科研经费占国内生产总值的比重来看，苏联对科研的投入力度则更大。苏联从使用木犁到掌握原子弹、氢弹和人造卫星，其科技水平之所以能够迅速超过世界上的大部分国家，甚至与美国分庭抗礼，其对科学研究的大规模投入是一个重要原因。一组数据可以为此提供佐证，据统计，1930—1965年，苏联从事科研工作的人员数量猛增，科研人员增长36倍，而同时期的苏联工人和服务人员只增长了8倍。科研人员数量的增长速度，无疑是各个领域中最快的。另外，据美国的统计，在20世纪60年代初期，世界化学成就的28%、物理学成就的16%是由苏联科学家作出的，而美国相应成就的比例为28%和30%。③ 苏联在许多领域已达到世界领先水平，包括固体化学、电弧焊接、电子材料、设备制造和物理研究、地震理论、气候研究、天文物理等。更是较美国提前发射了世界

---

① 1937年，苏联宣称由落后的农业国转变为先进的工业国。

② 宋兆杰、曾晓娟：《从苏联—俄罗斯科学发展看经费重于自由》，《科技管理研究》2012年第10期，第237页。

③ 转引自宋兆杰、曾晓娟《从苏联—俄罗斯科学发展看经费重于自由》，《科技管理研究》2012年第10期，第238页。

第一颗人造卫星。也正是在这种情况下，苏联培养出了多位诺贝尔奖获得者。

再次，成立了管理科研活动的官方组织，其规模之庞大和计划之详细，并世罕俦。这种模式的一个巨大优势便是，可以宏观地进行人才和资源配置，不但有能力上马大规模的综合科技项目，而且能够集中最好的科学家，解决最复杂、最前沿的科技问题，简言之就是可以"集中力量"办大事。其中最典型的无疑是苏联科学院。苏联科学院有两重身份，既是苏联最高的学术机构，同时又是苏联最高的科学机关。尤其从后者的角度来看，这算是一个创举，西方是没有类似组织的。一切还得从成立苏联科学院的目的上说起。苏联科学院成立于 1925 年，受苏联部长会议①直接领导，是正部级单位。苏联实行计划经济体制，一切跟着中央的"计划"走。设立一个机构以总理全国科研活动，按照中央计划委员会编制的国民经济发展计划，来统筹和管理全国的科研活动，集中最优势的资源发展重点领域。因此，我们不难发现，苏联时期的诺贝尔奖获得者，其成果都与当时苏联国家看重的领域有千丝万缕的关系。

与苏联时期相反，俄罗斯科学事业陷入低谷的原因不是自由问题，而是经费问题。

据统计，1990—1995 年间，俄罗斯科学投入从 109 亿卢布减至 0.2415 亿卢布，缩减了 451 倍，最为严重的是 1992 年，科学投入仅占国内生产总值的 0.74%。而同时期其他国家的这一指标为：瑞士 3.8%、日本 3.04%、美国 2.64%、德国 2.44%。20 世纪 90 年代中期，俄罗斯科研工作人员的月平均工资为 150—200 美元，低于国家平均工资 30%。2005 年，个别地区突破了 300 美元。这样的工资收入在俄罗斯只能维持最低城市生活水平。这个标准是国家所有从业人员中最低的，这使俄罗斯少有年轻人愿意从事科研工作，1994 年科研工作者为 52.53 万人，到 2000 年时已降至 42 万人。

科研投入的不足，使从事科研工作的人员数量骤减。20 世纪 80 年代，苏联科学研究人员总数约为 100 万。而 2003 年时候，俄罗斯科研人员总数仅为 40.9 万人，其中博士 22900 人、副博士 7890 人。当时俄

①　相当于我国的国务院。

罗斯总人口为 1.44 亿，因此，科研人员数量明显是偏少的。同时，由于科研人员待遇太差，年轻人不愿意从事科研工作，俄罗斯科学技术人才队伍出现了严重的老龄化。① 20 世纪 80 年代，50 岁以上的俄罗斯人尚未达到 26.4%，而 2000 年，这一比例已经达到 50.2%；80 年代，60 岁以上的科研人员占到 6.5%，而 2000 年则达到 25.2%。

这导致俄罗斯大量优秀的科研工作者外流。虽然随着俄罗斯经济的恢复和政府的重新重视，这一趋势有所缓解，但仍然是困扰俄罗斯科技发展的一个头疼问题。

（二）保障学术自由

在对科研的投入方面，苏联已与美国接近。虽然在绝对数量上，苏联培养出了一些诺贝尔奖获得者，但在相对数量上，苏联较之美国仍有相当大的差距。为何在投入相近的情况下，苏联的科技水平在总体上仍会落后于美国？

首先，苏联政府违背科学研究的基本原则，以意识形态作为评判科研成果的标准，束缚科研工作者的思想。苏联政府对科研工作者科研活动的干预不仅表现为思想上的批判，甚至有肉体上的消灭。而政府实施这一政策的介质则是政府设立的官方科研机构，其中最有代表性的即为苏联科学院。首先遭到意识形态化的是人文领域，起初只是要求以马克思主义经典学说来指导历史学、哲学、政治经济学、人类学等学科，最终则演化为必须在口径和行动上与苏联官方保持一致，所有的科学只是官方意识形态的注脚。后来，苏联政府逐渐将范围扩大化，开始波及自然科学。例如，出于意识形态的需要，苏联把控制论斥为资产阶级伪科学，禁止苏联的科研人员对其进行介绍和研究；在生物学和遗传学领域，同样是出于意识形态的考虑，苏联政府将"米丘林生物学"树为标准，其他学派均受到了冲击，其中以尼古拉·瓦维洛夫为代表的苏联经典生物学几乎被扫除。

以意识形态作为评判科研成果的标准，显然是违背科学研究的基本原则的。事实也证明，苏联在这方面获得了惨痛的教训。如因在苏联国内"封杀"控制论，其计算机技术与世界的距离迅速拉大；作为苏联

---

① 这和俄罗斯整体上的人口老龄化趋势也有关。

传统优势学科的生物学和遗传学，出现万马齐喑的惨况，在世界上的地位和影响力一落千丈。

苏联政府还通过控制信息来控制科研工作者们的思想。这突出表现在苏联与外界的交流上，外国文献进入苏联要接受严格的审查，而这审查的标准并非是学术水平的高低，而是是否与苏联官方的意识形态相抵牾；同时也禁止苏联科研工作者在国外期刊发表文章，参与国外的学术活动。结果导致苏联的许多领域与世界前沿严重脱节。此外，还控制国内的学术刊物，只有符合官方意识形态的观点和立场才能见诸报端；干预学校的课程设置，学校逐渐沦为官方意识形态的传播机构。

此外，一切由中央进行计划支配的计划体制是缺乏效率的，因为完全束缚了科研工作者的积极性，而且中央的计划往往并不是最优的，甚至有些科研机构和工作人员，为了能够轻松完成指标，获取嘉奖，为上级提供的相关信息均严重缩水，使上级以其为参考制定计划时降低了标准。

其次，苏联视科研工作者为工具。苏联对待科研工作者的不同政策，表面上看起来有颇多矛盾之处：一方面承认科研工作者的政治地位，提高其经济待遇，营造尊重知识、尊重科学的氛围。无论是联共（布）发布的官方文件，还是斯大林在不同场合所做的强调科学技术重要性的批示，都体现了这一点；另一方面却又用意识形态来干预科学界、学术界的工作，剥夺科研工作者的学术自由，批判、压制甚至逮捕和迫害科研工作者。不但中断了苏联科研工作人员与世界的交流，而且还对科研工作人员进行思想和肉体上的迫害。这就出现了，苏联既对科研工作者厚待有加，却又迫使大批专家逃亡国外的怪现象。

这种矛盾的根源在于，苏联并不是追求科学而是利用科学。实际上，在苏联科学技术大力发展的过程中，科研的意义已经开始扭曲。从事科学研究不是探索未知（这里是指苏联政府，而非从事科研的个体），而纯粹是借科学研究达到某种目的。科学家仅仅是供苏联政府使用的工具，这十分明显地体现在苏联不均衡的学科发展中。苏联时期，苏联物理学和化学的发达是因为这两个学科与氢弹、原子弹的研制有密切关系；对生物学、遗传学等学科的无情摧残，是因为这些学科对苏联政府而言并无现实的紧迫意义。虽然在物质层面上为科研工作者提供了优厚的待遇，但在精神层面却不肯给科学家一丝自由的空间。

概言之，可为我所用，则在思想改造上网开一面，物质上予以厚待；

不为我所用，则严加批判，横施压制，大肆挞伐，甚至肉体消灭。据统计，1928 年，苏联科学院就有 648 人被清洗；在 1936—1937 年间，大约有 20% 的天文学家被逮捕；从 1917—1953 年，遭受镇压的有 45 名院士和 60 名通讯院士，其中一半以上被枪毙，或在审讯中被折磨致死。著名的航天工程师图波列夫曾被投入监狱；遗传学家切特维里科夫被捕并被流放至乌拉尔；苏联的集中营中曾关过领导研发世界上第一颗人造地球卫星的科罗廖夫。上过苏联逮捕名单的科学家大有人在：莫斯科大学数学和机械研究所所长叶果洛夫，列宁格勒大学植物遗传研究所所长卡尔别琴科，莫斯科大学物理研究所所长格森，微生物学家科利切夫斯基，莫斯科大学化学系主任巴兰丁，地质研究所所长格力高列夫，稀有金属研究所所长巴实洛夫，莫斯科大学生物系主任贝霍夫斯卡娅，医学遗传学研究所所长列维特等。他们当中有些人遭到逮捕后，被迫害致死。① 而且，苏联政府的逮捕名目更是令人闻之胆寒，如有的科研人员想接触外国有关成果，即被怀疑为间谍，遂捕杀之。苏联科研人员迫于政治和精神上的压力，人人自危，不再寻求科学研究中的真实，而是按照苏联官方的意识形态来完成自己的工作。这就是苏联科研人员作为工具的悲哀。

（三）小结

无论是苏联时期，还是苏联解体后，俄罗斯都出现了科研工作者外流的现象。在苏联时期，科研工作者的外流是要摆脱迫害、追求自由；而新俄罗斯时期，科研工作者外流则主要是为了寻求更好的生活待遇。过去的历史表明，没有学术自由，只有充足学术经费的苏联未能成为兼顾各方面的科技强国；有了充分学术自由，而缺乏科研经费的俄罗斯落得萎靡不振。这意味着足够的科研经费和充分的学术自由均为一国成为科技强国的必要条件。二者缺一不可。

三　文学奖背后的折冲樽俎

俄罗斯共有 3 人获得诺贝尔文学奖，包括帕斯捷尔纳克（1958

---

① Л. Грэхем, Устойчива ли наука к стрессу? *Вопросыисыстории естествования и техники*，1998（4）：3 - 17；宋兆杰、曾晓娟：《从苏联—俄罗斯科学发展看经费重于自由》，《科技管理研究》2012 年第 10 期，第 237 页。

年），肖洛霍夫（1965 年），索尔仁尼琴（1970 年），但是，布罗茨基
（1987）虽然于 1977 年加入美国国籍，蒲宁（1933）获奖时已被剥夺
苏联国籍，但因其主要使用俄语进行创作，且凭俄语作品荣膺此奖，故
本节将这两人收入讨论之列。在国际政治中，诺贝尔文学奖与政治之间
的关系或明或暗、时现时隐。俄罗斯的这几位文学奖得主显然属于
"明"和"现"的一类。

　　诺贝尔文学奖的不公平早已是世人皆知，其根本原因当然是评奖标
准的模糊性及其较差的操作性。诺贝尔的遗嘱中虽然写明将文学奖授予
"创作出具有理想倾向的最佳作品的人"，可什么是"最具有理想倾向
的最佳作品"，言人人殊。例如，1901 年首届诺贝尔文学奖颁发之时，
托尔斯泰本是众望所归，结果却是出人意料，评委会将文学奖授予了文
学成就远逊托翁的法国诗人普吕多姆。当时，瑞典国内有 42 名知名作
家和艺术家在报上发表声明，对该结果表示质疑和不满。次年，托尔斯
泰再次成为候选人，然后，此次却是花落德国，得主是历史学家蒙森。
托翁 1910 年驾归道山，此前据说又多次被列为候选人，但终无缘诺贝
尔奖。缘何如此？人们从后来披露的材料得知，评审委员会成员认为托
氏作品中的无政府主义、反教会主义、宿命论色彩等与诺贝尔遗嘱所言
有悖。其实，皆缘于瑞典文学院当时的保守气氛，狭隘理解遗嘱中"富
有理想倾向"一语，死于句下了。① 却如陆建德博士提醒的那样，"我
们千万不要相信斯德哥尔摩几位老先生是代表全世界在作出判断。他们
是他们，我们是我们，他们也会失误的"②。

　　正是由于这种评奖标准的模糊性及其较差的操作性，权力获得发挥
作用的空间，国际政治中的玩家才可以借"诺贝尔文学奖"这一符号
进行有利于自我的演绎，进行有利于自我的诠释。苏联／俄罗斯与诺贝
尔文学奖的关系极为典型地体现了这一点。一般说来，20 世纪的俄国
文学史可分为两大部分：一部分为苏维埃文学，具有官方、主流意识形
态性质；另一部分为侨民文学、流亡和地下文学，具有自由主义、持不
同政见的性质。若将五位苏联／俄罗斯文学奖得主的家数和立场加以分

　　① 刘文飞：《诺贝尔文学奖与俄语文学》，《外国文学动态》1997 年第 3 期，第 4 页。
　　② 陆建德：《中国人对诺贝尔奖还有自卑情结》，《时代周报》2013 年 10 月 24 日，ht-tp：//www. time－weekly. com/story/2013－10－24/131324. html。

梳，很容易就发现，其中有四位属于非官方的侨民文学、流亡和地下文学，他们是蒲宁（1933 年）、帕斯捷尔纳克（1958 年）、索尔仁尼琴（1970 年）、布罗茨基（1987 年）；只有一位肖洛霍夫（1965 年）获得了苏联官方的认可。此外，还可再添一佐证，那就是完全可以获奖却因其革命的立场而未获奖的高尔基。

（一）

蒲宁（1870—1953）于 1933 年成为苏联／俄罗斯获得诺贝尔文学奖的第一人。此公诗才横溢，高尔基赞其为"一位伟大的诗人，当代第一诗人"，在写给蒲宁的信中表示喜欢读蒲宁的作品，喜欢谈论蒲宁。[①]即便是不见容于苏联政府，当局也不得不承认其惊人的诗才，在 1950年代组织出版了九卷本的《蒲宁文集》。诺贝尔评审委员会如此评价蒲宁："他继承了俄罗斯 19 世纪以来的光荣传统并加以发扬光大；至于他那周密、逼真的写实主义笔调，更是独一无二。"[②]

这位天才诗人生于一个破落的贵族家庭，这对于其观察社会和思考人生的角度具有深远影响。无数作家的命运因俄国的十月革命而发生改变，蒲宁也无法做桃花源中人。大概是因为出身贵族，对革命暴力有一种天然的排斥，他不能理解革命的主张，也无法适应由此而产生的社会动荡，诗人选择了出走。1920 年，蒲宁在苏联红军攻陷了敖德萨后乘船逃离俄国，先是流亡巴尔干半岛，后来定居法国。这些最终都体现在其作品之中："俄罗斯完了，一切都完了，我过去的全部生活也完了。"[③] 苏联因其"自绝于祖国，自绝于人民"，取消了其苏联国籍。也就有了蒲宁领奖时未悬挂国旗的后话。

（二）

1958 年，帕斯捷尔纳克（1890—1960）因其长篇小说《日瓦戈医

---

　　① 高尔基致蒲宁信札的原文为："我爱您，请别见笑。我喜欢读您写的东西，想到您，谈论您，在我这纷扰困顿的生涯中，您也许是，甚至肯定是最好的、最有意义的。对我来说，您是一位伟大的诗人，当代第一诗人"。参见陈为人《苏俄诺贝尔文学奖四位得主命运比较》，《同舟共进》2009 年第 3 期，第 57—58 页。

　　② 陈为人：《苏俄诺贝尔文学奖四位得主命运比较》，《同舟共进》2009 年第 3 期，第 59 页。

　　③ 陈春生：《诺贝尔文学奖与 20 世纪俄罗斯文学》，《湖北师范学院学报》（哲学社会科学版）2002 年第 4 期，第 48 页。

生》而被授予诺贝尔文学奖。在此之前，帕氏就曾多次被提名为候选人，不过是被视为"杰出的、有独创性的诗人"。《日瓦戈医生》的艺术成就毋庸置疑，诺贝尔奖评审委员会的评价是："作为一部时代的文献，这部小说可以与托尔斯泰的《战争与和平》相媲美，而作为一部艺术作品，它也足以与托尔斯泰的许多作品相提并论。"① 的确如此，这并非过誉之辞。

不过，《日瓦戈医生》出版的过程，帕斯捷尔纳克获奖时的国际政治背景，乃至苏联的激烈反应，都不得不让人关注一下纯文学之外的其他因素。小说在苏联国内无法出版，被认为"是仇恨社会主义"。② 小说辗转他手，在意大利出版，甫一面世即获畅销，西方又不失时机地将小说拍成电影。这些原本非作者所愿，苏联当局却将其视为资本主义的帮凶、祖国叛徒、大毒草。最终，帕氏迫于压力拒领诺贝尔奖。尽管帕未曾明确反对苏联当局，但他的确与当局的主流意识形态扞格不合。他曾对朋友说过："我已经老了，也许很快就会死去，我再也不能放弃自由表达自己思想的机会了。"③《日瓦戈医生》渗透了作者的哲学观和伦理观，从中可以找到这位不反对当局的作家为何落得被开除出作家协会，最终在压抑中辞世的下场。这一问题的答案是：帕氏持有的是宗教人本主义的哲学观，其伦理观承袭托尔斯泰主义，主张"以善对善，勿以暴力抗恶，充分尊重个人的理性自觉，用理性的道德感召力量达到泛爱的宁静与和谐"。④

（三）

肖洛霍夫（1905—1984）凭借其小说《静静的顿河》于1965年获得诺贝尔文学奖。与其他获奖者的命运不同，肖洛霍夫颇得苏联当局青睐。他曾获得了"斯大林文学奖"，这意味着其作品得到了主流意识形态的认可。事实上，中后期的肖洛霍夫也的确是官方文学阵营中的得力

---

① 刘文飞：《诺贝尔文学奖与俄语文学》，《外国文学动态》1997年第3期，第5页。

② 这是苏联作协领导西蒙诺夫、费定等人对《日瓦戈医生》的评价。参见陈为人《苏俄诺贝尔文学奖四位得主命运比较》，《同舟共进》2009年第3期，第58页。

③ 陈为人：《苏俄诺贝尔文学奖四位得主命运比较》，《同舟共进》2009年第3期，第59页。

④ 郑羽：《哲学和道德的审视——评〈日瓦戈医生〉》，《读书》1987年第12期，第71页。

干将。例如，他曾口诛持不同政见的索尔仁尼琴"是个疯子，不是作家，是个反苏的诽谤者"，甚至因索氏在国外出版揭露苏联弊病的小说《癌病房》、《第一圈》，而对其大加挞伐，称其"吃着苏联面包，却为西方资产阶级主子服务"，是"苏联作家们要求除掉的典型疫病"。①

但肖洛霍夫赖以获奖的《静静的顿河》却并非"中规中矩"的作品，若与未曾获奖的高尔基相比，《静静的顿河》都可称得上离经叛道了。若非高尔基的上下周旋，肖洛霍夫恐怕会因为《静静的顿河》而成为另一个版本的帕斯捷尔纳克和索尔仁尼琴。因为，该书并不被主流意识形态看好，得以出版后，又遭到了各方的非难，罪名是"歪曲了国内战争"、"偏离了苏联的革命文艺路线"，甚至斯大林也认为小说有"非苏维埃倾向"。② 由此或许可以推知，评审委员会的人除了看重肖洛霍夫高超的现实主义写作技巧外，更在意的恐怕还是《静静的顿河》中对人性的表现，对革命另一面的描摹。顺着这一逻辑也就能够理解，为何肖洛霍夫完全归于苏联官方文学阵营，甘为当局传声筒和马前卒后，西方有媒体向诺贝尔评奖委员会提出建议，希望追回授予肖洛霍夫的诺贝尔奖。

（四）

索尔仁尼琴（1918—2008）是 20 世纪俄罗斯流亡文学的典型代表人物，更是一位典型的持不同政见者。索氏赖以获得诺贝尔文学奖的作品是长篇小说《第一圈》和长篇小说《癌病楼》，前者描写的是莫斯科附近的一个政治犯收容所，后者则是关于苏联集中营。与其他几位作家相比，大家甚少注意索尔仁尼琴的文学创作技巧，这当然不是因为他在文学创作方面的欠缺，而是因为他的内容和立场更显眼。

他的确是一位决绝的持不同政见者，先是批判斯大林时期的种种暴政，在赫鲁晓夫的亲自过问下发表了《伊凡·杰尼索维奇的一天》，高擎人性的大旗。又在 1967 年，给苏联第四次作家代表大会写"公开信"，要求取消对文艺创作的一切公开和秘密检查制度。所以，即便

---

① 陈为人：《苏俄诺贝尔文学奖四位得主命运比较》，《同舟共进》2009 年第 3 期，第 60 页。

② 同上。

"解冻"缓和了气氛，他还是难与当局达成一致立场。这样的身份怎么会不被卷入国际政治的旋涡？

1969年，他被作家协会开除；同年，被选为美国艺术文艺学会名誉会员。1970年，索尔仁尼琴因"在追求俄罗斯文学不可或缺的传统时所具有的道义力量"获得当年的诺贝尔文学奖。① 1974年，苏联最高苏维埃主席团宣布剥夺他的苏联国籍，将其驱逐出境；同年，美国参议院授予他"美国荣誉公民"称号。

苏联塔斯社的那份声明应该算是并不客气的回敬："人们不能不表示遗憾。瑞典文学院使它自己卷入了一场毫无价值的闹剧，这对于文学的精神价值和传统而言是毫无意义的，这是由那种别有用心的政治计谋所炮制出来的。"②

（五）

布罗茨基（1940—1996）也是俄罗斯流亡文学的代表人物。凭借诗歌入选诺贝尔文学奖，这如同凤毛麟角。这位诗坛的巨人从15岁就开始创作诗歌，并受到前辈大家的赏识。他承袭诗人安娜·阿赫马托娃一脉的传统，又受英国选学派诗人的影响，于1987年获得诺贝尔文学奖。评审委员会的评价是"诗人与奥西普·曼德里施塔姆、安娜·阿赫马托娃、诺贝尔文学奖获得者鲍里斯·帕斯捷尔纳克同属俄国古典主义的传统。同时，他也是不断革新诗歌表现手法的高手。他的灵感也取自西方，特别是取自从玄学派诗人约翰·邓恩到罗伯特·弗罗斯特和威斯顿·奥登的英语诗歌"。不过，此时他早已加入美国国籍。

虽然1987年时，国际政治的形式已经有所缓和但两大阵营、两种意识形态的竞争仍然存在，所以不得不注意一下这位诗人的流亡身份。1964年，布罗茨基被法庭定为"社会寄生虫"罪，判处5年徒刑，在劳改营服苦役，由于一些苏联著名作家和艺术家的干预和努力而被提前释放，服刑18个月。此后，他的诗歌只能在国外发表，包括美国、法国、西德和英国等。1972年，布罗茨基被苏联驱逐出境。1977年，他加入了美国国籍。

---

① 陈为人：《苏俄诺贝尔文学奖四位得主命运比较》，《同舟共进》2009年第3期，第61页。
② 刘文飞：《诺贝尔文学奖与俄语文学》，《外国文学动态》1997年第3期，第6页。

（六）小结

通过以上分析，不难发现：一方面，在文学创作技巧、风格上，如学者刘文飞指出的那样，在面对俄语文学时，诺贝尔文学奖委员会特别注重于"俄罗斯文学的传统"。[①] 另一方面，涉及作品内容、作家立场与苏联当局的关系这一维度时，评审委员会则对苏联当局的反对者示以青眼。如图9—1所示，若通过这两个指标将苏联的作家分为四类，那蒲宁、帕斯捷尔纳克、布罗茨基位于D区域；肖洛霍夫（的作品）位于B区域；索尔仁尼琴艺术特色并不明显，跨B、D两个区域；没有获奖的高尔基[②]主要位于A区域。由此观之，诺贝尔文学奖评选的政治逻辑就明了了。

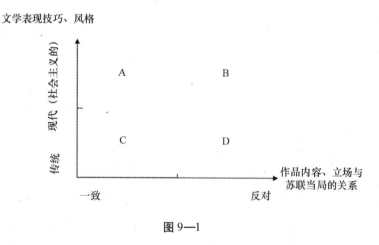

图9—1

本章并无褒扬某一方贬斥另一方的意思，只是试图揭露出诺贝尔文学奖[③]这种符号背后的权力运作。如果非要说，的确存在西方借诺贝尔

---

① 刘文飞：《诺贝尔文学奖与俄语文学》，《外国文学动态》1997年第3期，第7页。

② 高尔基也曾多次被提名，1928年以一票之差与诺贝尔奖失之交臂。当年的得主是挪威女作家温塞特，但事实上，无论从创作的哪个方面来讲，温塞特均不及高尔基，可评审委员会偏偏放弃了这位伟大的无产阶级作家。

③ 诺贝尔和平奖的评选更为赤裸，苏联的两名诺贝尔和平奖获得者分别是持不同政见者物理学家萨哈洛夫和促成苏联解体的政治家戈尔巴乔夫。其间的权力运作规律与文学奖一般无二，在此不做赘述。

文学奖之名，行牟利之实，那同理可以推想，为何苏联的"列宁奖"、"斯大林奖"在文学标准之外又平添一条"不授予资产阶级作家"。权力的运作是一种客观存在的现象，其本身并无甚可褒贬。重要的是，人们如何在看出这重机关后，获得解放，最起码是自我解放。

第十章　向西看和科技立国:日本

> 人生来并没有富贵贫贱之分。但是作学问通晓诸事者则将成为
> 贵人，富人；不学无术者则将成为贫下人。
>
> ——福泽谕吉

第二次世界大战以后，日本秉持科技立国原则，注重科学技术在经济发展中的作用，积极向欧美等西方国家学习先进技术，大大缩短了与欧美国家间的科技差距。尤其是 21 世纪以来，日本科学家开始崭露头角，频频问鼎诺贝尔奖，仅 2008 年就有 4 人获得。根据近几年获奖情况分析，日本获奖频率似乎更有加大的趋势，日本诺贝尔奖获奖的原因也因此成为人们关注的焦点。而同为亚洲国家的中国，与日本有着众多的相似之处，虽然改革开放以来经济迅速发展，在科技、教育、文化等方面取得可喜成就，然而在诺贝尔奖获奖方面却毫无建树。因此本章将重点总结分析日本在诺贝尔奖方面所取得成就和积累的经验以及日本科学家频繁获奖的原因，从中总结经验以供参考。

一　日本获奖概况

自 1949 年日本京都大学教授汤川秀树作为日本科学家首次获得诺贝尔物理学奖至今，日本共有 19 人（南部阳一郎为美籍日裔理论物理学家）获得诺贝尔奖。尽管，日本在获奖总人数上远远落后于欧美等发达资本主义国家，但是日本一直稳居亚洲诺贝尔奖头号获奖大国。尤其是近几十年来，日本诺贝尔奖获得人数更是以惊人的速度不断增长，迅速赶超。到目前为止，日本获得的诺贝尔化学奖有 7 人，诺贝尔物理学奖有 7 人（南部阳一郎为美籍日裔理论物理学家），诺贝尔生理学或医

学奖有2人，诺贝尔文学奖有2人，诺贝尔和平奖有1人，未获得诺贝尔经济学奖，详见图10—1。

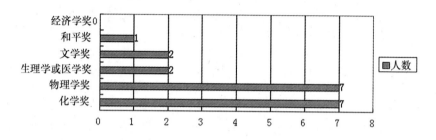

图 10—1   日本获诺贝尔奖情况

资料来源：作者根据诺贝尔官方网站统计得出。

1. 在获奖人数及获奖比例上：在亚洲，总共有43人获得诺贝尔奖，其中诺贝尔和平奖14人，诺贝尔物理学奖10人，诺贝尔化学奖9人，诺贝尔文学奖6人，诺贝尔生理学或医学奖2人，诺贝尔经济学奖2人。而这43人当中，就有19人是日本人，占亚洲诺贝尔获奖总人数的44.1%，将近一半，可见日本在亚洲已是独占鳌头，遥遥领先，详见表10—1。其中日本自然科学奖获奖人数（16人）占亚洲自然科学奖获奖总人数（21人）的76%。

表 10—1   日本诺贝尔奖获奖人数占亚洲诺贝尔奖获奖人数的比例

诺贝尔奖奖项名称	日本获奖人数	亚洲获奖人数	日本获奖人数占的比例
诺贝尔化学奖	7	9	77%
诺贝尔物理学奖	7	10	70%
诺贝尔生理学或医学奖	2	2	100%
诺贝尔文学奖	2	6	33%
诺贝尔和平奖	1	14	7%
诺贝尔经济学奖	0	2	0
总人数	19	43	44.1%

2. 在获奖领域上：日本科学家除了没有获得诺贝尔经济学奖以外，

其他诺贝尔奖项均有获得。其中，日本在诺贝尔化学奖和物理学奖获得的人数最多，在这两个领域获奖最多也并不是偶然的，这不仅与日本本国科学技术发展水平相适应，而且与自然科学领域的后续人才培养有很大的关系。

日本特别重视科学遗产和科学学派建设，特别是在物理学领域，自汤川秀树 1949 年获得诺贝尔物理学奖以来，先后又有多位日本科学家在该奖项中获奖，从表 10—2 日本诺贝尔物理学奖谱系中就可以清晰地看出。从师承关系来看，他们之间也有着千丝万缕的联系，仁科芳雄是汤川秀树和朝永振一郎的师傅，小柴昌俊和南部阳一郎则又是朝永振一郎的新传弟子。小林诚则又是南部阳一郎教授的徒弟，而益川敏英是仁科芳雄的另一位徒弟坂田昌一的学生，小林诚也可以算是坂田昌一的学生。

表 10—2　　　　　　　　　日本诺贝尔物理学奖谱系①

第一代	第二代	第三代	第四代
长冈半太郎（1865—1950）留德，师从玻尔兹曼	仁科芳雄（1890—1951）1921 年留学卡文迪许实验室，师从卢瑟福；1922 年去哥廷根，师从希尔伯特；1923 年去哥本哈根，师从玻尔；1927 年去巴黎 4 个月，师从泡利；后返回哥本哈根，随克莱因工作。	汤川秀树（1907—1981）1949 年获奖	坂田昌一
			武谷三男（1911—2000）
		朝永振一郎（1906—1979）留德，师从海森堡，1965 年获奖	南部阳一郎（美籍，1921—　）2008 年获奖
			小柴昌俊（1926—　）留英，2002 年获奖
		坂田昌一（1911—1970）	小林诚（1944—　）2008 年获奖
			益川敏英（1940—　）2008 年获奖
	菊池正士（1902—1974）留德，师从海森堡		

然而日本作为全球第三大经济体，国内也不乏著名的经济学家，却

① 乌云其其格、袁江洋：《谱系与传统：从日本诺贝尔奖获奖谱系看一流科学传统的构建》，《自然辩证法研究》2009 年第 7 期。

至今没有获得过诺贝尔经济学奖，这也同样不能不让人深思。日本国内有的经济学家指出："在日本，政府不采用经济学的理念，研究人员直接以现实经济为研究对象的机会很少。"日本东京大学经济学研究科教授松岛齐也认为"日本欠缺将经济学活用到现实政策的态度"，才是"根本性问题"。有的观点认为全球经济学研究的中心在美国，日本经济发展模式不符合西方经济学理念而被排除在主流经济学之外。也有观点认为，语言成为阻挡日本经济学家获奖的重要因素，日本经济学家论文的引用量受到影响，这在一定程度上影响日本学者在世界上的认可度，影响了诺贝尔经济学奖的获得。日本为扭转这一局面也做了一番努力，如日本经济学会在 1995 年开始用英语出版学术论文，并通过设立"中原奖"来表彰鼓励在国际上有影响力的 45 岁以下的经济学家。

虽然日本目前还没有获得诺贝尔经济学奖，却有宇泽弘文、青木昌彦、雨宫健、藤田昌久等人提名诺贝尔经济学奖，可以预想不久的将来日本肯定会有诺贝尔经济学奖获得者出现以填补经济学奖的空白。

3. 在获奖年份上：近几十年来，日本获得诺贝尔奖的人数不断增加，21 世纪以前日本仅有 5 人获得，而进入 21 世纪之后，获奖人数突飞猛进，共有 14 人（南部阳一郎为美籍日裔理论物理学家）获得。其中，仅 2008 年日本科学家在物理和化学研究领域就有 4 人获得了诺贝尔奖。

日本诺贝尔奖获得者人数的不断增长与日本政府重视基础教育、长期推行的"科技立国"政策有着密切的关系。为保障获奖成果的科学性和权威性，诺贝尔奖的获得具有一定的滞后性，诺贝尔奖的大多数奖项是经过长时间的验证、认可之后才颁发的。这也印证了日本早期的科技投入起到了预期的效果，标志着日本的基础科学投入开始进入正常的"播种收获期"，并且诺贝尔奖的获奖人数还会持续增长。

4. 在获奖潜力上：日本科技实力雄厚，获奖潜力巨大，日本在基础教育、科研经费方面投入了大量资金，形成了符合本国国情的科研体系，凝聚了大量的顶尖科学人才，打造了一支阵容庞大的专业人才队伍。

在自然科学方面，日本在物理学、化学、基础生命科学以及临床医学等领域处于世界领先地位，特别是在基础理论研究方面拥有雄厚的根基，并且拥有国际知名专家、学者。在经济学领域更是积聚了大批专家人才，不论是为二战后日本经济的腾飞还是为目前日本经济走出低迷都做出了巨大的贡献。我们有理由相信，日本在 2000 年出台的第二期《科学技术基本计划》中雄心勃勃提出的"在今后 50 年中日本获得诺贝尔奖的科学家达到 30 人左右"① 的目标在不久的将来是会实现的。

二　日本政府的科技立国

近代以来，日本科学技术的突飞猛进及其在科学领域取得的巨大成就与日本政府的大力支持是密不可分的。日本自明治维新以后，就十分重视基础研究，开始加大对基础教育的投入，有力地推动了日本近代科学技术的发展与创新，在一定程度上为日本获得诺贝尔奖提供了科学技术支撑。

1. 政府政策支持：早在明治维新时期，日本明治天皇就颁布了具有临时约法性质的《五条誓文》，其中明确指出要"求知识于世界，大振作皇基"②。日本政府通过学习西方的先进科学知识，振兴本国国基。

日本持续把"科技立国"作为立国之本，早在 20 世纪 90 年代中期，日本政府就通过了一项"介于宪法和专门法之间"的重要法律——《科学技术基本法》，明确提出了"科学技术创新立国"的战略目标及相应的政策措施。之后，日本还分别于 1996 年、2000 年、2005 年和 2011 年相继出台了第一期、第二期、第三期以及第四期《科学技术基本计划》，对日本科技的发展起到了重要导向作用。日本政府对本国科学技术发展的支持也是根据本国经济发展特征及发展需求来制定的，突出对重点学科及重点领域的支持，"20 世纪 50 年代的日本也可以看做是重点发展型国家，但是 70 年代以后，日本逐步拓展了其科学发展范围，到 90 年代中期日本的学科政策已经实现了从重点发展型向全面发展型的转变"。③ 日本政府在政策上的倾斜有力地促进了日本科学技术的发展。

---

① 《日本国家第二期（2001—2005 年）科学技术基本计划》，《国际科技合作》2002 年第 2 期，第 36 页。
② ［日］浮田和民稿，板垣退助、大隈重信阅：《政党史》，载大隈重信编《日本开国五十年史》，上海社会科学院出版社 2007 年影印版，第 228 页。
③ 吕淑琴、陈洪、李雨民：《诺贝尔奖的启示》，科学出版社 2010 年版，第 46 页。

2. 政府财政支持：日本政府历来在基础教育、科学研究等方面投入大量的人力、物力、财力。雄厚的经济基础，使日本有能力对基础科学研究投入巨资。据统计，"日本在现代化关键时期——1950—1975年，共花费 57 亿美元，引进了 25700 项外国技术，占世界第一位"。① 这不仅为日本引入了大量的先进技术，而且节省了大笔的研发经费，有力地推动了本国科学技术的发展。

在教育经费方面，"日本教育经费（不包括私立学校）自 1873 年至 1939 年间，平均年递增 9% 强。1949 年至 1984 年（包括私立学校）平均年递增 15% 强。另外，教育经费占 GNP 比例 1949 年至 1984 年平均为 5.03%。……1984 年以后，此比例均保持在 6% 以上"。② "20 世纪 60 年代至 80 年代初，美国和苏联教育经费各增加 5 倍，英国和西德各增加 9 倍，法国增加 18.6 倍，日本则高达 37.6 倍。并且，日本的教育经费占其行政经费的比例也是世界上最高的（约 21%—22%）。"③ 日本政府在教育上的投入，使得日本的教育得到飞速发展，为日后培养了雄厚的人力资源。

在科研经费方面，近几年日本的科研经费一直维持在国内生产总值的 3% 以上，所占比例居世界发达国家首位。进入 21 世纪之后，日本经济发展不景气，尤其是 2002 年度的财政预算总额较去年大幅度减少的情况下，日本政府在科技领域的预算不降反升。2011 年，日本的研究经费为 17.37 万亿日元，较前一年增长 1.6%，扭转了此前研究经费连续 4 年小幅度减少的趋势。科研经费的大量投入，为科研人员提供了基础的经费保障，使得大部分科研项目得以立项研究。

3. 重视人才培养：日本早就将人才战略纳入到国家创新体系建设的框架之内，大力培育优秀科技人才，重视科技创新。日本政府为加大人才培养力度，制定出台了一系列人才培养计划，例如"240 万科技人才开发综合推进计划"、"21 世纪卓越研究基地计划"、"科学技术人才培养综合计划"等等。据统计，截至 2012 年 3 月 31 日，日本国内各学科

① 冯之浚、张念椿：《现代文明的支柱——科技、管理、教育》，上海人民出版社 1986 年版，第 51—54 页。

② 孙小礼：《科学技术与世纪之交的中国》，人民出版社 1997 年版，第 476、477 页。

③ 甘霖、范旭：《生力军——民族地区青年科技人才资源开发研究》，广西人民出版社 2001 年版，第 50、51 页。

研究人员总计 84.44 万人，较前一年增长 0.2%，科研人员数量创下历史新高，如果按照国际通用的标准，对非全职性研究人员和辅助人员进行打折计算，则换算后的日本研究人员总数为 65.67 万人。日本的各项人才培养计划，为日本培育了大量优秀拔尖人才，在研究人员的数量上，日本仅次于美国和中国，排名世界第三。并且，根据世界知识产权组织的报告，2012 年日本申请专利数量 43660 件，排在美国（51207件）之后，位列世界第二。但在每千名技术人员申请专利数量方面，日本是美国的大约 4 倍。[①]

4. 制定明确目标：日本政府在 2000 年出台的第二期《科学技术基本计划》中雄心勃勃地提出要"在今后 50 年中日本获得诺贝尔奖的科学家达到 30 人左右"。2001 年，日本科学家野依良治获得诺贝尔化学奖后，日本政府又重申了这一目标。在该目标提出的前几十年间，日本在自然科学领域仅有 5 人获得诺贝尔奖，而该目标提出之后十几年间，日本在自然科学领域就又产生了 11 位诺贝尔奖获得者。

5. 提供科研保障：日本政府为科研人员提供完善的制度保障、经费保障和科研保障，不断完善各种制度机制，建立完善竞争性、创造性的研究开发机制，合理、灵活的经费审批机制，公开、公正的评价机制等，使得科学研究富有活力和创造性。日本科研经费管理得当，投入功效事半功倍，经费审批程序简单，研究人员可以扎扎实实、一心一意地投身于科学研究，不必担心经费问题，科研环境不会受外界的干扰。日本政府在第二期《科学技术基本计划》中指出"要建立有相当数量的研究基地，能够吸纳国外优秀科研人员，创造世界高质量的研究成果，并向世界广泛传播知识"[②]，并在此基础上逐渐建成了具有国际级别的各类研究所，如东京大学宇宙物理和数学研究所、京都大学细胞物质科学研究所、大阪大学免疫学前沿研究所等，为各项科学研究提供了基础保障。

---

① 中田喜文、宮崎悟：「日本の技術者——技術者を取り巻く環境にどの樣な変化が起こり，その中で彼らはどの樣に変わったのか」，第 33 頁。

② 《日本国家第二期（2001—2005 年）科学技术基本计划》，《国际科技合作》2002 年第 2 期，第 36 页。

三   日本的教育及日本学者的精神

（一）日本的教育

近百年来，日本的发展之路，就是一条教育立国、强国富民之路。自明治维新开始，日本政府就把教育看做是立国之根基，大力发展教育，这对日本的发展与腾飞产生了深远影响。1872 年（明治五年）文部省颁布的《学制》中就明确提出了"邑无不学之户，家无不学之人"的普及国民教育的方针。正是依靠长期对国民教育的重视和对教育的大量投入，才使得日本走向今天的辉煌，雄居于亚洲之巅。

日本政府特别注重本国的基础教育，重视儿童的启蒙教育。在战后 1947 年 3 月 31 日颁布的《教育基本法》中提到小学的教育目的是适应儿童的身心发展，实施初等普通教育[①]。适应儿童身心的发展就是重视孩子的自主学习、独立思考的能力，注重与生活实际相联系，培养孩子的兴趣与爱好，让孩子们有足够的时间去接近自然，享受足够的空间和自由。2002 年获得诺贝尔物理学奖的小柴昌俊曾说，走别人的路是愚蠢的，探知未知的领域，没有人教你，也不知道结果会怎样，但要珍惜这种探知的直感和欲望，而这种直感越磨越有价值。对于启蒙教育，1973 年获得诺贝尔物理学奖的芝浦工业大学江崎玲于奈教授说，一个人在幼年时通过接触大自然，第一次对科学备感兴趣，萌生探究科学的最初天真的兴趣和欲望，这是非常重要的启蒙教育和科学萌芽，这应该是通往产生一代科学巨匠的路，理应无比珍视、精心培育、不断激励和呵护，对中小学的科学启蒙教育应该很好地研究和总结。

日本教育尊重学生个性、发展学生个性，推行个性教育，注重个性化的人才培养，为学生创新能力的培养打下良好的基础。野依良治在谈成功时给有志于诺贝尔奖的大学生建议："要有勇气去探索，并且对所从事的科学研究领域很感兴趣，更为重要的是，要与众不同。"[②] 日本在教育过程中不断完善教育内容形成合理的知识结构，注重培养学生的

---

① 秦礼军、陈宝堂：《日本教育的历史与现状》，中国科学技术大学出版社 2004 年版，第 98 页。

② 汪朝阳、肖信：《化学史人文教程》，科学出版社 2010 年版，第 179 页。

创新思维和创新能力，培养创新型人才，扩大学生的知识面，拓宽学生视野，积极营造开放、进取的校园文化氛围，重视诚信教育，培养学生的优良心理品质，对教育事业投入大量资金，为广大学生提供多样化的成长之路和成才环境。

　　近年来日本获得诺贝尔奖的强劲之势与整个国家和社会重视基础研究的氛围是分不开的。日本在国家第二期（2001—2005 年）《科学技术基本计划》中对于推动基础研究特别指出："根据研究人员的自由创意，通过发现新的法则和原理、创建独创性的理论、预测和发现未来现象等，为人类知识财产的扩大做出贡献。要更加重视这样的基础研究，并广泛、脚踏实地持续坚持下去。"① 日本拥有允许科学家可以长期不出成果的重视长线、基础研究的科研评价体制和机制，从事基础学科研究的研究者不但科研经费充足，而且可以不受政府与社会的考核、评价、聘任制等干扰，长期潜心从事研究。2001 年诺贝尔化学奖获得者野依良治就主张"不要求研究者在短时间内取得成果，而要为他们提供能够长期埋头开展科学研究的场所"②。

　　教育孕育人才，教育促进科研，日本政府紧盯百年树人的教育事业，把教育优先发展作为日本现代化建设的基本战略思想，以教育育科研，不断调整高等教育结构，适应产业结构发展的需求，促进日本科学研究持续快速发展。

（二）日本学者的精神

　　日本学者以严密、谨慎的工作态度著称于世，他们崇尚自由探究的学术氛围、严谨求实的学术风气，坚持自由、平等、独立的研究，注重诚信，很少有学术不端的丑闻。日本的科研人员始终把科学研究放在第一位，淡泊名利，专心研究自己的课题。日本高等学校与科研院所也为研究人员提供务实自由的学术研究氛围，使研究人员在科研中茁壮成长。

　　日本科学家忘我的工作态度，经常通宵达旦工作，长期不懈、持之以恒地坚持研究，也是他们频频成功的重要原因之一。李水山在《日本

---

　　① 《日本国家第二期（2001—2005 年）科学技术基本计划》，《国际科技合作》2002 年第 2 期，第 39 页。
　　② ［日］岛原健三：《日本化学家获诺贝尔奖的社会背景》，张明国译，《东北大学学报》（社会科学版）2007 年第 3 期。

人何以频频获诺贝尔奖》的文章中就将日本科学家通宵达旦地工作列为首要原因："在日本学习生活多年最值得记忆的就是长年如一日灯火通明的研究室的夜晚，快到年终和放假，日本教授、学者经常是通宵达旦地默默工作，而不是考核、总结和表彰大会。"小柴昌俊在读大学的时候是著名的"差生"，在校时的物理成绩并不好，最终却获得了诺贝尔物理学奖，这与他对科学持之以恒地探索精神和长期不懈的努力以及较强的动手能力是分不开的。

日本科学家独具慧眼，既注重集体创新，强调团队合作，也注重个人创新，特别强调培养年轻人的创新精神与尊重年轻人的创新思想，善于发现和培养优秀学生和出众人才，极具传承精神。科学研究需要耐心和毅力，更需要合作，甚至需要几代人的不懈努力。2008 年获得诺贝尔物理学奖的小林诚和益川敏英都是二战后奠定微粒子学研究基石的坂田昌一教授的弟子，当时坂田昌一教授就考虑益川敏英的英语比较差，担心研究生院不予录取，便给予面试录取，既延续了他在学术领域的研究，又培养了一位杰出的科学家。日本学者意识到人是创新的主体，只有有了创新的人才，才能创造出新观念、新思想、新技术，进而促进科学研究的创新发展。

国际交流与合作是一国在重大科学领域赶超世界前沿的重要手段和方法，而且能够为本国培养大批优秀人才营造一个创新环境，解决重大科技发展的重大科学问题和关键技术瓶颈，提高自主创新能力，促进本国科学技术的发展与创新，实现跨越式发展。不同的经验和思维方式的研究者之间的交流与合作可以互通有无，甚至可以激发灵感，往往会产生意想不到的成果。日本在本国科技发展过程中，积极参与国际交流与合作，在国际交流中把握学科前沿。

早在 1951 年，日本就开始实施著名的"福尔布莱特计划（Fulbright act）"，在该项计划中，日美双方约有 6500 名科研人员和研究生进行了学术交流，使日本对美国的教育、学术、文化上的前沿问题有了很大的了解。"这些交流不仅是为促进科学技术发展，也是为培养人才。我国（这里指日本）重视国际交流的一个重要目的，就是通过交流培养人才。"① 2000 年诺贝尔化学奖获得者白川英树指出："国际合作在日本非

---

① ［日］科学技术政策史研究会：《日本科学技术政策史》，邱华盛等译，中国科学技术出版社 1997 年版，第 122、123 页。

常普遍，几乎所有的大学教授都有出国的经历，不只是到美国，还有德国、英国甚至中国或者韩国，除了教授之外，大学中的一些讲师常常以学生的身份进入美国的各个大学。"① "除益川敏英的英语表达能力较差、获奖前没有任何出国经验甚至获奖时只能用日语发表演讲以外，其他人均有较丰富的海外学术经历，其中 2 人曾获得美国的博士学位，3 人获得重大发现时在欧美。"② 2001 年诺贝尔化学奖获得者野依良治所取得的重大发现——"不对称合成反应的研究"的主要原因之一是他 1968 年去哈佛大学留学期间受奥斯伯恩副教授无机化学课程的启发。

日本政府为推进科技活动国际化采取了多方面的措施，并取得了一定的成果。第二期《科学技术基本计划》中提出日本应该拥有更多对海外人才有吸引力的研究据点，为优秀海外人才提供便利的工作条件，以使日本成为亚洲和世界各国的人才聚集地。日本积极参与联合国组织的以及地区间的多种科技合作，积极参加发达国家首脑会议、联合国各种委员会、亚太经济合作会议、东盟科技委员会与中日韩合会，等等。日本还积极推进国家间的科技合作，积极开展国际间学者的交流对话，展开国际间信息的交流，推动本国科技活动的国际化。此外，日本在《日本理化学研究所2009—2014 年中长期规划》中，明确提出人才流动率力争实现 10%（这也是日本全部独立法人机构 2006 年的人才平均流动率）。规划明确提出为青年研究人员创建良好的科研环境，以吸引国际优秀青年人才和高级人才，设立"青年研究伙伴计划"和"特别研究人员计划"。③

---

① 《日本诺贝尔奖得主谈日本科学》，《科学时报》2000 年 10 月 13 日。
② 高益民：《日本促进创新人才成长的人才战略》，《中国教育政策评论（2009 年）》，教育科学出版社 2010 年版，第 47 页。
③ 白春礼主编：《人才与发展：国立科研机构比较研究》，科学出版社 2011 年版，第 53 页。

第 三 篇

诺贝尔奖和中国

第十一章　中国与诺贝尔奖的历史机缘

　　1901 年至 2013 年，诺贝尔奖已走过 113 年的历史。这一百多年的时光变幻中，在斯德哥尔摩的金色大厅和奥斯陆的市政厅内，黑眼黄肤的中国人身姿并非常见之景，祖国的众多科学巨子、作家文豪，都与诺贝尔奖相揖别。他们有谨慎视之而拒绝提名的，有淡然视之而闭口不言的，有满心渴望而差点运气的，有突然离世而令人扼腕的。这些人从科学水平或文学造诣上都有资格在诺贝尔奖史上书写一笔，但总是与诺贝尔奖之间隔了那么一点距离。

　　无缘之外，却是国人对诺贝尔奖的强烈关注。华夏子孙对诺贝尔奖的关注是非常之早的。据学者考证，最早关注诺贝尔奖的有三种刊物：

　　（1）《万国公报》（*The Globe Magazine*）。此刊是"英美传教士在中国出版的综合性刊物，原名《中国教会新报》（*The News of Church*），周刊，美国传教士林乐知（Y. J. Allen，1836—1907）主编，1868 年 9 月 5 日创刊于上海八仙桥，1874 年 9 月 5 日，改名为《万国公报》……综观其历史，《万国公报》前后出版发行近 40 年，累计 977 期，是中国近代外国传教士创办的中文期刊中历史最长、发行最广、影响最大的一家"。[1] "1904 年 10 月，《万国公报》在'格致发明类征'栏目中以'奖赠巨款'为题报道诺贝尔奖的设立以及 1903 年度诺贝尔奖得主情况"，[2] 这是目前中国已知最早的对诺贝尔奖的记录。

　　（2）《科学》月刊。"科学《月刊》是 1915 年 1 月在美国康奈尔大学创刊，1918 年迁回国内，在上海静安寺路 51 号出版发行，发起人是

---

　　① 邓绍根：《诺贝尔奖在中国的早期报道》，《中国科技史料》第 23 卷第 2 期（2002 年），第 127—135 页。

　　② 同上。

中国科学社的留美学生任鸿隽、赵元任、杨铨、胡明复、周仁、秉志、章元善等，历任主编有杨铨、王进等。《科学》月刊从出版发行到 1950 年 12 月停刊，历时 32 年，共出 32 卷，是解放前历时最久、影响最大的学术刊物。"① 这本杂志在新中国成立前影响巨大，编者也是大名鼎鼎的学者。这本刊物的第 2 卷第 4 期（1916 年 4 月刊行）"在'杂注'专栏中以'努培尔奖金与 1914 年世界伟人之得奖者'为题报道了诺贝尔奖的设立及 1914 年度诺贝尔奖得主情况"。② 这本杂志在很大程度上证明了诺贝尔奖在当时中国科学界受到的关注。

（3）《东方杂志》（*The Eastern Miscellany*）。此杂志"创刊于 1904 年 3 月 11 日，由上海商务印书馆出版发行，1948 年 12 月停刊，前后历时 45 年，共 44 卷，是旧中国历时最久的大型综合类时事杂志"。③ 前面二者对"Nobel"一词的翻译，还与今日之翻译有区别，而这本杂志则已经将之翻译为"诺贝尔"。据学者研究："1915 年 5 月，《东方杂志》第十五卷第五号在'内外时报'栏目中转载了袁同礼发表在《时事新报》上的《诺贝尔奖金（Nobel Prize）》。该文详细介绍了诺贝尔奖的设立情形。"④

以上三种刊物在中国近代史上有着相当重要的影响。

不仅是关于获奖情况的报道与介绍，早在 1933 年，就有《诺贝尔传》的汉译本出现，这就是由闵任所译的索尔曼等著的《诺贝尔传》。这本书由时任北大校长的蒋梦麟、科学家汤元吉等人作序，可能是目前所知最早的汉语本诺贝尔传记。这本书不仅详细地介绍了诺贝尔的生平与成就、奖项的设立与历史，最后还列出 1901 年至 1928 年左右各个奖项的获得者。这本书译出之时，现代汉语还没有完全成熟，译文甚至将 Alfred 译为爱弗雷，但是这本书对于汉语界了解诺贝尔奖应具有一定社会影响力。⑤ 汤元吉作于 1933 年 6 月 1 日的该书序的开端写道："稍有常识的人，没有不知道国际学术界有一个代表最高荣誉的诺贝尔奖金

①　邓绍根：《诺贝尔奖在中国的早期报道》，《中国科技史料》第 23 卷第 2 期（2002 年），第 127—135 页。

②　同上。

③　同上。

④　同上。

⑤　参见 H. Schück、R. Sohlman《诺贝尔传》，闵任译，书目文献出版社 1993 年版。

的……"①由此至少可以断定,当时了解诺贝尔奖的人已经不在少数了。

也许是动乱的历史,也许是当时的诺贝尔奖本身影响力有限,诺贝尔奖走过了五十多年,中国人也没能与它有过更多的交集,斯德哥尔摩的金色夜晚一直缺少华人主角登场。这个古老民族与这个世界级大奖的结缘,一直等到了1957年。

一　中西合璧——海外华人获奖者

(一) 华人之先,杨李组合

1957年10月的斯德哥尔摩金色大厅,世界的目光聚焦在两个黄皮肤、黑眼睛的中国人身上。这一年的10月,杨振宁和李政道,这两位成长于中国,求学于美国的年轻人(杨振宁时年36岁,李政道则只有31岁)风华正茂,他们开创了华人问鼎诺贝尔奖的历史。

杨振宁和李政道的成就,是中国传统文化与西方科学知识合璧结出的果实。

杨振宁,1922年10月生于安徽合肥。他父亲杨武之是安徽安庆人,曾留学美国,在芝加哥大学获得数学博士,曾在厦门大学、清华大学和西南联合大学等学校担任数学教授。父亲远游美利坚的时候,正值杨振宁幼年,除了母亲担任他的启蒙老师,还有老先生教他读书。可以说,中国旧学在杨振宁的教育经历中起着一定的文化基因作用。1928—1929年,杨振宁一家定居厦门,杨振宁开始接触新学。1929—1933年,杨振宁在清华园度过了幼年的欢乐时光。1933—1937年,他就读于北平崇德中学。卢沟桥事变后,他们全家搬回合肥老家。1938年,杨武之在西南联合大学任教,杨振宁在云南正式开始了自己探求科学的人生。1938年,杨振宁以同等学力考取西南联合大学。至1944年,杨振宁经历了四年本科和两年研究生的刻苦学习生涯,他不仅接受过赵忠尧、吴有训、周培源、吴大猷、王竹溪等著名科学家的指导,同时,还跟随朱自清、闻一多、罗常培、王力等国学大师学习国学。科学与传统文化,在这位科学大家的知识体系内产生了很好的化学反应。在西南联合大学附中短

---

① H. Schück、R. Sohlman:《诺贝尔传》,闵任译,书目文献出版社1993年版,第2页。

暂的教学之后，1945 年，杨振宁开始了赴美求学之路。[①]

　　当此国难之时，在上海，小杨振宁五岁的李政道也开始了学术生涯。与杨振宁类似，李政道也表现出超人一等的天赋。1926 年 11 月 25日，原籍江苏苏州的他出生于上海。1943—1944 年，他在浙江大学物理系（当时因战事而迁到贵州湄潭）学习，在束星北、王淦昌等教授的指导下学习物理。这是当时浙大校园里仅有的两位大师级物理学家，尤其是前者，与李政道结下了深厚的师生情谊。1945 年，他又转学到西南联合大学物理学系。这时的杨振宁，或是在西南联合大学附中任教，或是即将赴美，这对有着多年交情与合作的年轻人，并没有在这里结缘。1946 年，由老师吴大猷推荐，李政道获得国家奖学金，被芝加哥大学研究生院录取，他也开始了自己的美国学习生涯。

　　1945 年 11 月，在美国纽约登陆的杨振宁首先去哥伦比亚大学求学于恩里克·费米（Enrica Fermi），他是美国历史上最重要的物理学家之一。但是费米已转至芝加哥大学任教，于是杨振宁就开始了芝加哥大学的博士阶段。在那里，他接受费米和美国氢弹之父爱德华·泰勒（Edward Teller）的指导，并于 1948 年夏天获得博士学位。1949 年，杨振宁到著名物理学家奥本海默（J. Robert Oppenheimer，在二战中主持美国的原子弹制造，曼哈顿计划主要领导人，美国的"原子弹之父"）任所长的普林斯顿高等学术研究所工作。在那里，他结识了阿尔伯特·爱因斯坦等人。在他自己看来，这段经历是非常有意义也是非常幸运的。杨振宁在这里一待就是 17 年！1954 年，他发表了被称为他人生最大成就的规范场理论，即"杨–Mills 规范场"。如丁肇中所说："在1954 年他与米尔斯（Mills）发表的规范场理论，是一个划时代的创作，不但成为今日理论的基石，并且在相对论上及纯数学上也有重大的意义。"[②] 但是，他的研究并没有停止，更大的发现与荣誉在等待着他。[③]

　　1946 年，李政道与老师吴大猷一同赴美。未满 20 岁的他首先在芝

---

　　① 参见杨振宁《读书教学四十年——在香港中文大学校庆 20 周年纪念讲座上的演讲》，杨振宁《杨振宁文录——一位科学大师看人与这个世界》，海南出版社 2002 年版，第 30—41 页。

　　② 丁肇中：《杨振宁小传》，杨振宁《杨振宁文录——一位科学大师看人与这个世界》，海南出版社 2002 年版，第 1—2 页。

　　③ 参见杨振宁《读书教学四十年——在香港中文大学校庆 20 周年纪念讲座上的演讲》，杨振宁《杨振宁文录——一位科学大师看人与这个世界》，海南出版社 2002 年版，第 30—41 页。

加哥大学旁听，受到物理系教授的注意，破格进入该校研究生院学习。1948 年，他跟随导师费米攻读博士学位，并在他的指导下获得了长足的进步。而费米指导学生的方式，也是让他深有感悟的，若干年之后，李政道也有了自己培养学生的一套方式。1950 年，时年 24 岁的李政道在芝加哥大学获得物理学博士学位，人们称他为"神童博士"。毕业后的李政道在芝加哥大学和加州大学伯克利分校进行了短暂的停留。

1951 年，在杨振宁已经工作了两年的普林斯顿高等学术研究所，一位新的华人面孔出现了，他就是李政道。两位 20 世纪最杰出的华人物理学家在普林斯顿碰撞出思想的火花。① 当然，两人的合作在此之前就开始了。据徐胜蓝、孟东明编著的《杨振宁》中载，"杨振宁和李政道的合作起始于 1949 年。他们合作写下的第一篇论文在这年出版，这篇论文是和当时在芝加哥大学的另一位研究生罗森布尔斯（现为加州大学拉荷亚分校教授）三人合写的"。② 1954 年，李政道在哥伦比亚大学发表了名为"李模型"的可解量子场论模型，"这项工作对以后的场论和重整化研究产生了很大的影响……以对称原理为出发点的研究成为 20 世纪 60 年代粒子物理的主流。今天，物理学界公认对称破缺是自然界相当普遍的规律，这在 20 世纪 50 年代以前是不可想象的"③。

与杨振宁的 17 年普林斯顿光阴相比，李政道在这里只待了不到三年。在这共事的三年里，两人经常进行深入的交流，在思想上形成了诸多共鸣。1953 年，李政道转到哥伦比亚大学物理系就职，二人依然保持每周一次的互访，保持在思想上的更新与一致。截止到 1963 年，他们合著的论文高达 37 篇。1954—1956 年，杨李二人在大量的研究、论证、思想碰撞之下，终于发现了"$\theta - \tau$ 粒子在弱相互作用中宇称不守恒"，推翻了宇称守恒定律（该定律于 1926 年提出，在强力、电磁力和万有引力中相继得到证明，其基础是诺特定理），这给物理学史带来一场巨大的革命。杨李二人从理论上证明了宇称守恒定律并不能普遍适用，而这一理论由华裔女物理学吴健雄于 1957 年 1 月所做的实验证实。

---

① 杨真真：《攻错：诺贝尔奖华裔科学家在美英学到了什么》，中国青年出版社 2011 年版，第 41—60 页。

② 徐胜蓝、孟东明：《杨振宁》，中国卓越出版社 1990 年版，第 56 页。

③ 杨真真：《攻错：诺贝尔奖华裔科学家在美英学到了什么》，中国青年出版社 2011 年版，第 49 页。

之后，哥伦比亚的勒德曼和芝加哥大学的特勒迪相继用实验证实弱作用中宇称不守恒。1957 年 10 月，诺贝尔奖委员会宣布将当年的诺贝尔物理学奖颁发给杨振宁和李政道，他们的获奖理由，按照诺贝尔官方网站的说法是："他们对宇称定律透视性的研究，造成了在基本粒子方面重大的发现。"①

1957 年 12 月 10 日，诺贝尔奖颁奖晚宴上，两位开创历史的华人科学家终于站在了领奖台的中央。由杨振宁做代表，进行例行的 Banquet Speech，演说的内容如下：

> 首先让我感谢诺贝尔基金会和瑞典皇家科学院对于杨夫人和我所享受到的亲切的接待。我也特别希望感谢卡尔格任教授用中文所作的一段引言，听了之后，觉得心中很温暖。
>
> 皇家科学院是在 1901 年开始颁发诺贝尔奖。在同一年，也发生了另一件有历史意义的大事。而这巧合对于我个人生活的方向，有了一个决定性的影响，并且对于我现在参加 1957 年诺贝尔奖典礼，有直接的关系。在诸位客气的宽容下，我想花几分钟的时间，来谈论这件事的一些情况。
>
> 上个世纪的后半，西方文化与经济制度扩张所产生的冲击，给中国带来了一次严重的争执。热烈争辩的问题是应该将多少的西方文化引到中国来。但是结论达成之前，理性向情感屈服了，在1890 年代一个在中文被称为义和团而在英文中被称为拳匪的团体出现了，这些人宣称他们可以以血肉之躯对抗现代武器。他们对抗在中国的西方人的一些愚昧而无知的行动，造成在 1900 年许多欧洲国家和美国的军队攻入北京城。这个事件被称之为拳匪之战。双方都进行了野蛮的屠杀和可耻的掠夺。从长远的观点来看，这个事件实起源于中国人民长久受到外来的压力和内在的腐败而产生的激愤。事件发生以后，清廷才不得不开始大量引进西方文化。
>
> 这场战争在 1901 年签订了一个条约后结束。这个条约除了其他的一些事项外，还规定中国必须支付给列国总数约五百万盎司的白银。在当时这是一个惊人的数目。大约十年之后，以一种常见的

---

① 参见 http：//www.nobelprize.org/nobel_ prizes/physics/laureates/1957/。

美国方式，美国决定将赔款中他们所得到的那一份归还中国。这笔钱用来建立一所大学——清华大学，以及建立一个支持选派学生到美国来念书的奖学金计划。我是直接受惠于这两项计划的人。我是在清华大学安静的校园里，在浓厚的学术气氛中长大的，因为我的父亲是清华大学的教授。我所享受的童年，是绝大多数和我同年纪的中国儿童所没有的。后来我又在同一大学中接受了一个最好的头两年的研究生教育，然后得到上述奖金到美国去继续我的学业。

我今天站在这里告诉你们这些事情，我沉重地体会到一个事实，就是我在不只一种意义上，是中国和西方文化的共同产物。我一方面为我的中国血统和背景而自豪，一方面将奉献我的工作给起源于西方的现代科学，它是人类文化的一部分。[①]

这段演讲，由诺贝尔奖说起，引到中国的一段苦难历史，将国家的命运与自己的命运相联系，解析自己在传统文化身份与西方自然科学之间的流连，不失为一篇精彩的讲演。

李政道在随后的给瑞典大学生的舞会上，代表当年所有的获奖者发言。他在表达对科学研究无止境的时候援引了中国名著《西游记》，这种对中国传统文化的推介，很值得称赞。[②]

仪式过后的第二天，杨李二人分别演讲，介绍本次获奖的成果，杨振宁的演讲标题是《物理学中的宇称守恒定律及其它对称定律》，李政道的则是《弱相互作用和宇称不守恒》。

在此之后，两人都没有沉浸于荣誉而停滞不前，而是继续投入到科研当中去。二人的合作和友谊一直保持到 1962 年。据说，二人的分裂是因为一个叫伯恩斯坦的物理学家在《纽约客》（New Yorker）中的一篇文章引起的。个中或许存在多重原因，这两位科学友人的合作就此令人遗憾地结束了。[③]

[①] 原文参见 http://www.nobelprize.org/nobel_prizes/physics/laureates/1957/yang-speech.html。这里的译文采用徐胜蓝、孟东明《杨振宁》中的译文，略作修改，参见徐胜蓝、孟东明《杨振宁》，中国卓越出版社 1990 年版，第 68—69 页。

[②] 参见杨真真《攻错：诺贝尔奖华裔科学家在美英学到了什么》，中国青年出版社 2011 年版，第 48 页。

[③] 参见吴东平《华人的诺贝尔奖》，湖北人民出版社 2004 年版，第 51—53 页。

杨振宁和李政道都对这段合作时光有着美好的回忆，对对方的成就也非常赞赏。后来，杨振宁在《读书教学四十年——在香港中文大学校庆20周年纪念讲座上的演讲》中说："很幸运，多年来，我有很多非常杰出的合作者。其中跟我合作得时间最长、最有成绩的是李政道跟吴大猷。"① 李政道也有相关的言论。②

两人在分手之后，都继续在科学领域勇攀高峰，为科学事业奉献了一生。

杨振宁和李政道在尊重和传承中国传统艺术、文化上也是一致的。正如杨振宁在斯德哥尔摩颁奖宴会上演讲的最后一段话："我在不只一种意义上，是中国和西方文化的共同产物。我一方面为我的中国血统和背景而自豪，一方面将奉献我的工作给起源于西方的现代科学。"③ 早在1959年，英国科学家 C. P. 斯诺就对杨李二人将西方的科学思维和东方的形象思维二者结合非常感兴趣。④

杨振宁不是一个唯科学主义者，他一生都致力于中国传统文化的传承与发展，他在科学与传统艺术之间看到了共同的智慧闪光点。1999年12月3日，杨振宁在香港中文大学新亚书院金禧院庆上作题为《中国文化与科学》的讲座，他旁征博引，从梁启超，到王阳明、董仲舒、朱熹，从古代哲学思想到宋代山水画，从徐光启到牛顿，他游走于艺术与科学之间，对中国文化与科学求理精神做了一次深入浅出的分析。⑤另外，《杨振宁文录》中所录的《对称与20世纪物理学》、《中国文化的特点》、《美与理论物理学》、《科学美与文学美》等文章或对话，都显示出他深厚的国学功底，与洞穿科学与艺术界限的不凡眼力⑥。

李政道也是如此。他从小受传统文化的浸染，骨子里是一个具有传

---

① 杨振宁：《读书教学四十年——在香港中文大学校庆20周年纪念讲座上的演讲》，杨振宁《杨振宁文录——一位科学大师看人与这个世界》，海南出版社2002年版，第38页。

② 详情参见杨真真《攻错：诺贝尔奖华裔科学家在美英学到了什么》，中国青年出版社2011年版，第47页。

③ 徐胜蓝、孟东明：《杨振宁》，中国卓越出版社1990年版，第69页。

④ 杨真真：《攻错：诺贝尔奖华裔科学家在美英学到了什么》，中国青年出版社2011年版，第52—53页。

⑤ 杨振东、杨存泉编：《杨振宁谈读书与治学》，暨南大学出版社1998年版，第234—247页。

⑥ 详情参见杨振宁《杨振宁文录——一位科学大师看人与这个世界》，海南出版社2002年版。

统文人性格的学者。"进入芝加哥大学之前……李政道的中国文化背景非常浓厚，只知道孔、孟、老、庄……在他以后的科学发现和探索中，中国文化和民族智慧究竟起着什么样的作用，在它和西方知识体系之间，尤其是科学体系之间，李政道怎样取得平衡和突破，这是一个文化界和科学界同时关注的很有意思的问题。"① 而在诺贝尔奖颁奖晚会当天的那场面对大学生的讲演上，他引用了《西游记》的例子、爱因斯坦的艺术造诣。在 20 世纪 90 年代，他多次论述科学与艺术的关系，在美与科学之间探寻真理。

杨振宁和李政道又都致力于教育，尤其是中国当下的高等教育。杨振宁在接受《光明日报》记者采访时这样评论当下大学教育分科带来的隐患："我想国内过去的几十年有这样一个倾向，就是把学生引向专、精的方向，而使得他们的眼界被限制住了。这样做尤其在今天是很不利的，因为当今各个不同的科技领域里边，新的知识非常之多，很多非常重要的新领域，是从多学科的交叉中开发出来的，所以很多的学生的知识面弄得太窄是不利的……国内出去的学生，成绩、学识都是很好的。假如我有一点批评的话，就是知识面不够宽。这是一点。还有一点就是胆子太小，觉得书上的知识就是天经地义的。不能够随随便便地加以怀疑。这一点跟美国的学生有很明显的差别。"② 在他那篇著名的《读书教学四十年》中也提到对当今物理教学的看法。

李政道也通过实际行动表现出对祖国人才培养的热切。1974 年 5 月 30 日，他在会见毛泽东主席时，建议在中国科技大学开设少年班。他的建议得到采纳，使得这里培育出一大批科学人才。80 年代，他启动 CUSPEA 计划，选拔国内优秀学生赴美学习，并提供学习经费。这又为一大批学生出国接受世界最先进知识的洗礼做出了贡献。1998 年 1 月 23 日，李政道还捐款 30 万美元，以他和已故夫人秦惠莙的名义设立了"秦惠莙和李政道中国大学生见习进修基金"，对祖国的科研人才进行资助。

总之，杨振宁和李政道二位先生是全球华人的骄傲，他们以自己的

---

① 杨真真：《攻错：诺贝尔奖华裔科学家在美英学到了什么》，中国青年出版社 2011 年版，第 53 页。

② 杨振宁：《杨振宁文录——一位科学大师看人与这个世界》，海南出版社 2002 年版，第 340—341 页。

行动为人类科学的进步做出了卓越的贡献。

（二）华人的诺贝尔物理学奖

似乎华人与诺贝尔物理学奖分外有缘。继杨振宁和李政道获得1957 年诺贝尔物理学奖之后，又有四位华人科学家获得诺贝尔物理学奖的青睐，首先是丁肇中。

1. 震惊世界的"J"粒子

丁肇中（Samuel Chao Chung Ting），出生于 1936 年 1 月 27 日。他祖籍山东日照，生于美国密歇根州的安娜堡（Ann Arbor）。他的父母都是知识分子，父亲丁观海是工程学教授，母亲王隽英则专攻儿童心理学。他出生 3 个月后，便随父母回到山东老家。而等待这一家人的，是一场浩大的国难。1937 年 7 月 7 日，就在这一家人回到中国不久，日本发动震惊中外的"卢沟桥事变"。还在襁褓之中的丁肇中，随着父母在兵荒马乱中颠沛流离。他幼年时的教育，由父母亲自指导，而少年时，则随着父母的工作辗转于内陆各地，很难有长期的停留。

1948 年末，父亲丁观海在台湾台南工学院获得教职，于是，几个月后，丁肇中一家迁至台湾。这时的丁肇中已经快 13 岁了，他终于获得了稳定的受教育机会。他先后就读于台湾大同小学、台北成功中学、台南建国中学。在这几年内，他学习了大量的知识，从物理化学，到人文历史。有这样一段记录，说明了丁肇中刻苦的学习精神：

> 那时，丁肇中经常和同学们到台湾师范大学图书馆读书，图书馆熄灯后，他又和同学相偕到家中读书。如果有人邀请他看电影之类，他基本上不会去，他认为那是浪费时间。他读书非常投入，外界的干扰对他几乎不起作用，即使外面大雨倾盆雷声隆隆，他也能雷打不动地专心看书。[①]

1955 年，丁肇中考取台南工学院。1956 年 9 月，丁肇中离开台湾，赴美留学，来到他出生的地方密歇根，就读于密歇根大学工学院。但是

---

① 杨真真：《攻错：诺贝尔奖华裔科学家在美英学到了什么》，中国青年出版社 2011 年版，第 65 页。

他并不适合学习工程，他的一番天地在物理学领域内。1957 年，他转投物理学系，并于 1959 年以优异的成绩获得数学和物理学双学士学位。第二年，他又获得物理学硕士学位。

1958 年，父亲所赠的《量子电动力学》一书使他开始了"粒子物理学"的研究兴趣，这为他未来改变世界的研究打下了基础。

1960 年，对于丁肇中来说有特殊的意义。母亲王隽英患癌症逝世，丁肇中也在这一年收获爱情，与路易丝·凯结为夫妻。也是在这一年，他与对他的科研产生巨大影响的马丁·佩尔教授（Martin L. Perl，1927— ）相遇，丁肇中从理论物理学转向实验物理学，转向粒子物理学的实验。此后，丁肇中来到哥伦比亚大学的尼文斯实验室，"尼文斯实验室，更是聚集了一批世界一流、丁肇中仰慕已久的实验物理学家，他们都在当今的物理学界声名显赫。当然，他选择这个地方还有一个原因，他母亲病逝后就长眠在哥伦比亚大学附近的一个公墓中，他有一种陪伴着母亲的感觉"。[①]

丁肇中为了不断丰富自我，又去日内瓦的欧洲核子研究组织[②]深造。在这里，他的实验能力得到大幅度的提升。1965 年，丁肇中回到尼文斯实验室，在莱德曼教授的指导下进行实验工作。同年，他以无比的勇气，推翻了当时物理学界对量子电动力学的质疑，并在当时的美国物理学界产生了巨大的影响力。

之后，丁肇中接受麻省理工学院的高待遇聘请，在那里展开了长达三十年的研究工作。

若干年来，丁肇中一直沉浸于微观基本粒子的探索。20 世纪 60 年

---

① 杨真真：《攻错：诺贝尔奖华裔科学家在美英学到了什么》，中国青年出版社 2011 年版，第 71 页。

② 通常被简称为 CERN，是世界上最大型的粒子物理学实验室，也是全球咨讯网的发祥地。它整个机构位于瑞士日内瓦西部接壤法国。它成立于 1954 年 9 月 29 日，为科学家提供必要的工具。他们在那里研究物质如何构成和物质之间的力量。最初，欧洲核子研究组织的签字发起国只有 12 个，现在增加到 20 名成员国。欧洲核子研究组织的总部，位于瑞士日内瓦近郊的梅兰（Meyrin）地区。它的主要功能是为高能物理学研究的需要提供粒子加速器和其他基础设施，以进行许多国际合作的试验。同时也设立了资料处理能力很强的大型电脑中心，协助试验数据的分析，供其他地方的研究员使用，形成了一个庞大的网路中枢。欧洲核子研究组织现在已经聘用大约三千名的全职员工，并有来自 80 个国家的大约 6500 位科学家和工程师，代表 500 余所大学机构，在 CERN 进行试验，这大约占了世界上粒子物理学圈子的一半。参见 http：//zh. wikipedia. org/wiki/CERN。

代，夸克理论被提出。1964 年，夸克模型由物理学家默里·盖尔曼（Murray Geli—Mann）和乔治·茨威格（George Zweig）独立提出。在夸克理论的初期，当时的粒子除了其他各种粒子，还包括了各种强子。盖尔曼和茨威格假定这些都不是基本粒子，而是由夸克和反夸克组成的。在两位物理学家的模型中，夸克有三种味，分别是上、下、奇，所有电荷及自旋等属性都归因于这三种味。[①] 丁肇中认为，宇宙中还存在新的基本粒子，于是他开始了多年的物理实验，来证明自己的假想。"为了发现新粒子，保证实验的成功，丁肇中选择了世界上三个著名的高能物理实验所或中心作为自己的研究基地，这就是德国汉堡的同步加速研究所、瑞士的日内瓦欧洲粒子研究中心和设在纽约长岛的布洛克海文国立实验研究所。"[②] 三所研究中心的同时工作体现了他在研究上的谨慎认真，也表明他实验工作的艰苦。在大量高强度的工作之后，他一度病倒。在医生和家人的要求下，他才进行了一段时间的休养。之后，他又迫不及待地进入高度紧张的研究之中。

1974 年夏末，丁肇中的实验小组顶着巨大的外部舆论压力和实验辛苦，使实验进入最关键环节。当他们将粒子质量的方位降到 30 亿—40 亿电子伏这个范围的时候，不负所望，一个新的粒子终于出现在实验者的眼前，它以极长的寿命分解出正负电子。丁肇中感到非常兴奋，但是，他并不急于公布消息，而是非常严谨地又进行了多次实验，多次获取精准的数据。当年的 11 月 12 日，丁肇中公布了这一震惊全世界物理学界的消息。由于这种新粒子在分解时产生了电子，而在英文中，字母 "J" 表示电流，又鉴于汉字 "丁" 与英文字母 "J" 字形接近，丁肇中决定将新的粒子命名为 "J 粒子"。这一次，丁肇中成为代表，又一次向世界证明了华人的聪明才智。

1975 年，时任美国总统的福特写信给丁肇中，祝贺他取得的巨大成就。第二年，瑞典皇家科学院决定，将 1976 年的诺贝尔物理学奖颁给做出杰出物理学贡献的丁肇中教授。当年的物理学奖由丁肇中和波顿·李柯特教授（Burton Richter，1931—　）分享。诺贝尔奖委员会提供的获奖理由是：

---

① 详情参见 http：//zh. wikipedia. org/zh－cn/%E5%A4%B8%E5%85%8B。
② 吴东平：《华人的诺贝尔奖》，湖北人民出版社 2004 年版，第 87 页。

他们的开创性的工作中发现了一种新型的重基本粒子。①

这一年的 12 月 10 日，丁肇中登上了诺贝尔物理学奖的领奖台。他的这一次登场，使得具有千年历史的汉语第一次回响在斯德哥尔摩的金色大厅。他力排众议，首先用汉语发言，再用英语转述。他的发言词如下：

> 国王、王后陛下，皇族们，各位朋友，得到诺贝尔奖，是一个科学家最大的荣誉。我是出生在旧中国的，因此想借这个机会向在发展中国家的青年们强调实践工作的重要性。中国有句古话，"劳心者治人，劳力者治于人"。这种落后的思想，对在发展中国家的青年们大有害处。由于这种思想，很多在发展中国家的学生们都倾向于理论研究，而避免实验工作。事实上，自然科学理论不能离开实验的基础，特别是物理学，它是从实验中产生的。我希望由于我这次得奖，能够唤起在发展中国家的学生们的兴趣，而注意实验工作的重要性。②

丁肇中与杨振宁、李政道一样，都是中国文化的世界推广者。1991年，他那篇缅怀父亲的文章《怀念》，获得《瞭望》"情系中华"征文的特别荣誉奖。同样，他也关心着祖国大陆的教育事业。他正在，也一直在为此做出努力。

2. 诺贝尔奖获得者与美国华人部长——朱棣文

1997 年 10 月，美籍华人朱棣文（Steven Zhu）与克劳德·科恩·塔诺吉（Claude Cohen‐Tannoudji）、威廉·菲利普斯（William D. Phillips）因"对用激光冷却和俘获原子的方法的推进"③ 而成为当年的诺贝尔物理学奖得主。

朱棣文，1948 年 2 月 28 日生，祖籍江苏太仓，生于美国密苏里州

---

① http：//www.nobelprize.org/nobel_prizes/physics/laureates/1976/.
② http：//www.nobelprize.org/nobel_prizes/physics/laureates/1976/ting‐speech.html.
③ http：//www.nobelprize.org/nobel_prizes/physics/laureates/1997/.

圣路易斯市（St. Louis）。他的家庭绝对算得上学术豪门——在他的父兄、姑姐中，留学获取博士学位，并获得教职的竟多达十几人！他的父亲朱汝瑾毕业于清华大学化工系，1943 年进麻省理工学院深造，1946 年获得博士学位，后成为多家大学的教授以及众多科技公司的顾问，还曾被聘为台湾"中研院"院士。[①] 母亲李静贞是清华大学经济系毕业生，后前往麻省理工学院学习工商管理。

学术豪门并不总是代表着所有人都是天才和优秀的，朱棣文恰恰是这样一位。在兄弟们一流表现的前后夹击下，朱棣文却感到压力巨大。他是几个兄弟中唯一没有被名牌大学录取的。1966 年，他被罗彻斯特大学录取，而这所大学与兄弟们的哈佛、麻省理工等，是没法相比的。但是在这里，他脱离了家庭带来的心理压力，真正地打开了学术视野并培养了兴趣。

1970 年，朱棣文以优异的成绩毕业于罗彻斯特大学，获得数学及物理双学士学位。这年秋天，他进入加州大学伯克利分校，继续在物理的世界耕耘。他跟随著名的物理学家尤尔金·康明斯（Eugene Commins）。这位教授对朱棣文的影响是很大的，朱棣文本来是打算继续钻研理论物理，但是他的导师却将他引向实验物理，从此，他的学术生涯发生了转折。

1976 年，朱棣文在伯克利获得物理学博士学位，并留校从事两年博士后研究工作。1978 年，他来到著名的贝尔实验室，从事电磁现象研究工作。五年后，他晋升为电子学研究部主任，1987 年赴斯坦福大学任教授，并于 1990 年担任系主任职务。

1993 年，他与另一名科学家共获费萨尔国王"国际科学奖"，二人分享十万美金的奖金。同年，他又被选为美国科学院第 130 届院士。1996 年，朱棣文又获古根汉研究奖、美国物理学会学术奖等重量级的科学奖。1997 年，世界上最具影响力与名气的诺贝尔物理学奖，也将橄榄枝抛给了他。

朱棣文此次获奖的成绩，来自于他于 1986 年前后所进行的激光冷却捕获原子技术的实验。1986 年 7 月 21 日，发表在《贝尔实验室新闻》上的一篇名为《科学家在光"瓶"中捕获原子》上说：

---

① 参见吴东平《华人的诺贝尔奖》，湖北人民出版社 2004 年版，第 102 页。

朱棣文用重新定向捕获的激光束使原子停留在我们随意移动光瓶而无泄漏原子的方向……当我们完善我们的方法时，我们希望准确控制单个的原子，用"光钳"将它靠向另一个原子移动，以便研究它们的相互作用。①

朱棣文的这项研究有着非常重要的实际意义。在物理学中，研究气体的原子与分子是相当困难的，因为它们在常温下会以几百公里每秒的速度快速移动，因此难以观测。唯一可行的是对原子与分子进行冷却。但是，普通的冷却法是无效的，会使气体凝结成液体。朱棣文则是运用激光束达到万分之一的绝对温度（接近绝对零度）来冷却气体。这样，气体中的原子运行速度会变得非常缓慢，从而容易被观测与捕获。这项技术可以用来进行重力测量，观察油田内层、海底、地下矿物等现实领域，为现代生活带来了一次巨大的改变。

在获得诺贝尔奖之后的几年，朱棣文继续创造高峰。2004 年，他担任隶属于美国能源部的劳伦斯·伯克利国家实验室（Lawrence Berkeley National Laboratory）的主任，这一次，他的角色从一个科学者转向了一个管理者。2008 年，大选中获胜的美国黑人总统奥巴马提名朱棣文担任美国能源部部长。2009 年，朱棣文走马上任，成为美国历史上第一位华人能源部部长。之后，他在推动新能源发展和中美关系上，继续发挥着自己的力量。

3. 河南农民家庭里诞生的科学家——崔琦

1998 年，诺贝尔物理学奖由三人分享，他们是德国的霍斯特·斯特默（Horst L. Störmer）、美国的罗伯特·劳克林（Robert B. Laughlin）和美籍华裔的崔琦（Daniel Chee Tsui），颁奖理由是："他们发现了在强磁场中相互作用的电子能够形成带有分数电荷的新型粒子。"② 于是，崔琦成为继杨振宁、李政道、丁肇中、李远哲、朱棣文之后第六位获得诺贝尔奖的华人科学家。而在前一年，1997 年，后任美国能源部部长

---

① 转引自杨真真《攻错：诺贝尔奖华裔科学家在美英学到了什么》，中国青年出版社 2011 年版，第 137 页。

② http：//www. nobelprize. org/nobel_ prizes/physics/laureates/1998/.

的朱棣文也获得了诺贝尔物理学奖。

按照崔琦自己的说法,他将自己的人生分为三个时期:"一是在中国河南乡村的童稚时期";"再是在香港就读中小学的那段日子";"后是到美国求学以及以后的生活。"①

崔琦,1939 年出生于中国河南的宝丰县。他家境贫寒,父母以务农为生,都不识字。他有四个姐姐。按照中国旧观念,他作为父母中年所生的小儿子,受到了格外的爱护,给他取小名为"驴娃儿",希望他能健康成长。

崔琦的母亲王双贤在他的幼年成长中占据着举足轻重的地位。王双贤"是一个有着远见卓识和博大胸怀的新女性,尤其懂得教育对于一个人成才的重要性"。② 1949 年,崔琦在家乡的高皇庙小学毕业以后,辍学在家。1951 年,在母亲的支持和姐姐的帮助下,崔琦到香港培正中学读书。经过六年的努力学习并克服对家乡的思念之苦,他于 1957 年从培正中学毕业。当时,他被台湾大学医学院录取。但是,考虑到"双亲远在河南情况不明,如果我去了台湾,今生不知能否再看见他们,再能承欢膝下。所以我决定留在香港,后进入香港政府为中文高中毕业生所设立的特别班,以备考入香港大学,没想到翌年春天惊喜地收到从美国传来的好消息,我被我所属教会牧师的母校录取,并给我全额奖学金"③。因此,1958 年他远赴美国伊利诺伊州奥古斯塔纳学院攻读数学专业。他的数学天分很高,所以提前修完了大学课程,并获得相当优异的成绩。之后,他考取了芝加哥大学物理系,攻读博士学位。1968 年,崔琦在芝加哥大学获得物理学博士学位,并于同年进入著名的贝尔实验室工作,研究固态物理。1982 年,崔琦转任普林斯顿大学电子工程系教授,他的主要研究领域是电子材料的基本性质等。崔琦痴迷于做物理实验,常常废寝忘食地进行研究。他的天分和努力产生了化学反应。崔琦与施特默合作,在实验中发现了分数量子霍尔效应,"这表明电子具有一种前人所未知的集体性质。它显示出电子在强磁场中的物理现象,

① 崔琦:《崔琦自传》,黄卓然、卢遂业、卢遂现编《乐求知——崔琦教授的诺贝尔奖之路》,科学出版社 2004 年版,第 1 页。
② 吴东平:《华人的诺贝尔奖》,湖北人民出版社 2004 年版,第 110 页。
③ 崔琦:《崔琦自传》,黄卓然、卢遂业、卢遂现编《乐求知——崔琦教授的诺贝尔奖之路》,科学出版社 2004 年版,第 2 页。

其丰富多样化程度超出了所有人的预料。其后,劳夫林提出一种新的量子流体理论,解释了分数量子霍尔效应,从而开拓了一个新的而仍然十分活跃的凝聚态理论物理学研究。该理论对其他领域的研究也具有相当重要的启发和引导作用"。[①] 这三位科学家的成就获得了全世界的肯定。1984 年他们就获得了"美国科学院院士"荣誉头衔和巴克利物理大奖。三人又于 1998 年一起登上诺贝尔物理学奖的领奖台。之后,崔琦又担任中国科学院外籍院士(2000 年)、美国国家工程院院士(2004 年)、中国科学院荣誉教授(2005 年)等职务。

在巨大的荣誉面前,崔琦保持着一颗平常心。获奖消息公布当天,他仍然按之前的预约,去医院进行身体检查,甚至都没有和自己的妻子女儿说这一消息。在普林斯顿的记者招待会上,崔琦只进行了简短的发言,他的谦逊与平常心是一般人难以企及的。[②]

崔琦院士非常关心祖国大陆的教育事业和科研事业。早在改革开放初期,崔琦就常常回到国内,将国际先进的物理学近况介绍到百废待兴的大陆来。在获得诺贝尔奖后,崔琦更加致力于此。2005 年,崔琦在中国科学院物理所开设"崔琦讲座",每年邀请一位诺贝尔物理学奖获得者或成就卓著的物理学家来此演讲交流。与前面几位华人诺贝尔奖获得者类似,他也看到了大陆教育存在的弊端,以及西方教育可以为之提供借鉴的地方。崔琦,这位从河南农村走出来的物理学家,从来都没有忘记对祖国的回报。

4. 高锟:英籍华人科学家

2009 年的诺贝尔物理学奖又一次与华人结缘。这一年的 10 月 6 日,英籍华裔科学家高锟(Charles K. Kao)、美国科学家威拉德·博伊尔(Willard S. Boyle)和乔治·史密斯(George E. Smith)共获这一年的诺贝尔物理学奖。高锟的获奖理由是"在光学通信领域中的光在光纤中传播的突破性成就"而受到表彰;后两人则是"发明了成像半导体电路——CCD 传感器"而获奖。[③] 高锟获得全部奖金的一半,另一半由两位美国科学家分获。

① 黄卓然、卢遂业、卢遂现编:《乐求知——崔琦教授的诺贝尔奖之路》,科学出版社 2004 年版,第 17 页。

② 参见吴东平《华人的诺贝尔奖》,湖北人民出版社 2004 年版,第 120 页。

③ http://www.nobelprize.org/nobel_ prizes/physics/laureates/2009/.

　　被誉为"光纤之父"的高锟 1933 年出生于上海的一个家学渊源的知识分子家庭。"父亲高君湘，是一位以诗文鸣于时的文人的第三子"，"母亲金静芳是家中长女，一对新人二十出头，在当时来说，都受到高深的教育"。① 他的父亲是一位律师，曾留学美国。高锟自幼对化学感兴趣，他自己常常做一些化学实验，他对化学反应乐此不疲。后来，他又迷上了无线电。在父亲的支持下，他获得许多无线电零件，并自己进行收音机制作。有人认为："小时候半传统中国式教养和半开放式西方教育使之将思想的羁绊减到最小，从而独立思考。这就是他成功的秘诀吧。"②

　　1948 年，高锟举家搬离上海，移至台湾，次年又转居香港。很快，高锟进入著名的天主教学校——圣约瑟中学读书。在这里，他不仅锻炼了自己的英语能力，还感受到宗教对人精神的积极作用，同时，他还继续着自己的科学之梦。

　　1953 年，高锟为了继续在电机工程方面进行探索，前往英国读大学。在伍尔维奇理工学院（Woolwich Polytechnic），高锟并没有花太多气力在学习上，就取得很优异的成绩。同时他擅长交际，喜欢交流，他在伦敦大学的生活对他日后的研究也是具有帮助的。1957 年，他获得工程学学士学位，进入国际电话电报公司（ITT）的英国子公司——标准电话与电缆有限公司（Standard Telephones and Cables Ltd.）任工程师。在这里，他不仅获得了事业，更获得了爱情。他遇到了未来的妻子黄美芸，这位与他相伴至今的伴侣。高锟在自传中详细描述了他们的爱情故事。③ 1960 年，高锟进入标准电信实验室，这是国际电话电报公司在欧洲的研究中心，设在英国。"随着激光在 1959 年发现，光通信研究也带上工作日程，一种带频无限的通信网络可望为世界带来通信的革命……年仅 27 岁的高锟的确生逢其时地站在了全球通信科技的制高点。"④ 1966 年，高锟经过两年的实验，发表了《光频率介质纤维表面

　　① 高锟：《高锟自传：潮平岸阔》，四川文艺出版社 2007 年版。
　　② 杨真真：《攻错：诺贝尔奖华裔科学家在美英学到了什么》，中国青年出版社 2011 年版，第 201 页。
　　③ 参见高锟《高锟自传：潮平岸阔》，四川文艺出版社 2007 年版。
　　④ 杨真真：《攻错：诺贝尔奖华裔科学家在美英学到了什么》，中国青年出版社 2011 年版，第 209 页。

波导》的文章，这篇文章提出用石英基玻璃纤维传递信息会给通信业带来巨大契机。他还预言，当玻璃纤维损耗率下降到 20 分贝/公里时，光纤维通信就会成为现实。4 年后，美国一家工厂制造出 1000 米长的光纤。1988 年，光缆在大西洋中密布，它们连接了美国与欧洲。"现在，全世界的光纤总长度已经超过了 10 亿公里，足以绕地球 25000 圈，并仍在以每小时数千公里的速度增长。这些光纤织成的网构成了互联网。"①

"他的研究为人类进入光导新纪元打开了大门。这个日子后来被定为光纤通信诞生日。高锟'光纤之父'的美名即由此得来。"② 由于在光纤研究上的巨大贡献，高锟获得了多方面的荣誉与肯定。他前后获得马可尼国际奖、贝尔奖、光电子学奖，等等。直到 2009 年，高锟对人类通信事业的巨大贡献受到了世界最重要的物理学奖项——诺贝尔物理学奖的肯定。他成为历史上第八位获得诺贝尔自然科学奖的华人。

由于已经患上了阿兹海默症（一种神经系统退行性疾病，临床上以记忆障碍、失语、失认、执行功能障碍等全面性痴呆表现为特征，病因不明），高锟已经不记得自己就是那位改变了世界交流方式的"光纤之父"了。这是多么令人揪心的一幕！老人如今安静地生活在美国硅谷。2009 年，诺贝尔颁奖典礼也对他进行了特殊的待遇，使他领奖时不需要走太多的路。同时，本该属于他的诺贝尔演讲由他的夫人黄美芸代为发表。

高锟不仅是一个科学家，也是一位教育家。1987 年，高锟回到香港，担任香港中文大学校长。其间，他为香港中文大学引入了大量的人才，营造了活跃自由的校园氛围。如今，香港中文大学已经成为一座师资雄厚、科研先进、处于亚洲前列的名校，这与高锟的努力是分不开的。

（三）诺贝尔化学奖的华人身影

1. 李远哲：宝岛的化学家

在丁肇中 1976 年获得诺贝尔物理学奖之后的整整十年里，华人的

---

① 《南方周末》编著：《一本书读懂诺贝尔奖》，二十一世纪出版社 2013 年版，第 144—145 页。

② 参见杨真真《攻错：诺贝尔奖华裔科学家在美英学到了什么》，中国青年出版社 2011 年版，第 210 页。

声音又陷入沉寂。直到 1986 年来自台湾、祖籍唐山的李远哲站上领奖台，而这一次，他与前面三位华人诺贝尔奖获得者不同，他不是因为对物理学做出贡献，而是在化学领域取得了巨大成就。

李远哲（Yuan Tseh Lee）于 1936 年 11 月 19 日出生在台湾新竹市。在他的幼年时代，台湾还是日本的殖民地。由于当时日本的殖民统治，李远哲幼年时被叫做"哲夫"，并接受日本语教育。1945 年，日本退出台湾之后，他先后就读于新竹国民小学、新竹中学。若干年的国民教育，使他认清了自己的民族身份，明白自己是一个中国人。

少年的李远哲是比较"贪玩"的，酷爱各项运动和艺术，可以称得上多才多艺。他的天真爱玩与父母要他埋头读书形成尖锐对立。李远哲不仅是乐团成员，还擅长棒球、游泳等体育项目。但是，他对知识的渴求也很强烈，而且他是善于读书的。他最喜欢的两本书是《居里夫人传》和诺贝尔文学奖获奖作品《约翰·克里斯朵夫》，特别是前者，艾伦·居里所著的《居里夫人传》。[1] 居里夫人的事迹使他充满了对科学家身份的崇仰，他在居里夫人身上看到的，不只是艰苦的科研和天才般的智慧，还有伟大的胸怀。"居里夫人在第一次世界大战中勇敢地投身于前线，从事 X 射线透视工作，还开过救护车，救助战争中不幸产生的伤兵。使李远哲看到了伟大的科学家对于人类生命的热爱。特别是居里夫人放弃申请制出纯镭的专利这件事，给李远哲的感动最深。"[2]

高中时候的李远哲就已经具备非常独立的思考能力了。从外表看，他的思维方式显得特立独行，难以理解。他也从现实中感受到青春的苦闷。1956 年，他被保送到台湾大学，就读于化工系，第二年又转到化学系，这是他自己心仪的专业，也是能够发挥他智慧与潜能的专业。

在台湾大学读书期间，虽然学习条件艰苦，但是李远哲却十分享受图书馆读书的时光。他虽然读的是化学专业，却经常参加物理学实验与课程（在好友张昭鼎的影响下），[3] 并学习了两年的俄文。

---

[1]　参见杨真真《攻错：诺贝尔奖华裔科学家在美英学到了什么》，中国青年出版社 2011 年版，第 93 页。

[2]　杨真真：《攻错：诺贝尔奖华裔科学家在美英学到了什么》，中国青年出版社 2011 年版，第 93—94 页。

[3]　参见杨真真《攻错：诺贝尔奖华裔科学家在美英学到了什么》，中国青年出版社 2011 年版，第 100 页。

1956 年，李远哲毕业，获得理学学士学位。他的大学成绩不能算是最优秀的，但是他对这一点并不太在意。

　　中国的大学一般来讲知识的传授是做得不错的，但在现代社会里要充分注意学生将来从事科研的能力。大学生应该提倡启发式教学，而不应只是被动性地传授知识。把学生弄得太忙不是好现象，比较好的做法是让学生多一些多余的时间和精力，使其能发展自己的兴趣，学一些自己想学的东西。①

这样的观念他一直保持，直到后来他组织台湾教育改革，也是贯彻着这样的观念。

1959 年夏，他转投台湾清华大学原子科学研究所，1961 年获得硕士学位并留校任助教一年。1962 年，27 岁的他远赴美国加州大学伯克利分校读博士，就读于化学系。

在这段时间里，关于李远哲和导师马翰教授的故事，显示出一位美国导师对学生引导的心得：入学以来，马翰教授每次进实验室只问李远哲两个问题，第一个是"你有何新发现"？第二个是"你打算接下来做什么"？一年多来，他只有这两个问题给李远哲。李远哲从开始的简要回答，到后来的长篇大论，说得越来越多。再后来，马翰教授问李远哲的问题越来越多，得到的回答也越来越多。终于有一天，教授说你可以得到博士学位了。当时的李远哲很迷惑，但多年以后，他才明白教授对自己独立思考、自己发掘问题能力的引导与培养。②

李远哲研究的主要方向是化学动力学、动态学、分子束及光化学方面等。他在伯克利的实验室工作了几年。1967 年，李远哲来到哈佛大学，跟随赫希巴赫（D. R. Dudley Robert Herschbach）教授进行分子对撞实验。他们一改化学传统的方法，把物理学里常用的方法引入化学研究中，使之成为一种化学反应研究的通用方法。1968 年，李远哲又来到芝加哥大学，进行了六年的工作，于 1974 年返回伯克利，任化学系

---

　　① 转引自杨真真《攻错：诺贝尔奖华裔科学家在美英学到了什么》，中国青年出版社 2011 年版，第 103 页。

　　② 参见杨真真《攻错：诺贝尔奖华裔科学家在美英学到了什么》，中国青年出版社 2011 年版，第 109 页。

主任。此后，李远哲将分子对撞技术不断改进，设计出"分子束碰撞器"和"离子束碰撞器"。这两项技术使人们可以在分子水平上研究化学反应的每一个过程与状态，从而为人工控制化学反应开创了新的纪元。

1986 年，众望所归，李远哲和赫希巴赫教授，以及加拿大多伦多大学的约翰·波拉尼（John C. Polanyi）三人共享诺贝尔化学奖。

他们的获奖理由是：

> 发明了交叉分子束方法使详细了解化学反应的过程成为可能，为研究化学新领域——反应动力学作出贡献。[①]

与前面三位诺贝尔奖获得者不同，李远哲在台湾接受了完整的小学至研究生教育。所以，他对台湾的教育有更多的想法。1994 年 1 月 15 日，李远哲放弃美国国籍，回到台湾，开始担任台湾"中研院"院长，直至 2006 年。在此期间，他不仅将交叉分子束碰撞带回台湾，还开始筹划台湾的高等教育改革。他试图将美国大学的精神播撒到宝岛的土地上。不管他的改革有没有成功，他这种致力于教育与社会的态度，是一个知识分子社会责任感的体现。这段时间内，他同时还成为美国人文与科学学院、美国国家科学院、德国哥廷根科学院等机构的院士。

2. 钱永健：科学大家庭的骄子

2008 年 10 月 8 日，瑞典皇家科学院宣布，日本科学家下村修（Osamu Shimomura）、美国科学家马丁·查尔菲（Martin Chalfie）和美籍华裔科学家钱永健（Roger Y. Tsien）共获这一年的诺贝尔化学奖，科学院提供的获奖理由是三位科学家"对绿色荧光蛋白的发现和推动"。[②]

与很多诺贝尔奖获得者相似，钱永健也出身于学术世家。他的父亲钱学榘是美国波音公司的工程师，他的舅舅是美国麻省理工学院的工程学教授，他的同胞哥哥钱永佑，则是美国著名的神经生物学家、美国科学院院士、斯坦福大学教授。当然，他们家族最出名的还是已故的中国航天科技奠基人、著名科学家钱学森。钱老是钱永健的堂叔。他们都是

---

① http：//www. nobelprize. org/nobel_ prizes/chemistry/laureates/1986/.

② http：//www. nobelprize. org/nobel_ prizes/chemistry/laureates/2008/.

吴越王钱镠的后裔。

钱永健于 1952 年 2 月 1 日生于美国纽约。从小，他就痴迷于化学实验，并常常自己琢磨一些实验。有一次，他和哥哥用火药制成一个手榴弹，结果失误把乒乓球桌烧掉了。但是，他们的父母并没有就此制止他们，而是支持他们，让他们到户外进行安全的“实验”。① 从这里不难看出学术家族对孩子培养的独到之处。

中学时代的钱永健就表现出超人一等的才智，尤其是在化学方面。新华网上曾有一篇记叙钱永健的文章，其中说道，“16 岁那年，凭借一个金属易受硫氰酸盐腐蚀的调查项目，钱永健在美国全国性奖项‘西屋科学人才选拔赛’中获一等奖。这项比赛现名‘英特尔科学人才选拔赛’，是美国历史最久、最具声望的科学竞赛，参赛者以高中生为主，又称‘少年诺贝尔奖’”。② 这个“少年诺贝尔奖”正是这位化学家迈向真正诺贝尔奖的道路中重要的一步。

1968 年，钱永健进入哈佛大学化学系学习。但是他并不满意于哈佛枯燥的化学课程，而将兴趣的视野转向海洋学和神经生物学。1972年，他以优异的成绩获得物理学和化学学位，并前往英国剑桥大学继续深造，跟随理查德·德里安读博士。在此期间，钱永健发明出一种更好的染料，可以追踪到细胞内的钙水平。钙在多种生理反应，诸如神经冲动调节、受精作用等中扮演着重要的角色。但是，当时计量细胞内钙水平还需要穿透细胞壁，进而注射蛋白，这种方法已经非常陈旧了。钱永健找到了为钙质增添颜色的办法，这样就使染料无须注射就能穿透细胞壁。所以，钱永健的这项发明具有相当重要的现实意义。

钱永健获得诺贝尔化学奖的理由，是他在绿色荧光蛋白研究上做出的巨大贡献。“所谓绿色荧光蛋白，是一种能够自行发出绿色荧光的蛋白质，它使人们能够在正常条件下对细胞内分子水平上进行的各种过程及其分子机理进行观察和研究。用它来标记需要研究的蛋白，就好像给那些蛋白装上了一盏小灯，于是，它们什么时间、什么地点在做什么、

---

① 参见杨真真《攻错：诺贝尔奖华裔科学家在美英学到了什么》，中国青年出版社 2011 年版，第 179—180 页。

② 参见 http://news.xinhuanet.com/tech/2008 - 10/09/content_ 10168175. htm，文章题为《华裔科学家钱永健：痴迷色彩带来的诺贝尔奖》。

要发生什么变化，科学家一望便知。"① 在钱永健之前，下村修、美国科学家道格拉斯·普莱舍（Douglas Prasher）、查尔菲、俄罗斯科学家谢尔盖·卢基扬诺夫（Sergey A. Lukyanov）等人都曾为这一研究做出过努力。1994 年，钱永健在前辈学者的研究基础之上，设法开始改造绿色荧光蛋白。"如今世界上各个实验室使用的荧光蛋白大多都是钱永健改造后的变种，它们有的荧光更强，有的呈现七彩颜色，有的可激活、变色。"② 与钱永健同年获得诺贝尔化学奖的马丁·查尔菲这样说过，是钱永健"真正地将绿色荧光蛋白变成了一种有用的工具"③。

在获得诺贝尔化学奖之后，钱永健表示，自己下一步的目标是致力于癌症的治疗。前一段时间，钱永健与同事共同研制出 U 形缩氨酸，这种物质能够承载成像分子与化疗药物。U 形缩氨酸能够成为大多只出现在癌细胞中的一些蛋白酶或蛋白裂解酶的底物。当蛋白酶或蛋白裂解酶穿透 U 形缩氨酸时，会使之双臂分离，二支臂中的一个会拖住有效载荷部分进入隔壁细胞。这种物质的研制对于癌症治疗具有实际的作用。2013 年 4 月 18 日，"中国新闻网"转引美国《世界日报》报道称，美国癌症研究院（American Association for Cancer Research Academy，AACR）日前宣布，包括钱永健在内的五位圣地亚哥加州大学（UCSD）与邻近科研机构的教授、专家，入选为 AACR "一级院士"（First Class of the Fellows），以肯定他们在防治癌症方面所作的突出贡献。AACR 提供的钱永健入选的理由是：由于他在细胞生物学与神经生物学领域的革命性创见，科学家们得以窥探细胞内部的活动，并能实时观察分子的动态。科学家还可以据此追踪某些基因在细胞或整个机体内的表达。④

二 历史与机遇——中华儿女与诺贝尔奖的数次"失之交臂"

如本书前面所论，诺贝尔自然科学类奖与一个国家的国力发展、经

---

① 《南方周末》编著：《一本书读懂诺贝尔奖》，二十一世纪出版社 2013 年版，第 116 页。

② 同上书，第 119 页。

③ 同上书，第 120 页。

④ 参见 http://www.chinanews.com/hr/2013/04 - 18/4742466.shtml， "中国新闻网" 2013 年 4 月 18 日文章《华裔诺贝尔奖得主钱永健入选美国癌症研究院一级院士》。

济水平、教育制度、科研制度等各种因素相联系，我们也许可以认为：中国没有获得诺贝尔自然科学类奖，是因为我们还处在社会主义初级阶段，经济、科技、教育还有待改善和提高，在未来，那些物理学、化学、生物学乃至经济学的奖项，总会花落大陆的。人们总是说，科学是无国界的，文学却是有国界的！文学是一国文化的精髓、一国之民精神的集中体现。斯德哥尔摩的市政大厅里，几乎每个诺贝尔文学奖获得者都会在发言中自豪地赞美祖国的文化，感恩祖国文化的哺育。但是，为什么作为一个古老的，诞生过屈原、李白、杜甫、苏轼、曹雪芹等彪炳青史的文学巨人的中华民族却没有能获得一枚诺贝尔文学奖，简直不可思议！一百多年，中国文学在诺贝尔奖中的缺席，使得国人加深了对这一国际大奖的种种不满与揣测。中国作家与诗人因何无缘诺贝尔奖？近代以来，中国明明有众多成就卓著的大家，难道他们都无法与那些获奖作家相比吗？带着这样的疑问，笔者将根据所搜集的材料，梳理一下自1901年以来，那些与诺贝尔文学奖失之交臂的作家与诗人。由于诺贝尔奖需要遵循这一原则：除了公布最终获奖者的名字外，候选人的名字保密50年。因此，对于每年可能出现的各种"风声"，说某人获得提名成为诺贝尔奖候选人，其真实性必须等50年后才能得到验证。因此，本书所采取的态度是，在有一定证据的情况下，才会将之算作与诺贝尔奖"擦肩而过"。本节的第二部分，则列举一些创造过巨大科学成就，却与诺贝尔奖失之交臂的科学家。[①]

（一）中国作家与诺贝尔文学奖

2010年，《新华日报》（多媒体数字报）刊登了《最接近诺贝尔奖的七位中国作家》一文，[②] 该文举出七位的的确确与诺贝尔奖有过亲密接触的文学家，首先就是现代文学大师、思想家——鲁迅。

1. 鲁迅

据资料载："《参考消息》2004年12月9日刊出该报驻瑞典斯德哥尔摩记者王洁明专访诺贝尔文学奖评委瑞典文学院汉学家马悦然说：

① 本节选取的对象主要参考了《华人的诺贝尔奖》（吴东平）、《荆棘与花冠——诺贝尔文学奖百年回眸》（陈春生、彭未名）等书。

② http://xh.xhby.net/mp2/html/2010-06/09/content_239580.htm.

'如果 20 世纪 20 年代有人能够翻译《彷徨》、《呐喊》，鲁迅早就得奖了。英文本到 70 年代才问世，鲁迅已经不在人世了。'"① 鲁迅先生是已知最早受到西方人关注并有可能获得诺贝尔文学奖提名的中国作家。

鲁迅，原名周树人，字豫才，1881 年 9 月 25 日生于浙江省绍兴，1936 年 10 月逝世于上海。他是中国新思想、新文学的标杆，曾创作出众多享誉世界的名著，比如《狂人日记》、《阿 Q 正传》、《孔乙己》，等等，他对于中国新文化的影响是无与伦比的。

1927 年，来自瑞典的斯文·赫定（Sven A. Hedin）来到中国。他是一位地理学家、探险家、瑞典科学院成员。在瑞典，他与阿尔弗雷德·诺贝尔一样出名。当这位文学爱好者了解到鲁迅先生卓越的文学成就后，他准备推荐鲁迅为诺贝尔文学奖候选人。赫定与著名作家刘半农商定，再托台静农（鲁迅好友）去征求鲁迅先生自己的意见。出人意料的是，鲁迅先生毫不犹豫地谢绝了。鲁迅在给台静农的回信中说道：

> 诺贝尔赏金，梁启超自然不配，我也不配，要拿这钱，还欠努力。世界上比我好的作家何限，他们得不到。你看我译的那本《小约翰》，我哪里做得出来，然而这作者就没有得到。……我觉得中国实在还没有可得诺贝尔奖赏金的人，瑞典最好不要理我们，谁也不给。倘因为黄色脸皮的人，格外优待从宽，反足以长中国人的虚荣心，以为真可以与别国大作家比肩了，结果将很坏。②

鲁迅先生的情怀不是以自我为中心地在乎名誉，他心中所系的是民族的命运、国家的兴亡。诺贝尔奖这样的国际大奖和巨额奖金，并不能给中国社会带来什么。他的思想之深沉、人格魅力之伟大，是一般人难以企及的。

2. 胡适

胡适，字适之，安徽绩溪人。中国新文化运动的发起人之一。他曾担任中华民国驻美大使、北京大学校长、"中研院"院长等重要职务。

---

① 凌永乐：《话诺贝尔奖》，社会科学文献出版社 2011 年版，第 129 页。
② 转引自陈春生、彭未名《荆棘与花冠——诺贝尔文学奖百年回眸》，武汉出版社 2000 年版，第 232—233 页。

胡适在 19 岁时赴美公费留学，而其费用正是前文杨振宁所说的美国归还清政府的庚子赔款所支付。1910 年，他先在康奈尔大学读农科，后改读文科。四年后，他考取哥伦比亚大学哲学系，师从实用主义大师约翰·杜威。1917 年，他学成归国，在时任北京大学校长蔡元培的邀请下担任教授职务。

1919—1957 年，他先后担任北大教务长、中国公学校长、北大文学院院长、天主教辅仁大学教授及董事、中华民国驻美国特命全权大使、美国国会图书馆东方部名誉顾问、北京大学校长、普林斯顿大学葛思德东亚图书馆馆长、"中研院"院长等职。

胡适一生在新文学、历史、考古、哲学诸多学科上成就卓著。尤其在新文化运动时期，他的文学思想对时代的思潮有着重要影响。五四运动前夕，他发表《历史的文学观念论》、《建设的文学革命论》等文，主张"国语的文学，文学的国语"，是新文化运动中的著名口号。1920 年，胡适出版中国文学史上第一部白话诗集《尝试集》。确切地说，《尝试集》的文学价值并不高，其中的艺术手法、意象等，都不算高超。但是这种对新诗体的尝试，在当时引起了相当大的反响，也成为中国现代文学史上不得不书一笔的诗集。胡适也完成了现代中国首个白话文独幕剧——《终身大事》。该剧显然是受到挪威剧作家亨利·易卜生的名作《玩偶之家》的影响。同时，胡适的小说《一个问题》是中国现代小说的一个重要流派——"问题小说"派的开山之作。总之，胡适在文学上的成就也许不是很高，但是历史地位却很重要。

按照诺贝尔官方网站提供的数据，胡适于 1939 年受到诺贝尔文学奖的提名，推荐者正是上文出现的意欲推荐鲁迅的斯文·赫定①。当然，当年的获奖者不是胡适，而是芬兰作家弗兰斯·埃米尔·西兰帕（Frans Eemil Sillanpää）。

3. 林语堂

林语堂，生于 1895 年，卒于 1976 年。现代著名作家、语言学家、翻译家。他出生于福建省漳州市平和县的一个牧师家庭。原名林玉堂，又改为林语堂。林语堂拥有多个国外学位，曾获得哈佛大学文学硕士，

---

① 参见 http：//www. nobelprize. org/nomination/literature/nomination. php？action = show& showid = 356。

莱比锡大学语言学博士。回国后，林语堂曾在北京大学、厦门大学等任教，1954 年 8 月林语堂赴新加坡，就任南洋大学校长。1976 年，林语堂逝世于香港。

林语堂学贯中西，且勤于笔耕，文学成就很高。他不仅写出《生活的艺术》、《京华烟云》(*Moments in Peking*) 等长篇小说，还提出"以自我为中心，以闲适为格调"的小品文。同时，他还创办了《人世间》、《宇宙风》等杂志，在中国现代文学史上占据着重要的位置。

许多资料认为，1949 年以前，只有林语堂真正得到过诺贝尔文学奖的提名，而且是多次获得提名。诺贝尔官网资料显示，1940 年，他曾被提名为当年诺贝尔文学奖候选人，提名者是 1938 年文学奖获得者赛珍珠和斯文·赫定。[①] 1950 年，林语堂第二次进入提名名单，提名者依然是赛珍珠。[②] 50 年代后，林语堂担任台湾笔会主席，他多次获得国际笔会台湾分会的推选，最后一次是 1975 年。这一年的夏天，国际笔会在维也纳召开，林语堂接任 1968 年诺贝尔文学奖得主、日本作家川端康成成为副会长。这次会议上，全体会员以国际笔会名义推荐林语堂参选当年的诺贝尔文学奖评选，参选作品正是他的代表作《京华烟云》。但是当年的获奖者是蒙塔莱。

吴东平转述了埃斯普马克对林语堂与诺贝尔文学奖多次邂逅的记录："1986 年，时任瑞典文学院院士、诺贝尔奖评选委员会主席的埃斯普马克写的《诺贝尔文学奖内幕》一书，作者以自己的特殊身份，了解不少瑞典文学院以及诺贝尔奖评选委员会档案馆里的资料，披露了不少内情。在书中提到了世界上许多应获取诺贝尔文学奖而没有获奖的作家的名字，如托尔斯泰、易卜生、瓦莱里、乔伊斯、高尔基、庞德、阿赫玛托娃、奥登、莫托维亚等。对中国作家，在书中只提到了林语堂。"[③]

4. 巴金

巴金，1904 年 11 月 25 日生于四川省成都市。原名李尧棠，字芾

---

① http：//www. nobelprize. org/nomination/archive/literature/nomination. php？ action = show& showid = 393；http：//www. nobelprize. org/nomination/archive/literature/nomination. php？ action = show&showid = 394.

② http：//www. nobelprize. org/nomination/archive/literature/nomination. php？ action = show& showid = 1140.

③ 吴东平：《华人的诺贝尔奖》，湖北人民出版社 2004 年版，第 185—186 页。

甘，现当代文学史上著名的文学大师、翻译家。他的妻子萧珊也是杰出的翻译家。巴金早年曾创作出多部长篇小说，如《激流三部曲》（家·春·秋）、《爱情三部曲》（雾·雨·电）、《寒夜》，等等，尤其是《激流三部曲》，在中国现代文学史上具有重要地位。巴金自 1931 年开始创作第一部《家》，至 1940 年完结第三部《秋》，历经了 10 年。这部书描述了封建大家族的没落史，将宗族制旧式大家庭的种种内幕与丑态暴露出来，同时讴歌了新青年对推翻腐朽社会的渴望。《激流三部曲》具有巨大的文化价值，塑造了多个令人印象深刻的人物，语言富于情感。这部作品成为中国文学的经典之作，也是"三部曲"作品的杰出代表。

1976 年"文化大革命"结束后，已逾"从心所欲"之年的巴金，写出了杂文集《随想录》，该书于 1985 年在大陆出版。在这本书中，巴金直面自我，自省"文革"给人带来的精神创伤。这本书堪比法国启蒙主义大师卢梭的《忏悔录》。

巴金与诺贝尔文学奖的机缘，发生在"文革"期间。"1975 年，旅居美国的现代女作家凌叔华从美国给巴金来信，告知海外一些华人作家准备联名推荐巴金为诺贝尔文学奖候选人。"[1] 但是，这次提名却引来了国内的一次对巴金的批判。《荆棘与花冠——诺贝尔文学奖百年回眸》中提到，瑞典欧华学会理事长黄祖喻先生于 1984 年发表一份致瑞典文学院的公开信，信中就提到巴金的代表作《家》应当成为诺贝尔文学奖获奖作品。[2] 埃斯普马克的《诺贝尔文学奖内幕》也曾提到巴金："中国笔会主席巴金就说，他得到过提候选人的邀请，但是没有回答。"[3] 杨振宁在《中国文化的特点》一文中也提到巴金多次获提名。[4]

巴金的文学造诣与已经创作出的文化价值所达到的高度是毋庸置疑的。但是最终，这位逝世于 2005 年 10 月 17 日的文学巨匠始终没能获得诺贝尔文学奖。他的文学生涯已有大半个世纪，中国改革开放也接近三十年，他的无缘诺贝尔奖是一个多么令人叹息与深思的问题。这也难

① 陈春生、彭未名：《荆棘与花冠——诺贝尔文学奖百年回眸》，武汉出版社 2000 年版，第 236 页。
② 同上书，第 243 页。
③ 吴东平：《华人的诺贝尔奖》，湖北人民出版社 2004 年版，第 201 页。
④ 杨振宁：《中国文化的特点》，《杨振宁文录——一位科学大师看人与这个世界》，海南出版社 2002 年版，第 85 页。

怪中国人对于诺贝尔文学奖的种种不满与猜疑了。

5. 老舍

老舍，本名舒庆春，字舍予，满族正红旗人，1899 年 2 月 3 日生于北京，1966 年 8 月 24 日卒于北京。老舍是著名的小说家、戏剧家，他曾经创作出长篇小说：《老张的哲学》、《赵子曰》、《猫城记》、《骆驼祥子》、《四世同堂》、《正红旗下》等；中短篇小说集：《月牙儿》、《赶集》等；话剧：《茶馆》、《龙须沟》，等等名作。新中国成立后，怀着对新社会的憧憬，老舍进入又一个创作高峰期。但是，1966 年，这位儒雅、宽厚的老作家在"文革"中遭到迫害，于 8 月 24 日自沉于北京太平湖。这怎叫人不想起两千多年前唱着"路漫漫其修远兮"而自沉汨罗江的屈灵均？

老舍曾经获得过诺贝尔奖的提名，而且很有可能获得诺贝尔文学奖。以下有两段文字，可以作为老舍与诺贝尔文学奖如此之近的证据。

第一份来自作家萧乾的夫人文洁若女士，她也是一位作家、日本文学翻译家。吴东平在《华人的诺贝尔奖》中有所记："对老舍 1968 年获得诺贝尔奖一事，作家萧乾的夫人文洁若女士在访问挪威时，从一些参评院士那儿也听说过，1968 年诺贝尔文学奖原本打算授予老舍。她还说，当时的中国驻瑞典文化参赞也证实了这一说法。"① 只是那时候老舍已经逝世两年了。

老舍先生的儿子，中国现代文学馆原馆长、现中央文史研究馆馆员舒乙先生曾经透露，老舍距诺贝尔文学奖真的仅有一步之遥："1968 年的诺贝尔文学奖评选中，父亲得票排第一……按规定，当年的诺贝尔文学奖获得者就该是我父亲，但在 1968 年，'文革'已经进入高峰期，瑞典就派驻华大使去寻访老舍的下落，一直没有得到准确音信，就断定老舍已经去世（老舍的确于 1966 年 8 月 24 日去世）。由于诺贝尔奖一般不颁给已故之人，所以评选委员会决定在剩下的 4 个人中重新进行评选，条件之一最好是东方人。结果日本的川端康成就获奖了。"② 舒乙还认为，文学对于语言的要求很高，中国总是与诺贝尔文学奖失之交臂，有一个因素就是作品翻译。当年的泰戈尔获得诺贝尔文学奖，就是

---

① 吴东平：《华人的诺贝尔奖》，湖北人民出版社 2004 年版，第 206 页。
② http://news.xinhuanet.com/book/2009-02/03/content_10757259_1.htm.

靠他用英语写出的《吉檀迦利》。而老舍的作品也有很多种译文，包括瑞典文。这给予当下的文学创作与翻译很大启示。

6. 沈从文

沈从文，生于 1902 年，原名沈岳焕。他是湖南省凤凰县人，父亲是汉族人，母亲是土家族人。沈从文是中国现代著名作家、文化研究家，也是"京派小说"的代表。抗日战争爆发后，他前往西南联合大学任教。1931 年至 1933 年，他在山东大学执掌教鞭。1946 年，他来到北京大学。1949 年后，他相继在中国历史博物馆和中国社会科学院历史研究所进行古代服饰史的研究工作，学术代表著作有《中国古代服饰研究》。1988 年，他病逝于北京。

沈从文于 1924 年开始自己的文学生涯，一生著作等身——他是现代作家中创作数量最多的一位。他的代表作有：中长篇小说《阿丽思中国游记》、《边城》、《长河》等，小说集《龙朱》、《旅店及其他》、《石子船》、《虎雏》、《八骏图》、《如蕤集》、《主妇集》、《春灯集》等，散文《从文自传》、《记丁玲》、《湘行散记》等。沈从文的文字纯净、透明、优美，富于情感。他以湖南湘西为背景，构拟出一个乌托邦式的水乡。这些作品使沈从文成为中国乡土文学的代表作家。尤其是小说《边城》，不仅获得许多读者与研究者的赞誉，并且被拍成电影，还被选入高中语文课本，这足见其艺术水平。沈从文成为文学研究的热门，也得益于美籍华裔学者夏志清在哥伦比亚大学所编的那本《中国现代文学史》（1979 年）。这本书使得大陆学者再一次将目光聚焦到这位已经停笔二十多年的老作家身上。

关于沈从文与诺贝尔文学奖的错过，吴东平的《华人的诺贝尔奖》一书中有详细描述。1983 年的时候，马悦然就提名沈从文为获奖候选人；1987 年，马悦然又将沈从文的不少作品翻译为瑞典文，同年，还有许多专家学者提名沈从文；1988 年，沈从文进入文学奖终审名单，瑞典文学院初选他为获奖者。可是，他于当年的 5 月 10 日离世，失去了获奖的资格。马悦然在一次接受《南方周末》记者采访中说："我1985 年被选进瑞典学院，做诺贝尔文学奖的评委，那时候我就开始翻译沈从文的作品，翻译他的《沈从文自传》、《边城》、《长河》，那个时候我认为沈从文会得到诺贝尔文学奖……1988 年沈从文肯定会得到文学奖。"① 而这一年获奖的是埃及作家马哈福兹。这一次，沈从文与诺贝尔奖如此之近，但是，是死亡阻挠了这位中国作家的脚步。

7. 艾青

原名蒋正涵的艾青 1910 年生于浙江省金华市。少年时，他曾赴巴黎勤工俭学，学习绘画。1932 年归国后加入了"中国左翼美术家联盟"。1933 年，他以"艾青"为笔名，发表长诗《大堰河——我的保姆》。从此他一发不可收拾，创作出大量情感真挚、笔力强健的现代诗，在中国新诗体的发展中占据着独特的位置。抗战期间，他以笔为枪，在重庆等地参加反抗侵略的救亡运动。1941 年艾青来到延安，并担任《诗刊》主编。1945 年后在华北联合大学文艺学院担任副院长之职。1949 年新中国成立后，他担任全国文联委员、《人民文学》杂志副主编等职务。"文革"期间，他遭受迫害。"文革"结束后，他又担任作协副主席、国际笔会副会长等职务。1985 年获法国文学艺术最高勋章。1995 年 5 月 5 日，艾青逝世于北京。

艾青一生创作出大量的诗歌，除了前面说到的成名作《大堰河——我的保姆》，还有《火把》、《向太阳》、《黎明的通知》、《宝石的红星》、《欢呼集》、《春天》、《海岬上》、《北方》等诗集。他的创作量很大，诗本身品质也很高。他的一生经历了几个创作高峰期，历经几十年，这在中国现代诗歌史上也是罕见的。

据周兴红的《艾青传》记载，西方有许多作家都曾提名艾青为诺贝尔文学奖候选人。首次提名是在 1984 年，提名者是西班牙汉学家戈麦斯·吉尔。这位汉学家还积极地向中共中央写信，强烈推荐艾青参与文学奖的评选。巴西作家亚马多，澳门诗人官龙耀都曾写过公开发表的文章，呼吁艾青获得诺贝尔文学奖。苏联文学界也曾推荐艾青为诺贝尔奖的候选人，汉学家尼古拉·弗德林正是其中的一位代表。"1988 年国内外的作家、学者、诗人，共计 51 人曾联名致信瑞典诺贝尔文学奖评委会。信的标题是'艾青应获诺贝尔文学奖'。"② 总之，当年，艾青和巴金一起成为中国大陆的诺贝尔文学奖的候选人，并进入后一阶段的评选。

① http：//www. southcn. com/weekend/tempdir/200510210005. htm.
② 吴东平：《华人的诺贝尔奖》，湖北人民出版社 2004 年版，第 181 页。

8. 王蒙

王蒙，中国当代著名作家。1934 年 10 月 15 日，祖籍河北沧州的王蒙出生于北京。1948 年，他加入中国共产党并参加工作。1950 年 5 月，他担任共青团北京市委大学委员会委员。1956 年 12 月任国营七三八厂团委副书记。1957 在整风运动中他被错划为"右派"，下放到北京郊区进行劳动。1962 年 9 月后在北京师范学院中文系任教。1963 年，他又被下放到新疆维吾尔自治区文联，后又进"五七"干校劳动。1979 年后，王蒙恢复工作，回到北京，任中国作协北京分会副主席、分党组成员、副秘书长。1983 年 7 月至 1986 年 3 月，他担任中国作协副主席、党组副书记。1986 年 3 月任文化部部长。2002 年至 2006 年，王蒙任中国海洋大学文学院院长。2010 年 5 月，他受聘为中国传媒大学"名誉教授"。他还是中共第十二届、十三届中央委员，第八、九、十届全国政协常委。

在超过半个世纪的创作生涯中，王蒙参与了中国当代许多的文学潮流，尝试过很多文学创作方法。他著有中长篇小说《组织部来了个年轻人》、《青春万岁》、《活动变人形》，等等，至今仍笔耕不辍，进行文学创作。

《华人的诺贝尔奖》一书指出，自 1999 年开始，王蒙连续四年受到诺贝尔文学奖的提名。提名者是"全美中国作家联谊会"。国内对于王蒙的多次受提名意见不一。《晚报文萃》上转载《深圳晚报》2003 年 8 月 5 日的一篇题为《王蒙又获诺贝尔文学奖提名?》的文章并没有对王蒙的几次提名表现出多大的肯定。文中既有认为这是好事的观点，也有完全否定的声音："'美国诺贝尔文学奖中国作家提名委员会主席'冰凌根本不具备提名资格……冰凌的这种做法，是公然的造假，用这种根本不被瑞典文学院接受的提名，蒙骗中国文坛和媒体。"[1] 虽然这连续四年的推荐遭到了一片质疑之声，2000 年瑞典诺贝尔文学奖委员会的确将王蒙列为候选人之一："（2000 年）3 月 12 日，瑞典诺贝尔文学奖评审委员会致函美国诺贝尔文学奖中国作家提名委员会，表示接受中国作家的提名。"[2]

[1] 《王蒙又获诺贝尔文学奖提名?》，《晚报文萃》2003 年第 10 期。
[2] 吴东平：《华人的诺贝尔奖》，湖北人民出版社 2004 年版，第 215 页。

不管外界对于王蒙参与评选如何众说纷纭，王蒙自己保持了一个作家应有的冷静与胸怀，他也并不知道自己受到提名的事情，他所关注的还是如何提高中国当代文学创作的整体水平。正如他自己说的："把诺贝尔文学奖看得比天还高有点变态。"

9. 李敖

人民网（www. people. com. cn）2000 年 2 月 16 日发布一篇短文称：

> 据中新社报道：台湾作家李敖上个月底正式获诺贝尔文学奖审核小组通知，提名为今年的诺贝尔文学奖候选人。李敖系以其长篇历史小说《北京法源寺》一书获提名推荐，据称这是台湾第一位获诺贝尔文学奖提名的作家。
>
> 新党十五日为李敖举行诺贝尔文学奖提名暨新书发表会。
>
> 为李敖《北京法源寺》出版英文版的英国牛津大学出版社，十五日也同步发行该书英文版。
>
> 李敖透露，《北京法源寺》是他六十年代在狱中所构思的历史长篇小说，整部小说以清末戊戌政变为主题，主要人物包括康有为、梁启超、谭嗣同等知识分子，展现他们如何与腐败的时代对抗，发动维新与政变。李敖表示，全书十余万字是他个人思想的表达，同时更认为，小说放在今日来读，更有借古讽今之意。
>
> 李敖表示，《北京法源寺》描写的时代，和台湾今日腐败相去不远，他希望借着此书让大家明白，"台湾再这样搞下去，如果没有革命，没有改良，最后终将沦为一场空"。
>
> 李敖表示，他过去在台湾被当局打压排挤，在文建会编列的台湾七百零三位作家中被遗忘，但是如今获列为诺贝尔文学奖提名人，表示他正大步向前，可走向世界。李敖透露这次入围，是由一群东吴大学的教授为他申请，并有专人翻译他的小说；他是在一月底被告知受理入围了。①

李敖，字敖之，中国近代史学者，时事评论家，也是一位作家。1935 年，他生于哈尔滨，1949 年随家搬至台湾，考入台湾大学法律系，

---

① http：//www. people. com. cn/GB/channel6/32/20000216/1487. html.

后重新考入台湾大学大历史系。读书期间，他就被人们称作"狂人"。毕业后，他专注于写作与评论。他曾因为批评国民党独裁而坐牢；也曾直接指责李登辉、陈水扁等台湾地区领导人。他还担任过台湾的"立法委员"。2005 年 9 月开始，李敖在北大、清华、复旦三所高校发表"金刚怒目、菩萨低眉、尼姑思凡"的系列演讲。

李敖以历史研究和时事评论而闻名，但是他也创作出一些小说，受诺贝尔文学奖提名的《北京法源寺》正是代表。李敖的文风狂狷恣肆，刚健凌厉，正如上文所说，《北京法源寺》是借助历史故事讽刺时局，具有很强的批判意义和讽刺意义，文学价值与现实意义都很突出。可惜的是，2001 年诺贝尔文学奖最终与李敖擦肩而过。

10. 北岛

北岛，原名赵振开，1949 年 8 月 2 日出生于北京。他是当代朦胧诗的代表人物之一。1978 年，他和诗人芒克创办诗歌刊物《今天》。1989 年移居海外，1990 年来到美国，任教于加州戴维斯大学。曾任斯坦福大学、加利福尼亚大学伯克利分校、香港中文大学等客座教授。2007 年 8 月搬至香港，任职于香港中文大学。2011 年 8 月 8 日，参加"青海湖国际诗歌节"，其间接受了新华社的专访。

北岛受到时代和外国思潮的影响，写下了大量的"朦胧诗"，这是中国诗歌史上的重要一段。其代表作有《回答》、《一切》、《白日梦》等，曾结集《太阳城札记》、《陌生的海滩》、《北岛诗选》、《在天涯》等。他的诗作具有强烈的批评精神和怀疑精神，语言有缥缈纯净等特点。尤其是名作《回答》，其中有"卑鄙是卑鄙者的通行证，高尚是高尚者的墓志铭，看吧，在那镀金的天空中，飘满了死者弯曲的倒影"这样经常为青年人所朗诵的句子。

北岛的天赋使得他成为中国当代诗坛影响力急剧上升的诗人。而早在 1985 年，他就获得诺贝尔文学奖提名的资格，这让当时的人们惊异不已。据说，这一年，北岛就进入了评选的最后一轮。但是遗憾的是，当年的获奖者是爱尔兰诗人山姆斯·希内。历史如此相像，1987 年，最后的角逐在北岛和著名的俄国流亡诗人约瑟夫·布罗茨基之间展开，北岛再次败北。其后的 1993 年、1996 年和 2000 年，北岛都进入了文学奖关键阶段的评审，但是最终都铩羽而归，令人扼腕不已。尤其是 1996 年，他仅因一票之差而惜败。人们对于北岛未能获奖的原因莫衷一是，有人就认为 2000 年由于马悦然偏爱高行健，而导致了北岛这一次的失利。[①] 2009 年，北岛在博彩公司的赔率排名是第 28 位，与当年的获奖者赫塔·穆勒名次一样，这从一个侧面反映出人们对于北岛获奖的期待与呼声。

除以上作家、诗人之外，著名女作家丁玲、历史小说家姚雪垠、著名学者钱锺书、小说家余华等人也曾受到诺贝尔文学奖的提名。但是，正如有些人所说，诺贝尔奖提名其实是个门槛很低的事情，只要是大学副教授就有此资格。所以，也许有更多的人得到过诺贝尔文学奖的提名，但是并不能说他们就与诺贝尔奖"擦肩而过"。

历史总是充满了各种巧合与无奈，上述那些优秀的作家、诗人、学者，中国文化的代表，中国文学的代表，最终都没能与诺贝尔文学奖相遇。人们总是有疑问：中国人什么时候才能获得诺贝尔文学奖？中国作家什么时候才能得到这个世界最具分量的奖项的肯定？答案在 2012 年末揭晓。

（二）中华儿女与诺贝尔自然科学奖的"失之交臂"

与上面所说的文学奖一样，获得诺贝尔自然科学类奖的提名并不是多么困难的事情。与诺贝尔奖"擦肩而过"不能用主观情绪判断，科研成就的大小、未来具有的潜力等也不能成为是否与诺贝尔奖"擦肩而过"的标准。再加上篇幅与笔者能力等方面的因素，这里不能毫无遗漏地将所有曾经靠近诺贝尔奖的人一一列出，而仅是列举那些具有较多依据，或是符合诺贝尔奖评选规则而由于外部因素未能获奖的候选者。

1. 吴有训

吴有训，现代著名物理学家、教育家。1897 年 4 月 2 日，他生于江西省高安市石溪吴村，自幼接受旧式教育。1916 年，吴有训进入南京高等师范学校理化部学习。1920 年毕业后，在南昌第二中学、上海公学两处任教。1922 年 1 月远渡美国，进入芝加哥大学物理系攻读研究生，导师是只大他五岁的物理学家康普顿（A. H. Compton）。1925 年，他获得物理学哲学博士学位。他于 1926 年归国，次年任第四中山大学（即后来的南京大学）物理系系主任。1928 年任清华大学物理系系主

---

① 参见吴东平《华人的诺贝尔奖》，湖北人民出版社 2004 年版，第 219—220 页。

任、理学院院长。1938 年，吴有训任西南联合大学理学院院长。1945年，任国立中央大学校长。1949 年，他转任华东教育部部长与上海交通大学校务委员会主任。1950 年，吴有训担任中国科学院近代物理研究所所长，继而任中国科学院副院长。吴有训曾当选为全国政协第一、第二届委员会委员和第三届常务委员，人大常委会委员等职。1977 年11 月 30 日，吴有训逝世于北京。

吴院士的主要学术成就是："他用精湛的实验技术、精辟的理论分析，无可争议地证实了康普顿效应。"[1] 康普顿效应提供了爱因斯坦所提出的光的波粒二象性的实验证明，为后期的量子力学提供了重要的基础。而这一效应是吴有训与老师康普顿共同努力的成果，因此它也被称为"康普顿—吴有训效应"。

吴有训与赵忠尧一样，为祖国培养了大批物理人才，王淦昌、钱三强、钱伟长、邓稼先、杨振宁、李政道等，都曾受教于他，都终成一代大家。吴有训注重基础教育，已经身为科学院院士的他进入大学课堂讲授基础物理学，其教育理念可见一斑。

1927 年，康普顿因此理论而获得诺贝尔物理学奖。在申请之前，康普顿要把吴有训的名字写进候选人名单内，但是谦虚的吴有训拒绝了老师的好意，认为自己只是学生、助手，为老师做的是分内的事。[2] 这种面对巨大荣誉和金钱而保持谦虚之心，大概就是中国人尊师重道的体现吧。

2. 赵忠尧

赵忠尧，中国现代物理学家。1902 年 6 月 27 日生于浙江省诸暨县，1920 年就读于南京高等师范学校（后改名为国立东南大学）。1925 年跟随叶企孙教授在清华大学筹建物理实验室。1927 年赴美国加州理工学院留学，导师是诺贝尔物理学奖获得者罗伯特·密立根（Robert Millikan）教授。1931 年，他回到清华大学，担任物理学教授。至此，他成为中国第一位教授核物理学的科学家，同时主持建立了第一个核物理学实验室。1937 年抗日战争爆发，他辗转于云南大学、西南联合大学等学校，后又前往美国。1950 年，赵忠尧克服美国政府和台湾当局种

---

① 管惟炎：《吴有训教授事略》，《中国科技史料》1983 年第 3 期。

② 参见吴东平《华人的诺贝尔奖》，湖北人民出版社 2004 年版，第 135 页。

种刁难，远渡重洋，回到刚刚成立的新中国，用从美国带回来的设备，建成了中国第一台加速器。1958 年，在赵忠尧的主持下，第一台质子静电加速器诞生。这些设备对中国原子弹的成功研制来说具有非常关键的作用。1998 年 5 月 28 日，这位杰出的核物理学家逝世于北京。

赵老在长达大半个世纪的研究生涯中，培养了大量的科研人才，王淦昌、钱三强、邓稼先、程开甲等，以及首批华人诺贝尔奖获得者杨振宁、李政道，都曾受到过他的指导。

赵忠尧在核物理、中子物理、加速器和宇宙线等方面做出开创性的研究。他对 γ 射线散射中反常吸收和特殊辐射的实验发现，在物理学史上有开拓性的意义。1929 年，赵忠尧的关于"硬伽马射线通过物质时的吸收系数"的论文在美国科学杂志上刊登，引起巨大反响。"赵忠尧成为世界物理学界第一个观测到正反物质湮灭的人，这个发现，足以使他获得诺贝尔奖，当时瑞典皇家学会曾郑重考虑过授予赵忠尧诺贝尔奖。"[①] 但机缘巧合的是，一位德国物理学家提出了与赵忠尧不同的实验结果，影响了后者对实验结果的确认。而 1936 年获得诺贝尔物理学奖的安德逊，正是在赵忠尧研究的基础之上，观测到正电子径迹。他本人也承认自己的成就得益于赵忠尧。

3. 林可胜

生于 1897 年的新加坡华侨林可胜教授是我国著名的生理学家，中国现代生理学的奠基人。林可胜在消化生理学与痛觉生理学等领域取得了卓越成就。同时，他还是一位爱国主义者。1937 年 7 月，抗日战争爆发，林可胜回到战火连天的祖国，组织战地救护队，为中华民族的救亡运动献出自己的力量。

1919 年，林可胜毕业于英国爱丁堡大学医学院。1924 年，林可胜在国外获得博士学位，回国进入协和医学院生理学系。1926 年，林可胜与吴宪等共同创立中国生理学会，他担任首任会长。饶毅的一段话体现出林可胜在当时医学界的重要地位："林可胜是最早为世界科学界推崇的中国科学家之一。他是协和第一位华人系主任。当时协和待遇和西方相近，可以找到很好的教授。协和解剖系早期的系主任考德利（Ed-

---

① 吴跃农：《1936 年诺贝尔奖的遗憾——记中国核事业先驱赵忠尧》，《党史纵横》2005 年第 1 期。

mund Cowdery）回到美国后，是圣路易斯的华盛顿大学解剖系主任。协和药理系曾招聘哈佛医学院药理系主任克来耶（Otto Krayer），哈佛的医学生喜欢克来耶而抗议他离开，使他没有成行，这些都说明当时协和的吸引力，同时也说明当时协和多数系科是由国外知名学者主持。林可胜成为协和第一位华裔系主任，是其能力服人的表现。"①

1942 年，林可胜当选为美国科学院外籍院士。1947 年抗战结束后，林可胜将多个军事医学院校以及战时卫生人员训练所整合为国防医学院，并担任首位院长，同年筹建中央研究院医学研究所。次年，他兼任中华民国卫生部部长。1949 年，林可胜远赴美国，在多所大学担任客座教授或正教授。1956 年，他被聘为美国科学院院士。

林可胜生命的最后几年一直怀念祖国，希望再回到自己深爱的热土上。可是事与愿违，1969 年 7 月 8 日，林可胜因患食道癌在牙买加的京士敦逝世，终年 72 岁。

林可胜创办的《中国生理学杂志》影响巨大，对中国生理学起到了奠基性作用。而且这个杂志质量很高，"在三四十年代甚至有让当时的澳大利亚的英国神经生理学家艾克尔斯（John Eccles，1963 年诺贝尔奖获得者）翘首以盼的时期，是中国科学刊物史上突出的记录"。②

林可胜本该获得诺贝尔奖的青睐。传统的吗啡、阿司匹林等镇痛药会对痛觉传导通路的多个环节中的某个环节起作用，但是早期的科学家们并不确定这些药物是在哪个环节上发生了作用。在协和工作期间，林可胜的实验室进行了生理学史上的第一次区分外周与中枢镇痛实验，并得出药物是在外周发生药性的。若干年后，英国科学家范恩爵士（Sir John Vane）进行该项实验，1982 年，维恩因此实验获得了诺贝尔生理学奖。③ 很明显，林可胜早就应该获得诺贝尔奖的表彰了，但种种原因使得这位中国生理学大师与之相错失。

4. 吴健雄

1956 年，杨振宁和李政道从理论上推翻了"宇称守恒定律"。但是，"宇称不守恒"在没有实验结果证明的情况下，是不会被世人所承

---

① 饶毅：《饶议科学》，上海科技教育出版社 2009 年版，第 48 页。
② 同上书，第 49 页。
③ 同上书，第 48 页。

认的。因此，杨李二人需要有人用物理实验证明自己的理论。华裔女科学家吴健雄女士（Chien‑Shiung Wu）在听说了杨振宁和李政道的想法之后，决定放弃与丈夫共赴欧洲的打算，留在美国进行实验。凭借超人的意志力和丰富的实验经验，终于在实验中验证了"宇称不守恒"的正确性。1957 年，杨振宁和李政道突破历史，荣获诺贝尔物理学奖，这其中，吴健雄女士功不可没。

　　吴健雄女士被人们尊称为"中国居里夫人"，1912 年 5 月 31 日，吴健雄生于江苏苏州太仓浏河镇。1923 年，她进入苏州女子师范学校学习。1929 年，她以第一名的成绩被保送到国立中央大学数学系。1931 年，本着对物理的爱好，她转入物理系，跟随物理学家施士元（居里夫人的学生）、光学家方光圻等教授学习，其间还跟胡适先生结下了很深的师生情谊。1934—1936 年，她任职于浙江大学与中央研究院物理研究所。1936 年，吴健雄得到去加州大学伯克利分校的机会。在那里，她跟随塞格瑞（E. Segre）、奥本海默等教授从事实验物理学研究。并于四年后获得博士学位。1942 年，吴健雄与袁家骝（袁世凯之孙，袁克文之子）结婚，并在史密斯女子学院任教。由于丈夫的工作调动，1944 年，她来到普林斯顿大学任职。1944 年 3 月至 1945 年 7 月，她以外国人身份加入曼哈顿计划。1958 年，她在哥伦比亚大学获得教授席位，并成为普林斯顿大学校史上第一位女荣誉博士。1957 年，她被选为台湾"中研院"院士。1973 年起，她多次回到大陆进行学术访问，并于 1982 年在母校南京大学开办系列讲座，并于 1986 年获得南京大学荣誉博士学位。1992 年，吴健雄在南京大学创办了"吴健雄图书馆"，同时设立"吴健雄奖学金"。1997 年 2 月 16 日，吴健雄因脑溢血逝世于纽约，后来下葬于她家乡的明德学校内，这所学校正是几十年前由她父亲创办的。

　　吴健雄的成就突出，在"宇称不守恒"理论中做出突出贡献，却没有获得诺贝尔奖，这其中包含着各种因素。有人认为，"20 世纪 30 年代的美国，对女性从事科学研究，还有一些相当歧视的观念，这也可能是造成吴健雄失去诺贝尔奖的原因之一"。[①]

　　5. 王淦昌

　　王淦昌，核物理学家，中国惯性约束核聚变研究的奠基者，中国核

---

①　吴东平：《华人的诺贝尔奖》，湖北人民出版社 2004 年版，第 150 页。

武器研制的主要科学技术领导人之一。1907 年 5 月 28 日，他出生在江苏省常熟县支塘镇。1920 年，他就读于上海浦东中学。1925 年 8 月，王淦昌考入清华大学物理系，四年后毕业并留校任教。1930 年他前往德国柏林大学威廉皇帝化学研究所攻读研究生学位，导师是奥地利女科学家莉泽·迈特纳（Lise Meitner）。1934 年，王淦昌获博士学位后回到国内，在山东大学物理系任教。两年后转任浙江大学物理系教授，兼任系主任。1951 年至 1961 年，他在中国科学院物理所与苏联联合原子核研究所进行宇宙线和高能物理的研究。1962 年，王淦昌开始进行核技术研究。并于两年后提出激光惯性约束核聚变的理论。从此至 1978 年，他隐姓埋名从事中国的原子弹和氢弹研发，为两弹的研制做出了巨大的贡献。1998 年 12 月 10 日，王淦昌院士逝世于北京。

王淦昌曾经获得大量的荣誉，例如"国家自然科学奖一等奖"，"国家科技进步奖特等奖"，等等。除此之外，他还与物理学世界最具分量的奖项——诺贝尔物理学奖多次近距离接触。据资料记载，他曾有多次机会获得诺贝尔奖。第一次是中子的发现。那是 1930 年，王淦昌还在做研究生，由于没有得到导师的认可，王淦昌没能有机会将自己的想法付诸实验，而错失了诺贝尔奖。第二次是中微粒子的验证，时值 20 世纪 40 年代后半期，由于硬件设施的不足和科研人员的缺乏，实验工作没有展开。1995 年的诺贝尔奖授予莱茵斯，正是表彰他在中微子方面的研究。如果王淦昌在 40 多年前有条件完成实验，那得奖的一定是他。第三次是关于激光惯性约束核聚变。早在 1964 年，他就提出要用激光打氘冰靶，看是否有中子发射出来。由于时局，王淦昌的想法无法公开发表，他又一次与诺贝尔奖擦肩而过。[①] 1957 年物理学奖获得者杨振宁曾经给予王淦昌高度评价，这足见王的卓著成就。[②]

无缘诺贝尔奖并没有影响王淦昌的研究，他一生耕耘不辍。他所关心的是祖国科技事业和人才事业的发展，而不是个人的荣誉。

6. 王育竹

1997 年，华裔物理学家朱棣文因在原子冷却技术上的成就而被授予诺贝尔物理学奖。"当他在诺贝尔奖授奖大厅从国王手中接过这项大

[①]　详情参见周志成《王淦昌与诺贝尔奖》，《百科知识》1999 年第 4 期。

[②]　杨振东、杨存泉编：《杨振宁谈读书与治学》，暨南大学出版社 1998 年版，第 136 页。

奖后……他告诉与会的人说：中国有一位杰出的科学家叫王育竹，在对
'激光冷却捕捉原子'的技术方面，在他之前对此问题的研究已经处于
领先地位。遗憾的是他没有将这项研究进行到最后，因此，痛失了这次
诺贝尔物理学奖。"①

这位王育竹，是我国著名的物理学家。1932 年 2 月 29 日，他出生
于河北正定县。1955 年，他从清华大学无线电工程系毕业，获得学士
学位。1960 年，在苏联科学院电子学研究所获博士学位。毕业后长期
担任中国科学院上海光学精密机械所研究员，组建量子光学重点实验
室。1997 年，王育竹当选为中国科学院院士。

王育竹长期从事光磁共振研究，他是我国铷原子钟的开拓者之一。
同时，他还从事微波量子电子学、光波段量子光学等方面的研究。鉴于
他的多种杰出贡献，他荣获过多项重量级的科技大奖，例如全国科学大
会重大成果奖、中国科学院和上海市科学大会重大成果奖，等等。

王育竹错失诺贝尔奖的重要原因是时代与科研机制的问题。那时
"文革"刚结束，科学界百废待兴，根本没有太多的资源提供给科学
家。而王育竹的研究构想又没有得到上级领导的支持，因而没能付诸实
践。而他错失诺贝尔奖，应该会为中国的科研体制改革、未来发展规划
提供借鉴。

7. 人工牛胰岛素工作组

1965 年 9 月 17 日，由中国科学院上海生物化学研究所、中国科学
院上海有机化学研究所和北京大学生物系三个单位联合，包括钮经义
（生物化学研究所）、邹承鲁（生物化学研究所、北京生物物理研究
所）、季爱雪（北京大学化学系）、汪猷（有机化学研究所）等人共同
组成的工作组，在前人的研究基础上，经过大量艰苦的研究，完成了结
晶牛胰岛素的合成。这是人类历史上第一个人工合成的蛋白质。这一杰
出贡献成为人类揭开生理奥秘道路上的里程碑。

1982 年，这项成果荣获中国自然科学一等奖，而这个工作组也曾
获得诺贝尔奖生理学或医学奖的提名，但是终归无果。其原因众说纷
纭。有的人认为，中国官方提交的获奖者名单多达十几人，最少也只能
精简至四人，而诺贝尔奖有最多只能由三人分享的传统。双方都不妥

① 吴东平：《华人的诺贝尔奖》，湖北人民出版社 2004 年版，第 160 页。

协，以致工作组迟迟不能获奖。① 还有人认为诺贝尔奖重视的是基础性与理论性的突破，而不是实际应用。同时，人工合成胰岛素在 20 世纪 60 年代是全世界最热门的课题之一，全世界有十多个研究机构都在同一段时间段进行相关的研发。因此，中国工作组并没有资格获得诺贝尔奖。

8. 周芷

周芷（Louise T. Chow），分子生物学家。1943 年，她生在湖南省，幼年时随家来到台湾。1965 年，她从台湾大学农业化学系毕业后赴美求学，在美国加州理工学院化学系攻读博士学位，其师是诺曼·戴维森教授（Norman Davidson）。1973 年，她在加州理工学院获得博士学位。随后，她在加州大学旧金山分校医学院进行博士后工作。1975 年，周芷加入纽约长岛冷泉港实验室，1976 年晋升为研究员，次年她升为高级研究员，1979 年成为冷泉港实验室终身制资深科学家。1984 年，她进入罗切斯特大学医学院。1993 年，周芷来到阿拉巴马大学伯明翰分校（University of Alabama at Birmingham）医学院生物化学和分子遗传学系担任教授职务。

周芷在冷泉港从事的研究主要围绕噬菌体脱氧核糖核酸的逆转录、腺病毒的转录和复制的基因调控等展开。她在罗切斯特大学的研究内容则是人类乳突病毒的发病机理、分子遗传学，以及生物化学。在阿拉巴马大学伯明翰分校任职期间，她将研究领域扩展到癌症、艾滋病、囊肿性纤维化等多个方面。

1993 年的诺贝尔生理学或医学奖授予了英国的理查德·罗伯茨（Richard J. Roberts）和美国的菲利普·夏普（Phillip A. Sharp），理由是他们发现了断层基因（splite gene）。但是，那篇发表于 1977 年《细胞》杂志上关于断层基因的论文的第一作者正是周芷，罗伯茨只名列第四位。而当年的诺贝尔奖没有颁发给周芷，明显是一种错误。这种错误发生的原因是当时的诺贝尔委员会误认为罗伯茨是实验室主任，因此将奖授予他，而事实上，周芷在这项研究中所付出的努力与贡献要远大于他。另外，据说当时担任冷泉港实验室主任的詹姆斯·华生（James Watson）推荐的是罗伯茨而不是周芷，从而导致了这次错误。这次错误

---

① 参见丁刚《即使与诺贝尔奖擦肩而过》，《东方早报》2007 年 9 月 26 日，第 A23 版。

引发了很多人对诺贝尔委员会的不满。周芷也曾向评审委员会提出抗议，但是一切已成为定局。

9. 唐孝威

唐孝威教授生于江苏无锡，祖籍江苏太仓。1952 年，他毕业于清华大学。之后，唐孝威先后在中国科学院原子能研究所、苏联杜布纳联合原子核研究所、中国科技大学、上海原子核研究所等单位任职或兼职。唐孝威是中国共产党党员，曾任中国共产党第十二、十三次全国代表大会代表，中国和平统一促进会理事等职务。

唐孝威的研究涉及原子核物理实验、核技术应用、生物物理学、神经信息学等诸多领域。他在中国人造卫星空间辐射剂量测量、粒子探测器研究等方面都做出过重要贡献。在从事科学研究的几十年间，他发表了大量高水平的学术论文，获得过"全国劳动模范"等重要荣誉。

早在 1978 年，唐孝威赴德工作时与日本科学家小柴昌俊（M. Koshiba）约定中日合作建造大型水切伦柯夫探测装置，来探测质子衰变。但是由于种种原因，国内没能通过这一方案。而小柴昌俊却在自己的努力下成为历史上首次记录超新星爆发中微子的人，并于 2002 年获得诺贝尔物理学奖，唐孝威则与诺贝尔奖擦肩而过。这是科学家本人的遗憾，也是中国科学界的遗憾。相信这种无奈的错过不在少数。[①]

由于各种原因，中国人与诺贝尔奖一次又一次地靠近，又一次又一次地擦肩而过。这种窘境使得中国人对诺贝尔奖越来越敏感，这个奖项也似乎成为评价人类科学、文学成就的最高标准。诺贝尔奖，已经使国人逐渐形成一种诺贝尔奖情结。

三　个中百味——中国人的"诺贝尔奖情结"

2000 年，1997 年诺贝尔物理学奖获得者、华裔物理学家朱棣文在上海交通大学参加一个学术交流会。他的夫人吉思·朱接受记者访问时说："我感受最深的是中国人特别喜欢学习，虽然美国人也非常重视学习和成功，但是我丈夫作为诺贝尔奖获得者，在中国和在美国得到的待遇是不一样的。在美国，人们追逐橄榄球明星、篮球明星和摇滚歌星，

---

① 参见何景棠《2002 年诺贝尔物理奖与中国人擦肩而过》，《科技导报》2003 年第 5 期。

而在中国，我丈夫成了真正的明星。"①

的确如吉思·朱所说，在中国，诺贝尔奖获得者就像明星一样受到追捧，这其中的原因很多。瑞典驻华使馆前文化参赞、乌普萨拉大学教授阎幽馨（Joakim Enwall）认为，中国人对诺贝尔奖的态度与西方人是不一样的。在西方人看来，获奖代表一种个人行为与个人荣誉，相比之下，中国人更倾向于将获得诺贝尔奖与国家、政治联系起来。阎幽馨的文化身份使得他能够发觉和比较两种观念的差异。②

一直以来，诺贝尔奖都是中国人的全民话题，人们对于它的热议从未冷却。若是以"诺贝尔"为关键词键入中国期刊网（www. cnki. net），可以搜索到 1934 年至今的 337381 篇各类报道与论文（截至 2013 年 11 月 14 日，下同）。若是以"诺贝尔"和"中国"为关键词，则能得到 248976 条结果。而键入"诺贝尔奖情结"一词，能够得到的结果是 11703 条。而以上搜索只是基于一个学术数据库，没有包括已出版和发布的各类图书、网络文章、影视作品等，还有大量以诺贝尔奖为研究对象的科研项目。

正如前文所说，中国人对诺贝尔奖的关注很早就已开始。除了本章开端部分所说的三种刊物外，还可见若干新中国成立前关于诺贝尔奖的文章，例如发表在《世界知识》杂志（*World Affairs*）1934 年第 6 期上的《得一九三四年诺贝尔奖金的贝兰台罗》③，作者是作家、翻译家傅东华；此刊物 1946 年第 2 期刊登仰山的《三位诺贝尔科学奖金的得主》一文，介绍了 1945 年获得物理学奖的保黎教授（现通译为泡利，Wolfgan Pauli）等人；1947 年，刊登于《科学大众》（*Popular Science*）上的《一九四六年诺贝尔与奖金的得奖者》一文，作者是林冕，这篇文章系统地介绍了 1946 年诺贝尔各个奖项的获得者以及成就。

改革开放以后，尤其是 20 世纪末，诺贝尔奖行至接近百岁之时，大量关于诺贝尔奖的新闻见诸报端，各种关于诺贝尔奖的反思与研究成为热门命题，其中夹杂着期待、不满、反省、嗤之以鼻等各种情绪。我

---

① 吴东平：《华人的诺贝尔奖》，湖北人民出版社 2004 年版，第 106 页。
② 参见吴东平《华人的诺贝尔奖》，湖北人民出版社 2004 年版，第 237 页。
③ 贝兰台罗即 1934 年诺贝尔文学奖得主路伊吉·皮兰德娄（L. Pirandello），意大利小说家、戏剧家。

们常常可以看到这样的字眼："诺贝尔奖离我们还有多远"①、"中国谁将获得诺贝尔奖"②、"21 世纪之初是中国问鼎诺贝尔奖的最佳时机"③、"假如中国古代也有诺贝尔奖"④，等等。很多人不禁好奇："看着祖国日渐繁荣昌盛，总觉得世界舞台上，中国已经成为不可缺少的重要角色，因此世界性的大奖——诺贝尔奖，中国当然应该占有席位，可为什么中国拥有世界上最多的人力资源却得不到诺贝尔奖的垂青？"⑤ 2012年，作家莫言荣获诺贝尔文学奖，诺贝尔奖再次受到万民热烈的讨论。从媒体报道到莫言作品大量再版，从各种评论到形色课题，许多人直言，中国人有一种"诺贝尔奖情结"，而"莫言现象"正是中国人"诺贝尔奖情结"的一次集中体现。

"情结"（complex）一词，最早由瑞士心理学家荣格（G. Jung）应用于心理学。作为精神分析学（psychoanalysis）的核心概念之一，弗洛伊德、阿德勒等人都对其有所研究。而荣格将这一概念发扬光大，创造出一套"情结心理学"研究。荣格认为：对于具体的个人而言，情结属于自我与适应之间的冲突；而从宏观的历史角度看，情结则属于本能与文明间的力量博弈。⑥ 用通俗的说法，情结就是指一种无意识的结合体，也是一种隐藏在人的潜意识中的一种复杂而强烈的冲动。

中国人的诺贝尔奖情结在文学奖上尤显突出。笔者认为，诺贝尔奖情结大体包括两种，一种是热切的期盼，可以算得上一种"缺失症"；另一种则可称作"酸葡萄心理"⑦，就是对诺贝尔奖产生一种拒斥的态度，也有人称之为一种现代的阿 Q 精神⑧。

热切期盼，通常的表现是将诺贝尔奖与民族、国家命运联系起来，将之视作国家强盛的标识：

---

① 于小晗：《诺贝尔奖离我们还有多远系列报道》，《科技日报》1999 年 9 月 6 日。

② 参见栾建军《中国人——谁将获得诺贝尔奖》，中国发展出版社 2003 年版；曾德凤编著：《中国谁来夺取诺贝尔奖——近看世纪之交的青年科学家》，中国青年出版社 1998 年版。

③ 施若谷：《21 世纪之初是中国问鼎诺贝尔奖的最佳时机》，《自然辩证法研究》1999年第 5 期。

④ http：//big5. xinhuanet. com/gate/big5/news. xinhuanet. com/fortune/2013 － 10/20/c＿125566967. htm.

⑤ 刘欣：《由中国诺贝尔情结引发的思考》，武汉理工大学 2008 年硕士学位论文。

⑥ 参见刘立国《荣格的情结理论探析》，《心理学探新》2008 年第 4 期。

⑦ 张建丽：《中国人有诺贝尔奖情结吗？》，《外国文学》1997 年第 5 期。

⑧ 刘欣：《由中国诺贝尔情结引发的思考》，武汉理工大学 2008 年硕士学位论文。

　　至此（诺贝尔奖诞生 100 周年），全球共有 28 个国家的 475 位科学家荣获诺贝尔奖。有着悠悠五千年文明历史的泱泱大国——中国却与诺贝尔奖无缘！对于中国人来说不能登向瑞典皇家的领奖台上去领取诺贝尔奖，不啻是一种耻辱，耻辱的鞭子鞭策着每一位勇敢又聪慧的科学家……2002 年是我国建国 52 周年，日渐强盛的国力使中国人在精神上觉得迫切需要一位诺贝尔奖得主，以便壮我中华国威，扬我中华人民的士气。尽管日前有 6 位华裔科学家获得了诺贝尔奖，但是仍然没有我们更加希望的大陆科学家获此殊荣。这样一来，我们似乎有了获奖者，似乎没有。于是每一位中国科学家都有这么一个魂牵梦绕的诺贝尔奖情结。①

类似的言论还有：

　　新中国成立 50 多年了，本土科学家仍未摘取诺贝尔奖！中国人不拿诺贝尔奖，与占世界近四分之一人口的文明古国的地位极不相称。中国需要经济的腾飞，需要在奥林匹克运动竞赛中的突破，同样也需要在"科学界的奥林匹克竞赛"中取得辉煌的成绩，需要体现国家科技水平、文明程度的诺贝尔奖。②

　　就连杨振宁老先生也写过《中国为何出不了诺贝尔奖获得主》这样的文章。2010 年，杨老在成都电子科技大学发表演讲时甚至预言："在中国本土上产生诺贝尔奖获得者指日可待，20 年内一定会出现。这个预计还不太乐观，应该说 10 年之内就会出现。"③ 他的"预计"是关于自然科学奖，不能涵盖 2012 年获得诺贝尔文学奖的莫言。杨振宁发此言论应有他自己的依据，而通过这种"预计"，我们也可窥见他对中国本土诺贝尔奖获得者出现的期待心情。

　　这种诺贝尔奖情结中的"缺乏症"，在很多人看来，可能会导致民

---

① 楚戈：《百年梦好难圆，中国割舍不了"诺贝尔情结"》，《今日科苑》2002 年第 4 期。
② 栾建军：《中国人——谁将获得诺贝尔奖》，中国发展出版社 2003 年版，第 10 页。
③ 人民网 2010 年 9 月 11 日文章《杨振宁预言中国 10 年内将出现获诺贝尔奖获得者》，参见 http://society.people.com.cn/GB/1062/12697755.html。

族自信心的缺失。诺贝尔奖简直就是关系民族、国家命运的纽带了，中国人的全部自尊都付之于上。在这里，诺贝尔奖不再是那种鼓励科学家或作家的奖项，而一种被片面化的"虚像"，正如本书前文所说，它被符号化了。

与之相反，"酸葡萄心理"则是过分民族自傲心的作祟，而且更多地出现在文学奖上。正如张建丽所说："一年一度的诺贝尔奖有多种，生活和工作在自己土地上的中国人，至今还没有一个人是其得主，但不见科学界有或愤愤不平，或不以为然的议论，独独是文学界仿佛对此耿耿于怀。要说在科学界，有些诺贝尔奖得主的研究成果若干年后被认为是不可信、不可行，而使其获奖本身顿失意义的例子还不止一个半个，也没有人对诺贝尔奖评奖本身就鄙夷再三，我们倒看到不少中国作家或文坛上的人士，像揭黑幕似的对诺贝尔奖的文学评委会表示不满。"①前文所论的诗人北岛就曾说："诺贝尔奖只不过是 18 个人评选出来的一个奖，奖金多点，名声大些，它只代表 18 个人的看法，而且被种种因素所左右。诺贝尔奖的重要性也许是对非商业化文学的推崇，至少每年有一天让人们注意到文学的存在，但随后商业化对获奖者的利用，也多少消除了它的意义。"于是就有很多人认为他是出于"酸葡萄心理"。②从这种心态说，诺贝尔奖不仅仅是对某一人或某些人的科学或文学成就的评判，而成为文化自觉与否的一种标尺。这种心态不是文化自觉，也不是文化自豪，而是文化自傲。

在中国科学家、作家与诺贝尔奖屡屡"擦肩而过"之后，国人除了遗憾、焦急、怀疑、拒斥，越来越多的是担忧与自我批判。热烈期盼和嗤笑对之，都是不成熟、不自省的心态。而十多年前，也就是正值诺贝尔奖走到百年之际，很多人就表达出较为理性的看法：

> 越来越多的中国人清醒地认识到，一个缺少强大科技实力的国家，是不可能屹立于世界民族之林的。因此不少中国人有一种隐痛：我们是个科技大国，还远称不上科技强国。在国民关注诺贝尔奖的背后，其实反映的是中国人处在当前这个经济全球化的进程

① 张建丽：《中国人有诺贝尔奖情结吗？》，《外国文学》1997 年第 5 期。
② 吴东平：《华人的诺贝尔奖》，湖北人民出版社 2004 年版，第 221 页。

中，渴望被承认、被认可，渴望祖国全面繁荣强盛的一种积极心态。①

作家傅光明说："对于一些具有浓重诺贝尔文学奖情结的中国作家来说，每年底的诺贝尔奖揭晓都是一种精神煎熬。其实，期盼中国作家荣登诺贝尔文学奖奖台，远非只是许多中国作家的梦，它也让那些把此奖与国家荣誉连接在一起的中国人，魂牵梦绕了许久。特别是从20世纪80年代以后，关于中国作家与诺贝尔文学奖失之交臂的报道屡见媒体"。他还认为："诺贝尔文学奖绝非国际认证的衡量文学的唯一标准，文学也不可能有唯一标准。中国作家不必心理负担过重，不必心里泛酸，更不必感到尴尬与难堪，甚至患上精神偏执。"② 傅光明的这番"苦心劝解"之言，不仅是针对中国作家，也是针对中国民众。

当然，"诺贝尔奖情结"不仅仅是中国人的专利，埃及、俄罗斯、日本等国家，他们对待诺贝尔奖的态度与中国人有或多或少的类似性，从中或许可以透视出这些文化体之间的某些共性。

四 圆梦瑞典——中国首位诺贝尔文学奖得主莫言

在中国，诺贝尔文学奖似乎比其他奖项得到了更多的关注。近年来，有越来越多关于"谁会成为中国第一个诺贝尔文学奖得主"的猜测。呼声较高的有已经多次受到提名的王蒙、北岛，有受到诺贝尔文学奖评委马悦然看好的作家李锐、曹乃谦，也有成名已久的苏童、余华，等等。但是，2012年10月，答案揭晓了——来自山东的作家莫言成为了中华人民共和国第一位诺贝尔文学奖获得者。

（一）谁是莫言？

莫言，原名管谟业，1956年③于山东高密东北乡一个荒凉村庄

---

① 栾建军：《中国人——谁将获得诺贝尔奖》，中国发展出版社2003年版，第9页。
② 傅光明：《中国作家的诺贝尔文学奖情结》，《长江学术》2008年第1期。
③ 或许是他当时记错了，他的出生日期是1955年2月17日，而非1956年。

中的四壁黑亮的草屋里铺了干燥沙土的土炕上，落土时哭声喑哑，两岁不会说话，三岁方能行走，四五岁饭量颇大，常与姐姐争食红薯。六岁入学读书，曾因骂老师是"奴隶主"受到警告处分。"文化大革命"起，辍学回乡，以放牛割草为业。十八岁时走后门入县棉油厂做临时工，每日得洋一元三角五分。1976 年 8 月终于当上解放军，在渤海边站岗四年。1979 年秋，调至"总参"某训练大队，先任保密员，后任政治教员。1982 年侥幸提干。至"总参"某部任宣传干事，1984 年秋考入解放军艺术学院文学系。1981 年开始写作。①

这段简洁的介绍是莫言在 1986 年出版的中篇小说集《透明的红萝卜》中的自述。这小段文字还不足以概括这位作家的全貌，这里仍要对他的人生履历与创作历程做一梳理。而他在文学之路上，注定是个"幸运儿"。②

1981 年，莫言在河北保定刊物《莲池》的第 5 期上发表了处女作，短篇小说《春夜雨霏霏》。1982 年，他又在《莲池》上发表《丑兵》和《为了孩子》两篇短篇小说。1983 年，他的短篇小说《民间音乐》得到"白洋淀"派代表作家孙犁的称赞。

1984 年，莫言又陆续发表了《岛上的风》、《雨中的河》、《黑沙滩》等三篇中短篇小说。这一年，解放军艺术学院文学系成立，莫言毛遂自荐，得到系主任徐怀中的另眼相看，得以进入文学系学习。经过文学院的学习后，他的写作得到了巨大的提升。1985 年，莫言的《透明的红萝卜》在《中国作家》第 2 期上发表。这篇中篇小说在文学界引起了很大的反响，使得作者名声大震，可谓他的成名作。同年，《球状闪电》、《金发婴儿》、《爆炸》、《枯河》、《老枪》、《白狗秋千架》、《大风》、《三匹马》、《秋水》等中短篇小说相继发表。这一年，可以视作莫言创作的高产年。

1986 年，莫言从解放军艺术学院毕业。同年，小说集《透明的红萝卜》由作家出版社出版，中篇小说《红高粱》在《人民文学》第 3

---

① 张志忠：《莫言论》，北京联合出版社 2012 年版，第 8 页。
② 参见张志忠《莫言论》，北京联合出版社 2012 年版，第 11—12 页。

期上发表。在这一年完成发表的中篇小说有《高粱酒》、《高粱殡》等，短篇小说《草鞋窨子》、《苍蝇门牙》等。同年夏，《红高粱》的改编电影版权被张艺谋购买，莫言担当编剧，将小说改编为剧本。1987 年，长篇小说《红高粱家族》由解放军文艺出版社出版，而《欢乐》、《红蝗》两篇中篇小说则遭到较多批评。1988 年，电影《红高粱》获第 38 届柏林电影节金熊奖，这一年，莫言在《十月杂志》上发表长篇小说《天堂蒜薹之歌》。同年秋，由山东大学、山东师范大学主办的"莫言创作研讨会"在高密召开，会议发言后被整理为《莫言研究资料》。这一年的 9 月，他参加了中国作家协会委托北京师范大学办的研究生班，即北京师范大学鲁迅文学院。他的同学包括毕淑敏、迟子建、严歌苓、余华、刘震云等人，现在都已经是中国文坛的重量级人物。

1989 年，莫言访问西德。这一年的 3 月，依据小说《白狗秋千架》改编的电影《暖》获得第 16 届东京电影节金麒麟奖。中短篇小说集《欢乐十三章》由作家出版社出版，6 月，他发表了小说《你的行为使我恐惧》。次年，小说《父亲在民夫连里》在《花城》杂志上发表。1991 年，莫言从鲁迅文学院毕业，获得文艺学硕士学位。同年，他创作出《白棉花》、《红耳朵》等中篇小说，《神镖》、《夜渔》、《翱翔》等短篇小说。他还和朋友一起创作了六集电视连续剧《哥哥们的青春往事》，由河南电影制片厂拍摄完成。1992 年，他写出《幽默与趣味》、《模式与原型》等文论。1993 年，莫言先后出版了两部长篇小说《酒国》、《食草家族》，中篇小说集《怀抱鲜花的女人》和短篇小说集《神聊》。

1994 年莫言母亲在高密县去世。母亲在莫言的生命中有着重要的意义，她的离世使莫言想要创作一部纪念母亲的小说。次年，这部小说完成并发表，就是《丰乳肥臀》。这部小说在国内文学界，尤其军队文艺界引起了巨大的争议，国内批判声不断。这一年他还出版了五卷本《莫言文集》。1996 年，由莫言编剧的影片《太阳有耳》获第 46 届柏林电影节银熊奖。同年，在莫言自己的要求下，《丰乳肥臀》停印。①

1997 年，由于小说《丰乳肥臀》的缘故，莫言离开军界，转至属最高人民检察院的《检察日报》从事相关工作。1997 年，由他参与创

---

① 莫言：《盛典：诺贝尔奖之行》，长江文艺出版社 2013 年版，第 249 页。

作的话剧《霸王别姬》公演。1998 年，莫言在《东海》、《收获》等杂志上发表《牛》、《三十年前的一场长跑比赛》等中篇小说，《拇指拷》、《长安大道上的骑驴美人》、《一批倒挂在杏树上的狼》、《蝗虫奇谈》等短篇小说，并出版散文集《会唱歌的墙》。由《检察日报》影视部摄制的 18 集电视连续剧《红树林》在此年完成。1999 年，在《收获》、《花城》上发表中篇小说《野驴子》、短篇小说《我们的七叔》等。

2000 年，莫言在《收获》、《上海文学》等刊物上发表《司令的女人》、《冰雪美人》等作品。由上海文艺出版社出版短篇小说集《莫言短篇小说》；由浙江文艺出版社出版《莫言散文》。2001 年，长篇小说《檀香刑》出版，这部小说的出版又一次引起争议。2001 年 6 月，他受聘于山东大学，成为该校文学与新闻传播学院的兼职教授。

2002 年，开始任山东大学文学与新闻传播学院中国现当代文学专业硕士研究生导师。同年，莫言与阎连科合作完成的长篇小说《良心作证》由春风文艺出版社出版。在《布老虎中篇小说春之卷》上发表中篇小说《扫帚星》。多种作品由山东出版社再版。

2003 年，莫言发表长篇小说《四十一炮》，由春风文艺出版社出版，并在《收获》第 5 期上发表短篇小说《木匠与狗》。散文集《小说的气味》、散文集《写给父亲的信》、小说集《藏宝图》由春风文艺出版社出版。11 月，他被聘为汕头大学文学院兼职教授。

2005 年，莫言接受香港公开大学授予的荣誉文学博士头衔。次年，在作家出版社出版长篇《生死疲劳》，散文集《北海道随笔》由上海文艺出版社出版。11 月，莫言又成为青岛理工大学客座教授。2007 年，散文全集《说吧，莫言》由海天出版社出版。2008 年，他被聘为中国海洋大学文学与新闻传播学院驻校作家。2009 年 12 月，出版长篇小说《蛙》。

2011 年 11 月，他接受青岛科技大学客座教授席位。同年，在中国作家协会第八届全国委员会第一次全体会议上，莫言当选为中国作家协会第八届全委会副主席。2012 年 5 月，他受聘为华东师范大学中文系兼职教授。

（二）莫言的诺贝尔奖之旅

在这么多年的创作生涯中，莫言获得众多荣誉，其中较为重要的有：

    1987 年 《红高粱》获第四届全国中篇小说奖。根据此小说改编并参加编剧的电影《红高粱》获第 38 届柏林电影节金熊奖。

    1988 年 《白狗秋千架》获台湾联合文学奖。根据此小说改编的电影《暖》获第 16 届东京电影节金麒麟奖。

    1996 年 《丰乳肥臀》获首届大家·红河文学奖。

    2001 年 获第二届冯牧文学奖。

    2001 年 《酒国》（法文版）获法国 "Laure Bataillin" 外国文学奖。

    2001 年 《檀香刑》获台湾《联合报》2001 年十大好书。

    2002 年 《檀香刑》获首届"鼎钧文学奖"。

    2004 年 获"华语文学传媒大奖·年度杰出成就奖"。

    2004 年 获法兰西文化艺术骑士勋章。

    2005 年 获第十三届意大利 NONINO 国际文学奖。

    2005 年 香港公开大学授予荣誉文学博士。

    2006 年 获日本福冈亚洲文化大奖。

    2008 年 《生死疲劳》获第二届浸会大学"红楼梦奖·世界华语长篇小说奖"。

    2008 年 《生死疲劳》获美国俄克拉荷马大学首届"纽曼华语文学奖"。

    2011 年 获韩国万海大奖。

    2011 年 《蛙》获第八届茅盾文学奖。

    2012 年 获诺贝尔文学奖。①

    当然，在这些奖项中，最具分量的当然是 2012 年的诺贝尔文学奖。

    2012 年 10 月 11 日，在全世界的瞩目与期待之下，诺贝尔奖文学院常务秘书长彼得·英格伦（Perter Englund）宣布，中国作家莫言获得本年度诺贝尔文学奖，获奖理由是："将魔幻现实主义与民间故事、历史与当代社会融合在一起（who with hallucinatory realism merges folk tales,

---

① 莫言：《盛典：诺贝尔奖之行》，长江文艺出版社 2013 年版，第 259 页。

history and the contemporary）。"①

此消息立刻轰动了整个中国，整个中国的目光都聚焦在这位前一年刚刚获得茅盾文学奖的作家身上。从宣布获奖之日起，到领奖之日，莫言真的受到了明星的待遇，他的一言一行、一举一动，对时事的评论、领奖着装，无一不被放在媒体评论的头版头条。这一次，诺贝尔奖在中国引起了一次热潮，成为真正意义上的全民话题，而莫言，则更像一位打破了世界纪录的运动员，仿佛就是一位民族英雄。② 但是，与别人的欢欣鼓舞之状不同，莫言本人表现得非常淡然，他表现出一个文学创作者应有的风度与胸怀。

2012 年 12 月 5 日至 13 日，莫言带着妻女赴斯德哥尔摩领奖。这段时间里，他先后参加了瑞典学院召开的记者招待会，接受了诺贝尔基金会官方网站采访，在中国驻瑞典大使馆发表了讲话，参加了华人工商联欢迎午宴，在斯德哥尔摩大学发表了演讲，等等。2012 年 12 月 7 日傍晚，莫言在瑞典文学院发表"诺贝尔文学奖得主演讲"，这是诺贝尔文学奖获得者必须进行的一次重要演讲。当晚，莫言面对着瑞典文学院的院士们，做出了题为《讲故事的人》的演讲。在这段用时较长的演讲中，莫言从自己的母亲说起，说到自己的幼年经历，母亲对自己的影响、自己的人生经历与写作经历。在这段精彩的演讲中，莫言将自己对生命的思考和对文学的感悟带给听众。他还列举了很多个故事，不仅给听众留下很深的印象，还切合了自己是"说故事的人"的主题。瑞典电视台记者安·维多利亚说："莫言的演讲非常有意思，告诉我们作家是什么，他们为何写作，他们的经历和背景对其写作的影响等。他把他的经历描述得很美，非常动人。"③ 瑞典红十字会国际部部长约兰·巴克斯特朗德说："（我）觉得他是当之无愧的文学奖得主……他的语言很有力度，充满思想内容。"④

当然，整个领奖过程的最高峰是三天后的诺贝尔奖晚宴。12 月 10

---

① http：//www. nobelprize. org/nobel_ prizes/literature/laureates/2012/.

② 参见 http：//www. chinanews. com/cul/2012/12 – 10/4394040. shtml.

③ 莫言：《盛典：诺贝尔奖之行》，长江文艺出版社 2013 年版，第 86 页。

④ 同上。

日下午，诺贝尔颁奖晚宴在斯德哥尔摩音乐厅举行。① 与往年一样，在为获奖者颁奖之前，先是音乐晚会。16 时 30 分，2012 年诺贝尔奖颁奖典礼开始。按照惯例，领奖按照物理学奖、化学奖、生理学或医学奖、文学奖和经济学奖的次序进行，先由各个奖项的评委会主席介绍获奖者的成就，然后由瑞典国王卡尔十六世·古斯塔夫向每名获奖者逐个颁发诺贝尔奖证书和奖章。莫言是第四个上台的。诺贝尔文学奖评委主席派尔·维斯特拜里耶先生对莫言的文学创作进行了一番浓墨重彩的介绍与评论，② 然后，他用中文说："莫言，请上前来。"这句话成为国内许多媒体当天的大标题。在全场的掌声与瞩目之下，莫言健步走上台去，从国王的手中接过了属于他的奖章与证书。在中国，很多人通过各种方式观看了授奖仪式。这一刻，中国人真的期待了很久。

当晚，莫言在晚宴上发表了他的诺贝尔奖晚宴致辞（Banquet Speech）。他是这样说的：

尊敬的国王、王后，各位王室成员，女士们，先生们：

我的讲稿忘在旅馆了，但我记在脑子里了。

我获奖以来发生了很多有趣的事情，由此也可以见证到，诺贝尔奖的确是一个影响巨大的奖项，它在全世界的地位无法动摇。

我是一个来自中国山东高密东山乡的农民的儿子，能在这样一个殿堂中领取这样一个巨大的奖项，很像一个童话，但它毫无疑问是一个事实。

我想借此机会，向诺贝尔基金会，向支持了诺贝尔奖的瑞典人民，表示崇高的敬意。要向瑞典学院那些坚守自己信念的院士表示崇高的敬意和真挚的感谢。

我还要感谢那些把我的作品翻译成了世界很多语言的翻译家们。没有他们的创造性的劳动，文学只是各种语言的文学，正是因为有了他们的劳动，文学才可以变为世界的文学。

当然，我还要感谢我的亲人、我的朋友们。他们的友谊、他们

① 详情参见诺贝尔官网上的颁奖视频 http：//www. nobelprize. org/mediaplayer/index. php？id = 1884。

② 详情参见本书附录 2。

的智慧，都在我的作品里闪耀光芒。

与科学相比较，文学是没有用处的。但我想，文学最大的用处也许就是它没有用处。

谢谢大家![1]

"文学最大的用处也许就是它没有用处。"这是一句看似矛盾，却又引人深思的话，是一个多年苦心孤诣于文学创作的中国作家对于文学的真切体会。在当代商品社会，以及所谓的"产业疯狂"的时代，文学能为经济增长起到什么作用呢？它不能像科技那样立竿见影地改变人们的生活，它不能像法学、社会学那样致力于社会的改良，它不能像商业贸易那样为人们提供生活日常之所需。但是，当一切以价值来评判的风气弥漫整个社会的时候，只有真正的文学才能保持着真正的清醒。它告诉人们，在物质与肉体之外，人类还具有精神与灵魂，还有超越物质与肉体之外的东西。在历史上，在无数次全民陷入疯狂之时，往往是从事艺术与文学的人保持着清醒，或是最先发出忏悔之声。恰恰是文学的"无能"，使得文学具有一种独特的"能力"，这是人类摆脱茹毛饮血、始有自觉意识以来，文学便已存在，并已存在了几千年的理由。

（三）农民的情怀与艺术的探索

莫言的文学具有什么样的魔力，才征服了十八位知识渊博、眼光挑剔的诺贝尔文学奖评委呢？毋庸置疑，莫言的文学创作当然有其独特的魅力。限于本书主题与篇幅，这里不能对莫言文学创作进行系统的梳理与论述，只能做一些简要的介绍。

自 20 世纪 80 年代以来，莫言发表了一系列乡土作品，塑造了这个凝练古老东方的农村，也就是他拟构出的那个带有魔幻色彩的故乡的同名之地——高密县东北乡。莫言的作品中包含着大量农村与土地、传统与乡愁的元素，使莫言成为"寻根文学"作家的代表之一。而他所塑造的高密东北乡，也成为一种文化符号，后面隐藏着巨大的意义空间。正如莫言的最初研究者张志忠教授所说：

---

[1]　莫言：《盛典：诺贝尔奖之行》，长江文艺出版社 2013 年版，第 154 页。

……我首先是为他对农村生活的稔熟、他对农村生活的独特理解和独特表现所震惊，为他的放纵的情感、浓烈的色彩和奇异的想象所震惊，很自然地把视线集中到他的艺术感觉上来。但是，在进一步地对其艺术感觉作深入剖析之时，我发现，在他的熔铸万物、异彩纷呈的艺术世界中，涌荡着一股生机勃勃的生命的激流，蕴含着中国农民的生命观、历史观乃至时空观，潜藏着沉淀在生命直觉之中的农民文化的许多特点。莫言创作虽然在艺术上参差不齐，但却总是有着极厚实的底蕴，他没有像一颗彗星一样以时间的短促换取燃烧的亮度，而是以对生活的不断开拓显示着他所依托的丰厚的大地——农民生活和农民文化的雄沉博大……①

对于土地的情感是莫言文学成就的出发点。当然，莫言能够获得诺贝尔奖的肯定，另外一点在于他的开阔眼光，在文学艺术上不断地借鉴学习与自我创新。

从解放军艺术学院，到鲁迅文学院，莫言从来都不是只知道埋头自己的土地情怀而不顾外面的世界。他不仅重视自身的文化特征，也不断地汲取各方面的"营养"。在他的小说中，可以看到大量吸取外国文学艺术精华的影子，对于荒诞主义、存在主义、神话—原型批评，尤其是拉美的魔幻现实主义的学习与借鉴，乃有今天呈现在我们面前的莫言。莫言作品中荒诞的表现、原始的激情，我们可以隐约看到当代中国对于国外文学借鉴吸收的轨迹。正如张志忠所说："莫言作品中的孤独感及他的表现手段、叙事方式都可看到拉美著名作家马尔克斯《百年孤独》的重要影响。"② 当然，莫言绝不是简单地进行复制与移植，而是在主动地将国外的经验吸入体内后，再积极地使这些经验与自身的本土文化融汇，使二者发生一种奇妙的"化学式反应"，再形成一种不同于这二者的新东西。这种吸取与再创造，是真正做到了文化自觉后的自觉行为。在这里，作家不仅要深入地理解那些他者文化的精髓，学习这些文学背后深层的文化背景，更重要的是要对自身的本土文化有着超人一等的深刻洞见。也就是说，看似重要的是学习引进，实际上更重要的是对

---

① 张志忠：《莫言论》，北京联合出版社2012年版，第223页。
② 同上书，第248页。

本土文化的警醒。仅仅依靠学习是不能成功的，关键的是真正调动起自我文化的强大力量，使它们真正地复苏，让这经过几千年"层累"而形成的深厚文化发挥出无与伦比的"魔力"，让那"远古之声"再次响起。所以说，正是得益于他这种不懈的艺术探索，不断地从内外两处汲取养分，才有了莫言今天的文学成就。

当然，莫言获得诺贝尔文学奖也引起了一些人的争议。一些人对他的文学成就是否配得上诺贝尔奖还表示怀疑。必须要说的是，莫言的成就得于自己文化上的天赋与后天努力的学习，但是，在他得奖的背后，我们必须正视两个因素对于莫言获奖的重要作用。一是翻译者。莫言在诺贝尔奖晚宴致辞中着重感谢了各国翻译家。莫言指出："没有他们（翻译者）的创造性劳动，文学只是各种语言的文学。"懂得文学的人应该知道，文学翻译不仅仅是一种简单的文字转换，而完全是一种文学创作。这里的"创造性劳动"，说明莫言肯定了翻译者作为创造者而非传述者的独特地位，他说："没有你们（翻译者）艰苦的劳动，我的作品不会被广大的世界读者所阅读。"[1] 莫言作品的英文译者葛浩文、法文译者杜莱特、意大利文译者米塔、瑞典文翻译者陈安娜等，把莫言的文学带给了世界，让世界知道了莫言，[2] 他们对于莫言获奖是功不可没的。二是提名者。日本著名作家大江健三郎（Kenzaburo Oe）是1994年的诺贝尔文学获奖者，他曾经五次提名莫言获得诺贝尔文学奖。很早以前，大江健三郎就相当欣赏莫言的作品。他们交流多次，并到对方的家乡进行互访。我们知道，莫言的诺贝尔文学奖与茅盾文学奖获奖作品、备受热议的《蛙》中的"杉谷义人"正是以大江先生为原型的，而这部小说正是以大江在莫言家乡——高密东北乡之行为原型背景的。这部小说以第一人称为视角，由剧作家蝌蚪写给杉谷义人的五封信、四篇叙事和一部话剧组成。无论如何，大江健三郎先生对莫言的欣赏和积极推荐，必然会使评委们不断加深对莫言的认识。

总之，莫言的获奖对于中国文学来说是零的突破，也是对中国文学的一次鼓励。不难预测的是，纯文学在一段时间内又会回到人们的视线内，也许会有更多好的文学作品诞生，文学评论界会对当代文学创作给

---

① 莫言：《盛典：诺贝尔奖之行》，长江文艺出版社2013年版，第161—163页。
② http://www.chinanews.com/cul/2012/10-24/4271171.shtml.

予更多的关注，文学出版行业也会得到相应的带动，纯文学读者群会增长壮大、水平提高。对于有着浓厚的"诺贝尔奖情结"的中国人来说，莫言获奖的意义绝不仅仅限于文学。

第十二章 钱学森之问:中国与诺贝尔科学奖的距离

2009 年 10 月 31 日,钱学森在北京逝世,享年 98 岁。一代科学巨星陨落,除了留给国人无尽的缅怀,也引发人们的思考。在他逝世后第 12 天,即 2009 年 11 月 11 日,《新安晚报》刊登沈正斌等 11 人给教育部及全国教育界同仁的公开信《让我们直面"钱学森之问"》里的提问,"为什么我们的学校总是培养不出杰出人才?"这是钱学森留给中国教育界的一个亟待解决的难题。

钱学森先生有段原话谈及这一问题。据《人民日报》2005 年 7 月 31 日的报道,7 月 29 日,温家宝探望住院的钱学森,钱老说:"我要补充一个教育问题,培养具有创新能力的人才问题。……现在中国没有完全发展起来,一个重要原因是没有一所大学能够按照培养科学技术发明创造人才的模式去办学,没有自己独特的创新的东西,老是'冒'不出杰出人才。这是很大的问题。"钱学森先生的意思有三个方面,首先是大学而非普通学校,其次是培养科学技术发明创造人才的大学,最后是大学的办学模式,从这三个方面为杰出人才服务。这就是"钱学森之问"。

用"钱学森之问"来拷问中国少获诺贝尔奖的原因会发现,"钱学森之问"本身正是中国至今与诺贝尔自然科学奖无缘的根本缘由。按照"钱学森之问"的逻辑来分析当今中国的教育情况:首先是大学,截止到 2013 年,中国共有普通本科院校 879 所①。其次,是培养科学技术发明创造人才的大学。在这 879 所大学中,"985 工程"大学有 39 所,"211 工程"大学有 116 所。而所谓"211 工程",就是指重点建设 100

---

① 数据来源于教育部网站:http://www.moe.gov.cn/publicfiles/business/htmlfiles/moe/s7567/list.html。

所左右高等学校和一批重点学科;"985 工程"是指重点支持北京大学、清华大学等高等学校创建世界一流大学和高水平大学。因此,"985 工程"大学和"211 工程"大学固然成为培养国家科技创新和高层次人才的重要基地。这样看来,大学和培养科学技术发明创造人才的大学,中国已然具有,那么为什么我们国家还是培养不出诺贝尔奖获得者这样的世界顶尖人才?关键就在于"钱学森之问"的第三条,即大学的办学模式。中国现有大学的办学模式还存在弊端,不能够为培养杰出人才服务。从这点来讲,当今中国,遏制原始创新的教育模式、国际交流与合作的缺乏,以及注重量化评估的学术评价机制和还不够自由的学术环境,造成中国与诺贝尔奖的距离。总而言之,中国大学办学模式的弊端集中体现在对培养对象的"创新"素质没有足够重视,导致不能培养出像诺贝尔奖获得者那样的真正高精尖人才。

一 诺贝尔科学奖和创新型人才

中国科学院院士、中国工程院院士路甬祥曾指出:"在众多的国际科学奖项中,历经近百年历史的诺贝尔奖被一致认为最具有权威的科学奖项。诺贝尔奖不但反映了现代科学的历史,而且也与 20 世纪蓬勃发展的技术进步紧密相连。获奖成果有重要科学发现、重大理论创新、重大技术创新以及实验方法和仪器的重大发明。诺贝尔奖所激励的,事实上是对人类社会发展有重大影响的原始性创新。"按照路甬祥院士的描述,"原始性创新"是获得诺贝尔奖的"关键词"。根据诺贝尔的遗嘱,诺贝尔奖是奖励给那些为人类的科学技术、文学及和平事业做出杰出贡献的科学家。以诺贝尔科学奖来讲,"为人类的科学技术做出杰出贡献",意味着诺贝尔科学奖获得者一定是一个最具有创新能力的创新型人才;获得诺贝尔奖,对个人来说,意味着他/她凭借在科技领域的原始创新对人类科技事业做出杰出贡献。什么是创新型人才?如何培养创新型人才?美国、德国、日本等多次获得诺贝尔奖的国家如何培养和激发人的创新能力?回答这些问题,能从比较分析中探测中国与诺贝尔奖,尤其是与诺贝尔自然科学奖的距离。

（一）"创新"是一个综合性概念，其内涵随着时代的发展而更新

作为学术概念，创新最早来自于约瑟夫·熊彼特的创新理论，他认为"创新，就是建立一种新的函数，也就是把一种从来没有过的关于生产要素和生产条件的组合引入生产系统"①。作者在此是从经济学的视角论述创新的概念，强调创新在生产发展中的重要作用。后来的学者在这个概念的基础上，从技术创新、管理创新、知识创新、创新过程等多维的角度对创新进行了定义，总而言之，这些概念的共同点在于都强调"新"，强调创新的结果产生的积极影响。基于此，我们可以这样概括创新的实质，创新就是主体通过创造性行为促使客体向前发展的理论活动或实践活动，简而言之，创新就是思前人之未思，做前人之未做。这里的主体是指社会生活中的任何人；这里的客体泛指主体进行创造性行为的领域、对象、载体，乃至整个人类社会；理论活动或实践活动，是指创新包括理论创新和实践创新，包括基础理论研究创新和应用研究创新。具体到诺贝尔奖，百多年来，每一个诺贝尔奖获得者，都是以其创新行为和成果推动某个领域或某种理论的创造性向前发展，进而对人类社会的整体发展做出杰出贡献而获奖。

（二）"人才"是一个具有历史性、发展性的复杂概念

古今中外的理论家们对"人才"的定义众说纷纭，莫衷一是，有人认为人才是天才，有人认为人才是贡献大的人，有人认为人才是具有创造力的人，有人认为人才是学历高的人，等等。总之，每个时代、每个国家、每个人心中都有自己的"人才"描述，标准不同，内涵不同。这些不同的人才描述，一定程度上反映了人才构成的基本内核。

第一，在西方语境中，用"talent"一词会意中文中"人才"的意思基于此，我们可以从talent的词源词义来分析西方语境中人才的含义。

talent一词在现代既可以翻译为"才能"，也可翻译为"人才"。talent"人才"含义的形成实际经历了漫长的过程，这一定程度上反映了西方人才标准和人才价值观念的变化。根据"在线词源学词典"显示，

---

① ［美］约瑟夫·熊彼特：《财富增长论》，李默译，陕西师范大学出版社2007年版，第88页。

"talent" 这个单词，于 13 世纪晚期从古英语 talente 演变而来，talente 来源于拉丁文 talenta（talentum 的复数形式），而 talentum 又源于希腊语 tálanton（衡量体重和货币的单位）；14 世纪中期拉丁语的意思演变为 "才干或人才" 的意思①。根据美国出版的《牛津英语词源词典》，talent 的词源是指：①来源于拉丁语 talentum，意为 "爱好、思想倾向"；②来自于希腊语 tálanton，是一种古老的重量和货币单位；③引申为 "内在的天赋或资质"，用来比喻人才②。基于对 talent 一词的词源意义考证，我们看到，从字面意义和词源意义看，talent 最初并不包含 "才干、能力或人才" 的意思。实际上 talent "人才" 之意的形成与一个圣经故事有关，《圣经·新约·马太福音》第 25 章讲，有个人把他的货物，依照他的仆人的能力分给他们。能力强的人才分了 5talents 的货，能力中等的分 2talents 货，而能力最弱的那个仆人只分到了 1talents 的货。后来，人们就习惯用 talent 指有才能的人，talents 越多，人越有能力③。在这个故事中，分 5talents 的人被称为 "能力强的人才"。基于以上分析，可以得知在西方的人才观念中，人才是指才能多、能力强的人，才能的多寡是识别人才的重要标准，而以金钱衡量和表彰人才价值的观念也有特定的文化根源。

第二，中国人才概念的使用，在改革开放前后两个阶段有不同的含义。改革开放前，人才的培养遵照 "又红又专"，以及 "百花齐放、百家争鸣" 的方针，而由于战争的需要以及 "文化大革命" 中 "以阶级斗争为纲" 错误方针的实行，对人才 "红" 的要求高过对 "专" 的要求，尤其是在 "文化大革命" 时期，"百花齐放、百家争鸣" 的方针实

---

①　在线词源学词典：http：//dictionary. reference. com/browse/talent? s = t。原文为：late 13c. , "inclination, disposition, will, desire," from O. Fr. talent, from M. L. talenta, pl. of talentum "inclination, leaning, will, desire" (1098), in classical L. "balance, weight, sum of money," from Gk. talanton "balance, weight, sum," from PIE ∗ tel - , ∗ tol - "to bear, carry" (seeextol) . Originally an ancient unit of weight or money (varying greatly and attested in O. E. as talente), the M. L. and common Romanic sense developed from figurative use of the word in the sense of "money." Meaning "special natural ability, aptitude," developed mid – 14c. , from the parable of the talents in Matt. xxv: 14 – 30. Related：Talented。

②　Edited by T. F. HOAD, Oxford Concise Dictionary of English Etymology, NY：Oxford New York, Oxford University press. 2000, p. 481.

③　参见余卫华、敖得列主编《英语词语典故词典》，中国地质大学出版社 1992 年版，第 444 页。

际上没有得到很好的贯彻，任何人才，无论是人文社科方面的人才，还是自然科学研究方面的人才，他们的理论和实践活动必须符合社会主义意识形态的要求。可以说，改革开放前，政治干扰在科学研究方面的表现较为突出，人才的学术与科研自由被政治干扰阻断，这个时期，人才的个性差别和创造力也在"红"的要求下被压制和消减。过分强调人才的政治性、纯度，大概也是我们国家在 20 世纪无缘诺贝尔奖的重大原因。

改革开放以来，由于发展国家经济的需要，全国人民越来越意识到人才的重要性，尤其是自然科学人才。在人才学领域，人才概念的内涵也不断丰富和发展，专家学者们对人才的本质特征、基本要素做了深入系统的研究，并提出了具有代表性、权威性的观点。比如叶忠海提出，人才是指那些在各种社会实践活动中具有一定的专门知识、较高的技能和能力，能够以自己的创造性劳动对认识、改造自然和社会，进而对人类进步做出某种较大贡献的人①。王通讯认为，人才是指为社会发展和人类进步进行创造性劳动，在某一领域、某一行业、某一工作上做出较大贡献的人②。2010 年 4 月，中国发布的《国家中长期人才发展规划纲要（2010—2020 年）》明确提出，人才是"具有一定的专业知识或专门技能，进行创造性劳动并对社会作出贡献的人，是人力资源中能力和素质较高的劳动者"③。这些具有代表性的人才概念，虽然具体文字表述有所不同，但是从中可以发现一些共同的关键词，如"专门知识"、"高技能"、"创造性劳动"、"对社会做出贡献"，这些关键词一定程度上体现了构成人才的基本要素，也表明对人才"专"的要求日益增长。

人才应该是一个中性概念，在一般性语境中，无须给它赋予任何政治性含义，人才的类型、人才的作用、人才为谁服务等要素无须体现在人才的概念中。基于这种认识和以上的人才"关键词"，我们可以这样认为，人才就是具有创造性能力，取得创造性成果的人。一方面，人才必须具有创造性劳动能力，并取得创造性成果，这是人才与非人才的区别；另一方面，人才的创造性劳动不是原始性创新，所以其贡献程度通

① 叶忠海：《人才学概论》，湖南人民出版社 1983 年版，第 59 页。
② 王通讯：《人才学通论》，中国社会科学出版社 2001 年版，第 2 页。
③ 《国家中长期人才发展规划纲要（2010—2020 年）》，《人民日报》2010 年 4 月 1 日。

常只是数量的增加，难以达到质上的飞跃，这也正是人才与创新型人才的区别。也就是说，人才具有类型和层次的差别，创新型人才是较高层次的人才，从这个意义上说，诺贝尔奖获得者应该是最具有创新能力的创新型人才，他们是具有极丰富的专门知识、极高的技能、极高的原始创新能力，能够对某一领域做出极大贡献，实现该领域质的发展，进而促进人类进步和社会发展的创新型人才。这在一定程度上说明了我们与诺贝尔科学奖的差距所在，指明了培养中国的诺贝尔科学奖得奖者的方向。

第三，具体到诺贝尔奖科学家，中国的"人才"含义更加符合诺贝尔奖科学家的客观描述。在西方的语境中，才能多、能力强的人就是人才，一方面，才能多、能力强的人很多，但并非每一个才能多、能力强的人都能对社会的发展做出杰出贡献；另一方面，"才能多、能力强"本身就是一个很宽泛、很模糊的衡量标准，对于诺贝尔奖科学家来说，还应该强调他的才能和能力对社会发展的贡献程度。而中国的人才概念，强调人才的专门知识和创造性劳动，强调人才对社会的贡献，这符合诺贝尔奖获得者的客观情况。通过以上分析可知，我们并不缺乏 talent，但是我们缺乏具有极强原始创新能力的 talent，因此中国要拉近与诺贝尔奖的距离，在培养人才方面，就要重视在某一方面、某一领域能力极强、才能极多、创造性极强的专才，甚至"偏才"的支持与培养。

（三）诺贝尔奖获得者是最具有创新能力的创新型人才

怎样的科学家才能成为诺贝尔奖获得者，在影响诺贝尔奖评定的因素系统中，科学家的发明或发现相对于系统中的其他因素，是更为重要的判断标准，也就是说，科学家的重大新发明或新发现是其能否得奖的关键。这样，诺贝尔奖得主就是"对人类贡献最大"的、最具有创新性的高级人才，H. 朱克曼称他们为超级精英[1]。对于什么是创新型人才，不同的文化类型下有不同的诠释，在人类早期的神性文化背景下，创新型人才被赋予神话色彩，是"神人"；在科学主义文化背景下，由于科学性、工具性的凸显，往往强调创新的社会价值，因此创新型人才

---

[1]　Harriet Zuckerman, *Scientific Elite: Nobel Laureates in the United States*, New York: The Free Press, 1997.

就是那些在社会任何领域做出杰出贡献并影响社会发展进程的人；在重视"人"的人本主义文化背景下，创新的本体价值被凸出，强调创新型人才的人格高于成就。通过对这几种文化类型下的创新型人才去糟粕、取精华，基于上述"创新"、"人才"的内涵，创新型人才应该是具有更高能力和素质的人才，具体来说，创新型人才是具有更高的创新精神、创新意识和创新能力，从事创新型劳动，取得创新型成果并对社会发展做出杰出贡献的人才。

创新型人才具有与普通人才相对突出的特性，首先，创新型人才"比一般人具有更高的道德修养和更好的个性心理品质，具有为社会、为国家、为民族服务的意识和自觉性，为社会和他人的奉献精神和忘我精神，因为他们肩负着国家和民族的希望，需要具备比一般人才更高的社会责任感和使命感"[①]。这就涉及人文素质与科学素质的关系，创新型人才应该是具备较高人文素质的人，古今中外有很多在科学领域做出杰出贡献的科学家，同时在哲学等人文科学方面具有很高的造诣，如亚里士多德、伽利略、牛顿和爱因斯坦等人。创新型人才的创新动机不能只是个人利益，而是基于造福人类的出发点，思别人之未思，做别人之未做。诺贝尔奖创始人阿·诺贝尔就是出于让全人类受益的信念而制造炸药和进行其他发明。

第二，创新型人才具有全面合理的知识结构，是"专、博、新"式人才。既具有深厚扎实的基础知识、专业知识，又能深入掌握相关及学科相邻的知识；既能进行独立思考，具备独立判断的能力，又能打破传统思维，形成超前性的思维模式。简而言之，创新型人才应该"专、博、新"，"专"体现在对本专业知识的精通，在某一领域具有较深的造诣；"博"体现在能够掌握和运用不同领域的知识和方法，多角度地获取知识和分析问题的能力突出；"新"体现在能够掌握最前沿的知识。华裔诺贝尔奖得主崔琦曾指出，中国学生的知识面狭窄，他指导的中国学生的专业通常只局限于物理[②]。而诺贝尔奖获得者在"专、博、新"方面通常都具有最为突出的能力，这就意味着我们需要培养既具备人文素养，又具备科学素质的"通才"。

---

① 邹绍清、罗洪铁：《试论创新型人才价值》，《中国人才》2008 年第 23 期。
② 参见吴东平《华人的诺贝尔奖》，湖北人民出版社 2004 年版，第 230—231 页。

第三，创新型人才具有强烈的合作意识。在诺贝尔奖开设最初的25 年中，获奖者的工作中有41% 是合作性的，到了1972 年，79% 的获奖者由于合作而获奖①。原始性创新往往意味着需要各方面知识的综合，而精力有限的个人不可能是掌握所有知识的全才，这就需要团队的精诚合作，发挥团队的创造精神和能力，这是创新型人才具有的品质，更是诺贝尔奖获得者必须具备的品质。

创新型人才也和普通人才一样，分为不同的类型和层次。有学者指出，创新分为很多种，"取得前所未有的创造发明是创新，将新的元素融入现有体系是创新，对现有结构进行重新组合也是创新，只要是主体通过创造性活动促进了客体发展就属于创新"②。基于创新的层次，创新型人才也分为初级、中级、高级人才。诺贝尔奖获得者是处于尖端领域的高级创新人才。培养中国的诺贝尔奖者，首先必须培养科学家的创新精神和创新能力，而创新精神与创新能力的培养又得益于教育。那么，中国的教育是怎么样的？它与人的创新精神和创新能力的开发是什么关系？

二　遏制原始创新的教育模式

教育是全球最大的发展主题之一，教育的本质是什么，什么是好的教育，国内外人士从理论上做了很多探讨和回答。落脚到诺贝尔奖，从不同获奖国家，尤其是多获奖国家的获奖原因探析中可知，教育制度或体制与一个国家创新能力有正相关关系，合理的教育制度或体制是一个国家创新能力强的极重要因素。造成中国与诺贝尔自然科学奖存在距离有很多原因，然而通过分析诺贝尔奖获得者的显著特征、寻找中国的教育模式与人的创新能力发展的关系、探讨中国传统文化对教育的影响可知，缺乏一个好的教育生态和教育制度大概是中国产生不了本土诺贝尔自然科学奖的首要原因。

关于中国教育模式，最流行的描述莫过于"应试教育"，"应试"本身是一个中性词，但是当它用来描写中国教育模式时，实质上是带有

①　吴素香：《科学进步的社会环境特征》，《学术研究》1989 年第 4 期。
②　吴江：《创业型经济呼唤创新型人才》，《搜狐财经》2008 年 12 月 1 日。

贬义色彩地指出了中国教育的问题所在。由于"应试"的强烈目的指向性，导致中国的教育生态异化成一种功利主义教育，功利主义教育生态进一步衍生出"应景教育"现象。无论是"应试教育"模式，还是"应景教育"现象，其最大的病理就是遏制人的创新能力或者创造力的开发，磨灭不同个体的个性与兴趣。

（一）中国教育模式的弊端

中国的教育出了问题，这是人们的共识。以下从四个方面谈谈中国教育模式的弊端，这些弊端或者问题，也正是我们可以从教育的角度回答为什么中国与诺贝尔自然科学奖存在距离的切入点。

1. 不利于创新能力或创造力的开发

中国教育制度设计是分阶段教育，分为学前教育、初等教育、中等教育、高等教育、继续教育。学前教育指 3—5 岁的儿童在幼儿园接受的教育过程；初等教育指 6—11 岁的儿童在小学接受的教育过程；中等教育指在 12—17 岁期间在中等学校接受教育的过程，普通中学、职业高中和中专均属于中等学校，普通中学分为初中和高中，学制各为 3 年，初中毕业生一部分升入高中，一部分升入职业高中和中专；高等教育是指继中等教育之后进行的专科、本科和研究生教育，中国实施高等教育的机构为大学、学院和高等专科学校，高等学校具有教学、科研和社会服务三大功能。初中之前的阶段属于九年义务制教育阶段，初中之后，经过考试筛选，可进入普通高中，也可进入职业高中或中专继续接受教育。进入普通高中的人员，其目的是"升学"，即升入高等学校接受高等教育。由于受教育人员和高等教育资源的供求不平衡，中国的高等教育资源还不能满足全民上大学的要求，"升学"在中国还是一个"千军万马过独木桥"的状况，学生必须经过非常严格也相对公平的考试，最后按照考试分数的高低升入重点本科学校或普通本科学校就读。基于这种情况，在高等教育阶段之前的教育阶段，学生、学校、老师、家长均为进入高校的入学考试忙碌，学校和老师为"入学率"忙碌，学生和家长为入学层次忙碌。

这种具有功利主义倾向的应试教育模式，一切以考试为手段，以升学为目的，所有的教育活动，包括学校的奖惩制度只为尽可能提高学生的分数，比如说"三好学生"奖，本来所谓的"三好"是指"身体好、品德好、学习好",但是实际执行的时候,往往仅是依照"学习好"的标准,只有学习好的学生才有资格获得"三好学生"奖,名义上的"三好学生"成了实际上的"一好学生"。在这种高压教育模式下,学生只需要掌握用于考试的知识点和答题方法,不需要有创新思考,学生的创新思维实质上是不被鼓励和支持的,他们偶尔闪现出来的创新型思想火花,一方面,老师没有意识要去鼓励和进一步挖掘;另一方面,学生本人得不到创新思维的训练,认识不到创新型思考的价值。基于此,经过高考进入大学的中国大学生,大部分是听老师话的"好学生",这样的"好学生"很难训练成为一个能有所成就的高精尖科学家,更不用说是成为在某一个领域具有重大发现、重大创新,做出杰出贡献的诺贝尔奖获得者。正如学者朱文娟基于实际调研数据得出的结论那样,"中国历来注重对知识的系统的积累和传输,不够重视学生的个性和创造力的发展"和"学生以考试文本,缺乏自我发掘"是中国高校在人才培养体制上存在的最严重的两个问题。[1] 当前的应试教育模式就如同中国的科举制度,在一定程度上扼杀了人们进行自然科学研究、探索自然规律的兴趣。

2. 出现独特的应景教育现象

在中国大学,出现一种"什么热就开什么课"的现象,学生也是"什么热读什么专业",于是就出现了所谓的热门专业和冷门专业。所谓热门专业多属于理工科专业,比如计算机、生命科学、化学化工、金融等专业;所谓冷门专业多是人文社科专业,比如政治、历史、宗教、语言学等专业,这种过于硬性的冷热专业对比,导致大多数学生基于就业的考虑,选读热门专业。其结果是学生缺乏鉴别能力和批判意识,而目前中国大学的考核方式(本科教育阶段,每学期期末进行一次所选课程的闭卷考试,课程老师在考试之前为学生划分考题范围),又致使学生花大量时间去死记硬背应付考试的知识点,这些在他们头脑里的死知识,难以进行实际应用,更不用说取得举一反三的效果。大学里的应景教育也是由于我们的教育体制过早文理分家导致,过早的文理分家,使得理工科学生的人文素养缺乏,从而丧失进行科学研究所必需的想象

---

① 朱文娟:《六成复旦学生:华人不得诺贝尔奖因国内教育》,《上海青年报》2007年10月16日。

力、直觉洞察力和卓识（good sense，健全的判断力）①。科学思维与人
文思维的结合是很多杰出科学家获得成功的有益助手，诺贝尔奖得主、
华裔科学家李政道，在他身上完美地体现了科学与艺术的联姻，他自身
也极力推崇科学与艺术的统一，并提出"物艺相通"（后称"科艺相
通"）概念。我国著名科学家钱钟书，他泉涌不断的创造力很多时候也
是来源于音乐等艺术思维的启发。

3. 基础研究薄弱

基础研究是为获得关于现象和可观察事实的基本原理的新知识而进
行的实验性或理论性研究，它是新知识产生的源泉和新发明创造的先
导②。根据本书第三章对历年诺贝尔获得者的统计分析，绝大部分获奖
者的获奖原因都是基于自己在某一个领域的创新型基础研究成果而获
奖，可见原创性、基础性研究几乎是进入诺贝尔奖殿堂的敲门之砖。而
原创能力不足和基础研究水平不高，恰恰是我国科学研究最为薄弱的环
节。这种状况的出现，从教育层面来讲，就是源于有些急功近利的教育
体制，这种教育体制使得科研人才偏爱于"短、平、快"的技术研究，
抵制"高、精、尖"的基础研究。从国家层面来讲，国家政策也出现
重技术、轻科学的失误，这从历年投入到基础科学研究的经费数额中可
知。在改革开放之初，为了改善经济落后的局面，通过重视技术研究来
促进生产力的发展尚可理解，不能理解的是，根据1991年到2010年全
国基础研究经费支出及基础研究投入强度的数据，2004年我国的基础
研究强度达到了6.0%，之后逐年下降，到2010年降到4.6%③，在国
民经济发展水平极大提升的今天，基础科学研究的投入强度却反而下
降。这一令人费解的事实，却很好地解释了为什么我们与诺贝尔自然科
学奖始终保持着若即若离的距离。

中国的应试教育体制、应景教育现象以及急功近利的教育方式启发
我们，中国的教育体制改革，在保持中小学基础教育扎实的基础上，要
改变填鸭式的灌输教育方式，开发学生的自主创造力；改变应试应景教
育模式，从社会外围削减教育的功利主义倾向，激发学生的学习兴趣和

---

① 李醒民：《诺贝尔自然科学奖与中国现实》，《科技导报》2002年第4期。

② 陈其荣、廖文斌：《科学精英是如何造就的——从STS的观点看诺贝尔自然科学奖》，复旦大学出版社2011年版，第180页。

③ 同上书，第188页。

对基础科学的热爱；改变过早的文理分科现象，培养学生思维的全方面发展。

4. "大众化的精英教育模式"让潜在的超一流人才陪绑

所谓大众化的精英教育模式，即是教育运行模式是精英教育，目的是培养高学历精英人才，教育对象却是全民大众。看似矛盾的教育目的与教育对象通过"大众化的精英教育模式"这一中国教育怪象得以糅合在一起。

当今时代，科技与社会的发展，确实要求全民的科学文化素质达到一定的水平，所以高等教育的大众化是应时代发展的要求，这也是为什么提出"为了一切学生"的教育宗旨。但是我们的问题是在发展高等教育大众化的时候，只是简单地将精英教育模式大众化。产生问题的原因有二，一方面，当前的社会生态促使大众都想成为"精英"；另一方面，我们对"精英"的理解存在误区，大多数人（无论是教育参与人员还是家庭人员或者社会大众）认为高学历就是精英，名校名师培养的学生就是精英，高分数就是精英等。

首先，当前的社会生态产生"学历的军备竞赛"①。教育至少具有两大功能，即提升人的能力和提升人的社会地位，当前社会上的主流观点是认为通过教育获得高学历，高学历代表高能力，高能力带来高薪水和高社会地位。正是基于社会的这种教育观和学历观，产生了全民追求高学历的"学历军备竞赛"。由此产生的结果，一是学历只与收入有明确关系，与能力弱相关；二是学历的含金量大大降低。学历带来高收入是明确的，这也是人们谋求高学历的最大动机之一。大量的人放弃找工作，选择考研考博，在岗的人也通过相关方式在职读研读博，高学历的发放逐年增加。学历的膨胀进一步导致就业市场也盲目追求高学历，许多招聘单位在招聘人才时明确规定招聘硕士、博士等高学历人员，与此相反的事实是很多岗位并不需要高学历人员。衍生的现象是大部分专科毕业生和本科毕业生找不到工作，所谓"毕业就失业"，迫使许多毕业

---

① 郑也夫：《吾国教育病理》，中信出版社2013年版。作者在本书中深入地分析了中国教育存在的问题，产生问题的原因，并提出许多可资借鉴的解决之道。对于中国教育存在的问题，作者提出"学历军备竞赛"的观点，认为越来越多的人谋求高学历，其目的不是为了提升个人能力，而是为了在择业中增加筹码，提升自身的社会地位，从而形成一场"学历军备竞赛"。当前中国教育的扩张就是由学历的军备竞赛导致。

生不得不选择考研，从而形成具有中国特色的"考研热"。由此我们可以看到这样一种教育循环现象或学历的逻辑："学历意味着能力——它带来了高薪水——刺激社会成员对教育和学历的追求——学历膨胀后开始注水——却依然可以带来高薪水。"① 在这个逻辑中，我们可以看到，高学历一方面可以带来诸多好处，从物质上来讲，高学历可以带来高收入，可以使农民子弟获得城市户籍及其所涵盖的福利、待遇；从精神上来讲，高学历可以带来好的声誉。如前所述，当前社会的学历观认为拥有高学历就是精英人士，就是有本事的人，在现在这个唯物质的时代，好的声誉并非口头赞扬这么单纯的事情，它可以产生很多附加值，甚至包括物质上的附加值。但是另一方面高学历却与能力高低无关，人们在追求高学历的过程中，没有"高能力"的参与，以博士学历为例，当前中国的教育制度是，一个人要获得博士学历，需要在校读23年书，学生在学校滞留如此长的时间，并非社会的需要，也耽搁了能力形成和锻炼的时间。那么这些拥有高学历的所谓精英人士，可以说是货真价实的精英吗？答案显然是否定的。

其次，教育不分流，唯大学至上，产生功利与竞争的教育生态。教育分流的典型是德国，德国小学四年，四年后学生分流到三种不同类型的中学，即主体中学、实科中学、文科中学。分流之后，这三种类型学校的学生满足一定条件之后是可以转轨的，更为重要的是，德国的职业教育学校的学生，也就是分流的实科中学和主体中学的学生，有自己优势，在地位和层次上，和普通大学的学生没有多大区别。德国学生分流的好处就是，学生不会盲目追求高学历，学生的素养和能力得到恰当的开发，学历与能力正相关，能力与岗位相匹配。在中国，教育是不分流的，所有的学生都有"大学梦"，职业教育学校甚至成为了"成绩不好、能力不行"的代名词。学生忙于竞争，竞争好的分数，竞争好的大学，于是这一制度下产生的高学历精英"无力将精致的文化特征带给社会，他带给社会的特征就是功利和竞争"②。绝大部分学生参与高考竞争，看似是给更多的人一个公平的竞争机会，实际上，一方面由于教育资源的不公平分布、家庭经济情况的不一样，让很多人成为了家庭经济

---

① 郑也夫：《吾国教育病理》，中信出版社2013年版，第22页。
② 同上书，第43页。

好、教育资源好的学生的"陪绑者";另一方面,由于高强度的高考压力,所有高考参与者在老师的规定下,统一地进行无休止的复习、测验—测验、复习的循环,学生的潜在创新思维和能力在这一过程中被削减。值得一提的是,每一次大大小小的测验,就包括高考试卷,分数的评判是严格按照所谓的"标准答案"来评定的,尚且不谈"标准答案"对不对,究竟有没有"标准答案"?标准答案是不是"唯一答案"?我们有没有必要把所有人都培养成按照"标准答案"的逻辑去思考问题?社会需要这样的人吗?这些问题恐怕无法简单地肯定回答。这就让一部分潜在的超一流人才或者擅长于某一方面的偏才成为另一批"陪绑者",而这一部分陪绑者,若不需要进行长达一年甚至两年、三年(不少高考失利者选择复读)的统一且高强度复习和测验,若不需要遵循"标准答案"的逻辑,若能任由他们自主地发展自身的兴趣和擅长的方面,也许能够开发某一方面的原始创新能力,成为某一领域的杰出科学家。而由于教育不分流产生的"高考独木桥",可以说是把这一批人"扼杀在摇篮中"了,又如何能够产生对创新能力要求最高的诺贝尔奖科学家呢?

　　归纳起来,中国教育到底出了什么问题?为什么中国教育产生不了本土的诺贝尔自然科学奖获得者?如前文所述,教育原本具有至少两大功能,一是提升受教育者的能力;二是提升受教育者的社会地位。事实上,如若第一大功能能够实现,第二大功能一般意义上是能够随之实现的。因此,好的教育模式、教育体制是应该致力于提升受教育者能力的教育模式和体制。中国的问题就在于,聚焦于"高考"和"学历军备竞赛"的功利主义教育生态严重削弱了教育的第一大功能,中国教育俨然成为了为提升受教育者社会地位而设置的一条大道。这就是中国教育的问题所在:功利的教育动机 + 大众化的精英教育模式 + 单一的选拔手段(高考)+ 唯分数至上的考试设置(永远只有"标准答案"是对的)= 零诺贝尔自然科学奖获得者。这就让我们再一次这样发问,好的教育是什么?每个人的答案不一而论,也许好的教育应该"造就一种淡化目标、听任个体自在发育的教育生态,如此生态自会孕育伟大的创新者"①。

---

① 郑也夫:《吾国教育病理》,中信出版社 2013 年版,第 XI 页。

（二）中国的传统文化对教育的消极影响

文化参与教育的途径很多，但是文化有好坏之分，有先进与落后之分，中国传统的礼教文化与集体主义的价值观总体上来说是需要倡导的好文化、好文明成果，但是当它们参与到教育中，在某些方面对教育反而产生了消极的影响。

1. 中国传统的礼教文化令受教育者失去原始创新能力

第一，对受教育者来说，在"吾爱吾师，更爱真理"还是"吾爱真理，更爱吾师"的选择中，受中国传统的礼教文化影响，很多人在"吾师"与"真理"之间会选择"吾师"，而在"真理"与"吾师"相冲突时，很多时候会因为"吾师"而失去"真理"，此处的"真理"就包含超越前人的创新型思考或想法。从这个意义上说，中国传统的礼教文化，潜意识地把受教育者影响成失去创新意识的"听话的人"。

第二，对教育者来说，其一，受中国传统文化影响，有些教育者潜意识里不能将自己与受教育者摆在同一个地位层次上，他们认为自己是"尊"，受教育者是"卑"，受教育者应该尊敬和服从教育者。因此作为"传道授业解惑"者，有部分人不能够尽其所能"传道授业解惑"，不是所有的教育者都能像苏步青那样无私地倾尽自己所有培养出超过自己的弟子，如果我们的科学界、教育界能够形成广泛的"苏步青效应"①，这必然是培养我国诺贝尔奖科学家的福音。H. 朱克曼在他的著作《科学家的精英：美国的诺贝尔奖获得者》中表达了一个重要观点，H. 朱克曼通过追溯美国诺贝尔奖获得者的学历后发现，获奖人在本科教育期间就已经"打下了一个包括工作标准和思想方式在内的比较广泛的基础"②，他强调指出，在使科学家进入超级精英行列中起重大作用的不是亲属纽带，而是师与徒之间的社会关系。所以，中国传统礼教文化导致的学生因为尊重老师而不敢求真理，老师因为"地位高"而不对学生倾其所有，以及中国特殊的人情世故导致师生关系有些时候不是单纯的教与学的关系，也减少了我国科学家进入超级精英行列的机会。而如

---

① 科学界把"培养超过自己的学生"的教育现象称为"苏步青效应"。

② Harriet Zuckerman, *Scientific Elite：Nobel Laureates in the United States*, New York：The Free Press, 1997, p. 83.

果这种"太客气"或者"不单纯"的师生关系出现在基础教育阶段，更是从源头上阻碍了一批可能的人才通往"斯德哥尔摩之路"。

其二，表面上与第一点看似矛盾的是，中国教师太好为人师。孔子曰："人之患，在好为人师。"我们有很多老师太好为人师，这也是中国当代教育的问题之一，即太注重教，而轻视学。事实上，人是通过学而成才的，不是通过教而成才的，人的能力的提升，也主要是通过自学来提升的。只是教师一以贯之地教，一以贯之地灌输，并不能达到提升能力的教育目的，中国当代的教育，若不是为了"应试"，其目的应该是要教会学生如何学。

2. 中国集体主义的价值观不利于科学创新

默里在《文明的解析》中说："把职责、家庭和求同奉为首要价值观的文明，受到的束缚在艺术和科学领域表现各不相同。……科学方法的动力……似乎需要一种基于西方模式之上的个人主义精神。没有个人主义也可以增加知识，但若要在科学上取得重大突破，个人主义作用甚大。"[①] 默里在本书通过用计量的方法考察人类文明史得出这样的结论，也许我们可以说他在一定程度上对集体主义、个体主义与创新能力的关系方面，思考出了一些真谛。他认为，基于西方模式的个体主义更有利于人的创新能力的培养。个体的自由空间，保障个体"得以享受事实上的行动自由的政治体制"是欧洲与美国得以产生大量知识创新体系的基础因素之一。从这个角度来说，个体享有思考和行动的自由，对创造力的开发至关重要。但是在中国，无论是从国家还是社会个体成员层面，受倡导的是集体主义价值观和集体主义精神，个人主义作为资本主义的标榜价值观受到反对。集体主义价值观和集体主义精神的一大原则就是要求个人绝对服从集体，此外，国人还有一种害怕"枪打出头鸟"的心理，这种心理使中国人不愿意在某个方面表现出自己不同于甚至优于众人的能力。凡此种种，都逐渐导致国人在性格上的趋同，缺乏多样性，自然不利于个体成员创新能力的开发。

上文花费大量笔墨分析诺贝尔奖获得者的特点、中国的教育模式，结论是大量诺贝尔奖获得者的成功是基于他们极强的原始创新能力，这种能力的获得又与他们所在国家鼓励创新和自由思考的教育体制与科研

① 查尔斯·默里：《文明的解析》，上海人民出版社 2003 年版，第 393 页。

制度息息相关。反之，中国之所以长久以来无缘诺贝尔奖，尤其是诺贝尔科学奖，具有功利主义倾向的教育体制和压制创新的应试教育模式是根本所在。带有功利主义倾向的教育体制，导致从事研究的人们不能潜心做基础研究，而突破性的基础研究成果才是通往诺贝尔奖殿堂的凭证。比如，诺贝尔奖获奖大国英国的一个突出特点就是在基础研究方面占有绝对优势，尤其是在生物或医学、教育、金融等领域，诺贝尔奖获得者的人数在这些方面占有绝对优势，截止到 2012 年，共有 79 名英国人获得各项诺贝尔奖，其中物理奖获得者 19 人，化学奖获得者 21 人，医学奖获得者 23 人①。应试教育模式使得教育参与人员的共同目的是提高升学率，培养出"听话的人"，教育者和受教育者都不重视创新思维的开发，遏制受教育者的原始创新能力，而如上文所述，原始创新能力是诺贝尔奖得主的共同特征。基于此，中国要缩短与诺贝尔奖的距离，教育改革是关键，这里的改革涉及从基础教育到高等教育全部教育阶段的教育方式调整，涉及从教育目的到教育体制设计的合理调整，涉及从教育者素质的提高到教育经费整体投入的提高，等等。也就是说，只有从根本上对教育进行改革，才有可能培养出具备极强原始创新能力的自然科学家。

三　偏颇的科技体制

诺贝尔自然科学奖，说到底是对一种科研活动和科研能力的评估。因此，经济基础和教育生态固然重要，同时科学的科研理念、制度、习惯，科研的频繁交流与合作等各种科研条件，也是诺贝尔奖获得者不得不具备的基本素养。通过比较分析百年来美国、日本等多次获取诺贝尔奖国家的科研条件，与中国在这些方面的现实状态，缺乏科学的科研理念、制度与科学研究的国际交流、合作是中国科学家奔走在科研大道上的阻力。

（一）一百多年来，科研理念、制度、习惯等条件对多次获诺贝尔奖国家之获奖者的影响

根据《诺贝尔百年百人》以及诺贝尔财团官方网站上所公开的资料

---

① 数字来源于诺贝尔奖官方网站：http://www.nobelprize.org/。

显示，在 20 世纪五六十年代，获得物理学奖和化学奖的国籍主要集中在法国、德国、英国等欧洲国家，20 世纪后期，奖项的获得者集中在美国，进入 21 世纪，日本的化学家和物理学家频频出现在获奖名单上；生理学或医学奖主要集中在美国、英国、德国和法国等国家；文学奖主要集中在法国、美国、英国和德国；经济学奖获得者的国籍，美国高居榜首，这与美国高度发达的经济水平不无相关。从获奖者的学历来看，物理学奖、化学奖、生理学或医学奖、经济学奖获得者的学历，绝大部分的获奖者都是博士学历，这说明扎实的专业基础研究是获得诺贝尔奖的极重要因素之一；文学奖与和平奖获得者的学历总体稍低一些。

从以上的统计资料可知，美国是获诺贝尔奖的大户国，英国位居第二，再次就是德国，英国和德国的获奖年限主要集中在 20 世纪五六十年代，自 20 世纪末期开始，美国成为了获得这项大奖的第一专业户，彰显了其在世界科技领域的超强实力。进入 21 世纪，日本国籍的诺贝尔奖获得者频频出现在获奖榜单上，在物理与化学方面的成就显得尤为突出，到 2013 年，共有 18 名日本人获得诺贝尔奖，其中有 15 位自然科学家获奖，仅 2008 年，就有 4 人获得诺贝尔物理学奖和化学奖。因此，美国和日本在获奖国家中，是两个比较具有代表性的国家，这与美、日两个国家雄厚的经济发展水平和注重激发、培养学生的创新意识和创新能力的教育体制有很大的关系。为什么美国能够成为诺贝尔奖获奖专业户？为什么日本在 21 世纪之后，诺贝尔奖获奖人数突飞猛进？在两个国家经济水平发达的基础上，丰富的名师资源、科学的科研理念与制度、良好的科研传承习惯，是它们多次获奖的"软件"保障。

就美国来讲，美国的经济基础、教育和科研理念、制度是极其重要的影响因素。首先，美国具有丰富的名师资源和先进的实验设备。根据 1901—2009 年的数据，全球培养了 10 名以上诺贝尔奖获得者的大学有 19 所，而其中美国的大学 11 所，占了 58%。这些美国的大学分别是：哈佛大学、哥伦比亚大学、加利福尼亚大学（伯克利）、麻省理工学院、芝加哥大学、加利福尼亚理工学院、耶鲁大学、约翰·霍普金斯大学、威斯康星大学、普林斯顿大学、伊利诺伊大学（香槟）。美国的研究型大学丰富，这些大学都拥有丰富的诺贝尔奖获得者级别的名师资源，同时也提供非常先进的实验设备和优秀的科研团队。尤其重要的是，美国的高等教育体制是因材施教与因教聘师，所谓因材施教，美国在高等院校的定位上是适应人们的不同要求，满足服务整个社会的需要，如研究型大学通常培养世界顶尖的研究型人才，应用型大学则培养服务社会的应用型人才。所谓因教聘师，美国高等院校的名师资源是流动性的，大学不是根据现有的教师资源设计课程，而是根据所设课程来聘请所需要的教师，这样就在很大程度上保证了大多数高等院校的教学质量和学生的求学欲望与需求。

其次，美国高等院校的科研评估体系有利于激发科研人员的科研热情。美国的高等院校采取大学自治的制度，不受政府的行政管理，政府只是对高等教育进行宏观调控。教授的聘任，基本上是以其教学年限和学术成果为考评标准，要求在一定年限内达到终身聘任的要求，否则将会被解聘。但衡量一个教师的学术成果，参考标准是定性评估，评审委员会不以参评者发表论文的数量以及发表论文的刊物水平为标准，而是根据该校自身的学术鉴赏力。一般来说，对教师进行评价的评审委员会成员包括本领域的本校终身聘任教授，还包括校外专家。系级别的评审会成员，会对某位学者的学术成果或者学术思想进行逐一研读，展开讨论，最终形成一个详细的报告提交院一级的评审委员会，进行新一轮的阅读与讨论。成员名单是保密的，泄密者不但其学术名声会受到很大影响，而且将负法律责任。所以，评审委员会的评价通常是比较客观公平的。一旦拥有终身教授的身份，就可以不用担心自己的地位，不需要为了保住自己的地位或者迎合一些人的观点去发表有数量要求的学术论文，从而充分保证了独立思考和学术自由。在这种制度下，不强行对成果进行定量式的评价，一方面能保证人才的流动性，同时又有一定的稳定性，可以留住真正优秀的科研人员和教授。曾培养过多名诺贝尔物理学奖科学家的美国加州大学伯克利分校的物理系主任说道："物理系的教授和学生的原则是做自己想做的事，不做别人让你做的事。"这种轻松自由的学术环境和学术评估体制，是美国成为诺贝尔奖获奖大国的重要原因之一。

再次，名师传承的科研传统与重视合作的科研团队形成了美国诺贝尔奖获得者的人才链。华裔诺贝尔奖获奖者李政道在谈如何培养创新精神时说道，好的导师和一段密切的师生共同研究过程，导师对学生的亲切传授和长期的密切合作，对培养创新型科技人才必不可少，是无法用Internet/web取代的。李政道认为，在 20 世纪科学大师辈出的科研机构，无论是丹麦的玻尔实验室，还是普林斯顿大学或芝加哥大学，学生都是老师一对一训练出来的，这几乎成为培养创新型人才的一种规律①。美国诺贝尔奖获得者保罗·缪塞尔森也曾经说过："我可以告诉你们，怎样才能获得诺贝尔奖金，诀窍是要有名师指点。"有统计数据显示，诺贝尔获奖者中有40%与前任诺贝尔获奖者有过师徒关系，在美国甚至有超过60%的诺贝尔奖获奖者，都曾经在诺贝尔奖获奖者手下当过学生或者做过合作者②。比如：1938年诺贝尔物理学奖获得者费米，曾为美国培养了六名获奖者，1922年、1939年诺贝尔物理学奖获得者玻尔和劳伦斯曾各自培养了四名获奖者，1923年诺贝尔物理学奖获得者密立根是1936年诺贝尔物理学奖获得者安德森的老师，而1960年的物理学奖获得者格拉泽又是安德森的学生，等等。有的学者对美国诺贝尔奖获得者的家谱进行过调查，在1901—1972年间的诺贝尔奖获得者中，有54%的人出身于高级专业人员家庭，出生在普通家庭的人只有3.4%；在选定的100人的家谱中，父亲是高级技术人员，其子女获诺贝尔奖的概率高达53.3%，普通家庭子女的获奖概率为8.5%，前者比后者高出差不多6倍多③。此外，根据本书第二章对历年诺贝尔奖得主的详细介绍，我们可以发现，来自家庭的影响是诺贝尔奖得主走向科学研究道路的非常重要之因素，大多数诺贝尔奖得主，其父母是从事科研的科学家，他们都拥有非常有益的学术家庭背景。可见，名师传承和科技知识的隔代传承是培养诺贝尔奖获得者的一条极其重要的途径。

　　很多研究者来自不同的研究团队，注重团队合作也是美国获奖多的重要原因。在美国的大学、企业里有许多高水平的科研团队，哈佛大学就有30多位诺贝尔奖获得者分属于不同的科研团队，美国的贝尔实验室也诞生过多个诺贝尔奖获得者。另外，在每年的获奖者中也有很多是合作研究者，比如2009年获得诺贝尔生理学或医学奖的是美国科学家伊丽莎白·布莱克本、卡罗尔·格雷德以及杰克·绍斯塔克，他们的获奖理由是表彰他们共同发现了由染色体根冠制造的端粒酶，这种染色体的自然脱落物将引发衰老和癌症，这一成果对治疗有关血液、皮肤、癌

---

　　① 参见吴东平《华人的诺贝尔奖》，湖北人民出版社2004年版，第229页。
　　② ［美］哈里特·朱克曼：《科学界的精英——美国诺贝尔奖金获得者》，商务印书馆1979年版，第140页。
　　③ 转引自吴东平《华人的诺贝尔奖》，湖北人民出版社2004年版，第227页。

症和肺部等疾病有巨大应用价值。这表明合作研究是诺贝尔奖获得者必备的科研精神与品质。

就日本来讲，首先，日本政府从科研人员的数量和待遇等方面提供科研保障。日本是一个以科技创新为基本战略取向的创新型国家，日本从第二次世界大战以来，国家的战略取向走过了从"贸易立国"到"技术立国"，再到"科学技术立国"，最后到现在的"科技创新立国"的发展道路。其"科技创新立国"的基本国策中，还包含了一个"诺贝尔奖计划"，即提出在 50 年内获得 30 个诺贝尔奖的目标，并对科研进行大量的政策和财政支持。能够获得诺贝尔奖是难以预料的，但是"诺贝尔计划"的制订，对激起日本科学家获诺贝尔奖的意识，起到了很明显的作用，从目前日本获奖数量来看，这一计划具有明显效果，表明日本在科技领域中的雄心勃勃和突飞猛进的实力。日本的科研经费一直维持在国内生产总值的 3% 以上，所占比率居世界发达国家之首，2002 年，日本的财政预算总额比上年大幅减少，但是在科技领域的预算不降反升。日本科研人员的待遇保障还体现在，政府为科研人员提供课题申请的制度保障，科研人员在申请课题时不需要层层审批，研究人员只需要根据自己的专业和感兴趣的研究方向填写一份 1 页或者 2 页的申请书，就能够获得一份保障 1—2 年研究需要的定额经费。通过政府政策和财政的支持，就能保障科研人员的数量和待遇，从而保障科学研究的质量。

其次，日本具有良好的科研传承习惯。日本也重视师从名师，注重科学遗产和科学学派的产生。从日本诺贝尔物理学获奖者的背景来看，日本诺贝尔物理学奖获得者也因传承形成了"人才链"。1949 年获得物理学奖的汤川秀树与 1965 年获得物理学奖的朝永振一郎是高中及大学的同班同学，2002 年获得诺贝尔物理学奖的小柴昌俊同样也得到了朝永振一郎的推荐到罗切斯特大学留学，2008 年获得物理学诺贝尔奖的小林诚和益川敏英都是二战以后奠定微粒子学研究基石的坂田昌一的弟子。小柴昌俊的老师是 2008 年获得诺贝尔奖的南部阳一郎，而南部阳一郎的老师是朝永振一郎。另外，朝永振一郎、小林诚、益川敏英还都曾经在汤川秀树 1946 年创刊的《科学》杂志上发表过论文，并获奖。在名师传承这方面，日本与美国具有相同的突出特征，表明在高科技研究方面，良好的导师带研和师生合作具有极其重要的作用。

以上通过科研视角分析美国、日本之所以大量出现诺贝尔奖科学家的原因可知，美国、日本能够大量出现诺贝尔奖科学家，并非是偶然的，在它们拥有经济发展水平高的根本优势基础上，两个国家鼓励创新的教育体制、自由宽松的学术环境、科研传承的良好传统、不求功利的科研动机是它们成功的主要原因。反观我们国家，这些也是我们长久以来无缘诺贝尔科学奖的重大原因。

（二）频繁的国际学术交流与合作是获取国际大奖的必要条件

如《孙子兵法》指出，知己知彼，百战百胜。在学术领域也一样，同学科以及相似学科之间进行国际学术交流与合作，参与国际科学会议和科研课题，了解国际上最新最前沿的学术研究动态，同时也把自己的最新成果及时地让世人了解，是培养顶级优秀科研人才的关键点。

第一，国际交流是获取国际大奖的必要条件。中国为什么多次与诺贝尔奖失之交臂？这与我们改革开放前相对封闭的历史有紧密关系。由于封闭，在科学研究与文学创作上，我们与世界上许多有影响力的国家缺乏实质性的交流，致使我们取得的重大科研成果和创作的杰出文学作品不为世人所知，获取诺贝尔奖的机会自然被剥夺。因此，没有有效地输出科研成果是我们在 20 世纪无缘诺贝尔奖的又一重大原因。

北京大学教授陶澍由于重视与国际同行进行学术交流，使得他的学术团队在生物有效性方面的研究取得重大成果，他曾说："眼下对中国基础研究而言，最欠缺的不是经费，不是实验室的硬件设备，而是在对国际最新科研动态的及时了解、掌握方面滞后很多。"① 赵忠贤院士也认为，影响中国获得国际大奖的一个重要因素是中国科学家参与国际活动太少了。以诺贝尔奖获得者为例，1962 年诺贝尔生理学或医学奖得主沃森和克里克，凭借 DNA 双螺旋结构的发现而得奖，但与他们同时研究 DNA 的科学家还有很多，沃森和克里克之所以获奖，就在于他们在研究的过程中，与遗传学、结构科学、结晶学等各学科的科学家广泛接触，其中诺贝尔奖获得者就有 10 人。正是基于与各学科科学家的广泛交流，他们才得以会聚各学科的前沿知识和观点，最终创立 DNA 双

---

① 转引自李光丽、段兴民《侧析我国的学术环境——对诺贝尔奖困惑的反思》，《科学管理研究》2005 年第 5 期。

螺旋结构的基础理论。这些事实表明，我们不仅要重视基础科学研究的创新，同时也要重视学术成果的发布与国际学术交流，既要掌握学科的最前沿知识，同时也要向国际发表和宣传自己的前沿研究成果。

科学研究尤其是文学的国际交流，不仅是限于积极参加国际学术会议或活动，还涉及一个学术成果和文学作品的翻译问题。鉴于西方语言与中文的语法和语言习惯不同，如何使翻译的东西既能够适应西方人的语言习惯，又能具有学科专业特色或反映出文学作品的本真意义，是一个较大的挑战。解决这个问题，一方面，科学工作者或文学创作者自己要尽量能够熟练掌握西方语言，不纯粹依靠专业翻译人才的翻译；另一方面，需要培养出高级翻译专业人才，使科学研究的国际交流有效达到输出与输入的双重目的。

第二，人才使用的国际合作是很多诺贝尔奖获得者的重要获奖原因。根据上文的材料分析可知，法国在世界上是诺贝尔奖获奖次数较多的国家之一，排名第四，2013 年又有一位法国物理学家塞尔日·阿罗获得诺贝尔物理学奖[1]。法国之所以能够多次获得诺贝尔奖，固然有很多原因，其中注重人才培养和使用的国际合作是法国科研人才制度的一个突出特色。截至 2013 年 4 月，法国国家科学研究中心（CNRS）与世界上 40 多个国家签署了研究人员交流协议；每年大约有 4600 多名国外科研人员到 CNRS 所属的研究机构进行研究；CNRS 拥有 1690 名正式在编的外国科研人员，420 名工程技术人员；有 331 项国际科研合作项目；与 127 个国际研究机构有合作关系；与 112 个国际研究网络建有联系；[2] 建有 30 个国际混合研究机构；在海外建有 27 个联合研究机构，建有 11 个代表处[3]。CNRS 这种富有国家特色的国际人才交流制度，使得 CNRS 的科研人员有很多机会参与国际学术交流，CNRS 也非常重视合作研究，它的很多课题都是 CNRS 所属科研人员在参与国际学术交流活动中立项的。

法国科研人才制度对我国人才制度具有借鉴作用，我们实现诺贝尔奖梦想的过程中，有必要像法国一样，加强科研人才培养和使用的国际

---

① 消息来自诺贝尔奖委员会官网：http://www.nobelprize.org/。

② 资料来源：http://www.dgdr.cnrs.fr/daj/international/GDRL – GDRE.htm。

③ 资料来源：http://www.cnrs.fr/fr/organisme//chiffrescles.htm。

交流与合作，尤其要重视年轻科研人才的培养和储备。李政道在诺贝尔奖获得者北京论坛上解答"如何培养最顶尖优秀科学青年人才"的问题时，提出三点忠告，其中一点就是提醒青年科学人才要加强国际交流，他认为，青年科技工作者要抓紧科研时间和机遇，多参与国际科学会议和国际交流，了解科学前沿的信息。李政道的忠告需要牢记，同时更需要反思我们提供给青年科学人才的环境和我们的人才制度。

四　不良的学术环境

合理的科技体制能够孕育出诺贝尔奖获得者，我国的科技体制存在着一些弊端，比如人才选拔和实用、课题申请与资源分配、成果评估与工作考核等，在这些方面，我们国家还没有营造出适合科学创新尤其是基础研究创新所需要的宽松、自由的学术环境。从各国诺贝尔奖获得者所处的社会环境和学术环境可知，宽松自由的学术环境以及科学合理的学术评价机制是科研人员具有比较优势的科研条件，是科学研究创新最适宜、最重要的土壤。

（一）与功利挂钩的学术评价机制阻碍科学家的创新

优良的学术评价机制应该是能够鼓励学术创新的机制。目前我国高校或者科研单位的学术评价机制由于各种历史和制度的原因，还存在较大问题，对科研的原始性创新具有较大负面影响。

第一，繁杂的项目申请程序和经费申报制度占用科研时间。比如项目申请，项目申请的表格和程序繁杂多样，项目申请下来以后的规定与考核较为低效。项目立项后，评估与考核较为频繁，科研人员为应付考核，必须忙于写总结、写报告，难以集中精力做科研；并且急于要求在三五年内完成，如果经过一段较长的时间仍然不能成功完成立项项目，一则受到旁人的冷落，似乎代表能力不行；二则按规定不能再申请别的项目。事实上，真正有质量的科研成果，尤其是基础科研是需要经过长时间的不懈探索，挫折和失败是再正常不过的事，但是我们的项目评估制度不容许失败的发生，这无形中增加了科研人员的压力，削弱了科研成果质量的保障。又比如科研经费申报制度，按照规定，科研经费需要凭借同等数额的发票进行申报，并且对发票的开票时间和发票上不同经费用途有最高百分比的规定，这些规定都相对死板，使得科研人员不得不用大量的时间，通过各种途径去收集有效的发票，从而无法保障投入充足的时间和精力进行科研。这种显然不太合理的科研经费申报制度，意味着科研人员立项的科研经费不能及时发放下来，进而导致科研没有基本的物质保障，无法正常、持续地进行，严重影响科研人员的激情和科研成果的质量。

第二，学术研究规范不严格导致学术道德问题严重。20世纪80年代，南京大学将科学资料论文数据库（SCI）作为一种学术评价体系引入中国，成为评价理工科科研工作者学术水平的重要标准，对加强我国科研工作者与国际同行科研工作人员的交流具有很大促进作用，也基本上能够客观反映科研人员的学术水平。这本身是一件促进科研创新的好事，但是我国在引进SCI评价系统时，赋予了它不该有的内涵，将SCI论文数与学生或者科研人员的学位获得资格、职称评定标准、申请课题机会和物质奖励数量挂钩，导致很多科研人员挖空心思地增加自己的SCI论文数量。对论文数量的追求导致学术道德的滑坡，一些科研人员做出一稿多发或者将一篇文章拆成几篇发表的行为，这就使SCI作为学术评价指标失去了本该有的学术导向和鼓励的积极意义。

第三，过度量化的评价标准导致学术腐败。以高校为例，目前高效教师的专业技术职称评定，在要求学术成果质量的前提下，还要求学术成果的数量，不同的职称需要发表不同数量的论文或者专著，需要不同数量的科研项目或课题。同时，高校教师也按照专业技术职称分为不同的等级，再按照职称级别的不同确定每年必须发表的学术成果数量与级别、申请专利或课题的数量、获取科研经费的数量等量化要求。这种评价机制实际上只是注重对人的评价，而忽视了对学术成果本身价值的评定，学术成果的创造性价值在这种评价机制下大打折扣。为了符合这种量化考核标准，教师们一方面大量减少教学准备时间和精力的投入，影响教学质量；另一方面，不停地申请科研课题或项目，争取科研经费，可能通过"走后门"、"请枪手"的方式大量发表学术含量低的学术论文和专著，导致学术浮躁和学术腐败现象的出现。这种急功近利的状况固然是科研创新的严重障碍。

第四，中国特有的人情世故导致学术评价机制的公平公正性受到质疑，影响科研人员创新性能力的发挥。在 SCI 学术评价指标出现问题之后，有人建议采用同行评价的方式，我国的一些高校也已经采用了这种评价方式。默顿认为："一般说来，科学家想要让自己的成果得到认可，就意味要由他所认识的同行来评价他的工作是否得到认可，这一需要是深深地致力于知识进步的结果，而知识进步是科学的最终价值。"[1] 同行评价本身能够保障学术成果的质量，但是在我国，还没有形成有效的同行评价制度，导致同行评价弊端凸显。其中一个重要表现就是中国特有的人情世故影响同行评价的公平性，既然是同行评价，那么送评人和评价人往往是相互认识的，这时人际关系的熟疏程度会使评价有失公正。另外，在评审中，大家公认的学界权威可能成为评审的"意见领袖"，使得最终的评价结果不一定是所有评审委员心里真正认可的结果。这种现象，可能导致科研人员花费较多的精力去"攀亲"，而不是真正致力于科研成果的创新性价值。

（二）目前的学术环境有待于进一步优化

诺贝尔科学奖获得者的获奖理由几乎都是在基础研究领域取得重大成果，基础研究的本质是创新，这就决定了创造性思维是基础研究的基本条件，创造性思维就需要思维的"发"与"收"有效结合，所谓"发"即发散性思维，思维越发散，涉及的领域越广，创新性就越高。基于此，科学研究领域应该是一个自由王国。有人对 1901—1999 年的诺贝尔自然科学奖得主的情况进行调查，结果发现他们大多数人出自大学，很多人具有博士学历，他们所在的大学都有自由的学术环境[2]。曾经出过 38 位诺贝尔自然科学奖获奖人的哈佛大学，该校校长把他们的成就归功于高度的学术自由环境，哈佛大学认为，大学的外部环境不应该迫使大学做有损于学术研究自由的事情，不应该参与政治斗争。所以，宽松自由、生动活跃的学术环境是学术研究不受意识形态影响的环境。总体上来说，我们国家的学术环境是较为优越的，从国家层面来说，国家出台了很多政策支持自然科学和人文社会科学的学术研究，教

---

① 沈壮海、张发林：《论社会科学学术评价的应有趋向》，《社会科学管理与评论》2007 年第 3 期。

② 转引自李光丽、段兴民《侧析我国的学术环境——对诺贝尔奖困惑的反思》，《科学管理研究》2005 年第 5 期。

育经费的投入也呈逐步增加的现状，科学研究的宏观政策支持越来越能够得到保障；从科学研究的平台来说，随着国家经济发展水平的提高和教育经费投入的增加，科学研究所需要的各种硬件设施和高级人才的初期教育培训逐步有助于原始创新能力的提高；从科学研究人员层面来说，自改革开放以来，由于党和国家对学术创新的呼吁，无论是自然科学家还是人文社会科学工作者，他们的思想具有越来越大的自由空间，政治对学术研究工作者的影响相对改革开放以前宽松很多，逐步限制在宏观政策方面。

但是目前的学术环境还有待于进一步优化，我国的学术自由还是不容乐观。首先，科研经费的投入还不够。毫无疑问，我们国家现在在科研方面的资金投入比以前要增加很多，但是实际数目还是不够，尤其是与西方发达国家相比。基础研究是一件非常费时费钱费力的事情，往往需要投入很多的人力、物力、财力和时间，还不知道会不会取得创新成果，而中国现在最重要的还是让国家更加强盛起来，经济发展起来，在这种国情下，难免会对生产不起直接促进作用的基础研究领域投入相对少的经费。没有足够的经费保障，一方面，进行先进科学研究的硬件设施不能得到保障，影响科学创新的进度；另一方面，科学研究人员的生活不能得到保障，影响科研人员对科学研究的热情和精力的投入。有学者提出，好学术环境的第一条，是没有生活压力①，科研工作者只有没有生活压力，不需要为了生活或者生存想办法涨工资、"捞外快"，不需要把科研当做谋生的工作，才能够集中精力、心无旁骛地投入学术研究，才能够把科研当做事业全力以赴地做学问。基于此，我们认为，在现有经济发展水平下，使基础研究的投入和先进技术的引进与学习平衡发展，将既有助于国家经济的发展，又有助于基础研究创新的发展。

其次，政治对科学研究的限制性影响还有所表现。由于政治局势的紧张，社会科学工作者和自然科学家进行学术研究的自由不具有相对独立性，比如1957年7月6日《人民日报》刊登了一篇题为《驳斥一个反社会主义的科学纲领》的文章，文章批判了华罗庚、童第周、钱伟长、千家驹等科学家关于要求科学研究自由的观点，认为他们是向党夺

---

① 张有学：《好学术环境第一条：没有生活压力》，《科技导报》2011年第24期。

取科学工作的领导权。作为代表我们党主流态度的党报《人民日报》刊登这篇文章，反映了我们国家的科学研究领域的自由状况受政治的影响非常显然，意识形态渗透到学术研究领域，学术研究失去独立性。随后发生"文化大革命"，学术研究领域，包括自然科学领域的政治色彩愈发严重，人们不敢自由地交流学术观点，思想禁锢前所未有，这在很大程度上影响了科学研究的创新性发展。1978 年十一届三中全会以后，以政治民主化和经济市场化为主导方向的改革开放政策的实施，对科研的影响表现在党对学术创新的一再呼吁。基于此，科学研究的自由状况得到极大改善，科研工作者之间学术交流的频率和平台愈来愈多，一定程度上激励了科学创新。

再次，在我们的科研工作者队伍中，仍然受到行政干涉和论资排辈传统思想的影响。尤其是面对本专业领域的学术权威时，出于对权威的尊重，年轻学者或科学家不敢表明和坚持自己的观点，而权威人物有时也会以"老资格"教训甚至排斥与自己观点相左的人，致使科学争论有形无实，这种现象严重束缚年轻人的思维发散，扼杀创新的源泉。还有一种现象是权威人物由于培养众多弟子，并凭借自己在领域的权威影响形成某某流派，以立一家之言。这种名师传承的现象本身对于培养高级优秀人才是必备的，但是有些权威人物形成的某某流派，并非为了使弟子"青出于蓝而胜于蓝"，与其他人的学术交流，主要目的也不是要听别人的声音，而是为了传播自己的观点。这种状态的学术流派就失去了名师传承的积极意义，流派共同体本身也可能故步自封，变成对科学创新的一种阻碍。

综上文所分析，我国要提高基础科学研究水平，靠近诺贝尔科学奖的梦想，一方面要大力发展我国经济水平，提高对科研经费支持的力度，解决科研人员的后顾之忧，使他们能够全身心地投入自己感兴趣的科学事业；另一方面要改革科研体制和学术评价机制，从内外两个方面形成良好的学术环境，激励科研人员创新能力的发挥。李政道在诺贝尔奖获得者北京论坛上的忠告，除了上文所说的青年科学人才要加强国际交流之外，他还提醒我们：一是必须营造良好的人才成长环境；二是必须教导学生认识科研方向。这要求导师和学生每周都有"一对一"的交流时间①，李政道本人的成才过程也是得益于和导师费米教授长时间的一对一交流。李政道的忠告和亲身经历告诫我们，欠缺良好的人才成长环境和自由的学习环境，阻断了我国科学家在 20 世纪成为超级精英人才的道路。

　　陈其荣和廖文斌在他们的著作《科学精英是如何造就的——从 STS 的观点看诺贝尔自然科学奖》中提出一种有益的理论，即用科技创新系统发生机制解析诺贝尔奖获得者如何做出具有最高原始性创新的科学成就。这一理论认为科技创新是系统发生的，这个系统由科学家自身、科学的内在逻辑和社会环境三大要素构成；其中每一大要素，又由多种相关因素组成；所有这些因素都是相互关联、相互作用和潜在可变的，并因此而结合成为一个具有特定结构和功能的有机整体。他们认为这一个理论包含两个基本概念："系统"的概念，即科学家自身、科学的内在逻辑和社会环境三大要素相互作用合成整体效应；"反向突出部"的概念，即系统中的某一个组分落后且不能与其他组分相容时，就是对科技发展的方向和速度起到约束和阻滞的作用②。本章的以上行文实际上与两位学者提出的理论不谋而合，我们正好也是从科学家成为诺贝尔奖获得者所需具备的特征和品质、科学研究的动机和计划等科学研究的自身逻辑、科学家所处的社会环境和学术环境等外部环境三大因素来解析中国与诺贝尔自然科学奖的距离。这三种要素，时而这种要素成为"反向突出部"，时而那种要素成为"反向突出部"。这样的解析一方面表明两位学者提出的理论的有益性和正确性；另一方面也表明这三个要素正是造就中国与诺贝尔自然科学奖之距离的公认的、关键的原因。通过这种解析，中国与诺贝尔自然科学奖确实有距离，但是并非遥不可及，只要我们能够找到自己的问题，进而解决问题，有针对性地改革出现的"反向突出部"，就能实现摘取诺贝尔科学奖、成为诺贝尔奖获奖大国的国民夙愿。这就要求我们要冲破旧的教育体制，跳出应试教育的"怪圈"；重视科学创新，建构宽松自由的学术环境；建立合理的人才制度，形成高效的人才合作制度和科学的学术评价机制。当然，我们在改革各

---

　　① 转引自杨真真《攻错：诺贝尔奖华裔科学家在美英学到了什么》，《中国青年出版社》2011 年版，第 60 页。

　　② 陈其荣、廖文斌：《科学精英是如何造就的——从 STS 的观点看诺贝尔自然科学奖》，复旦大学出版社 2011 年版，第 20—21 页。

种有缺陷的机制时，不能盲目地按照美英等西方国家的标准进行改革，要考虑到本国历史与文化背景的原因，进行求同存异、符合中国实际情况的变革。

第十三章 如何认识中国科学发展的
方位和前景

要想产生天才，先需要有天才的土壤。

——鲁迅

或许是过分沉醉于昔日"四大发明"之余晖的荣誉感中，也许是自觉或不自觉地在这种背景中，人们大多是以西方近代科学成就的标准作为参照系，来"套证"中国古代"科学"的记载，而较少以在所研究的时期里中国特定的环境与价值标准作为研究的前提。

——刘兵①

在中国，很可能在未来某个时候会出现第一个诺贝尔科学奖获得者。2013 年国内一家卫视的《头脑风暴》栏目做过一期节目《中国科技离诺贝尔奖有多远》，节目邀请了国内的科学家、企业家（有科研背景）、跨国公司负责人、媒体人士等讨论诺贝尔奖问题。节目中主持人提出一个问题，就是中国还需要多久可以拿到第一个诺贝尔科学奖。几个嘉宾中，多数人认为大概是 10—15 年时间。北京大学的饶毅教授，则冷静地说，获得一个诺贝尔奖这并不能代表什么，也不具有更多的象征意义。关键是如何营造一个良好的科学的社会环境，涌现出更多的诺贝尔奖获得者。

---

① 刘兵：《天学真原》序言，载江晓原《天学真原》，辽宁教育出版社 1995 年版，第 4 页。

在上一章，我们是围绕着中国目前为何没有产生创新型人才来分析的，也就是说，在那一章，我们谈的是中国的问题。在这一章，我们想将笔锋往回转一转，不那么决绝地批评甚至批判，而是想结合历史，包括中国科学发展和科学政策的历史和西方——主要是美国的科学政策的历史，来重新认识一下中国目前的科学状况到底是怎样的。

一 中国的成就和科学的底子

（一）成就

2012 年，中国投入研究与试验发展（R&D）经费首次超过万亿元，达到 10298.4 亿元，投入量位居世界第三位；研发经费投入强度为 1.98%。R&D 经费投入强度在新兴发展国家中居领先地位，与发达国家的差距正在逐步缩小。

英国《自然》杂志 2013 年 1 月 9 日的文章指出，2012 年中国将其 1.98% 的 GDP 用于研发，刚好超过欧盟 28 个成员国 1.96% 的总体比例。通过以快于经济增长的速度向科技斥资，中国首次在研发资金占 GDP 的比重这一关键创新指标上超过欧洲。数据表明，中国目前的研发强度是 1998 年的 3 倍，而欧洲几乎没有增长。英国苏塞克斯大学分析师詹姆斯·维尔斯顿表示，鉴于中国 1976 年才开始形成整体研发体系，中国目前庞大的研发规模"令人震惊"。从绝对值上看，中国的研发支出仍比欧洲低 1/3，但新的数据是"一座重要的里程碑"。[1]

衡量科学创新成果的很重要的指标就是科学论文的发表情况。在 2013 年全球年度 SCI 论文发表数量排名上，美国加州大学系统[2]排名第一，共 31479 篇，中国科学院第二，共 26921 篇。如表 13—1 所示。

---

[1] http://roll.sohu.com/20140110/n393276093.shtml.

[2] 加州大学（UC）系统在美国乃至世界上都享有很高声誉，是目前世界上最好的高等教育体系之一。UC 的第一所大学是伯克利加州大学。经过不断地发展壮大，目前加州大学系统拥有 10 所大学，其中 9 个设有大学部和研究生院（旧金山校区只设有研究生院），在校学生超过 21 万人，教职员工超过 16 万人。

表 13—1　　　　　　　2013 年全球年度 SCI 论文发表数量排名

机构	篇数	占比（%）
美国加州大学系统	31479	2.545
中国科学院	26921	2.176
哈佛大学	17311	1.399
伦敦大学	16013	1.295
俄罗斯科学院	13615	1.101

从发表论文杂志的情况看，除第一个 *Plos One* 以外，两大学术机构发表论文的杂志完全不同，美国加州大学系统在国际著名学术刊物频繁发表论文，最著名的期刊例如 *PNAS*、*Nature*、*Science* 等。而中国科学院发表论文最多的 25 本杂志似乎都不够档次。在国际著名四大综合期刊发表论文的数量，加州大学系统分别为 *PNAS* 561 篇、*Nature* 193 篇、*Science* 160 篇和 *Cell* 74 篇。中国科学院分别为 *PNAS* 86 篇、*Nature* 37 篇、*Science* 28 篇和 *Cell* 8 篇。加州大学系统显然远远超过中国科学院。[①] 尽管如此，我们还是要祝贺中国到目前为止取得的成就。

上面我们分别从国家对科技的投入以及科学论文的发表情况两个方面看中国科学的进步。对于国人耳熟能详的中国的科学成就，如嫦娥登月航天计划、人类基因组分析、一些尖端武器的研制等，这里就不一一赘述。

如果我们不看目前的情况，而是放眼整个 20 世纪中国的发展，一定会有更多的感触。诺贝尔物理学奖获得者、著名的物理学家杨振宁先生 1999 年底在香港中文大学新亚书院举办的"金禧讲座"指出，"我想指出一点，是关于科学技术在 20 世纪中国有什么发展。在 1900 年，我想没有一个中国人懂微积分，1900 年是 1898 年京师大学堂成立后两年，那个时候没有微积分的课程。1905 年，一个很重要的事件，就是废除了科举。然后又大举的留学，先是到日本，然后到欧美。这以后，到了 1925 年，少数的大学才开始筹办算学系、物理系——那时候不叫数学系，叫做算学系。我去查了一下，得到一个结论，这个算学系、物

① 孙学军：《中科院和加州大学 SCI 论文发表情况比较》，http：//blog. sciencenet. cn/blog－41174－754109. html。

理系的名字，在 1925 年前还没有。比如说，我比较熟悉的清华大学，就是在 1926 年到 1927 年之间，才正式成立了算学系。到了 1938 年，我进大学的时候，西南联大的教学水准已经达到了世界级，这是一个极快的现代化。到了 1964 年，中国成功地制造了原子弹，而制造原子弹所需要的人数之多、知识的方向之广，是很难想象的。再到了 1970 年，中国成功地发射了人造卫星。到了 1999 年，大家知道，'神舟'成功地发射与收回了。你看，这是历史上从没有过的快速的进步"。

杨振宁还指出，"我特别愿意在香港这个地方讲这句话，是因为我看报纸，有一个印象，就是香港有许多人对于这点不够了解，他们看到中国非常落后，非常贫穷。中国是不是落后呢？是不是贫穷呢？是的。于是他们就以为中国的一切的一切都是不行的，这是一个很大的错误。事实上，中国要做一件事情，可以做得快，而且神速地快。你看我这儿做了一件大致的勾勒，你就知道，以这么大的一个国家来说，这是一个史无前例的成就。那么，为什么中国还是贫穷，还是落后呢？答案很简单：中国要想以 100 年的时间，追上西方 700 年的成绩，不可能一下子就能够达到第一线。可是，我们对 20 世纪中国的这一历史要有所了解，我们才可以对 21 世纪的中国科技作出展望。21 世纪的中国科技前景如何，我已经在很多不同的场合，从很多不同的角度讨论过这个问题。我的结论是，中国要想追到世界第一线，不是一件容易的事情；可是我对于以后 50 年、以后 100 年中国科技的发展前途，是非常乐观的。"①

杨先生很明显的一个意图是，让国人对自己有信心。尽管我们目前还有很多的各种各样的问题，在很多领域距离世界先进水平还有很大差距，但请不要忘记，整个 20 世纪中国实际上发生了翻天覆地的变化，从中国的历史来比较，我们其实已经取得非常大的进步了。那么，如果不从上一章的批评的视角，又该如何分析和评价中国目前的科学研究水平不高的现状呢？

（二）科学的优势累积

再举一个杨振宁先生的例子。20 世纪 90 年代，有一次杨振宁在香

---

① 杨振宁：《中国文化与科学中国文化与科学》，载香港中文大学新亚书院《新亚生活》月刊 2000 年 2 月 21 日。

港接受采访，有记者问中国本土的学者什么时候能够拿到诺贝尔奖时，他回答说，"这个问题比较复杂。因为里面有一个很重要的问题是经费的限制，这是第一个困难。第二个困难是，学术需要有传统，这传统不是一两年，甚至十年二十年可以建立起来的。因此，到今天还没有一个在中国本土上的学者得到诺贝尔奖，但是我相信二十年到四五十年内，这件事一定会发生的"。①

毋庸置疑，欣欣向荣的科学研究最为核心的是资金。国家必须认真考虑科学技术发展目标，理论上，至少在科学领域需要投入一个国家国民生产总值的 2.5%。在政府资助公立和私立研究机构的同时，政府也应该应用税收减免和合同协议等来鼓励企业积极主动承担更多的科研经费。目前美国在科技上的投入大概占到 GDP 的 2.7%，英国为 1.9%（英国政府承诺到 2014 年提高至 2.5%），澳大利亚为 1.6%。② 本章最开始提到，中国目前科技研发的经费投入占 GDP 的比重已经超过欧盟。这大概可以说解决了杨先生提到的第一个困难。当然，经费方面虽然现在超越了欧洲，但经费投入需要很长时间才能显示其作用。美国的经历告诉我们，政府不可能脱离它的现实环境而投资于基础科学。因此，我们需要理解政府在科研投入上的这个变迁。也应该对未来我们的科研政策有一定的信心。

另一个困难是科学的传统，也就是朱克曼提到的一种科学上的优势的累积，或者说是科学的积淀。朱克曼认为，科学研究的桂冠一般是需要科学上的优势累积。有学者在研究中国学者为什么至今未获诺贝尔奖时，认为是新中国成立后的种种运动将中国的学术传统（主要是书香门第传统）给断裂了，从而导致科学的优势积累无法达成。我国科学界与诺贝尔奖之间的距离问题，前面我们主要从教育和科研体制机制层面进行了分析，这也是目前的主流观点。毫无疑问，制度和管理上的问题对我国科学的发展和创新影响巨大。但是，如果要想让中国的科学技术真正在国际上产生更大的影响，仅有制度创新、管理创新是远远不够的，吴海江认为，中国基础研究原创性成果匮乏的更根本的原因是科学积累

① 宁平治、曾新月、李磊：《杨振宁科教文选》，南开大学出版社 2001 年版，第 8—9、15—16 页。

② ［澳大利亚］彼得·杜赫提：《通往诺贝尔奖之路》，马颖、孙亚平译，科学出版社 2013 年版，第 116 页。

上的弱势。就我国科学总体发展水平而论，吴海江认为中国科学正处在一个积累的、而非原创的时代。由于积累尚未完成，所以原创的前提和基础还未完全确定。[①]

科学发展需要一段时间上的甚至代际的积累。目前，很多的研究或者文章在讨论中国的科研和教育时，都忽视了时间这个因素。仿佛一个好的体制建立起来，马上就能够收获诺贝尔奖。因此所有的文字都在讨论我们的现行体制。

杨振宁先生曾对我国获诺贝尔奖进行了预期，他前后很多次被人问到，也给予不同的思考，做了不同的回答。一次回答是，中国现在引进的归国人才水平越来越高，他们的科研也将很快获得突破，这也正是优势积累的长期结果。

（三）真实差距

自然科学的发展，是一个需要长期积累的过程，同样也需要一个学术共同体为学者提供这样的研究环境。因此，我们在讨论中国的自然科学与诺贝尔奖之间的距离时，首先需要客观地分析我们的自然科学研究水平与世界相比的真实差距。客观地说，我们在改革开放前相当长的时间，国内的基础自然科学研究基本上处于停滞状态。甚至由于行政的干预，或者说政府对自然科学的态度，严重地干涉了科学研究。其中最典型的，是在20世纪五六十年代对现代遗传学中的摩尔根学派，即基因遗传学的批判。这次批判的结果，使我国本来相对领先的现代生物遗传学裹足不前，甚至倒退。有人统计过，1949年以来在"左"的错误路线指导下，我国学术界先后进行过五次反"伪科学"活动，后来的实践证明，这些批判活动都是错误的。错误的批判不仅推迟了我国科学技术在某些领域的发展进程，更加严重地影响到科学环境。赵忠贤院士认为，新中国成立后没有拿到诺贝尔奖有很多原因，从客观上讲，十年"文革"期间，国际上科技高速发展，而我们对基础研究造成了很严重的破坏，这需要很长时间的恢复和积累。

对于中国科技与国际水平存在差距的原因，赵红州教授认为有四

---

① 吴海江：《诺贝尔奖，原创性与科学积累》，载陈其荣、袁闯、陈积芳主编《理性与情结——世纪诺贝尔奖》，复旦大学出版社2002年版，第38页。

点：其一，科学知识积累不够；其二，科学研究时间不足；其三，缺乏科学家群落；其四，缺乏科学人才识别和甄选机制。这四点中，我们在前一章主要集中在第四点。而前三点其实要说的是一个问题，即科学的积累问题，这个积累中，当然包含了研究时间，传统，科学家的群落或者说科学共同体的积累。

二　科学家的角色

如果将诺贝尔奖的研究局限于自然科学，我们这里来分析一下科学家在一个社会中的角色。"科学家"一词最早由英国人威廉·休厄尔在19世纪30年代提出，他认为科学家"是研究自然的人，他不研究上帝和人。他使用的智力工具是数学、测量和实验，而不依靠权威的解释和思辨与灵感。他认为当时的科学状况在将来会被不断改进，而不认为科学知识会止于过去黄金时代的标准之下。……在尊严方面他享有传统的哲学家、神学家和文学家的同等地位，在实用性方面他比这些传统角色优越"。①

那么，中国各界对于科学家是怎么认知的呢？我们看一个故事。1918年9月，任鸿隽、杨铨等留学生回国，上海的几家报纸以《科学家回沪》进行报道。任鸿隽认为非常不妥，因此在环球中国学生会做了"何为科学家"的演讲，后发表在《科学》第4卷第10期（1918年）上。他说，"因为我离中国久了，不晓得我们国人的思想到了什么程度。这'科学家'三个字若是认真说起来，我是不敢当的；若是照旁的意思讲起来，我是不愿意承受的"。"旁的意思"讲的是当时社会上对科学家的三种误解。第一种，科学家不过是一些"江湖术士"、"魔术师"。第二种，科学家与科举时代做八股文的秀才一样，"不过做起文章来，拿那化学、物理中的名词公式，去代那子曰、诗云、张良、韩信等字眼罢了。……把科学家仍旧当成一种文学家，只会抄袭，就不会发明；只会拿笔，就不会拿试管"。第三种，"科学家也不过是一种贪财好利、争权寻名的人物"，其所谓发明创造，诸如摩托车只不过供给那

---

① ［以］约瑟夫·本·戴维：《科学家在社会中的角色》，赵佳苓译，四川人民出版社1998年版，第331页。

些总长督军们"在大街上耀武扬威，横冲直撞罢了"。①

任鸿隽认为，"科学家是个讲事实学问以发明未知之理为目的的人。"一个科学家的养成不是大学毕业或者博士毕业就成的，得了博士学位后，"如其人立意做一个学者，他大约仍旧在大学里做一个助教，一面仍然研究他的学问。等他随后的结果果然是发前人所未发，于世界人类的智识上有了的确的贡献，我们方可把这科学家的徽号奉送与他"。在任鸿隽看来，作为一个科学家，必须为人类知识视野的扩展作出独特的贡献，他们同船回来的留学生根本不配称为"科学家"，最多只能称为"科学家"的预备人员而已。②

1927 年，陶孟和在《现代评论》发表文章说，"中国要想发达科学研究，必须有真正的科学家，必须建立一个科学界，必须要科学上的权威引导科学的进步"。他批评当时国人认为凡是受过科学教育的人、大学教授、学者等都是科学家这种对"科学家"的误解，抨击中国社会不仅不支持产生科学家，反而妨碍科学家的产生，因为这些所谓的科学家一概追求那种无谓的声誉，"像现在一般稍受科学训练的人，一方面都忙于授课，每日奔走于各学校之间，又一方面都忙于做文，每日要'驰骋文场'，我们绝不能希望会有一个科学的团体，绝不希望产生出一种科学研究的空气"。③ 陶先生的文字仿佛就是在说今日的中国呀！

中国新文化运动的主题是民主和科学。科学自然是被整个知识界推到很高的地位。尽管在当时的中国，科学主义曾经非常时髦，但在实际中，社会知名人士中很少有自然科学家，更多的是文史哲的学人。竺可桢曾在其日记中记载，"目前各国立大学之工学院院长鲜有知名者，因中国人传统观念，凡受教育不外乎读书，教育受毕即做文章以与人读。因此受教育者称为读书人，而受毕教育之人称为文人。……而所谓知名之士无非在各大报、杂志上做文之人，至于真真做事业者则国人知之极少。……粤汉铁路以极廉之价、极速之时间造成，但其总工程师凌鸿勋国人亦鲜有能道之者，而天天在报上作文之胡适之、郭沫若则几乎尽人皆知"。

① 张剑：《中国近代科学与科学体制化》，四川出版集团、四川人民出版社 2008 年版，第 484—485 页。
② 同上书，第 485 页。
③ 陶孟和：《再论科学研究》，《现代评论》1927 年第 119 期。

　　为了更便于对比，我们看一下 17 世纪英国对科学的态度。默顿研究发现，当时"科学毫不含糊地跃升到社会价值体系中一个受人高度尊重的位置"，富人也要求加入皇家学会寻求科学家的身份，文人骚客们对杰出科学家大加歌颂。①

　　中国科学家社会角色的形成历程与西方有相当程度的差异。从长时段看，西方近代科学家角色从其萌芽开始就是以进行科学研究、"探索大自然的真谛"为其终身事业。在科学家寻求真知的努力下，科学的运用日渐广泛，技术得以发展，工业革命爆发。最后到 19 世纪后半叶，科学技术才真正进入大学的正规教育体系。西方科学家的角色有这样一个发展变化的历程：文艺复兴时期大学教师与工业试验家、英国皇家学会的业余科学家、法国、德国等国家科学院的科学工作者、德国大学的科学研究者，最终形成了在政府、工业企业、大学等几类科研场所进行科研的科学工作者。

　　与此相反，中国近代科学是通过引进而逐步发展起来的。科学家社会角色的形成没有经历西方科学家角色几百年的发展历程。中国从科学的引进开始，就承担了富国、强种的重任。这样，学以致用成为近代以来中国科学发展的首要目标，最初引进的是技术，以为技术是科学的基础，可以依靠引进技术引导中国走向富强，技术压倒科学成为科学发展的主要特征。②

　　科学在社会中的角色，从清末到当代经历了一个复杂的变化。在清末洋务运动时，科学被作为"器之用"；到了民国，科学被作为赛先生，被人期望扮演救亡图存的角色。而 1949 年新中国成立后，特别是"文化大革命"时期，科学被严重政治化，科学甚至成为阶级斗争的牺牲品，一些关键的国防技术则被国家大力投入而获得发展和突破。改革开放以后，随着经济发展的需要，科学迎来了春天，科学技术被当做第一生产力。国家开始逐渐增加对科技的投入。也相应地开始借鉴国际科学发展的经验，来制定中国的科学发展政策。

---

　　① ［美］罗伯特·金·默顿：《十七世纪英国的科学、技术与社会》，范岱年等译，商务印书馆 2000 年版，第 57—60 页。

　　② 张剑：《中国近代科学与科学体制化》，四川出版集团、四川人民出版社 2008 年版，第 499 页。

三　科学与政治：爱因斯坦在中国

1910 年代后期开始，中国文化界对科学非常地重视，英国著名的哲学家、数学家勃兰特·罗素、美国实用主义哲学家约翰·杜威等都来华讲学。其时，爱因斯坦的相对论在国际上已经闻名遐迩。前文说过，1919 年爱因斯坦的相对论被实地的日食测量所证实，西方科学界和媒体都兴奋异常广为报道。这期间中国也开始关注爱因斯坦。从 1917 年下半年至 1923 年上半年，《改造》杂志、《少年中国》、《东方杂志》等先后发表爱因斯坦的专论，各报刊登载的论著、译文、报告不下 100 篇，出版译著 15 种左右。

罗素访华时多次指出，"列宁和爱因斯坦是近世最出色的伟人"，令爱因斯坦和相对论的名字在中国家喻户晓。因此，对爱因斯坦，中国科学界和知识界非常钦佩，蔡元培等人曾力促其访华，终因国内局势混乱而无法实现。爱因斯坦只是在 1922 年末从欧洲乘轮船访问日本往返时路过上海停留了三天。正是在 1922 年 11 月 13 日抵达上海同日，他获悉自己得到了 1921 年度的诺贝尔物理学奖。在上海停留时，爱因斯坦游览了上海的豫园和城隍庙等景点，品尝了小吃，并应邀做了相对论的演说。

日军侵华时，爱因斯坦与罗素等人于 1938 年 1 月 5 日在英国发表联合声明，呼吁世界援助中国。当上海抗日运动的领袖"七君子"被捕时，他与美国 15 名知名人士发出声援电。1955 年 4 月 18 日，爱因斯坦逝世，时任中国科学院副院长李四光、中国物理学会理事长周培源发了唁电，《人民日报》发表了周培源撰写的悼念文章。①

尽管爱因斯坦并没有专程到中国，但他和他的学说在中国却经历了从天上到地下再恢复本来面貌的过山车式的"传奇"经历。胡大年的专著《爱因斯坦在中国》、屈儆诚和许良英的《关于我国"文化大革命"时期批判爱因斯坦和相对论运动的初步考察》、雷颐的《历史，何

---

① 参见维基百科，"阿尔伯特·爱因斯坦"词条，http://zh.wikipedia.org/wiki/%E9%98%BF%E5%B0%94%E4%BC%9D%E7%89%B9%C2%B7%E7%88%B1%E5%9B%A0%E6%96%AF%E5%9D%A6。

以至此：从小事件看清末以来的大变局》、郝柏林的《"批判爱因斯坦"追忆》都对此有精彩的记录，我们在此摘录些许，来看一下爱因斯坦在中国的传奇经历。

1917 年中国开始有人介绍爱因斯坦的学说和思想。1917 年到 1949 年之前的三十余年间，爱因斯坦及其学说在中国的形象是正面的。20 世纪 50 年代初开始，配合知识分子的"思想改造"，爱因斯坦的哲学和社会思想开始受到"唯心主义、资产阶级、主观主义、相对主义"等的批判，特别是他在第二次世界大战时为战胜法西斯而提出的加紧制造原子弹的要求也被批判为"事实上已经为美帝国主义服务，因为在美帝国主义者手中，原子弹成了讹诈和威胁社会主义国家以及世界上其他爱好和平的国家和人民的工具"。直到"文革"前，爱因斯坦的形象被树立为"伟大的科学家，渺小的哲学家"。

"文革"开始，对爱因斯坦的批判进一步上纲上线。批判的重点也转向他的相对论学说。

但是真正从科学上批判爱因斯坦的相对论绝非易事，很多时候，批判文章只能是不断重复的政治指责，要么就是现代科学还没有入门的社会人士的"学术批判"。让我们来看一下郝柏林院士文章中的一个实例。

1965 年，《中国青年报》开展了一场是否应该"又红又专"的讨论。一部分人以爱因斯坦为论据，认为一个人即使没有马克思列宁主义的世界观，仍然可以为社会做出重大贡献。为了反驳这种观点，同年 4 月中国科学院的两名人士撰文说：爱因斯坦不是一位超越了阶级和政治的科学家。事实上，正是爱因斯坦建议美国制造原子弹，使之成为美帝国主义手中一个威胁社会主义国家和其他热爱和平国家和人民的砝码。这场辩论进行得十分激烈，以至于钱学森也受邀写了一篇讨论文章，同样用"原子弹"一例，来说明爱因斯坦并未脱离资产阶级的政治。一年之后，"文化大革命"开始了。很快，爱因斯坦和相对论成为自然科学界批判运动的第一个突破口。这场批判运动由一个来自湖南醴陵中学的数学教师周友华引起。① 他在醴陵二中图书馆的墙壁高处挂了一个重

---

① 张大业：《斯人何辜？——文革批判爱因斯坦》，http://bbs.tiexue.net/post2_4094887_1.html。

锤，长时间地记录重锤尖点的位置。他发现重锤并非静止不动，而是呈现出季节和昼夜等变化，变化的相对幅度约为十万分之几。周从而得出结论说万有引力常数随温度变化，提出了一套"热轻冷重"学说。[①]

1967年底，周友华写信给中央文化革命小组，批判爱因斯坦的相对论，并到北京进行革命串联，宣传他的理论。他的文章《从物质的矛盾运动研究场的本质及其转化》以"京区场论小组"的名义印发。

1968年2月，周友华在中国科学院物理研究所宣读了他的关于"场论"的"革命性理论"，该所的物理学家们当场对这个"革命"的场论进行了有力的批驳，否定了它的科学价值。尽管物理学家们对周友华在讨论该科学问题时的不科学和不负责任的态度表示了谴责，但当时掌握中国科学院权力的革命委员会却认为周友华的文章在政治上是正确的，尤其是它的哲学批判含义，是应当支持的"新生事物"，遂在1968年3月成立了"'批判自然科学理论中资产阶级反动观点'毛泽东思想学习班"。学习班成立之初就将相对论作为主要批判目标，并因此简称自己为"批判相对论学习班"。学习班认为"爱因斯坦的相对论中的严重错误就是目前阻碍自然科学前进的最大绊脚石之一"，并要"以毛泽东思想为武器，批判相对论，革相对论的命……舍此，就不能把自然科学理论推上一个新阶段"。学习班的批判文章《相对论批判》成文后，呈送中央文化革命小组。时任中央文化革命小组组长的陈伯达把科学界批判爱因斯坦和文艺界批判斯坦尼斯拉夫斯基定为理论批判的两个中心课题，当然对《相对论批判》非常重视，并指示计划将此文在《红旗》上发表。

因对这一批判文章发表的后果没有把握，1969年秋，时任中国科学院负责人的刘西尧召开了一个特殊的会议，除了"学习班"的代表，受邀与会的还有竺可桢、吴有训、周培源、钱学森等科学家。中国"原子弹之父"王淦昌也在被邀请之列，但他拒绝参加。钱学森婉转地说："鉴于爱因斯坦的工作有很重要的国际影响，恐怕我们应该对此事慎行。"吴有训说："我认为这篇文章没有经过仔细思考，如果我们发表

① 郝柏林：《"批判爱因斯坦"追忆》，http：//image.sciencenet.cn/olddata/kex-ue.com.cn/upload/blog/file/2010/1/20101611015380333.pdf。

了，将会成为一个笑柄。"竺可桢、周培源等人都反对发表。①

1970 年 4 月 3 日，陈伯达又亲自到北京大学召集会议，鼓动批判爱因斯坦和相对论。在他的指示下，中国科学院革命委员会成立了批判相对论办公室和刊物编辑部，并于 4 月中旬召集北京大学、清华大学、北京师范大学、中国人民大学、原子能研究所和物理研究所的教师和研究人员，开了三天相对论问题座谈会，把批判推向高潮。1970 年 8 月陈伯达失势，北京的批判活动也随之泯灭。这场气势汹汹的批判运动的阵地就转移到了上海，成为姚文元直接领导下的"上海市革命委员会写作组"的重要任务。设在复旦大学的上海市理科大批判组在 1972 年 9 月完成了《爱因斯坦和相对论》。随后几年在《复旦学报》和《自然辩证法杂志》上发表了《评爱因斯坦的时空观》、《评爱因斯坦的运动观》、《评爱因斯坦的物质观》、《评爱因斯坦的世界观》等文字。批判相对论运动持续到 1976 年，报纸杂志上发表了数百篇文章，大部分充斥着毫无科学依据的夸张"梦呓"，例如，"爱因斯坦就是本世纪以来自然科学领域最大的资产阶级反动权威。爱因斯坦的相对论就是当代自然科学中资产阶级反动唯心主义和形而上学的宇宙观的典型"，"西方资产阶级是没落了。一场新的自然科学革命的重担，已经落在东方无产阶级的肩上……世界文化是从东方开始的，现在经过一次往返，在更高的水平上又回到了东方"。据屈儆诚统计，1972 年到 1977 年间，仅 6 个刊物就发表了 120 篇与相对论有关的文章，持肯定和否定意见的比例为1:6。②

"四人帮"被粉碎几个月后，商务印书馆在出版《爱因斯坦文集》时，由于爱因斯坦尚未被"正式平反"，因此编辑依然心有余悸，对译者撰写的序言中的文字"人类科学史和思想史上一颗明亮的巨星"提出质疑，认为爱因斯坦只能说是科学史上的巨星而不能称之为思想史上的巨星。按照当时的标准说法，"马克思主义产生以后，资产阶级已经没有思想家"了。当时译者和编辑的意见不一致，老科学家提出建议，"既然思想史上的巨星，有人不同意，干脆把'思想史'和'科学史'

---

① 张大业：《斯人何辜？——文革批判爱因斯坦》，http://bbs.tiexue.net/post2_ 4094887_1.html。

② 董光璧：《二十世纪中国科学》，北京大学出版社 2007 年版，第 138 页。

几个字都删了，改成'他是人类历史上一颗明亮的巨星'吧！"①

1979 年春，为纪念爱因斯坦诞辰 100 周年，科学界人士在北京集会。这次会议标志着中国批判爱因斯坦的闹剧的终结。"每一个工人和农民都把自己看成潜在的爱因斯坦"之梦正式宣告破灭！

四　中国的科学政策是差的吗？——中美的不完全比较

要运用科学，就必须让科学自身独立下去，如果我们只注意科学的应用，必然会阻碍它的发展，那么要不了多久，我们就会退化成中国人那样，他们几代人没有在科学上取得什么进展，因为他们只满足于科学的应用，而根本不去探讨为什么要这样做的原因。

——亨利·罗兰②

弄清科学政策比弄清科学本身还要困难得多。其中一些困难产生的原因，可能是因为我们对科学政策施加于科学研究的影响尚没有足够的认识。

——约翰·齐曼③

科学和社会的繁荣昌盛都依赖于科学和社会的正确关系。

——贝尔纳

不能期望科学这样的事业迅速取得巨大成效，它需要多年的努力甚至需要数代人的共同努力才能成熟。

——贝尔纳④

中国现在是世界第二大经济体，而且我们有延续最久的历史文化，因此，现在的中国，无论是政府还是老百姓，在进行国家间的比较时，

---

① ［美］胡大年：《爱因斯坦在中国》，上海科技教育出版社 2006 年版，第 206 页。
② 董光璧：《二十世纪中国科学》，北京大学出版社 2007 年版，第 152 页。
③ 转引自龚旭《科学政策与同行评议：中美科学制度与政策比较研究》，浙江大学出版社 2009 年版，第 269 页。
④ 贝尔纳：《科学的社会功能》，陈体芳译，广西师范大学出版社 2003 年版，第 75 页。

自然而然地将世界最大的经济体美国作为比较的对象。一方面，我们在制订计划、展望未来时，经常会以美国为学习的对象；另一方面，当我们批评和反思中国现阶段的各种问题时，很多时候我们也总是假设美国的做法是正确的。当分析中国为什么还没有获得诺贝尔自然科学奖的时候，正如我们在上一章分析的，人们往往将中国现阶段在教育、科研等方面的制度和做法与美国的做法相比较。这种共时性的比较当然对我们清醒地认识我们的问题，以及改革的方向具有很重要的意义，但是，仅仅共时性的比较分析其实是不够的。我们不仅要知其然，还要知其所以然。美国现在的很多做法无疑是我们学习的榜样，但他们的这些政策制度甚至科学的文化等，是一直以来就有的吗？他们其实有一个漫长的发展过程。因此，人们在知道美国的一些制度是有效的基础上，我们更要知道这些制度是如何建构起来的，毕竟，罗马不是一天建立起来的。中国也是这样。很多时候，当我们在批评一些政策或者制度等的问题时，人们会想当然地假设制定这些制度政策的人要么是一个庸人甚至笨蛋，很多东西都不懂，要么就是利欲熏心，被什么利益集团所收买，没有秉公和为国家的长期发展着想。这两种想法当然都要不得。大致上绝大多数的政府官员不会这么绝对，而如果我们将其假设为一个理性的利己主义者，会中性很多，也会更理性地理解我们的很多政策。如果有了这个前提，我们就应该回到过去，去梳理我们这些年来的政策的发展脉络。

　　基于以上的想法，我们在本节将对美国的科学政策的历史线索进行梳理，也相应地梳理新中国成立以来的科技政策的发展脉络并与美国进行比较。

（一）美国科学政策的历史发展

　　在 19 世纪中叶，美国的科学技术没有什么像样的成就，其研究开发力量和成果与当时发达的英国、法国和德国比较起来，都有很大的差距。但是很快的，到了 20 世纪 40 年代后，美国的科学技术的发展就成为世界第一流，而且领先世界。

　　20 世纪初，美国在科学上尚未全面崛起。物理学领域，虽然美国有了几个诺贝尔奖，如 1907 年迈克尔孙成为美国第一个诺贝尔奖得主，他与同事做的实验对爱因斯坦提出相对论有重要作用，但是迈克尔孙并没有提出理论来解释自己的实验结果。密立根于 1923 年成为美国第二个诺贝尔物理学奖得主，他用油滴实验测量电子的电荷量，也缺乏理论建树。20 世纪前期的物理学革命过程中，美国有零星而且偏技术的研究，在理论上贡献不大，当时物理学的中心在欧洲。美国的数学也不如欧洲，生命科学的研究中心则在英国和德国。20 世纪初的美国并不像二战以后那样能吸引大量的欧洲人才。可以说，在当时的欧洲人看来，老洛克菲勒等暴发户横行的美国，还处于一个很不公平、与野蛮离得不远的时代，科学上美国还处于乡巴佬时期。美国的环境对欧洲做学术的人并没有很大吸引力，而且那时美国也不像二战以后那样有大量的研究经费。①

我们看看诺贝尔科学奖的获奖情况。俗话说，兵无常势，水无常形，一切皆变，万物皆流，后来者可以居上。诺贝尔奖也是这样。在20 世纪初，诺贝尔奖青睐德国。从 1901 年到 1920 年，德国人名列第一，总共 20 人获奖。法国第二，11 人获奖。美国 2 人。1930 年代以后，美国人逐渐追赶上来，1931—1940 年，德国获奖数第一，美国第二，获得了 26% 的诺贝尔奖，其后是英国和法国。1940 年以后，美国开始超过德国，并最终超过了德国、英国、法国的总和。美国现在是世界科学技术研究的中心。整个 20 世纪从科学技术的角度看是美国的世纪。相对宽松的移民政策、客观努力的价值观、强烈的个人使命感加上创新精神，以及新技术迅速产业化，使美国在 20 世纪的经济实力和综合国力在全球首屈一指。高水平一流大学的发展和资金雄厚的基础科学研究基金为科学的迅猛发展奠定了坚实的基础。从美国人获得诺贝尔奖的整体情况可以看到其成效显著：20 世纪前半叶，美国诺贝尔奖得主占有率还不到 30%，后半叶却飙升至高于 70% 的水平。与此同时，德国、英国和法国的占有率则从之前的 30%、10%、15% 分别下降到11%、9% 和 3%。②

那么，我们需要来回顾一下，美国的科学技术如何在非常短的时间内后来居上，取得如此大的成功？在第二篇，我们对美国的情况做了一些分析。这里我们着重从政府政策的角度来审视这一问题。

---

① 饶毅：《饶议科学》，上海科技教育出版社 2009 年版，第 129—133 页。
② ［澳大利亚］彼得·杜赫提：《通往诺贝尔奖之路》，马颖、孙亚平译，科学出版社2013 年版，第 113 页。

　　从美国建国到20世纪40年代之前，美国联邦政府虽然有一些支持科学技术研究的措施，但这种政策的制定是零散的，并没有一个专门化的组织机构，也就是说科学技术政策的制定并没有制度化。1940年之前，美国联邦政府只做少量的几件事情，如建立专利制度、成立国家科学院、标准局和国家卫生研究院，其中主要是支持在国家福利事业中利用科学，如发展医学研究。这时的国家科技政策的目标是单一的、笼统的"公共社会福利"。

　　1941年因战争的需要，美国时任总统罗斯福下令在政府内部成立一个保密机构，即科学研究发展局，任务是协调科学研究和应用现有的科学知识解决战争中最重要的技术问题。这个机构在第二次世界大战时组织了很多重要的科学技术研发活动，为战争服务，并获得了巨大的成功，例如著名的研发原子弹的"曼哈顿工程"。

　　第二次世界大战结束前夕，美国总统罗斯福决定采取措施，通过组建一支特殊部队到德国接收战火下面临绞刑和监禁的科技精英。在国会的支持下，美国政府精心策划并执行了一项称为"阿尔索斯"的绝密计划。"阿尔索斯突击队"冒着尚未散尽的战火硝烟，不惜一切代价在废墟、难民营、地窖和俘虏营中寻找硕果尚存的顶级科技专家。这些专家后来到美国后，被委以重任，并备以高薪和优厚的科研和生活条件。这些专家们为战后美国的高科技发展，尽职尽责，鞠躬尽瘁，起到了难以估量的作用。①

　　美国在第二次世界大战中研制成功并使用原子弹，标志着现代科学和技术的历史发生了一次大转折。第一，原子弹显示了科学的使用潜力，使人们清楚地看到了把理论引向应用目的能够得到什么。第二，这件事说明，政府如果以充足的资源支持大规模的科学研究与开发的话，将会产生怎样的效果，这些预示了第二次世界大战后科学和技术将会是怎样的情景。政府主动支持把理论应用于实际的做法开创了一种政府支持科学的新模式，它不仅改变了科学与政府的传统关系，而且还从总体上改变了我们对应用科学的看法。②

---

　　①　克里斯托夫·金：《美国的高端人才移民战略》，http://book.ifeng.com/zhuanlan/jing/detail_2010_04/29/1471768_0.shtml。

　　②　[美] J. E. 麦克莱伦第三、哈罗德·多恩：《世界科学技术通史》，王鸣阳译，上海世纪出版集团2007年版，第500—501页。

1944 年 11 月，罗斯福总统在二战结束的前夕，给科学研究发展局局长万尼瓦尔·布什写信，要求他就如何把从二战中取得的经验运用于战后的和平时期，回答四个问题：一是战争期间产生的科学情报如何在不威胁军事安全的前提下实现共享？二是应如何编制一个医学研究计划？三是政府应如何帮助公私部门的学术研究？四是如何发现和发展青年的科学才能？

1945 年万尼瓦尔·布什向罗斯福的继任杜鲁门总统提交了著名的《科学——没有止境的前沿》报告，回答了罗斯福总统提出的问题。他建议政府加大对基础研究的投入，设立国家科学基金会全面支持基础科学研究与教育发展，同时借此形成大规模培养和吸引关键基础科学领域人才的新机制。经过参众两院的激烈讨论，美国政府采纳了报告中的大部分建议，并确立了美国"不分国籍、不分肤色、为我所用"的全球人才竞争理念，使美国引进培养高层次人才成为国家制度。美国由此迅速确立了在军事科学、医学、化学、物理学（特别是核物理学）、计算机科学、工程学、材料学、数学、生物学等领域的世界领先优势，为美国在 20 世纪的崛起并引领世界第三次技术革命奠定了坚实的基础。①

可以说，《科学——没有止境的前沿》（以下简称报告）对美国第二次世界大战后的美国科学政策产生了深远的影响，并波及世界。报告明确指出了科学和国家之间的关系，"由于繁荣、幸福和安全是政府应当关心的事情，因此，科学进步和政府有着而且一定有着极其重要的利害关系。没有科学的进步，国家的繁荣将衰落；没有科学的进步，我们不能指望提高我们的生活水准或给我们的公民以日益增加的工作机会；没有科学的进步，我们将不能保持我们反对专制的自由"②。1945 年 9 月 6 日，美国总统杜鲁门在向国会提交的特别国情咨文中明确说道："一个国家要能在今天的世界上保持它的科学领先地位，它就必须能充分开发它的科学资源。一个政府，如果不能慷慨而明智地支持并鼓励大学、工业和政府的实验室中的科研工作，这个政府就不能正确地履行它的职责。"③

---

① 白春礼主编：《人才与发展：国立科研机构比较研究》，科学出版社 2011 年版，第 4 页。

② 王顺义：《西方科技十二讲》，重庆出版集团 2008 年版，第 218—219 页。

③ 同上书，第 219 页。

　　在第二次世界大战结束之前，美国政府比较重视技术的研究开发，并不重视科学研究即基础研究。当时美国主要依赖引进消化欧洲的基础研究成果来满足自己对最新科学理论的需求。即使在二战期间制造原子弹也是如此。报告则指出，"我们不能再指望把受战争破坏的欧洲作为基础知识的来源。过去我们把大多数努力放在这类国外发现的知识的应用上。将来我们必须对我们自己发现这种知识给予更多的关注，尤其是因为将来的科学应用比以往任何时候更依赖于这些基础知识。必须给我国的研究工作提供新动力。这些新动力只有从政府中才能迅速产生。否则学院、大学和研究所的研究经费将不能满足对研究的日益增加的公共需要所产生的额外要求。而且我们不能指望工业就足以填补这个空隙。工业完全能应付把新知识应用到新产品上的挑战，那可以靠商业上的刺激。但是基础研究按其本性基本上是非商业性的。如要把它交给工业，它将得不到所需要的关注。多年来政府已明智地赞助了农学院中的研究工作，而且收益是很巨大的。现在应该是把这种资助扩大到其他领域的时候了。……一个在新基础科学知识上依赖于其他国家的国家，它的工业进步将是缓慢的，它在世界贸易中的竞争地位将是虚弱的，不管它的机械技艺有多么高明"。①

　　李政道曾经说过，"基础研究跟应用研究、开发研究的关系，可以比喻成水跟鱼、鱼市场的关系。显然，没有水，就没有鱼；没有鱼，也就不会有鱼市场"。② 基础研究，并不考虑实用的目的，它产生的是普遍的知识和对自然及其规律的理解。这种普遍的知识提供了解答大量重要实用问题的方法，但是它不能给出任何一个问题的完全具体的答案。提供这种圆满的答案是应用研究的职责。基础研究由于其不确定性、风险性、无固定产品特征性和时滞性都比应用研究和技术开发要大，企业特别是私人企业对其没有兴趣。也就是说，市场机制在基础研究上是失灵的。基础研究的特性之一是不确定性。许多最重要的发现来自主观上以十分不同的目的而进行的实验。据统计，重要的非常有用的发现确实是一部分基础科学规划的结果，但是任何一种特定的研究的结果都不能

---

① 王顺义：《西方科技十二讲》，重庆出版集团 2008 年版，第 221 页。
② 李政道：《李政道文录》，浙江文艺出版社 1999 年版，第 74 页。

被精确地预见。①

万尼瓦尔·布什的报告开出四个药方，以解决罗斯福总统提出的问题：政府应在尊重研究自主性的前提下资助科学，特别是基础科学；基础科学至关重要；它是技术进步的直接动力；是公众福利的根本保证；实行科学奖学金和研究生补助金计划；成立一个新的、独立的科学中心机构，由它来统一制定和促进国家的科学研究与科学教育政策。

二战后以及冷战时期，美国基本上是按照布什开出的药方进行国家科学政策制定的。冷战后，美国按照新的世界环境和科学技术的进步，对科学政策作了进一步的调整和细化。时任美国总统克林顿和副总统戈尔1994年8月发布了《科学与国家利益》的政策文件，详细说明了克林顿政府对基础科学的承诺。该政策文件为美国的科学政策确立了五个主要目标：1. 保持在所有科学知识前沿的领先地位；2. 增进基础研究与国家目标之间的联系；3. 鼓励合作伙伴关系以推动对基础科学和工程学的投资以及有效地利用物力资源、人力资源和财力资源；4. 造就21世纪最优秀的科学家和工程师；5. 提高全体美国人的科学和技术素养。

该政策文件认为，"预言科学究竟会在哪一领域、哪一时刻出现惊人的重大突破，几乎从来都是不可能的。因此，美国科学家必须在所有主要领域的前沿中进行工作，以长期保持和促进我们的竞争地位"。"为了将科学事业保持在适当的水平上，广泛的科学卓越是必要的。不同的科学领域及其相关的尖端技术是密切关联着的。一个领域的进展，往往会在截然不同的领域中带来预想不到的重大收益。而且，大自然以出人意料的方式，将它珍藏的秘密展示给那些坚持不懈、有行动计划而又不拘泥于细则之人。因此，尽管我们能够也必须更努力地鉴明和协调研究方向，使之指向战略目标，但是我们绝不能因此限制了我们的探索领域而制约了我们的未来。此消彼长的科学学科是由杰出的研究人员的首创精神作为最佳保证，这反过来又为国家利益中的科学提供了最有力最持久的基础。"②

① 王顺义：《西方科技十二讲》，重庆出版集团2008年版，第221页。

② 威廉·J. 克林顿、小阿伯特·戈尔：《科学与国家利益》，曾国屏、王蒲生译，科学技术文献出版社1999年版，第20—21页。

"我们也认识到，基础研究的创造之花有时未必能结出成熟果实。研究的时间跨度可能会很长，其成功与否还有赖于设备状况和需要若干年才能组建起来的跨学科的研究队伍。即使目前面临着预算压力，基础科学，包括社会科学与行为科学，也必须整体纳入部门计划中加以考虑。我们决不容许短期行为，因为它只能使与我国未来生死攸关的智力资本的发展遭受损害。"① 从布什报告到克林顿的科学政策文件，我们可以看到美国在政策上对基础研究的重视。这一点对我们是有很重要的启发意义的。不过，良好的政策转化为实际的经费支持和对研究的自主性的支持，却往往会打折扣的。我们仍然看美国二战后科学政策的实施情况。

二战后和平来临。在和平时期，国家支持全面开展科学研究和技术创新经常性地被看做是政府预算的一大负担。美国杜鲁门总统的预算部长就曾讥讽布什的报告是"无穷的花费"。而报告中规划的美国联邦政府资助但又强调科学自主性的科学研究基金会，在报告提出后，经过长时间的国会辩论，于五年后的 1950 年才成立，且其规模要比预计的小很多。只是到了美苏争霸的冷战时期，出于军事科学上竞争的需要，美国政府才开始切实按照布什的报告所预想的支持科学技术的发展。

20 世纪 90 年代，我们看到美国总统克林顿的科学规划。这实际上是对前一段时间美国科学政策的调整。很长一段时间，美国不仅科研经费被削弱，甚至连军事人员的工资都长期停滞。这些问题直到克林顿将科技发展作为其国家战略后，才逐步得到改善。

（二）中国的情况

董光璧认为，中国科学现代化的起点为 1582 年意大利传教士利玛窦进入中国。自那时起，中国的科学领域出现了中国传统科学技术和传入的西方科学技术共存的局面。董光璧将中国现代科学技术史划分为三个时期，1582 年利玛窦进入中国到 1928 年中央研究院的设立，是现代科学技术的启蒙期；1928—1956 年中国十二年科学远景规划的制定，是现代科学技术的形成期；1956 年以后是国家计划指导下的科学技术

---

① 威廉·J.克林顿、小阿伯特·戈尔：《科学与国家利益》，曾国屏、王蒲生译，科学技术文献出版社 1999 年版，第 28 页。

发展时期。不过为了简化起见，本书将中国近代以来科学发展的时期分为三段，第一段是 19 世纪中叶到 1949 年，第二段是 1949 年到 1978 年，第三段是 1978 年至今。

1. 19 世纪中叶至 1949 年

与西方科学的发展历程不同，发展中国家的科学往往还未完成制度化，就已经与其国家政治、经济、社会、文化等领域的发展不可分割地纠缠在一起了。事实上，这些国家的科学还不曾获得过自身独立的价值，而作为一种有意义的社会性事业之所以得到认可，往往是因为科学与政治、军事、经济等"其他的已被广泛认可的价值相关联"。①

与西方社会价值取向不同的是，近代中国在向西方学习时，从根本上说主要把科学作为一种"救国之术"，即注重实用目的，而忽视科学本身的精神文化意义。五四运动以来，科学的文化价值也被唤醒，但是令人遗憾的是，在"救亡压倒启蒙"的声势下，科学文化在中国又被不恰当地提升到了政治意识形态的高度，被视为救国强国的工具，致使科学本身固有的精神文化意义仍然得不到彰显。1922 年，梁启超在"中国科学社"年会上作演讲时提出，国人"对于科学之观念，尚不出物质与功利之间也"。

这个时期是中国的现代科学启蒙时期。从模式上说，当时中国的科学发展主要是学习欧美模式。这种模式是由以下几个方面合力组成的，包括中国选派的留学生，西方在中国建设的西式教会大学、研究机构（例如中英合作科学所②、协和医学院），中美共同举办的清华大学等。19 世纪后半期开始官方和私人的去西方留学，这些留学生为中国带来了西方科学的观念、方法和理论。而当庚子赔款被用于选派中国留学生赴美国等国家学习后，更多的学生开始学习西方的科学技术。当大量留学的学者回国，他们带回的科学知识和科学理念以及科学管理制度对中国当时的科学研究影响很大，一方面培养了杰出人才，另一方面则产生了很多前沿的研究成果。民国时期，我国的科学研究在很多领域其实已

---

① 龚旭：《科学政策与同行评议：中美科学制度与政策比较研究》，浙江大学出版社 2009 年版，第 3 页。

② 中英合作科学所是由著名的李约瑟领导的，他对抗日战争时期中国科学界和国际的交流作出了巨大的贡献。而李约瑟也是因为在中英合作科学所的工作机会，最终提出了著名的李约瑟问题，并为中国古代科学技术的研究作出了极为杰出的贡献。

经达到了世界领先水平。这得力于国内的很多学者都是国外学成回国，且在教学和科研中都直接按照西方的方式来进行。当时的政府或由于无暇顾及，或受到西方思维的影响也完全放权，科研机构和大学的自主性都非常强。当然，当时的世界各国，政府对科学研究的投入都远远不及现在。因此中国的学术研究可以很快跟上世界的步伐。

饶毅曾经对中国民国时期的科学研究状况进行过研究。他提到民国时期中国科学的优秀例子。奠定中国生命科学研究基础的是 20 世纪二三十年代协和医学院生理系林可胜（Robert KS Lim）和生化系吴宪（H. Wu）。他们不仅个人的研究出色，而且培养和带领了其他研究者。林可胜在胃肠道生理和神经生理方面作出优秀成果。1942 年，他当选为美国科学院外籍院士，是近代历史上第一位被世界科学界推崇的华裔科学家。1965 年，他在美国当选为美国科学院院士。当时华裔美国院士有：物理学家吴健雄（1958）、数学家陈省身（1961）、应用数学家林家翘（1961）、物理学家李政道（1964）和杨振宁（1965）。其中只有林可胜的主要工作是在中国做的。吴宪在生化和营养方面有出色的研究。他在哈佛留学期间对血糖的分析方法有重要改进，回国后研究蛋白质变性达到世界领先水平。植物生理学家李继侗和学生殷宏章在南开大学的研究发现了光合作用的瞬时效应，他们的论文 1929 年发表在英国《植物学志》上，到 20 世纪 70 年代仍被美国的同行列为光合作用研究历史上的一项重要工作。植物学家罗宗洛对作为植物氮源的硝酸盐和铵盐的比较研究，得到了有应用价值的结果。先在协和、后在中国科学院上海生理所工作的冯德培，在神经传递方面有重要研究。他在 1930 年代对神经可塑性的开拓性研究多年来被哥伦比亚大学肯得尔（Eric Kandel, 2000 年诺贝尔奖得主）推崇，1986 年冯当选为美国科学院外籍院士。1930 年代协和生理系的张锡钧对中枢神经系统内化学传递和乙酰胆碱递质作用有重要研究。中国科学院细胞所的庄孝惠，在 30 年代对胚胎诱导的研究工作到 90 年代还被英国科学家在《自然》杂志上引用过。这些早期中国生命科学家的研究除了吴宪起初是发表在《生物化学》上以外，多数都发表在英文的《中国生理学杂志》上。因为他们研究的水平高，使得这个杂志受同行重视，如当时在澳大利亚的神经生物学家（以后的诺贝尔奖得主）埃科斯（John Eccles）也读《中国生理学杂志》。[1]

2. 1949 年至 1978 年

新中国成立之初，国内经济社会发展处于百废待兴的恢复期，与此同时又面临西方国家对中国实行政治经济上封锁孤立、军事上包围的困境，新中国的领导人清楚"科学是关系我们的国防、经济和文化各方面的有决定性的因素"。[2] 在这种背景下，政府对科学事业实行了政府资助和计划管理。这种方式集中了有限的国家财力物力人力，为重大科学项目的研究提供了保障，从而在相当程度上推动了部分科学的快速发展。后来由于政治路线的偏移，科学发展中的实用主义倾向日趋严重，科学的研究兴趣完全服从于政治和经济建设的目标，"为科学而科学"的精神被当做阶级社会的特征予以否定，应该说，这种以政治任务统御科学的做法，妨碍了我国科学的进步。[3]

1956 年初召开了关于知识分子的会议，会上毛泽东号召大家向科学技术大进军，他说："我国人民应该有一个远大的规划，要在几十年内，努力改变我国在经济上和科学文化上的落后状况，迅速达到世界上的先进水平。为了实现这个伟大的目标，决定一切的是要有干部，要有数量足够的、优秀的科学技术专家。"1956 年制定科学发展十二年规划时，人们就要不要开展基础科学研究产生很大争议，周恩来的远见支持了肯定的一方。他说："如果我们不及时地加强对于长远需要和理论工作的注意，我们就要犯很大的错误。没有一定的理论科学的研究作基础，技术上就不可能有根本性的进步和革新。"这一点和前文提到的万尼瓦尔·布什的想法是一样的。但好景不长。1957 年，毛泽东开始鼓励破除迷信，解放思想，藐视教授，压倒资产阶级知识分子；强调要改造知识分子，"政治领导科学"。1958 年 5 月 8 日毛泽东发表《破除迷信，不怕教授》的讲话，举了中国历史上很多实例，说明年轻人可以胜过老年人，学问少的可以打倒学问多的，并指示编一本名为《卑鄙者最聪明，高贵者最愚蠢》的小册子。这些当然有利于激发各行各业劳动人民的积极性和创造性，但是它更是造成了不尊重知识和不尊重知识分子

---

① 饶毅：《饶议科学》，上海科技教育出版社 2009 年版，第 192—193 页。
② 《周恩来选集》下卷，人民出版社 1984 年版，第 181 页。
③ 马佰莲：《国家目标下的科学家个人自由》，中国社会科学出版社 2008 年版，第 2 页。

的氛围。①

在科学的积累方面，我们知道民国时期的科学发展主要是依靠留学回国的科学家推动和支撑的。新中国成立后，留学回国曾有一个小的高潮，但随着国内的反右运动等，留学归国潮急剧地下降了。1949 年到 1956 年有 1694 名留学生归国，1957 年有 103 人回国，1958 年降为 46 人，1959 年仅有 18 人，1960 年到 1966 年共计 61 人回国。有人统计，"文化大革命"前的 17 年里归国的留学生中，93.4% 是反右派运动以前回国的。②

如果说 1957 年的反右运动是对知识分子政治思想的整肃；那么 1966 年到 1976 年的"文化大革命"则包含了更为严重的反科学运动。③ 1967 年《5.16 通知》后，开始"批判资产阶级学术权威"、"批判自然科学中的资产阶级思想"，将大批有成就的知识分子作为"反动学术权威"批斗，还通过建组织、出杂志等方式对科学进行哲学"审判"。在科学批判中，最引人注目，并成为中国现代科学史"奇迹"的是批判爱因斯坦及其相对论的运动。④

1949 年以后，国内的科学界与国际的交流日渐稀少，尽管也有少量的优秀研究，但总体而言，基础科学研究基本处于停滞阶段。

华裔美籍科学家朱棣文获得诺贝尔奖的原因是激光冷却和捕获原子的方法。中国本土的一位科学家曾经距离这个奖项非常之近。这位科学家是中国科学院院士王育竹教授。1978 年，王育竹教授完成我国"远望号"测量船研制原子钟的任务后，开始激光冷却原子的研究。他在斯坦福大学汉斯和肖洛教授的论文《激光冷却气体原子》的基础上，提出了三种实验方法，即"积分球红移漫反射激光冷却气体原子"、"序列脉冲激光冷却气体原子"和"利用交流施塔达效应激光冷却气体原子"，并在我国 1979 年的《科学通讯》和 1980 年的《激光》杂志上发表。他提出的这三种方法要比获诺贝尔奖的朱棣文、菲

① 董光璧：《二十世纪中国科学》，北京大学出版社 2007 年版，第 135 页。
② 姚蜀平：《留学教育对中国科学发展的影响》，《自然辩证法通讯》1988 年第 10 卷第 6 期，第 24—35 页。
③ 董光璧：《二十世纪中国科学》，北京大学出版社 2007 年版，第 136 页。
④ 屈儆诚、许良英：《关于我国"文化大革命"时期批判爱因斯坦和相对论运动的初步考察》，载许良英等主编《爱因斯坦研究》第一辑，科学出版社 1989 年版，第 212—250 页。

利普斯和塔诺吉早 5—10 年。尽管王育竹有好的想法，但他却没有必要的实验设备来付诸实验。据他同事介绍，他主要是缺乏两台价值 120 万元的激光器。他曾经通过各种渠道给有关部门写申请报告，要求支持开展激光冷却气体原子的研究。但显然，在当时让相关部门拿出这笔经费支持这项暂时看不到应用前景的基础性研究是极为困难的。这种情况下王育竹教授只能通过其他课题经费的结余来逐步添置一些实验仪器和设备。这样，原本可以一次完成的实验被分成几次、十几次来做，时间一直拖到 14 年后的 1993 年。那一年他终于完成了三种实验方法的第一种，但他发表论文的时间比国外同行晚了 10 个多月。

王育竹教授的事件足以引起我们的思考：（1）也是最乐观的，就是尽管新中国成立后的教育和科研体制等存在诸多问题，但我们仍然有本土科学家具有国际一流学术的原创思想和实验能力；（2）我国长期以来对基础研究不够重视；（3）我国的科研资助体系和项目制是值得反思的。

3. 改革开放以来

1980 年 12 月召开的全国科学技术工作会议，确立了发展科学技术的新的指导方针。新方针包括五个方面：一是科学技术与经济、社会应当协调发展，并且把促进经济发展作为首要任务；二是着重加强生产技术的研究，正确选择技术，形成合理的技术结构；三是加强工农业生产第一线的技术开发和研究成果的推广工作；四是保证基础研究在稳定的基础上逐步发展；五是把学习消化、吸收国外技术成就作为发展中国科学技术的重要途径。

1978 年以来的很长时间都是一个补课的过程。而发展的模式也以自我为中心，按照中国的现实需求进行发展。只是到了近几年，中国的科学和教育投资迅速增加，且改革开放后出国的学人开始陆续回国后，西方科学研究的模式等又开始重新进入中国，这几年我们开始发现越来越多的高校中又像民国时期一样，开始进行双语教学等。

20 世纪 90 年代中期以前，国家对基础研究支持力度的弱化是一个不争的事实。这就很难养活一批耐得住清贫和寂寞的纯粹科学家。1995 年我国政府提出"科教兴国"战略，自此，中央多次强调基础研究和原始创新的重要性。江泽民同志指出，"原始性创新孕育着科学技术质的变化和发展，是一个民族对人类文明进步作出贡献的重要体现，也是当今世界科技竞争的制高点"。1995 年开始，我国科技体制改革全面启动，国家集中财力、物力、人力，不断加大对重大基础科学研究的资助。随着近年来中央政府对科学投入的不断增加，国家通过科研资源的配置手段增大了调控科学研究的能力。这在一定程度上使科学政策出现两难的境地。一方面，科学的国家化要求科学为国家的社会经济发展服务；另一方面，科学的全球化和科学化又使科学家在实际选择项目和研究方法时，倾向于与发达国家同行的前沿研究相一致。近年来，我国科学家围绕如何看待 SCI 在科研评价中的作用问题进行了持续的激烈争论：支持以 SCI 的相关指标作为评价我国科研机构乃至于个人科研水平的一方认为，科学研究成果应当由世界范围的科学共同体来认定，所谓"国内领先"是没有意义的，只有在国际知名科学杂志上发表论文才可以至少从一个侧面反映出科研具有较高的水平和实力；反对以 SCI 论文数和引文数作为评价指标的一方认为，由政府投资开展的科学研究首先应当致力于解决国家经济社会发展中的问题。[①]

（三）一些讨论

通过对中国自近代以来科学的发展，特别是国家科学政策变迁的简要分析，我们可以发现，在不同时期，当政者往往是因应时代的要求，制定出科学政策的。这些政策只能放到那个时间段去理解。例如中国在 1949 年后，不论是教育制度还是科技制度都迅速地从欧美模式转向苏联模式。这种转向一定程度上不是政府自主的选择，而是在西方国家对中国实行封锁政策后，一种或许是无可奈何的选择。而且，短期内，苏联模式对中国在很短的时间内在一些重要的科技领域突飞猛进的进步是功不可没的。改革开放以来，以"科学技术是生产力"的宣传为先导，通过第六个五年计划的六项措施的实施，在中国形成了强烈的科技经济主义气氛。[②]自此，我国的科技政策中一直把科学混同于技术，在"依靠"和"面向"的国家科学发展战略方针的影响下，科学成为能够带

① 龚旭：《科学政策与同行评议：中美科学制度与政策比较研究》，浙江大学出版社 2009 年版，第 60—61 页。

② 董光璧：《二十世纪中国科学》，北京大学出版社 2007 年版，第 149 页。

来物质财富的手段，科学研究行政主导，政府对科学研究实行产业化运作，致使基础研究的内在价值受到忽视。①

经济合作与发展组织（OECD）在 1963 年题为《科学与各国政府的政策》的报告中，将科学政策分为两个方面，即"服务于科学的政策"（policy for science）和"服务于政策的科学"（science in policy），前者旨在促进科学事业本身的发展，后者旨在利用科学发展的成果促进经济增长和社会进步等更广泛的社会目标的实现。② 反观中国的科学政策，显然是倾向于后者的。

与西方发达国家不同，现代科学引入中国的最初使命就是为国家发展服务。因此对"责任"的强调成为国家科学政策的基本内核。这种对"责任"的强调在 1949 年新中国成立后，表现得更为突出。第一代中国科学家多在西方国家接受过系统的科学教育，他们一方面怀有拳拳爱国之心和强烈的社会责任感，另一方面则深受西方传统科学观的影响，他们还是会要求科学自主。1956 年中国科学伴随着政治经济变革而国家化，"责任"成为在科学生存与发展的基本理由。改革开放前的历次政治运动，更是将要求科学自主的主张政治化并视之为与国家的"离心离德"。1978 年以后，科学不同于政治、经济等其他领域的价值与特点才逐渐重新得到认同。科学研究有了一些自主性，但从国家政策的角度，目前政府仍然发挥着主导性的作用，科学的发展仍然是"责任优先"。③

从制度理论的角度看，具有不同的经济或政治体制的国家在科学的性质、功能、科学体制的运行等方面表现出不同的特点，见表 13—2。

① 马佰莲：《国家目标下的科学家与自由》，中国社会科学出版社 2008 年版，第 198—199 页。
② 龚旭：《科学政策与同行评议：中美科学制度与政策比较研究》，浙江大学出版社 2009 年版，第 2 页。
③ 同上书，第 272—273 页。

表 13—2   国家的形式、科学的性质和作用、科学家社会
           控制的机制以及基于权威控制的组织机构①

	国家的形式	
	以市场为导向的多元主义体制	非竞争性的中央计划体制
科学的性质	公共品私有品	公共品
科学的政治功能	强化多元主义	使核心政治价值合法化
科学的经济功能	租金生产率	分配帮助制订计划
科学家的社会控制机制	交换说服权威	权威（包括人身强迫）说服 交换
基于权威控制的组织结构	立法部门行政部门	党官僚制度专业协会

近些年来，一些学者对这种责任为先的政策进行了批评。

张云岗在《中国自然科学的现状与未来》中，对科学技术是第一生产力的说法提出异议。他认为，"科学是人类认识自然世界的知识结晶，而技术则是知识的应用；技术是生产力，为经济发展做直接贡献，而科学则是技术的基础，推动技术的发展。世界科学与技术的发展史表明，以发展科学为主体的基础研究，是孕育、诞生新技术的土壤，从而是经济发展的后盾"②。近代科学史学者许良英认为，严格说来科学是生产力这一说法并不科学，它存在两方面概念上的混乱。一方面，这种说法把科学对社会的功能局限于物质生产方面，而忽视了它作为一种客观而严密的知识体系和思想体系，一种求实、创新、所向披靡的方法和精神，在人类精神生活中的不可估量的意义和价值；其次是把科学和技术混为一谈，由此对科学提出不合理的要求，加以不合理的限制，使科学的发展受到人为的阻碍。③

如果回头看，其实在制定科学政策的过程中，一些科技官员和学者还是有非常好的想法的。例如，1991 年，时任中国科学院院长周光召发表了"以我为主、迎头赶上"的科学发展的思想，他说："就科技而言，中国国情既决定了它的发展规模和速度，也在相当大的程度上决定

①　Etel Solingen, Between Markets and the State: Scientists in Comparative Perspective, Comparative Politics, October 1993, Vol. 26, No. 1: 31 – 51.

②　张云岗主编：《中国自然科学的现状与未来》，重庆出版社 1990 年版，第 1 页。

③　转引自董光璧《二十世纪中国科学》，北京大学出版社 2007 年版，第 151 页。

了它发展的指导思想。除了要尊重科技发展的内在规律，还要处理好一系列关系。那就是既要开放，又不能依赖外国；既要学习外国先进经验，又必须从中国国情出发，发扬自主精神；既要看到我们落后的现状，又不能妄自菲薄；既不能急功近利，又要只争朝夕；既不能全面赶超，又必须形成局部优势，迎头赶上。总之，从中国国情出发，以我为主，迎头赶上，应该是发展中国科学技术的基本方针，也应该是制定我国科学技术的发展战略和策略的基点。这是时代的要求，是振兴中华的要求，也是适应世界范围内日益激烈竞争环境的要求。"[1] 但这些政策建议如何能够落实，则是需要看当时中国的政治、经济和社会环境了。现如今，中国的国力已经大大加强，国家逐步提高了对科学技术发展的支持力度，科研人员的科研经费也大大增加了。与此同时，国人的经济实力也有了很大的改善。更多的人可以选择出国去留学。目前，已经有越来越多的改革开放后出国，并学有所成，担任著名大学的终身教授的学人回国。他们正年富力强，以生命科学为例，清华大学的施一公教授，北京大学的饶毅教授都是具有世界影响力的科学家。

应该说，改革开放以后，政府通过科学事业拨款制度改革，在科研管理中引入竞争机制，扩大了科研机构的自主权，从而在很大程度上调动了科研人员的积极性和科学创造的热情。中国的科学发展达到一个新的高度。但是，无论在对于科学的认知和态度，还是在管理体制机制上，都没有从根本上解决改革开放前已经形成的科学发展的体制，甚至由于经济挂帅，而形成了政治和市场共同作用于科研的局面。马佰莲将目前科研发展中出现的问题总结为两个方面：一是科学研究管理的短期行为。二是科学家个人的逐利行为。我们在这里再作一些补充分析。

长期以来，我国的科研管理都集中在政府相关部门手里。而即使如科研院所、高校等科研重地，也由于实行了如同中国其他政府部门一般的行政化体制，从而在本质上与政府部门无异。改革开放以来，中国经济社会发展的原动力是绩效。在政府部门，则体现出强烈的政绩意识。不论各级政府主管科研的部门，还是科研院所抑或高校，都将注意力放在"数字政绩"上。经济发展的绩效长期用 GDP 来衡量，而科研绩效自然是用科研成果来衡量。这种情况下，相关部门将科学研究视同政府

---

① 周光召：《谈我国科技发展的战略思想》，《求实》1991 年第 12 期。

行政工作，不顾科学本身固有的积累性发展规律，要求在短期内"快出成果，出大成果"，致使多数科学工作者把时间和精力投入到平庸、重复和易出成果的工作中去，将科学混同于技术，结果使本来就弱化的基础研究更加得不到重视。就是在以承担基础研究科学为主的部分大学中，其科研项目也以应用性项目居多。国家行政管理取代科学内部事业的管理，对基础研究普遍采用工程技术管理的方式，科学工作者或者团队在荣誉授予、人事安排、项目审批等方面屈从于行政权力，致使科学界正常的学术讨论和学术批评不能真正建立起来，学术争论往往通过行政方式进行解决。我们比较一下美国的国家科学基金会和中国的国家自然科学基金会（NSFC）的法规条文。美国国家科学基金会（NSF）条例的内容主要集中在授权 NSF 开展的资助类型与资助活动、NSF 的组织结构和 NSF 的信息公开等方面更多地诉诸 NSF 的合法性以及规定 NSF 的组织结构与资助机构，很少涉及资助程序等资助活动的微观管理方面，从而将资助活动具体运行和管理的权力赋予了 NSF，也就是美国的科学共同体——旨在提升资助工作的效率的具体管理方式等内容由 NSF 内部规章所规定，因而具有较大的灵活性。与 NSF 法规形成对照的是，中国的《国家自然科学基金条例》却主要着墨于 NSFC 的资助工作程序，主要规范其具体资助工作的运行，从申请与评审到资助与实施，再到监督与管理，等等，多数内容已涉及对科学研究的微观管理，在一定程度上限制了资助管理工作的灵活性。[①] 为了更好地理解中国科研管理的行政化，我们可以看一下科研组织的专业模式和计划模式的区别，见表 13—3。

表 13—3　　　　　　　　科研组织的专业模式与计划模式[②]

组织管理要素	专业模式	计划模式
科研活动的倡导者	科学家	行政与管理人员
领导权	有科研和组织能力的科学家	非科学家担任主要领导职务，具体研究工作由权力小于管理人员的科研人员进行领导

　　① 龚旭：《科学政策与同行评议：中美科学制度与政策比较研究》，浙江大学出版社2009年版，第114—115页。

　　② 同上书，第82—83页。

续表

组织管理要素	专业模式	计划模式
权力集中度	权力分散于富有经验的科学家个人	权力集中于科研管理部门
人员招募	由科学家主持，以表现出来的才智能力为基础	由管理人员主持，以组织需要和传统做法为基础
人才流动	自由流动，由市场需求和个人兴趣爱好决定	行政上统一管理，以组织需要和传统做法为基础
奖励与刺激	尽管希望在经济上获得丰厚的补偿，但是最有意义的奖励却是科学界国际同行的承认，因而，出版文献以获得承认就是刺激，也有为国家服务的愿望，但首先考虑的是获得承认	给科学家以较高的薪酬以表明政府重视科学家，国家对政府承认的科研给予奖励，与此同时，对于大多数专业科研人员来讲，研究活动本身得不到奖励
研究方案选择	科学内部发展的作用，"范式的影响"	国家需求起决定性作用，表现在各种科技规划与计划中
研究方案控制	由有能力的科学家灵活掌握	由管理人员和科研人员协商掌握
项目评价	由优秀科学家、最终由科学共同体进行评价	参照计划，从行政上予以评价
信息交流	通过学术期刊和专业会议非正式地进行	按照组织程序进行，为了组织的利益和国家的安排，保密得到合法化，建立特殊手段进行信息传递和保密工作
国际合作	广泛的国际交流与合作	有限的国际合作在很大程度上受到政治的影响
组织管理要素	专业模式	计划模式
代际关系	原则上是专业知识与成就而不是新老科学家的代际差别构成不同学术地位的基础	老一辈科学家具有相当的学术权威，但是有责任培养年轻科学家
非学术性活动	尽量不受非学术活动的干扰	政治活动必须参加，许多担任行政职务的知名科学家承担较多的行政管理事务

在应用研究占主流的时代，国家集中调动资源发展一些大的项目有成功之处。但国家对计划项目的管理依旧采用行政管理的自上而下的研

究体制。因而存在较强的定向性和计划性，过于细致的目标和具体研究路线、与职位捆绑的数量型"成果"考核，极大地制约了科学家创造性的自由发挥。

市场和行政的双重管理。行政的管理，导致了科研环境缺乏一个催生科学创新思维的温床，不能为原创性基础研究留下足够的空间。而市场导向，或者说简单化的产学研一体的导向，导致了对原创性基础研究的投入严重不足，以及科学界的功利性行为。

从美国的科学政策的经验，我们能够有什么样的借鉴呢？

第一是人才的引进，我国目前的千人计划、万人计划即是。通过国外接受教育和有经验的学者回国效力，来迅速提升我国的科技和教育水平，这是一个快速便捷的通道。杨振宁也对此予以期待。

第二就是对基础研究的重视。美国的重视，表现为持续的长久的创新能力。不论是在美苏冷战时期，还是20世纪80年代的日本，尽管都给予了美国极大的"威胁"和紧迫感，但都由于美国的基础研究的发达和创新能力较强，而保持持久的竞争力。

第三是美国的政府、社会和企业三者对科技的态度和资助情况。美国的一些技术性的研究主要集中在企业里进行，企业也是主要的资助者。以发明家爱迪生1876年建立自己的研究实验室为标志，美国的企业科技研究开始发展。1890年代，美国贝尔电话公司建立实验室，稍后美国通用电气公司也建立了自己的实验室。在第一次世界大战期间，杜邦公司、柯达公司以及很多大型石油公司等也都建立了自己的实验室。这种企业自己建立的科学实验室在规模和技术水平上不断发展。以美国电话电报公司（最早为贝尔电话公司）为例，该公司的实验室1912年有科研人员50人，1919年是200人，1925年是350人，1934年为500人，1947年为5000人，1994年为27000位科研人员。这27000人中，有7人获得诺贝尔物理学奖，29人获得国家科学奖，14人是美国国家科学院院士，29人是美国国家工程院院士，4000人获得博士学位。[1]而我国企业到目前为止对技术的研究还比较薄弱，政府则对技术性的研究资助颇多，相反，应予重视的基础研究获得的支持还比较少。

---

① 王顺义：《西方科技十二讲》，重庆出版集团2008年版，第156—157页。

五　中国的诺贝尔科学奖:国家最高科学技术奖

(一) 国家最高科学技术奖

国家最高科学技术奖设立于 2000 年,是中国科技界的最高荣誉,被誉为"中国诺贝尔奖"。该奖每年授予人数不超过 2 人 (可以空缺)。根据《国家科学技术奖励条例》规定:国家最高科学技术奖要授予在当代科学技术前沿取得重大突破或者在科学技术发展中有卓越建树的;在科学技术创新、科学技术成果转化和高技术产业化中,创造巨大经济效益或者社会效益的科技工作者。显然,这些获奖科学家多是围绕国家的战略需求开展科研工作的,解决了制约国家经济社会发展的重大科技难题。

国家最高科学技术奖评选过程分为 7 个步骤:1. 省级政府、国务院有关部门推荐或上一年度最高奖获得者个人推荐;2. 经由院士、专家组成的评审委员会初评 (包括候选人单位或候选人推荐部门现场答辩),对被推荐人从科学品德、重要科技贡献、社会科技界威望和专家系数 4 个方面、8 个评价指标进行打分,确定数个候选人;3. 评委到被推荐人工作的研究室、实验基地进行实地考察,最后经评审委员会记名投票,产生当年年度的国家最高科学技术奖人选;4. 国家科技奖励委员会审定;5. 科技部核准;6. 报国务院批准;7. 国家主席签署证书,颁发奖金。[①]

我们以 2000 年度国家最高科学技术奖的评审过程为例进行说明。2000 年度,各省区市和国务院有关部门共推荐了 14 位候选人。国家科学技术奖励委员会下设的办公室对推荐材料形式审查后,评审委员会举行会议,对候选人进行咨询性评议。由候选人单位或候选人推荐部门到会介绍情况,就候选人的简历、学历、学术地位及从事科技工作的基本情况和主要科技贡献以及社会各界的反映 (如论文的引用、培养人才、科学道德、获奖情况) 等方面进行答辩。评审委员会从科学道德、重大科技贡献、社会影响等几方面打分,结果 80 分 (满分 100 分) 以上的有 7 位科学家。初评会议结束后,评审委员又到 7 位候选人工作的研究

---

① 余玮、吴志菲:《中国诺贝尔》,团结出版社 2012 年版,第 1 页。

室、实验基地等进行实地考察。2000年9月6日国家最高科学技术奖评审委员会举行评审会议，根据初评咨询会的结论意见，请7位获选人进行了会议答辩和情况介绍。评审委员会委员在充分讨论、评审的基础上，按照评价指标体系进行打分，排序，并以记名投票的方式进行表决，评出获奖候选人1名，即吴文俊院士。10月26日，国家科学技术奖励委员会召开会议，审定了最高科学技术奖评审委员会的评审结果，以记名投票方式一致通过吴文俊为2000年度国家最高科学技术奖获奖者。

在该决议报国家科学技术部核准时，科学技术部提出第一次最高科学技术奖获奖人选应有在应用研究中作出突出贡献的专家，以增强该奖的导向作用。按照《国家科学技术奖励委员会章程》的规定，经三分之一以上评审委员复议，国家科学技术奖励委员会于12月20日再次举行会议，专题讨论授予袁隆平国家最高科学技术奖的问题。在全体委员认真研究和讨论之后，以记名投票的方式赞成袁隆平为国家最高科学技术奖获奖者。国家科学技术奖励委员会的会议决议经报科学技术部审核，报国务院批准后，报请国家主席签署。2001年2月19日举行的2000年度国家科学技术奖励大会上，时任国家主席江泽民同志亲自把500万元的奖金和获奖证书颁发给吴文俊和袁隆平。①

简单地说，"中国的诺贝尔奖"评审表现出以下几个特点：

（1）候选人由政府部门（包括各省区市和国务院各相关部门等）和往届获奖者推荐产生。由于往届的获奖者人数并不多，因此候选人基本上是由政府推荐产生的，这一点和国际上由学者推荐非常不一样。

（2）评审过程中，很明显受到政府相关部门极大的影响。第一届国家最高科学技术奖在评审阶段只评出一名获奖候选人，但由于国家科学技术部在核准过程中认为评审结果代表性不足，从而提出增加一名的意见，并经过奖励委员会的程序而顺利实现。

（3）获奖金额方面，明确提出500万元中其中50万元直接授予个人，另外450万元作为科学研究经费由获奖人自主选题，用作科研经费。

---

① 曲安京主编：《中国近现代科技奖励制度》，山东教育出版社2005年版，第132—133页。

表 13—4　　　　　国家最高科学技术奖获奖名单（2000—2013）

年度	获奖人，出生日期，领域头衔，院士头衔	获奖原因
2000	吴文俊（1919.5.12—　），世界著名数学家，中国科学院院士	在拓扑学和数学机械化领域，特别是几何定理的机器证明方面的世界性贡献
	袁隆平（1930.9.1—　），杂交水稻之父，中国工程院院士	在杂交水稻育种理论与实践上的重大突破
2001	王选（1937.2.5—2006.2.13），汉字激光照排系统创始人，中国科学院院士、中国工程院院士	汉字激光照排系统的创始人，为中国新闻出版事业的计算机化奠定了基础。
	黄昆（1919.9.2—2005.7.6），物理学家，中国科学院院士	中国的固体物理学和半导体物理学的奠基人之一，取得了世界级的理论成就。
2002	金怡濂（1929.9—　），高性能计算机领域的著名专家，中国工程院院士	中国巨型计算机事业的开拓者之一，对中国高性能计算机的发展做出了重大贡献。
2003	刘东生（1917.11.24—2008.3.6），地球环境科学家，中国科学院院士	在中国的古生物学、古地质学、环境地质学特别是黄土研究方面的原创性研究
	王永志（1932.11.17—），航天技术专家，中国工程院院士	中国载人航天事业的开创者之一，成功实现中国首次载人航天（2003年10月16日，神舟五号航天船）。
2004	空缺	
2005	叶笃正（1916.2.21—2013.10.16），气象学家，中国科学院院士	在全球气候变化领域的重大系统创见。
	吴孟超（1922.8.31—　），肝脏外科学家，中国科学院院士	在肝胆外科手术实践中取得的重大突破与理论成果。
2006	李振声（1931.2.25—　），遗传学家，小麦远缘杂交的奠基人，中国科学院院士	在小麦遗传与远缘杂交育种、染色体工程育种及黄淮海平原中低产田改造与治理中的贡献。
2007	闵恩泽（1924.2.8—　），石油化工催化剂专家，中国科学院院士、中国工程院院士	我国炼油催化应用科学的奠基者，石油化工技术自主创新的先行者
	吴征镒（1916.6.13—2013.6.20），植物学家，中国科学院院士	植物区系研究的权威学者，在国际植物分类学研究领域中产生了重要的影响。
2008	王忠诚（1925.12.20—2012.09.30），神经外科专家，中国工程院院士	中国神经外科的开拓者之一。
	徐光宪（1920.11.7—　），化学家，中国科学院院士	在稀土元素分离以及应用中做出重要贡献。

续表

年度	获奖人，出生日期，领域头衔，院士头衔	获奖原因
2009	谷超豪（1926.5.15—2012.6.24），数学家，中国科学院院士	首次提出了高维、高阶混合型方程的系统理论，在数学的许多领域中取得了重要突破。
	孙家栋（1929.4.8—），运载火箭与卫星技术专家，中国科学院院士	我国人造卫星技术和深空探测技术的开创者之一。
2010	师昌绪（1920.11.15—），金属学及材料科学家，中国科学院院士、中国工程院院士	中国高温合金开拓者之一，发展了中国第一个铁基高温合金。
	王振义（1924.11.30—），内科血液学专家，中国工程院院士	在国际上首先创导应用全反式维甲酸诱导分化治疗急性早幼粒细胞白血病。
2011	吴良镛（1922.5.7—），建筑与城市规划学家，中国科学院院士、中国工程院院士	中国"人居环境科学"研究的创始人。
	谢家麟（1920.8.8—），加速器物理学家，中国科学院院士	中国粒子加速器事业的开拓者和奠基人之一。
2012	郑哲敏（1924.10.2—），著名力学家、爆炸力学专家，中国科学院院士、中国工程院院士	中国爆炸力学的奠基人和开拓者之一。
	王小谟（1938.11.11—），雷达工程专家，中国工程院院士	中国预警机事业的开拓者和奠基人。
2013	张存浩（1928.02—），物理化学家，中国科学院院士	中国高能化学激光的奠基人、分子反应动力学的奠基人之一。
	程开甲（1918.08—），固体物理学家，中国科学院院士	中国核试验科学技术的创建者和领路人。

（二）中国科技奖励系统的特点

我国目前设有五大奖项，包括国家最高科学技术奖（1999 年设置），国家自然科学奖（1955 年设置），国家技术发明奖（1963 年设置），国家科学技术进步奖（1984 年设置），中华人民共和国国际科学技术合作奖（1993 年设置）。

世界各国的奖励制度包括三种类型：一是相互独立型。即各奖项之间是相互独立的，不存在层次递进的关系，奖项之间没有因为行政隶属关系的分层。西方发达国家，例如美国、英国等的奖励体制属于这种情况。第二种是层次递进型，即根据行政级别，科技奖励分成若干层次，例如国家级、省级等，各层次都设立了相应的奖种，高层次的奖从低层次的相应获奖成果（或人员）中评出，层层递进。我国在20世纪80年代前，以及苏联和东欧国家属于这种类型。第三种是混合型，即包括上面两种类型。其中，层次递进型的政府奖励，也包括相互独立的社会奖励。① 应该说，我国目前的情况属于这种类型，但是由于我国的社会奖励奖项少、影响小，因此主要还是政府的分层次递进型。

我国政府的科技奖励制度实行分级奖励。以国家科技奖为例，自然科学奖分为两级，技术发明奖和技术进步奖分为三级，每年授奖数目达到几百项。我国很长一段时间科技奖励的评奖对象是科技成果而不是个人。1999年国家颁布了《国家科学技术奖励条例》，规定奖励的直接对象是公民或组织。尽管如此，由于科技奖的评定基本是按照当年的科技成果进行的，因此我国的科技奖励更像是"科技优胜奖"而不是"科技精英奖"。②

一个政府的科技奖项当然要有政府的意图在，但将中国的科技奖励系统与诺贝尔奖进行比较，这样就能更体会中国科学政策的特色了。

六　李约瑟问题的问题

所谓的"李约瑟难题"，实际上是一个伪问题（当然伪问题也可以有启发意义）。因为那种认为中国科学技术在很长时间里"世界领先"的图景，相当大程度上是中国人自己虚构出来的——事实上西方人走着另一条路，而在后面并没有人跟着走的情况下，"领先"又如何定义呢？这就好比一个人向东走，一个人向南走，你不能说向南走的人士落后还是领先向东走的人——只有两个人在同一条路上，并且向同一个方向走，才会有领先和落后之分。

——江晓原③

1944年10月24日晚上，在贵州北边的小镇湄潭，一位身材魁梧的

① 曲安京：《中国近现代科技奖励制度》，山东教育出版社2005年版，第20页。

② 张功耀、罗娅：《我国科技奖励体制存在的几个问题》，《科学学研究》2007年增刊，第353页。

③ 江晓原：《我们的国家：技术与发明》，复旦大学出版社2011年版，第172—173页。

英国人，在时任浙江大学校长竺可桢的主持下，向一群中国学者发表题为《中国科学史与西方之比较观察》的演讲。这次演讲是他首度公开发表自己的科学史观点，也是他介入中国科学史研究的开始。他将在十年后崭露头角，二十年后冲击国际学术界，而且影响将不断扩大。这个人，就是李约瑟。

（一）为什么要提李约瑟？

人们回答钱学森之问，一般将其原因归纳为科学人才的培养制度和科技环境。本书第十二章也基本上是从这个角度来论述的。不过，我们还想在此基础上，再多讨论一些问题，即我们从文化的视野来看，这就又回到李约瑟问题（又称李约瑟难题、李约瑟之谜）。

尽管在第十一章我们重点描述了诺贝尔奖情结，这里我们还是有必要再从一个更纵深的历史和更宽广的视野来分析一下。中国人的诺贝尔奖情结里，是有一个基础的，这个基础可以说是由李约瑟带来的。如果没有李约瑟问题的提出，没有他对中国古代科学技术的肯定，没有厚厚的二十余卷本的巨著，恐怕人们对中国科学家何时能够获得诺贝尔科学奖，不会那么急迫。

中国的诺贝尔奖情结，主要源于李约瑟问题，即中国自 1 世纪到 15 世纪在世界范围内科技上都遥遥领先，为何后来竟没有发展出现代自然科学？

李约瑟的这个问题的前半部分，即中国在 15 世纪之前或者说西方文艺复兴之前，科技都遥遥领先于世界。对于 20 世纪初 20 世纪中叶的中国人来说，无疑是一个非常好的信息。

李约瑟穷尽毕生之力，以实在的实证研究和宏大的视野，在最大程度上表扬中国的传统科学与文化。他的观点也就顺理成章地被许多中国学者接受，或者说是拥抱，自 20 世纪 80 年代以来，所谓"李约瑟问题"经常在国内引起热烈讨论，但讨论框架鲜有能超越其思维模式，也都以他的基本假设——中国传统科技之向来优胜，西方科学之冒起是从文艺复兴开始，双方近现代发展的差异是由外部（即外在于科学本身）因素导致等。[①] 例如，20 世纪 80 年代，我国学者再次关注中国的科学

---

① 陈方正：《继承与叛逆：现代科学为何出现于西方》，三联书店 2009 年版，第 6—7 页。

发展问题。但立论的前提基本都是认同李约瑟的观点。例如，金观涛认为，"今天，任何稍具科学史常识而又不带偏见的人，都会承认……在历史上长达千余年的时期内，中国科学技术曾处于世界领先地位，并对整个人类文明做出了许多有决定性影响的贡献"。[①] 很多学者就"中国近代科学落后原因"进行探讨，主流的观点是接受李约瑟的观点，从社会经济制度立论，认为科学技术不是脱离社会而孤立存在的，它们与别的社会现象有着复杂的关联，它依赖于社会经济、社会生产力 的发展而发展。[②]

李约瑟的设问给了国人一个判断，中国历史上既然有辉煌的科学成就，因此在今日的中国，假若经济社会复兴，自然科学也会复兴到之前的领先地位，故诺贝尔自然科学奖也将很快被国人纳入囊中。这时，诺贝尔奖不仅仅成为国家实力的标志，更成为民族复兴的标志，因此，由于有李约瑟问题的存在，中国人对诺贝尔奖的期盼尤甚于其他国家。这与长期被诬蔑为"东亚病夫"，因此国人更希望获得奥林匹克运动会的金牌是一个道理。因为这代表着去掉污名。这也导致了近几十年的研究都简单地通过计算中国的经济和社会发展与世界的比较，来判断多久才能获得诺贝尔奖。

（二）"李约瑟问题"的意义

由于中国至少一个多世纪以来一直处在贫穷落后的状态中，科学技术的落后尤其明显，公众已经失去了汉唐盛世坦荡、自信的心态。自1954 年李约瑟出版《中国科学技术史》第一卷《总论》，此后约 20 年，正是中国在世界政治中非常孤立的年代。在这样的年代里，有李约瑟这样一位西方成名学者一卷卷不断地编写、出版弘扬中国文化的巨著；更何况他还为中英友好和交往而奔走，这当然令中国人非常感激。[③]

李约瑟的意义在于，他几乎是凭一己之力，重新发现了中国悠久的科学文化传统。鸦片战争后相当长一段时间，中国曾被西方人视为不开化的国家，更不用说有科学文明。清末的中国人，虽然也有人不服气，

---

① 金观涛、樊洪业、刘青峰：《文化背景与科学技术结构的演变》，载中国科学院《自然辩证法通讯》杂志社编《科学传统与文化》，1983 年。

② 中国科学院《自然辩证法通讯》杂志社编：《科学传统与文化》，1983 年。

③ 江晓原：《我们的国家：技术与发明》，复旦大学出版社 2011 年版，第 161—162 页。

对萌发于明末的西方科学在中国古已有之的"西学中源"之说加以极大的发挥，但是到了 20 世纪初，在引进西方科学的大潮中，中国古老的科学传统已被新派且主流的科学家几乎完全遗忘，于是出现了所谓的"中国无科学"的流行观点。

20 世纪 30 年代以来，以李约瑟为首的中外科学家逐渐揭示了中国古代科学技术的辉煌。这一"重新"发现，很大程度上不仅改变了西方人过去的片面认识，也极大地恢复了现代中国人对于本民族文明，特别是科学文明的自信。因此，李约瑟的研究，以及他提出的李约瑟问题的贡献自然是无论如何也不应该被低估的。

（三）"李约瑟问题"的问题

但是李约瑟问题本身，或许存在两个问题：一是这个问题的提法是存在问题的。寻求对一个未发生事件的解释和一个已经发生了事件的解释，当然后者更可能获得答案，因此有学者认为，李约瑟问题可以转换为：为什么现代科学发生在西方社会？二是李约瑟问题中的论断，即中国在 15 世纪之前在科技方面遥遥领先于世界的论断并没有获得西方科学史界的广泛认可。

我们先看第一个问题。Nathan Sivin 曾对李约瑟问题有如下意见，关于历史上未曾发生的问题，我们恐怕很难找出其原因来，因此我们与其追究"现代科学为何未出现在中国"，不如去研究"现代科学为何出现在西方"。[①] 对于这个问题，陈方正在《继承与叛逆：现代科学为何出现于西方》一书中做出了较为充分的解释。

第二个问题，很多学者对李约瑟的论断是持怀疑或者否定态度的。余英时认为，李约瑟在其不朽巨构中发掘出无数中国科技史上的重要成就，自然是有目共睹，但这些成就大体上仍然不脱徐光启所谓"其义全阙"的特色。[②] 这自然是由于中国过去关于技术的发明主要起于实用，

---

① 余英时：《继承与叛逆：现代科学为何出现于西方·序》，陈方正《继承与叛逆：现代科学为何出现于西方》，三联书店 2009 年版，第 9 页。

② 明末徐光启曾与利玛窦合作，翻译了《几何原本》前六卷，他在比较我国的《九章算术》与西方数学之后指出，"其法略同，其义全阙"，即认为中国与西方数学的根本差别，即前者只重程序（即所谓"法"），而不讲究直接、详细、明确的证明（即所谓"义"）。参见陈方正《继承与叛逆：现代科学为何出现于西方》，三联书店 2009 年版，第 9 页。

往往知其然而不深究其所以然。若与西方相比较，中国许多技术发明的后面，缺少了西方科学史上那种特殊精神，即长期而系统地通过数学化来探究宇宙的奥秘。所以中国历史上虽有不少合乎科学原理的技术发明，但并未发展出一套体用兼备的系统科学，而西方科学史家虽然对李约瑟宏大的开创性实证工作表示钦佩与尊重，但对于他的科学史观并不赞同，甚至可以说是全盘否定。国人往往将这些视为"西方中心主义"的表现，但对于其理论依据则很少讨论或者深究。李约瑟的工作彻底改变了国际学术界对中国传统科技的了解，这是他为中国文化作出的巨大而不可磨灭的贡献。有西方学者甚至认为李约瑟为中国做到了他们自己还未曾为西方文化应该做的事情。陈方正认为，夸大中国传统科技成就，和贬抑西方古代科学的重要性，虽然好像能够帮助重建民族自尊心，其实是极端危险，是有百害而无一利的。他说，中国今日已经走出近代屈辱的阴影，开始迈向富强，但正为其如此，所以更急切需要对西方历史、文化的客观、虚心和深入了解吧，否则轻易就被自满自豪的情绪所蒙蔽，那目前的进步恐怕将难以为继吧。①

陈方正认为，现代科学为何出现于西方而非中国这一大问题的探究，不能够如李约瑟所坚持的那样，局限或者集中于 16 世纪以来的欧洲变革，而割裂于中西双方历史文化自古至今的长期发展。科学发展是个极其复杂的问题，它无疑涉及社会与经济因素，但是历史、文化因素也绝对不能够忽略，而且可能更为重要。② 江晓原认为，所谓的"李约瑟难题"，实际上是一个伪问题（当然伪问题也可以有启发意义）。因为那种认为中国科学技术在很长时间里"世界领先"的图景，相当大程度上是中国人自己虚构出来的——事实上西方人走着另一条路，而在后面并没有人跟着走的情况下，"领先"又如何定义呢？这就好比一个人向东走，一个人向南走，你不能说向南走的人士落后还是领先向东走的人——只有两个人在同一条路上，并且向同一个方向走，才会有领先和落后之分。③

①　陈方正：《继承与叛逆：现代科学为何出现于西方》，三联书店 2009 年版，第 21 页。
②　同上书，第 7 页。
③　江晓原：《我们的国家：技术与发明》，复旦大学出版社 2011 年版，第 172—173 页。

（四）重拾文化的自信

如果李约瑟问题真的是一个伪问题，那么，是否就意味着，中国古代科学技术并没有长期领先于世界，这就又重回到中国古代无科学的论断。如此一来，诺贝尔奖情结大致可以破灭了：中国自古至今并没有一个科学的传统，而近些年来科学发展又有这样那样的问题，当然中国获得诺贝尔科学奖是遥遥无期的了。这个判断对吗？

这种简单的结论和推论无疑是民族情感的产物。我们大可以跳开李约瑟问题，来认识中国科学技术。非常有意思的是，不仅仅中国有李约瑟问题，其实在世界上的几大古文明国家，也有这样的提问，例如，"除了伊斯兰科学的衰落，学者们还试图说明另外一个完全不同的问题，那就是近代科学为什么未能在伊斯兰文明的环境下出现。这个问题的常见提法是：既然伊斯兰科学曾经处于领先地位，那么为何没有在伊斯兰世界内部发生科学革命？"[①]

从反面提出问题，想解释科学革命为什么没有发生在中国，那是对历史研究的不合理的苛求，因为那不属于历史事实，不属于历史分析的课题，因此没有历史学的意义和价值。这样的反面问题可以提出一大堆，实际上有无限多个。上面的那个问题，其实是回过头去预先莫名其妙地假定了中国本该出现科学革命，只是由于存在某些障碍或者由于中国缺乏某种说不清的必要条件，才未能如愿。

美国的席文认为，中国的文化传统和情景（Context）与欧洲不同，因此不应该简单地要求西方发生的事情同样也发生于中国。17 世纪中叶中国的天文学发生了一场概念和方法上的革命，但它对中国传统文化、其他科学以及社会状况没有产生巨大的影响，也没有形成自主的科学家团体。同时，中国早期工艺技术的成就，并不取决于它应用当时科学知识的程度。因此，因为古代中国工艺技术的成就，就断言它有比欧洲更高的科学成就，也是缺乏根据的。更重要的是，席文反对西方文化

[①]　［美］J. E. 麦克莱伦第三、哈罗德·多恩：《世界科学技术通史》，王鸣阳译，上海世纪出版集团 2007 年版，第 158 页。

中心主义和辉格式的历史研究方法①，反对用欧洲早期科学和近代科学为标准，来评价非欧文明，"把欧洲的历史描绘成一条逐步取得成功的上升的曲线（当然也有挫折，……），而把非欧洲文明描绘成失败者的舞台造型"。他提倡历境主义（Contextualism）的科学史研究方法，要"深入完整地了解从事科学技术工作的人们的情况"，把科学革命看成是"类似于历史的进化"的一个过程。他反对把近代科学看成是"普遍的、客观的和没有价值偏见的"科学观，认为"欧洲近代科学的发展带有特定的环境特征"。②"或许是过分沉醉于昔日'四大发明'之余晖的荣誉感中，也许是自觉或不自觉地在这种背景中，人们大多是以西方近代科学成就的标准作为参照系，来'套证'中国古代'科学'的记载，而较少以在所研究的时期里中国特定的环境与价值标准作为研究的前提。"③

用欧洲人的标准去评判中国科学那是大错特错，错在回过头去用后期的欧洲历史比对中国的科学历史，因而断言中国必然能够和应该走那条欧洲已然过来的道路。实际上正好相反，传统中国的科学尽管具有相当的局限性，在它所在的官僚体制和国家环境下其实运作良好，发挥了其应有的作用。这才是真正的历史，而不是对中国高度发达的古代文明进行道德评判。所以我们应该回答的问题是：科学革命为什么发生在欧洲而不是发生在别的地方？④

刘钝等在《中国科学与科学革命：李约瑟难题及其相关问题研究论著选》一书的前言中说，当代中国的"李约瑟难题"热，使人想起将

---

① 所谓辉格式的历史研究方法，是由英国史学家巴特菲尔德（Herbert Butterfield）首先创用的，它指的是19世纪初期，属于辉格党的一些历史学家从辉格党的利益出发，用历史作为工具来论证辉格党的政见，依照现在来解释过去和历史。更普遍的看法是，它参照今日来研究过去……通过这种直接参照今日的方式，会很容易而且不可抗拒地把历史上的人物分成推进进步的人和试图阻碍进步的人，从而存在一种比较粗糙的、方便的方法，利用这种方法，历史学家可以进行选择和剔除，可以强调其论点。参见刘兵《历史的辉格解释与科学史》，《自然辩证法通讯》1991年第1期，第44—52页。

② 范岱年：《关于中国近代科学落后原因的讨论》，载于刘钝、王扬宗《中国科学与科学革命：李约瑟难题及其相关问题研究论著选》，辽宁教育出版社2004年版，第625—643页。

③ 刘兵：《天学真原》序言，载江晓原《天学真原》，辽宁教育出版社1995年版，第4页。

④ ［美］J. E. 麦克莱伦第三、哈罗德·多恩：《世界科学技术通史》，王鸣阳译，上海世纪出版集团2007年版，第190页。

近半个世纪前我国史学界盛极一时的关于"资本主义萌芽"的讨论,当时被誉为史学研究中的"五朵金花"之一,曾几何时,即不复有人问津。"李约瑟难题"与"资本主义萌芽"的讨论应该说有很多相似之处,它们之间甚至可以说还有一定的联系。关于明清时代"资本主义萌芽"的讨论,其立论基础在相当大的程度上脱离了明清历史的实际,因此虽然一时促进了中国经济史的研究,但终于随着史学研究的进步而被抛弃了。在我们看来,"李约瑟难题"也存在着与之相似的立意在先的问题。也许,如果我们实事求是地研讨中国传统科学技术的发展,就既不会有"中国无科学"之论,也无须相信"中国在 16 世纪之前的一千余年间科学技术为西方所望尘莫及"之说。[①]

① 刘钝、王扬宗:《中国科学与科学革命:李约瑟难题及其相关问题研究论著选》,辽宁教育出版社 2004 年版。

结语　中国梦　科学梦

　　一个民族有一些关注天空的人，他们才有希望；一个民族只是
关心脚下的事情，那是没有未来的。

——温家宝①

　　有两种东西，我对它们的思考越是深沉和持久，他们在我心灵
中唤起的惊奇和敬畏就会越来越历久弥新，一是我们头上浩瀚的星
空，另一个就是我们心中的道德律。

——康德②

一

　　这本书的主体内容已经完成，我们"暴露"了些诺贝尔奖的"内
幕"，统计分析了获诺贝尔奖精英的特征，梳理了中国人的诺贝尔奖情
结，分析了当今中国的自然科学界和诺贝尔奖之间的距离。这个距离是
从一种学理上来分析的。由于诺贝尔奖获奖具有一定的不确定性或偶然
性，因此，说不定这几年就会有中国国籍的科学家获奖。即使如此，也
并不影响我们分析的结论。因为我们坚持认为，一个国家中的某一个人
获得诺贝尔奖，当然应该祝贺，但单一个人的获奖并不能全面地反映这
个国家整体的科学研究水平。因此，正如饶毅先生所言，何时有很多的

---

　　①　2007 年 5 月 14 日，时任总理温家宝在同济大学建筑与城市规划学院钟厅向师生的即
席演讲。
　　②　引自康德的墓志铭。

中国人获得诺贝尔奖，才是值得我们所兴奋的。

本书对诺贝尔奖进行了一次近乎颠覆式的探讨。我们的本意并不是要挑诺贝尔奖的毛病，而是通过缕析其奖项设置过程，揭出其理想色彩与现实之间存在的冲突；并通过对其影响路径、社会功能，以及与政治的联系等方面的剖析，多角度地把握这一政治社会的产物。

（一）诺贝尔奖的政治性

诺贝尔奖自身的理想主义色彩，常容易导致诺贝尔文学奖的政治或者意识形态倾向。尤其是瑞典学院的文学奖评委们的思想和政治倾向一定会映照在对获奖人的选择上。尽管，他们彼此之间也存在不同意见、矛盾乃至冲突。有时候，瑞典学院甚至采取“实用主义”策略，既照顾左右之间的平衡，又要考虑地区之间的平衡。尽管诺贝尔文学奖的评奖尽量避免卷入政治旋涡，但还是表现出一种对政治近乎偏执的“偏好”。许多获奖作品都有政治倾向，而那些没有政治倾向的作品，也往往会被做政治的解读。更糟糕的或许是，诺贝尔奖将获奖作家归类为某一阶层和类型，将其作品赋予某种地位。这一方面可能会抹杀作家的本意，另一方面也影响了读者和作家的平等互动。

（二）诺贝尔奖的西方叙事

诺贝尔和平奖的高额奖金（世界第一）、按期有规律地进行评选、其他奖项所享盛名的外溢作用使这一原本是地方性的奖项成为了可以在全球社会中进行流通的符号。诺贝尔和平奖草创及至大行其道之时，其评选和平奖的理念源于当时的大叙事，所以其评选标准是西方的。看看历届和平奖获得者的名单，我们就会发现，1945 年之前的和平奖获得者中占大部分的是西方人的名谓，这给和平奖的西方性质加了一个注脚。但随着社会的不断发展和进步，大叙事遮蔽下的小叙事逐渐获得解放。同时，随着二者之间矛盾和对抗的加剧，和平奖的“西方对非西方性”也越来越明显。如同硬币的两面，也正是在“小叙事—非西方”的凸显下，“大叙事—西方”的线条才越显明朗。1945 年之后，非西方的面孔多了起来，但这些“非西方”的出现或许仍是为了凸显“西方”。

（三）诺贝尔奖的功能与负功能

诺贝尔奖兼具荣誉性奖励和研究资助两项社会功能，是一个以荣誉性为主的货币资金体系。将诺贝尔奖授予一名科研状态正佳的研究人员，强大的经济支持可以改善其科研环境，这会对其研究工作起到积极的推进作用。但在很多时候，获奖给他带来的崇高名望，会超出其作为一名科研工作者的身份，例如被委任为某个重要研究机构或者部门的负责人，甚至是行政管理者。这对于其获得进一步的成果和贡献是好是坏，不能一概而论。人们尤其须注意到，不时有获奖者将诺贝尔奖所赋予的声誉资本转化为社会资本供自己使用。无论是何种诺贝尔奖项的获得者，都只是本领域内的专家。众所周知，科学发展到今天，各个学科都已经是高精尖深，"隔行如隔山"是普遍的现象。既然一名文学家在相对论面前难以指手画脚，那么，人们应该意识到，当一名物理学家对一国施政纲要大谈特谈时，他显然是越了界。

（四）国际政治中的诺贝尔奖

在国际政治中，诺贝尔奖是一国科技、文化、制度实力的象征性表达手段。我国国民之所以殷切关注诺贝尔奖的获奖特点、研究其获奖规律，就是希望借此证明本国的科技实力。同时，诺贝尔奖也是一国科技、文化、制度实力的表述性象征，例如世界上许多研究机构在比较各国人才储备、科技实力时都用"诺贝尔奖获得者人数"为评估指标。国际政治中的诺贝尔奖已成为促进国家之间了解彼此软实力的工具，以及就此进行对话的媒介符号。国际社会的主体公认诺贝尔奖的权威性，诺贝尔奖因此成与权威性构成能指/所指关系。科学类诺贝尔奖的权威性指向实力，美国在科学类诺贝尔奖领域的成绩彰显了其科技实力；而非科学类诺贝尔奖的权威性则指向标准，美国（或美国主张的意识形态）斩获非科学类诺贝尔奖则意味着其具有了规范和指导他者的权力，因为它是标准。诺贝尔奖既是美国软实力的一部分，又是美国软实力的外在表现。

我们无意于大面积地否定诺贝尔奖。本书首先承认诺贝尔奖非常杰出，获得诺贝尔奖的人绝大多数也非常杰出，但并不想简单地就此编写一本"世界才子传"，而是旨在严肃地指出著名的诺贝尔奖从开始设立以来存在的各种各样的问题，这难免会让大家对诺贝尔奖的印象与既有印象相龃龉。如果诺贝尔奖可以看作是一面镜子，那么，这面镜子中其实也映照出整个西方社会中的科学与政治、科学与科学家、理智与情感、科学和社会之间持久的张力。在这里要提醒的是，很多中国人将西方世界里的这种种的张力过滤掉了，却并不自知。

二

由于诺贝尔奖的诸多特质，国民对其可谓是达到了崇拜的程度，形成了精神分析学所讲的"情结"。中国人的诺贝尔奖情结在文学奖上尤显突出。诺贝尔奖情结大体包括两种，一种是热切的期盼，可以算得上一种"缺失症"，例如总是惋惜某公与诺贝尔奖失之交臂，时常扼腕某君与诺贝尔奖仅差一间；另一种则可称作"酸葡萄心理"，就是对诺贝尔奖产生一种拒斥的态度，也有人称之为一种现代的阿Q精神，颇爱批评诺贝尔奖的不公平与不合理，偏喜找寻其中的漏洞与瑕疵，并以此为把柄对诺贝尔奖攻讦与责难，更有极端者怨艾咒骂。一年一度的奖项揭晓时刻，讨论的浪潮总是此起彼伏，云涌风腾，你方唱罢我登场，好不热闹。

何以至此？这不能不成为本书所要解决的主要问题之一。

一方面，"见贤思齐"，本书不仅通过对诺贝尔奖获得者进行统计分析，试图在其性别、学科、国别、年龄和科研机构等方面得出一些概率学上的规律，以资建议。此外，还对获奖大国的经验进行了爬梳，可供借鉴者有：良好的学术传统，自由的科研环境，足够的经费支持，以及成功的团队运作，等等。

另一方面，"行有不得，反求诸己"。本书从学理上分析了当今中国在自然科学领域同诺贝尔奖之间的距离，从历史条件、教育制度和科研体制等方面对中国科学研究现状作了简要分析。这大概可以部分回答钱学森之问——"为什么我们的学校总是培养不出杰出的人才？"

将中国现阶段在教育、科研、国家政策等与美国的做法进行共时性的比较，使我们清醒地发现自身所存在的问题。在这些方面，美国要先进于中国是不争的事实，也应当成为我们学习的榜样，但也要警惕这样一种声音：中国当前的科研体系已经烂透，须以摧枯拉朽的气势将其推倒，张炬列队欢迎来自大洋彼岸的一切。可是，"海外仙方"一定能适应处在当前历史发展阶段的——显然不同于美国——中国吗?

历时地比较中美两国的科研体系发展对回答这一问题有所启迪:一个国家的科技政策,很多时候是需要在当时的经济、社会情境中去理解和评价的。简单地通过不同国家之间科学政策的比较就判断谁的更为合理而高效,是没有实际意义的。科学研究的特性决定了,即使有好的制度保障,一个国家的科学技术要想整体上一层楼,也需要相当长时间的积累。当下的中国,大概在积累的路上。

由中国在获得诺贝尔奖上落后于西方说开来,不免牵扯出了李约瑟提出的那个科技史却又不仅仅是科技史的难题。这个问题本身的真伪就已存有争论:①这个问题的提法是存在问题的,寻求对一个未发生的事件的解释相比一个已经发生了事件的解释,当然后者更可能获得答案,所以有学者认为李约瑟问题可以转换为为什么现代科学发生在西方社会?②李约瑟问题中的论断——"中国在十五世纪之前都是在科技方面遥遥领先于世界",并没有获得西方科学史界的广泛认可。尽管如此,国内外还是就这个问题掀起了旷日持久的大讨论。

将李约瑟问题从一个单纯的科技史的问题,扩充到一个在特定的历史时期和政治环境下的文化问题来看,无疑开辟了一片更广阔的讨论空间。

中国的文化传统和情景(Context)与欧洲不同,因此不应该简单地要求西方发生的事情同样也发生于中国。说到底,这种辉格式的方法未脱出西方文化中心主义的思维桎梏。认识到这一点,后学来者或许可以借鉴美国学者席文提倡的历境主义(Contextualism)科学史研究方法,对近代科学所标榜的"普遍的、客观的和没有价值偏见的"科学观进行祛魅,将欧洲近代科学的发展视为只不过是带有特定环境特征的地方性知识。在研究中国问题时,应以所研究时期的中国特定环境与价值为标准,对相关的问题进行探讨。

另外,若跳出庐山看庐山,李约瑟的那道难题和他的皇皇巨制更大的意义在于推动了中西方的文化交流——无论是有意还是无心。如江晓原所言,李约瑟的巨著主要是研究中国科技史,为此他受到中国人的热烈欢迎,然而他带给中国人民、带给中国学术界最宝贵的礼物,反而常常被国人所忽视。我们希望从李约瑟那里得到一本我们祖先的"光荣簿",而李约瑟给我们的礼物,除了这些之外,还有他用著作架起来的一座桥梁——沟通中国和西方文化的桥梁。

三

2012年11月29日，习近平总书记在北京参观《复兴之路》大型展览时指出，"实现中华民族伟大复兴，就是中华民族近代以来最伟大的梦想。这个梦想，凝聚了几代中国人的夙愿，体现了中华民族和中国人民的整体利益，是每一个中华儿女的共同期盼"。

可以说，19世纪中国被西方用武力叩开大门后，面对着日渐萧瑟的国土和羸弱的国民，广大的中国人，从皇族到庶民，大致都开始憧憬起国富民强、生活富足的梦。

这个梦，已经离我们越来越近。30多年来，中国的发展速度越来越快，中国的变革力度越来越大，中国的现代化成就也越发明显。中国的改革开放犹如一个巨大的实验室，其发展展现为一个集经济增长、政治稳定、社会发育、文化成长、外交活跃于一体的全面变革过程。

——在经济方面，中国的国内生产总值已居世界第二位，在世界贸易体系中成为工业产品的重要供给者。

——在政治方面，这个人口众多、幅员辽阔的国家始终保持了可贵的稳定，民主实践步步推进、法制和法理得到坚持不懈的贯彻，政党领导得到卓有成效的改进。

——在社会方面，随着中国快速发展催生出来的社会问题越发增多，中国政府迅速将民生问题置于议事日程的首位，社会公平正义正成为整个社会的追求，经济发展的社会代价被尽可能地限制在一个小的范围内，社会保障体系在积累中不断完善，各类NGO/民间公益组织蓬勃兴起。

——在文化方面，主流意识形态的构建和创新持续进行，公共文化产品的供应日益丰富。

——在对外关系方面，中国一以贯之地奉行独立自主的和平外交政策，谨慎处理大国间关系、努力开拓周边国家关系，积极参与全球事务，努力在国家政治经济格局中发挥自己越来越大的作用。

所有这些事实表明，当代中国的发展，无论其发展的全面性、持续性还是其对世界的影响力，都是当今世界所独一无二的。

在中华民族伟大复兴的征途上，在综合国力越发强大的现在与未来，我们有更多的资源来支持科学研究，为科学研究打下雄厚的物质基础。在这种条件下，我们的科学研究应该再上层楼，发起对诺贝尔奖这一科学桂冠的冲击。

同时，一国也只有在科学上领先于世界，才能成为真正意义上的强国。从这个角度来看，要想实现中国梦，必定要先实现中国的科学梦。后者是前者的基础和支撑。不明乎此，无异于愚者痴人。

四

最后再说些题外的话。诺贝尔奖的研究，除了从一个国家或者民族整体上具有的意义和价值外，除了对于中国的科学研究（包括社会科学研究）、人才培养的启示外，对于单独的个人，特别是普通的民众，又有何启示呢？

我们认为，正如在全书的开始我们提到的奥运会金牌和诺贝尔奖之间的比较一样，当中国在 2008 年北京奥运会上获得金牌榜第一后，人们开始不满足于金牌的多少，而是开始更加关注体育对于人的更本质的意义。当体育成为一种人们喜欢和乐于实践的生活方式时，奥运会剥去政治、经济等体育本身的特质就显现出来。我们认为，诺贝尔奖其实也是如此。适当的科学主义，对于每一个现代人都是有意义的。基本科学意识和科普知识的掌握，将帮助个人能够更好地理解人体，理解我们的现代生活，例如转基因是福还是祸？牛奶是不是最健康最营养的饮品？当然要做到这一点，需要我们的科学家来做一些科普的工作。更需要政府来支持和推动中国科普工作，推动中国人科学素质的提升。

我们还要说的是，中国梦中是蕴涵着每个中国人的梦的。每个中国人都敢于去做一个自己的梦并去实现，这实在是改革开放前绝大多数人不敢想的事。经济基础决定上层建筑，经济基础有时也决定了一个人的梦想、雄心和自由。在计划经济时期，绝大多数人家都处于温饱水平，找一份稳定的工作（如果能够当上领导，进入中国的社会官僚系统就更好）几乎就是大多数家庭的梦想，绝大多数的老百姓没有办法接触到其他的生活、职业、甚至兴趣的可能性。甚至大多数家庭中的孩子并不知道不同意自己父母的意见而走自己的生活之路是可以的，没有什么值得负疚的。因此，我们说，在 30 年前，甚至 20 年前、10 年前，我们人均GDP、我们的收入水平、我们可以在不劳动的情况下生存的时间的长度，都极大地影响了我们个人选择的自由度。我们的一个判断是，随着中国整体经济实力的快速上升，以及整个社会财富的积累，为更多的人提供了选择生活、选择职业的自由。而这种自由选择的意识，自由选择的能力，我们在前文说道，是科学研究所必不可少的要件。

在有了更多的物质条件允许我们做更多的选择时，我们还应该记住一位老人的话，他说："一个民族有一些关注天空的人，他们才有希望；一个民族只是关心脚下的事情，那是没有未来的。我们的民族是大有希望的民族！我希望同学们经常地仰望天空，学会做人，学会思考，学会知识和技能，做一个关心世界和国家命运的人。"

与此同时，即使我们对当前中国的教育制度和体系表示无奈，我们也不能想当然地认为现在在国内求学的学生只能简单地接受这种教育。我们说，现在越来越多的学生具备了自己选择的条件，社会也为他们提供了支持他们选择并为之奋斗的教育和社会氛围。中国一些著名高校的知名学者所在的教学科研组织，例如北京大学的饶毅、清华大学的施一公等，开始为学生提供优越的学习和科研环境。而网络上外国著名高校的公开课、直接到国外去游学或者留学的机会也越来越多。

因此，在整个民族和国家的中国梦逐步实现的征途上，当更多的中国人都有了资本和能力去选择自己个体的中国梦的时候，当更多的人，不仅仅脚踏实地，而且也能仰望星空时，不为功利所主导的学术和科学研究就会更多的出现。我们认为，这个阶段的快速到来，加上教育和科研体制等的进一步完善，中国出现大量诺贝尔奖的时间就不远了。到那个时候，我们也就不会因为偶然因素获得一个诺贝尔科学奖而沾沾自喜了。我们在那时会更加关注于科学带给我们的快乐和幸福！或许若干年后，会出现另一个李约瑟问题：我们这些期待"新科学"的人，不能肯定这种新科学会出现，也不能肯定它在什么地方出现。但是，当我们为了子孙后代而审视现在时，我们不能忽视意欲综合利用其三法（洋法、土法和新法）的中国，有可能给未来的科学史家带来这样一个令人困惑的问题：从21世纪才开始认识的新科学何以出现在中国，而不是出现在美国或其他地方。①

① Sal P. Restivo（1979），转引自董光璧《二十世纪中国科学》，北京大学出版社2007年版，第185—186页。

附录 1：阿尔弗雷德·诺贝尔遗嘱全文

我，签名人阿尔弗雷德·伯恩哈德·诺贝尔，经慎重成熟的考虑后宣布，下面是关于处理我可能留下的财产的遗嘱：

对于我的侄子希亚尔马尔和路德维克·诺贝尔，我哥哥的孩子，我赠予他们每人 20 万瑞典克朗；

对于我的侄子伊曼纽尔·诺贝尔，我赠予他 30 万瑞典克朗；对于我的侄女米娜，我赠予她 10 万瑞典克朗；

对于我的哥哥罗伯特·诺贝尔的两个女儿，英格堡和泰拉，我赠予她们每人 10 万瑞典克朗；

对于目前与布兰德先生在一起住在巴黎弗劳蓝丁街 10 号的奥尔加·博特格小姐，将获得 10 万法郎。

对于在维也纳盎格鲁－厄斯特莱彻斯银行的索菲亚·卡普·冯·卡皮瓦女士，现予她有权向上述银行收取每年 6000 弗洛林币的年金，在此之前我以匈牙利国家证券的形式已在此银行存入了 15 万弗洛林；

对于住在斯德哥尔摩斯图拉格坦 26 号的阿里瑞克·利德贝克先生，我将赠予 10 万瑞典克朗。

对于住在巴黎卢贝克街 23 号的爱丽丝·安顿小姐，现予她有权收取每年 2500 法郎的年金。另外，我将偿还由我保管的属于她的四万八千法郎。

对于美国德克萨斯州沃特福德的阿尔弗雷德·哈蒙先生，我将赠予他 1 万美元。

对于住在柏林波斯戴姆斯特拉斯街 51 号的艾米·温克尔曼和玛利亚·温克尔曼女士，我将赠予她们每人 5 万马克。

对于住在法国尼姆高架桥大道 2 号的高雪女士，我将赠予她 10 万法郎。

对于受雇于我的仆人，看管圣雷莫图书馆的奥古斯特·奥斯瓦尔德和他的妻子阿尔丰思·涂兰德，我将赠予他们每人每年1千法郎。

对于我从前的仆人，住在沙龙索恩河畔圣洛朗街5号的约翰·吉拉道特，我将赠予他每年500法郎。对于我从前的园丁，目前与戴索特女士住在法国奥布里埃古恩的梅尼尔的让·雷科夫，我将赠予他每年300法郎。

对于住在巴黎贡比涅街2号的乔治·菲润巴赫先生，我将从1896年1月1日开始每年支付他5000法郎养老金，至1899年1月1日停止支付。

我将偿还由我保管的，属于我哥哥的孩子们的每人2万瑞典克朗的资金，他们是希亚尔马尔、路德维克、英格堡和泰拉。

在此我要求遗嘱执行人以下面的方式处理我所有的、可兑换成现金的财产，然后投资受益安全的证券行业，以这笔资金成立一个基金会，将基金所产生的利息每年奖给在前一年为人类作出重要贡献的人。这些利息将被划分为五等份，分配如下：一份奖给在物理学领域有最重大的发现或发明的人；一份奖给在化学上有最重大的发现或发明的人；一份奖给在医学和生理学领域有最重大的发现的人；一份奖给在文学领域创作出具有理想倾向的最佳作品的人；一份将奖给促进民族团结友好、取消或裁减常备军队以及为组织和宣传和平会议做出最大努力或贡献的人。物理奖和化学奖由斯德哥尔摩瑞典科学院颁发；生理学或医学奖由斯德哥尔摩卡罗林斯卡学院颁发；文学奖由斯德哥尔摩文学院颁发；和平奖由挪威议会选举产生的5人委员会颁发。对于获奖候选人的国籍不予任何考虑，也就是说，不管他或她是不是斯堪的纳维亚人，谁最符合条件谁就应该获得奖金。我在此声明，这样授予奖金是我的迫切愿望。

我兹委任居住在博福斯韦姆兰的拉格纳·索尔曼先生（Ragnar Sohlman）和居住在斯德哥尔摩的麦慕斯格拉德格斯坦31号和靠近乌德瓦拉的班特斯夫的鲁道夫·利列克维斯特先生（Rudolf Lilljequist）作为我的遗嘱执行人。为了弥补他们付出的努力，我要分别赠予将为我的遗产花费时间最多的拉格纳·索尔曼先生、鲁道夫·利耶奎斯特先生10万克朗和5万克朗。

目前，我的财产还包括巴黎和圣雷莫房地产和储存在如下机构的证券：在格拉斯哥和伦敦的苏格兰有限公司联合银行；巴黎的乐里昂信贷银行、艾斯康普特国家商行和艾尔芬·梅欣公司；还有同样在巴黎的大西洋银行股票经纪公司；柏林的迪斯康托协会与约瑟夫·戈登施密特公司；俄罗斯中央银行和伊曼纽尔·诺贝尔先生在圣彼得堡所拥有的；在哥德堡和斯德哥尔摩的斯堪的纳维斯卡阿卡提伯拉格特信用公司和在我的巴黎马拉科夫大道 59 号的保险箱内；以上之外的应收账款、专利、专利费或所谓的稿费等，还有我的遗嘱执行人将在我的论文和书籍找出的所有内容。

这是我唯一有效的遗嘱。在我死后，若发现以前任何有关财产处置的遗嘱，一概作废。

最后，如下是我的明确遗愿：在我死后，我的血管须被切开，在足以胜任的医生确定我的死亡后，我的尸体须在火葬中焚化。

巴黎，1895 年 11 月 27 日

阿尔弗雷德·伯恩哈德·诺贝尔①

（阿尔弗雷德·诺贝尔遗嘱手迹第 1 页）

---

① http：//www. nobelprize. org/alfred_ nobel/will/will‐full. html.

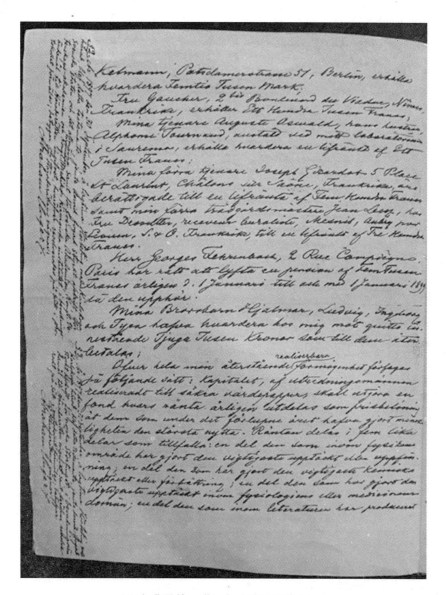

（阿尔弗雷德·诺贝尔遗嘱手迹第 2 页）

（阿尔弗雷德·诺贝尔遗嘱手迹第 3 页）

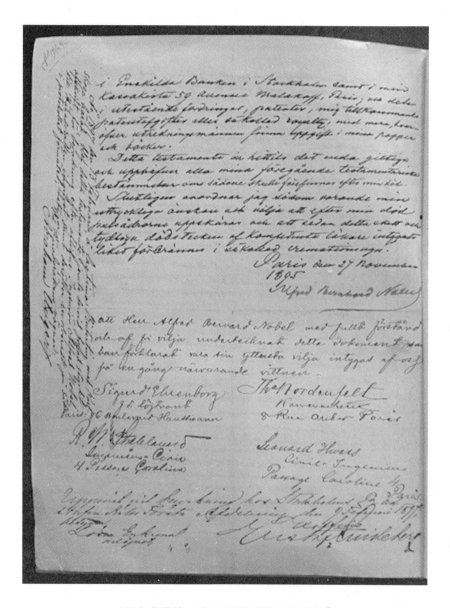

（阿尔弗雷德·诺贝尔遗嘱手迹第 4 页）①

①　http：//www. nobelprize. org/alfred_ nobel/will/.

附录 2：诺贝尔奖的基本情况 (1901—2013)

表一   诺贝尔物理学奖（1901—2013）

获奖年份	姓名	出生地（获奖时国籍）	最高学位（年龄）、所在学校	获奖时所在机构（获奖时年龄）	获奖原因
1901	威廉·康拉德·伦琴（Wilhelm Conrad Rontgen, 1845.3—1923.2）	德国（德国）	博士（24）、瑞士苏黎世联邦理工学院	德国慕尼黑大学（56）	发现 X 射线（亦称伦琴射线）
1902	皮雅特·塞曼（Pieter Zeeman, 1865.5—1943.10）	荷兰（荷兰）	博士（28）、荷兰莱顿大学	阿姆斯特丹大学（37）	研究光和电磁现象之间的联系，发现塞曼效应（光谱线在磁场中被分裂的现象）
1902	亨德里克·安东·洛伦兹（Hendrik Antoon Lorentz, 1853.7—1928.2）	荷兰（荷兰）	博士（22）、荷兰莱顿大学	荷兰莱顿大学（49）	研究光和电磁现象之间的联系，从理论上解释了塞曼效应
1903	安东尼·亨利·贝克勒尔（Antoine Henri Becquerel, 1852.12—1908.8）	法国（法国）	博士（36）、法国巴黎综合工艺学校	法国巴黎综合工艺学校（51）	发现铀元素的天然放射性
1903	玛丽·斯可罗多夫斯卡·居里（Marie Sklodowska Curie, 1867.11—1934.7）（女）	波兰（法国）	博士（36）、法国巴黎-索尔本大学	法国塞夫勒高等师范院校（36）	从事放射性研究，验证了放射性射线
1903	皮埃尔·居里（Pierre Curie, 1859.5—1906.4）	法国（法国）	博士（36）、法国巴黎-索尔本大学	巴黎理化学校（44）	同上

续表

获奖年份	姓名	出生地（获奖时国籍）	最高学位（年龄）、所在学校	获奖时所在机构（获奖时年龄）	获奖原因
1904	瑞利［Lord Rayleigh，原名约翰·威廉·斯特拉特（John William Strutt），1842.11—1919.6］	英国（英国）	学士（23）、英国剑桥大学三一学院	英国皇家研究院（62）	测定氢气、氧气、氮气等气体密度和发现氩
1905	菲利普·爱德华·冯·安东勒纳德（Philipp Edward von Anton Lenard，1862.6—1947.5）	匈牙利（德国）	博士（26）、德国海德堡大学	德国基尔大学（43）	发现阴极射线在磁场中的偏离和它的导电特性
1906	约瑟夫·约翰·汤姆逊（Joseph John Thomson，1856.12—1940.8）	英国（英国）	硕士（24）、英国剑桥大学三一学院	英国皇家研究院（50）	研究气体导电，发现电子并测出电子的电荷与质量的比值
1907	阿尔伯特·亚伯拉罕·迈克尔孙（Albert Abraham Michelson，1852.12—1931.5）	德国（美国）	学士（21）、美国海军学院	芝加哥大学（55）	发明精密光学干涉仪并用于进行光谱学与计量学的研究
1908	伽伯利尔·乔纳斯·李普曼（Gabriel Jonas Lippmann，1845.8—1921.7）	法国（法国）	博士（30）、法国巴黎-索尔本大学	法国科学院（63）	发明基于光的干涉现象的彩色照相术
1909	古格列尔莫·马可尼（Guglielmo Marconi，1874.4—1937.7）	意大利（意大利）	无学位	不详（35）	发明无线电报
1909	卡尔·费迪南德·布劳恩（Carl Ferdinand Braun，1850.6—1918.4）	德国（德国）	博士（22）、德国柏林大学	法国斯特拉斯堡大学（59）	改进无线电报
1910	约翰尼斯·迪德里克·范德瓦尔斯（Johannes Diderik van der Waals，1837.11—1923.3）	荷兰（荷兰）	博士、荷兰莱顿大学	不详（73）	提出气体和液体的状态方程

获奖年份	姓名	出生地（获奖时国籍）	最高学位（年龄）、所在学校	获奖时所在机构（获奖时年龄）	获奖原因
1911	威廉·维恩（Wilhelm Wien, 1864.1—1928.8）	德国（德国）	博士（24）、德国柏林大学	德国维尔茨堡大学（47）	发现热辐射定律（热体辐射的能量最大值对应的波长与其绝对温度成反比）
1912	尼尔斯·古斯塔夫·达伦（Nils Gustaf Dalen, 1869.11—1937.12）	瑞典（瑞典）	博士（27）、瑞典查尔莫斯技术学院	瑞典气体存储器公司（43）	发明灯塔和浮标照明灯的瓦斯自动调节器
1913	海克·卡末林·昂内斯（Heike Kamerlingh-Onnes, 1853.9—1926.2）	荷兰（荷兰）	博士（26）、德国海德堡大学	荷兰莱顿大学（60）	研究低温下物质特性并获得液态氦，从而导致他与1911年发现超导现象
1914	马克斯·费利克斯·冯·劳厄（Max Theodor Felix von Laue, 1879.10—1960.4）	德国（德国）	博士（24）、德国柏林大学	瑞士苏黎世大学（35）	发现X射线在晶体中的衍射，验证了晶体的原子点阵结构和X射线的波动性
1915	威廉·亨利·布拉格（William Henry Bragg, 1862.7—1942.3）	英国（英国）	学士（22）、英国剑桥大学三一学院	英国伦敦大学（53）	共同利用X射线衍射现象探测晶体结构，导出著名的布拉格关系
1915	威廉·劳伦斯·布拉格（William Lawrence Bragg, 1890.3—1971.7）	英国（英国）	硕士（22）、澳大利亚阿德莱德大学	英国剑桥大学（25）	同上
1916					
1917	查尔斯·格洛维·巴克拉（Charles Glover Barkla, 1877.6—1944.10）	英国（英国）	博士（27）、英国利物浦大学	苏格兰爱丁堡大学（40）	发现元素的X射线特征光谱

续表

获奖年份	姓名	出生地（获奖时国籍）	最高学位（年龄）、所在学校	获奖时所在机构（获奖时年龄）	获奖原因
1918	马克斯·卡尔·恩斯特·路德维格·普朗克（Max Karl Ernst Ludwig Planck, 1858.4—1947.10）	德国（德国）	博士（21）、德国慕尼黑大学	德国柏林大学（60）	发现能量子，提出量子假说，解释电磁辐射的经验定律
1919	约翰尼斯·斯塔克（Johannes Stark, 1874.4—1957.6）	德国（德国）	博士（23）、德国慕尼黑大学	德国格赖夫斯瓦尔德大学（45）	发现极隧射线的多普勒效应以及光谱线在电场中的分裂现象
1920	查尔斯·爱德华·纪尧姆（Charles Edouard Guillaume, 1861.2—1938.6）	瑞士（瑞士）	博士（22）、瑞士苏黎世理工学院	法国巴黎国际计量局（59）	发现镍钢合金的反常特性及其在物理学的精密测量中的重要性
1921	阿尔伯特·爱因斯坦（Albert Einstein, 1879.3—1955.4）	德国（德国）	博士（26）、瑞士苏黎世大学	德国柏林大学（42）	运用量子论解释光电效应，提出光电效应定律
1922	尼尔斯·亨里克·戴维·波尔（Niels Henrik David Bohr, 1885.10—1962.11）	丹麦（丹麦）	博士（26）、丹麦哥本哈根大学	丹麦哥本哈根大学（37）	提出定态跃迁原子结构理论
1923	罗伯特·安德鲁斯·密立根（Robert Andrews Millikan, 1868.3—1953.12）	美国（美国）	博士（27）、美国哥伦比亚大学	美国加州理工学院（55）	精确测定电子电荷、普朗克常数，验证光电效应定律
1924	卡尔·曼尼·乔治·西格巴恩（Karl Manne George Siegbahn, 1886.12—1978.9）	瑞典（瑞典）	博士（25）、瑞典隆德大学	瑞典乌普萨拉大学（38）	确定多种元素的原子所发射的标识X射线，建立X射线光谱学
1925	詹姆士·弗兰克（James Franck, 1882.6—1964.5）	德国（德国）	博士（24）、德国柏林大学	德国哥廷根大学（43）	发现电子与原子碰撞的定律，说明原子具有确定的、互相分立的能量状态

续表

获奖年份	姓名	出生地（获奖时国籍）	最高学位（年龄）、所在学校	获奖时所在机构（获奖时年龄）	获奖原因
1925	古斯塔夫·路德维格·赫兹（Gustav Ludwig Hertz, 1887.7—1975.10）	德国（德国）	博士（24）、德国柏林大学	德国哈雷大学（38）	发现电子与原子碰撞的定律，说明原子具有确定的、互相分立的能量状态
1926	让-巴普蒂斯特·佩兰（Jean-Baptiste Perrin, 1870.9—1942.4）	法国（法国）	博士（27）、法国巴黎高等师范学校	法国巴黎大学（56）	研究物质结构的不连续性（布朗运动），发现沉积平衡
1927	阿瑟·荷里·康普顿（Arthur Holly Compton, 1892.9—1962.3）	美国（美国）	博士（24）、美国普林斯顿大学	美国密苏里州的（圣路易斯）华盛顿大学（35）	发现X射线光子和电子作弹性碰撞的康普顿效应
1927	查尔斯·汤姆森·里斯·威尔逊（Charles Thomson Rees Wilson, 1869.2—1959.11）	英国（英国）	博士（27）、英国剑桥大学	英国剑桥大学（58）	发明用蒸汽凝结来显示带电粒子径迹的威尔逊云雾室
1928	欧文·威廉斯·理查森（Willans Richardson, 1879.4—1959.2）	英国（英国）	博士（25）、英国伦敦大学	英国伦敦大学国王学院（49）	发现了说明热金属发出的电流与其温度之间关系的热电子发射定律
1929	路易斯-维克多·比埃尔·莱蒙德·德布罗意（Louis-Victor Pierre Raymond de Broglie, 1892.8—1987.3）	法国（法国）	博士（32）、法国巴黎大学	法国巴黎大学（37）	发现电子的波动性，提出物质波理论
1930	钱德拉塞卡·文卡塔·拉曼（Chandrasekhara Venkata Raman, 1888.11—1970.1）	印度（印度）	硕士（19）、印度马德拉斯省立学院	印度加尔各答大学（42）	研究光的散射，发现光的频率在散射后发生变化的拉曼效应
1931					
1932	维尔纳·卡尔·海森伯（Werner Karl Heisenberg, 1901.2—1976.2）	德国（德国）	博士（22）、德国慕尼黑大学	德国莱比锡大学（31）	创建矩阵力学以及由此导致氢的同素异形体的发现

续表

获奖 年份	姓名	出生地 （获奖时 国籍）	最高学位 （年龄）、 所在学校	获奖时 所在机构 （获奖时年龄）	获奖原因
1933	埃尔温·薛定谔（Erwin Schrodinger，1887.8—1961.1）	奥地利（奥地利）	博士（23）、奥地利维也纳大学	德国柏林大学（46）	创立描述微观粒子运动状态的波动力学
1933	保罗·艾德里安·莫里斯·狄拉克（Paul Adrien Maurice Dirac，1902.8—1984.10）	英国（英国）	博士（24）、英国剑桥大学	英国剑桥大学（31）	创立电子运动相对论理论
1934					
1935	詹姆斯·查德威克（James Chadwick，1891.10—1974.7）	英国（英国）	博士（30）、德国柏林大学	英国利物浦大学（44）	发现中子
1936	维克托·弗兰兹·赫斯（Victor Franz Hess，1883.6—1964.12）	奥地利（奥地利）	博士（27）、奥地利格拉茨大学	奥地利因斯布鲁克大学（53）	发现宇宙辐射
1936	卡尔·戴维·安德森（Carl David Anderson，1905.9—1991.1）	美国（美国）	博士（25）、美国加州理工学院	美国加州理工学院（31）	发现正电子
1937	克林顿·约瑟夫·戴维逊（Clinton Joseph Davisson，1881.10—1958.2）	美国（美国）	博士（30）、美国普林斯顿大学	美国贝尔电话室（56）	独立地在实验中发现晶体对电子的衍射现象，证实电子具有波动性
1937	乔治·佩吉特·汤姆逊（George Paget Thomson，1892.5—1975.9）	英国（英国）	学士（22）、英国剑桥大学	英国伦敦大学（45）	同上
1938	恩里科·费米（Enrico Fermi，1901.9—1954.11）	意大利（意大利）	博士（21）、意大利比萨大学	意大利罗马大学（37）	发现中子轰击产生的新放射元素并用慢中子实现核反应

续表

获奖年份	姓名	出生地（获奖时国籍）	最高学位（年龄）、所在学校	获奖时所在机构（获奖时年龄）	获奖原因
1939	欧内斯特·奥兰多·劳伦斯（Ernest Orlando Lawrence, 1901.8—1958.8）	美国（美国）	博士（24）、美国耶鲁大学	美国加利福尼亚大学伯克利分校（38）	发明和改进回旋加速器，并获得人工放射性元素
1943	奥托·斯特恩（Otto Stern, 1888.2—1969.8）	德国（美国）	博士（24）、德国布雷斯劳大学	美国卡内基工学院（55）	用分子束方法确证原子磁矩空间量子化，发现质子的磁矩
1944	伊萨多尔·伊萨克·拉比（Isidor Issac Rabi, 1898.7—1988.1）	奥地利（美国）	博士（29）、美国哥伦比亚大学	美国哥伦比亚大学（46）	创立分子束磁共振法，并用于研究原子能级的超精细结构，测定出核磁矩
1945	沃尔夫冈·欧内斯特·泡利（Wolfgang Ernest Pauli, 1900.4—1958.12）	奥地利（奥地利）	博士（21）、德国慕尼黑大学	美国普林斯顿高级研究院（45）	提出不相容原理（也称泡利原理）
1946	珀西·威廉姆斯·布里奇曼（Percy Williams Bridgman, 1882.4—1961.8）	美国（美国）	博士（26）、美国哈佛大学	美国哈佛大学（64）	发展超高压技术，开拓高压物理学研究领域
1947	爱德华·维克托·阿普顿（Edward Victor Appleton, 1892.9—1965.4）	英国（英国）	学士（21）、英国剑桥大学	英国工业和科学研究部（55）	研究高层大气物理特性，特别是发现电离层（阿普顿层）
1948	洛德·帕特里克·麦纳德·斯图阿特·布莱克特（Lord Patrick Maynard Stuart Blackett, 1897.11—1981.9）	英国（英国）	硕士（26）、英国剑桥大学	英国曼彻斯特大学（51）	改进威尔逊云雾室方法，发现宇宙射线簇射
1949	汤川秀树（Hedeki Yukawa, 1907.1—1981.9）	日本（日本）	博士（31）、日本大阪大学	日本京都大学（42）	提出原子核结合力的介子理论并预言介子的存在

续表

获奖年份	姓名	出生地（获奖时国籍）	最高学位（年龄）、所在学校	获奖时所在机构（获奖时年龄）	获奖原因
1950	切西尔·弗兰克·鲍威尔（Cecil Frank Powell，1903.12—1969.8）	英国（英国）	博士（24）、英国剑桥大学	英国布里斯托大学（47）	发明研究核过程的照相方法（核乳胶方法），并用这一方法发现 π 介子
1951	约翰·道格拉斯·科克罗夫特（John Douglas Cockroft，1897.5—1967.9）	英国（英国）	硕士（27）、英国剑桥大学	英国哈威尔原子能研究中心（54）	共同设计和制作第一台高压倍加器，实现人工原子核嬗变
1951	欧尔内斯特·托马斯·辛顿·瓦尔顿（Ernest Thomas Sinton Walton，1903.10—1983.9）	爱尔兰（爱尔兰）	博士（27）、英国剑桥大学	英国剑桥大学的三一学院（48）	同上
1952	菲利克斯·布洛赫（Felix Bloch，1905.10—1983.9）	瑞士（美国）	博士（23）、德国莱比锡大学	美国斯坦福大学（47）	各自独立地在凝聚物质中发现核磁共振，并用于精确测定核和粒子的磁矩
1952	爱德华·米尔斯·珀赛尔（Edward Mills Purcell，1912.8—1997.3）	美国（美国）	博士（26）、美国哈佛大学	美国哈佛大学（40）	同上
1953	弗里兹·泽尔尼克（Frits Zernike，1888.7—1966.3）	荷兰（荷兰）	博士（27）、荷兰阿姆斯特丹大学	荷兰格罗宁根大学（65）	提出相衬法，特别是发明用于观察高透明度对象的相衬显微镜
1954	马克斯·玻恩（Max Born，1882.12—1970.1）	德国（英国）	博士（25）、德国哥丁哈根大学	退休（72）	在量子力学领域的基础研究，提出量子力学波函数的统计解释
1954	瓦尔特·威廉·乔治·博特（Walther Wilhelm Georg Bothe，1891.1—1957.2）	德国（德国）	博士（23）、德国柏林大学	德国海德堡大学（63）	创立符合法，以及运用此法在核物理和宇宙射线研究中的新发现

获奖年份	姓名	出生地（获奖时国籍）	最高学位（年龄）、所在学校	获奖时所在机构（获奖时年龄）	获奖原因
1955	威利斯·尤根·兰姆（Willis Eugene Lamb, 1913.7—2008.5）	美国（美国）	博士（25）、美国加利福尼亚大学	美国斯坦福大学（42）	发现氢原子光谱的精细结构
1955	波利卡普·库什（Polycarp Kusch, 1911.1—1993.3）	德国（美国）	博士（25）、美国伊利诺伊大学	美国哥伦比亚大学（44）	精密测定电子磁矩，发现常规电子磁矩
1956	威廉·布拉德福德·肖克莱（William Bradford Shockley, 1910.2—1989.8）	美国（美国）	博士（26）、美国麻省理工学院	美国贝克曼仪器公司（46）	共同研究半导体，发现晶体管效应
1956	约翰·巴丁（John Bardeen, 1908.5—1991.1）	美国（美国）	博士（28）、美国普林斯顿大学	美国伊利诺伊大学（48）	同上
1956	瓦尔特·豪瑟·布拉顿（Walter Houser Brattain, 1902.2—1987.10）	美国（美国）	博士（27）、美国明尼苏达大学	美国贝尔电话室（54）	同上
1957	杨振宁（Chen-Ning Yang, 1922.9—）	中国（美国）	博士（26）、美国芝加哥大学	美国普林斯顿高级研究院（35）	共同提出弱相互作用下宇称不守恒原理
1957	李政道（1926.11—）	中国（美国）	博士（24）、美国芝加哥大学	美国哥伦比亚大学（31）	同上
1958	帕维尔·阿列克瑟耶维奇·切伦科夫（Pavel Alekseyevich Cherenkow, 1904.7—1990.1）	俄国（苏联）	博士（36）、苏联科学院物理研究所	苏联莫斯科工程物理学院（54）	发现带电粒子在透明介质中以极高的速度运动时会发出一种特殊的辐射的切伦科夫效应
1958	伊利亚·米克海洛维奇·弗兰克（Ilya MIkaylovich Frank, 1908.10—1990.6）	苏联（苏联）	博士（27）、苏联莫斯科大学	苏联杜布纳联合核研究中子物理实验室（50）	与 I. Y. 塔姆共同从理论上解释切伦科夫效应

续表

获奖年份	姓名	出生地（获奖时国籍）	最高学位（年龄）、所在学校	获奖时所在机构（获奖时年龄）	获奖原因
1958	伊戈尔·叶夫根耶维奇·塔姆（Igor Yevgenyevich Tamm, 1895.7—1971.4）	俄国（苏联）	博士（28）、苏联莫斯科大学	苏联莫斯科大学（63）	与伊利亚·米克海洛维奇·弗兰克共同从理论上解释切伦科夫效应
1959	埃米里奥·基诺·塞格雷（Emilio Gino Segre, 1905.2—1989.4）	意大利（美国）	博士（23）、意大利罗马大学	美国加利福尼亚大学伯克利分校（54）	共同发现质子
1959	欧文·张伯伦（Owen Chamberlain, 1920.7—2006.2）	美国（美国）	博士（29）、美国芝加哥大学	美国加利福尼亚大学（39）	同上
1960	唐纳德·阿瑟·格拉塞（Donald Arthur Glaser, 1926.9—）	美国（美国）	博士（24）、美国加州理工学院	美国加利福尼亚大学伯克利分校（34）	发现用于观测高能带电粒子径迹的气泡室
1961	罗伯特·霍夫斯塔特（Robert Hofstadter, 1915.2—1990.11）	美国（美国）	博士（23）、美国普林斯顿大学	美国斯坦福大学（46）	研究原子核对核电子的散射，发现原子核的基本结构
1961	鲁道夫·路德维希·穆斯堡尔（Rudolf Ludwig Mossbauer, 1929.1—）	德国（德国）	博士（29）、德国慕尼黑高等技术学校	美国加州理工学院（32）	研究 γ 辐射的共振吸收现象，发现穆斯堡尔效应
1962	列夫·达维多维奇·朗道（Lev Davidovich Landau, 1908.1—1968.4）	俄国（苏联）	博士（26）、苏联哈尔科夫机械工程学院	苏联科学院（54）	创立液体氦的超流动性理论，奠定了凝聚态物理的基础
1963	尤根·保罗·维格纳（Eugene Paul Wigner, 1902.11—1995.1）	匈牙利（美国）	博士（23）、德国慕尼黑高等技术学校	美国普林斯顿大学（61）	对基本粒子对称性基本原理的发现和应用
1963	玛丽亚·戈佩特-梅耶（Maria Goeppert-Mayer, 1906.6—1972.2）（女）	德国（美国）	博士（24）、德国哥廷根大学	美国加利福尼亚大学（57）	M. 戈佩特-梅耶和 J.H.D. 詹森各自独立发现原子核的壳层结构，提出壳层模型理论

续表

获奖年份	姓名	出生地（获奖时国籍）	最高学位（年龄）、所在学校	获奖时所在机构（获奖时年龄）	获奖原因
1963	约翰尼斯·汉斯·丹尼尔·詹森（Johannes Hans Daniel Jensen, 1907.6—1973.2）	德国（德国）	博士（25）、德国汉堡大学	德国海德堡大学（56）	M. 戈佩特-梅耶和 J. H. D. 詹森各自独立发现原子核的壳层结构，提出壳层模型理论
1964	查尔斯·哈德·汤斯（Charles Hard Townes, 1915.7—）	美国（美国）	博士（24）、美国加州理工学院	美国麻省理工学院（49）	从事量子电子学方面的基础工作，发明微波激射器
1964	尼古拉·根纳迪耶维奇·巴索夫（Nikolai Gennadievich Basov, 1922.12—2001.7）	俄国（苏联）	博士（34）、苏联列别捷夫物理研究所	苏联莫斯科工程物理学院（42）	与 A. M. 普罗霍罗夫共同提出量子放大与振荡理论，导致微波激射器的发明
1964	亚历山大·米克海洛维奇·普罗霍罗夫（Alexander Mikhailovich Prokhorov, 1916.7—2002.1）	澳大利亚（苏联）	博士（30）、苏联列别捷夫物理研究所	苏联旬别捷夫物理研究所（48）	与尼古拉·根纳迪耶维奇·巴索夫共同提出量子放大与振荡理论，导致微波激射器的发明
1965	朝永振一郎（Sin-Itiro Tomonaga, 1906.3—1979.7）	日本（日本）	博士（33）、日本京都大学	日本东京文理科大学（即日本东京教育大学）（59）	各自独立地提出重整化方法，建立量子电动力学的现代形式，成功地解释了兰姆位移和电子反常磁矩的实验
1965	朱利安·西摩·施温格（Julian Seymour Schwinger, 1918.2—1994.7）	美国（美国）	博士（21）、美国哥伦比亚大学	美国哈佛大学（47）	同上
1965	理查德·菲利普斯·费恩曼（Richard Phillips Feynman, 1918.5—1988.2）	美国（美国）	博士（24）、美国普林斯顿大学	美国加州理工学院（47）	同上

续表

获奖年份	姓名	出生地（获奖时国籍）	最高学位（年龄）、所在学校	获奖时所在机构（获奖时年龄）	获奖原因
1966	阿尔弗雷德·卡斯特勒（Alfred Kastler, 1902.5—1984.1)	法国（法国）	博士（34）、法国波尔多大学	法国巴黎高等师范学校（64）	把光的共振和磁的共振结合起来，发明使光束与射频电磁波发生双共振的光磁共振方法
1967	汉斯·阿尔布雷克特·贝特（Hans Albercht Bethe, 1906.7—2005.3)	德国（美国）	博士（22）、德国慕尼黑大学	美国康奈尔大学（61）	研究核反应理论，特别是关于恒星通过核反应来提供辐射能量的理论
1968	路易斯·沃尔特·阿尔瓦雷茨（Luis Walter Alvarez, 1911.6—1988.9)	美国（美国）	博士（25）、美国芝加哥大学	美国加利福尼亚大学伯克利分校（57）	研制大型氢气泡室，发现大量共振态
1969	默里·盖尔-曼（Murray Gell-Mann, 1929.9—）	美国（美国）	博士（22）、美国麻省理工学院	美国加州理工学院（40）	对基本粒子的分类及其相互作用的研究发现
1970	汉尼斯·奥洛夫·戈斯塔·阿尔文（Hannes Olof Gosta Alfven, 1908.5—1995.4)	瑞典（瑞典）	博士（26）、瑞典乌普萨拉大学	美国加利福尼亚大学圣地亚哥分校（62）	磁流体力学的基础研究和发现，及其在等离子体物理学卓有成效的应用
1970	路易斯·尤根·费利克斯·奈耳（Louis Eugene Felix Neel, 1904.11—2000.11)	法国（法国）	博士（28）、法国斯特拉斯堡大学	法国格勒诺布尔工学院（66）	对于反铁磁性和铁氧体磁性的基础研究和发现
1971	丹尼斯·伽柏（Dennis Gabor, 1900.6—1979.2)	匈牙利（英国）	博士（27）、德国柏林高级技术学校	不详（71）	发明同时记录光波的振幅信息和相位信息并使光波重现的全息摄影术
1972	约翰·巴丁（John Gabor, 1908.5—1991.1)	美国（美国）	博士（28）、美国普林斯顿大学	美国伊利诺伊大学（64）	共同创建超导微观理论——"BCS 理论"

获奖年份	姓名	出生地（获奖时国籍）	最高学位（年龄）、所在学校	获奖时所在机构（获奖时年龄）	获奖原因
1972	利昂·尼尔·库珀（Leon Neil Cooper, 1930.2—）	美国（美国）	博士（24）、美国哥伦比亚大学	美国俄亥俄州立大学（42）	共同创建超导微观理论——"BCS理论"
1972	约翰·罗伯特·施里弗（John Robert Schrieffer, 1931.5—）	美国（美国）	博士（26）、美国伊利诺伊大学	美国宾夕法尼亚大学（41）	同上
1973	江崎玲于奈（Leo Esaki, 1925.3—）	日本（日本）	博士（24）、日本东京大学	美国国际商业机器公司（48）	发现半导体的隧道效应
1973	伊瓦尔·贾埃弗（Ivar Giaever, 1929.4—）	挪威（美国）	博士（35）、美国伦塞勒工学院	美国通用电气公司（44）	同上
1973	布莱恩·戴维·约瑟夫森（Brian David Josephson, 1940.1—）	英国（英国）	博士（24）、英国剑桥大学	英国剑桥大学（33）	发现通过隧道势垒的超导电流即约瑟夫森效应
1974	马丁·赖尔（Martin Ryle, 1918.9—1984.10）	英国（英国）	学士（21）、英国剑桥大学	英国剑桥大学（56）	发明综合孔径射电望远镜
1974	安东尼·休伊什（Antony Hewish, 1924.5—）	英国（英国）	博士（28）、英国剑桥大学	英国剑桥大学（50）	发现脉冲星
1975	阿格·尼尔斯·玻尔（Aage Niles Bohr, 1922.6—2009.9）	丹麦（丹麦）	博士（32）、丹麦哥本哈根大学	北欧理论原子物理研究所（53）	合作发现原子核中集体运动和粒子运动之间的联系，并根据这种联系提出原子核结构的理论
1975	本·罗伊·莫特尔森（Ben Roy Mottelson, 1926.7—）	美国（丹麦）	博士（24）、美国哈佛大学	北欧理论原子物理研究所（49）	同上

续表

获奖年份	姓名	出生地（获奖时国籍）	最高学位（年龄）、所在学校	获奖时所在机构（获奖时年龄）	获奖原因
1975	利奥·詹姆斯·雷恩沃特（Leo James Rainwater, 1917.12—1986.5）	美国（美国）	博士（29）、美国哥伦比亚大学	不详（58）	研究原子核内部结构，发现原子核的形状一般是非球形的
1976	丁肇中（Samuel Chao Chung, 1936.1—）	美国（美国）	博士（26）、美国密歇根大学	美国麻省理工学院（40）	发现J粒子
1976	伯顿·里克特（Burton Richter, 1931.3—）	美国（美国）	博士（25）、美国麻省理工学院	美国斯坦福大学（45）	同上
1977	约翰·哈斯布鲁克·范弗莱（John Hasbrouck van Vlevk, 1899.3—1980.10）	美国（美国）	博士（23）、美国哈佛大学	不详（78）	对磁性和无序体系电子结构的基础性理论研究
1977	菲利普·沃伦·安德森（Philip Warren Anderson, 1923.12—）	美国（美国）	博士（26）、美国哈佛大学	美国普林斯顿大学（54）	同上
1977	尼维尔·弗朗西斯·莫特（Nevill Francis Mott, 1905.9—1996.8）	英国（英国）	硕士（25）、英国剑桥大学	不详（72）	同上
1978	彼得·利奥尼多维奇·卡皮查（Pyotr Lenoidovich Kapitsa, 1894.7—1984.4）	俄国（苏联）	博士（29）、英国剑桥大学	苏联莫斯科物理问题研究所（84）	通过低温物理实验发现液氦II的超流动性
1978	阿尔诺·艾伦·彭齐亚斯（Arno Allan Penzias, 1933.4—）	德国（美国）	博士（29）、美国哥伦比亚大学	美国贝尔电话实验室（45）	发现宇宙微波背景辐射
1978	罗伯特·伍德罗·威尔逊（Robert Woodrow Wilson, 1936.1—）	美国（美国）	博士（26）、美国加州理工学院	美国贝尔电话实验室（42）	同上

获奖年份	姓名	出生地（获奖时国籍）	最高学位（年龄）、所在学校	获奖时所在机构（获奖时年龄）	获奖原因
1979	史蒂文·温伯格（Steven Weinberg, 1933.5—）	美国（美国）	博士（24）、美国普林斯顿大学	美国哈佛大学（46）	关于基本粒子间弱相互作用和电磁相互作用的统一理论的，包括对弱中性流的预言在内的贡献
1979	施尔顿·李·格拉肖（Sheldon Lee Glashow, 1932.12—）	美国（美国）	博士（26）、美国哈佛大学	美国哈佛大学（47）	同上
1979	阿布杜斯·萨拉姆（Abdus Salam, 1926.1—1996.3）	巴基斯坦（巴基斯坦）	博士（26）、英国剑桥大学	不详（53）	同上
1980	瓦尔·洛格斯顿·菲奇（Val Logsdon Fitch, 1923.3—）	美国（美国）	博士（31）、美国哥伦比亚大学	美国普林斯顿大学（57）	共同发现在中性K介子衰变过程中不遵守基本的对称性原理即复合宇称CP不守恒
1980	詹姆斯·沃森·克罗宁（James Watson Cronin, 1931.9—）	美国（美国）	博士（24）美国芝加哥大学	美国芝加哥大学（49）	同上
1981	凯·曼尼·伯耶·西格巴恩（Kai Manne Broje Siegbahn, 1918.4—2007.7）	瑞典（瑞典）	博士（26）、瑞典斯德哥尔摩大学	瑞典乌普萨拉大学（63）	开发高分辨率测量仪器以及对光电子和轻元素的定量分析
1981	阿瑟·莱昂纳多·肖洛（Arthur Leonard, 1921.5—1999.4）	美国（美国）	博士（28）、加拿大多伦多大学	美国斯坦福大学（60）	利用非线性光学原理，首创饱和吸收光谱和双光子光谱等方法
1981	尼古拉斯·布罗姆伯根（Nicolaas Bloembergen, 1920.3—）	荷兰（美国）	博士（28）、荷兰莱顿大学	美国哈佛大学（61）	将非线性光学效应应用于原子、分子和固体的光谱学和激光研究，建立非线性光学和激光光谱学

续表

获奖年份	姓名	出生地（获奖时国籍）	最高学位（年龄）、所在学校	获奖时所在机构（获奖时年龄）	获奖原因
1982	肯尼斯·格迪斯·威尔逊（Kenneth Geddes Wilson, 1936.6—）	美国（美国）	美国加州理工学院	美国康奈尔大学（46）	提出重整化群变换理论，阐明相变临界现象
1983	萨伯拉哈曼杨·钱德拉塞卡（Subrahmanyan Chandrasekhar, 1910.10—1995.8）	印度（美国）	博士（23）、英国剑桥大学	美国芝加哥大学叶凯士天文台（73）	研究恒星结构和演化
1983	威廉·阿尔夫雷德·福勒（William Alfred Fowler, 1911.8—1995.3）	美国（美国）	博士（25）、美国加州理工学院	美国加州理工学院（72）	提出宇宙空间元素起源的核生成理论
1984	卡罗·鲁比亚（Carlo Rubbia, 1934.3—）	意大利（意大利）	博士（24）、美国哥伦比亚大学	不详（50）	发现传递弱相互作用的中间矢量玻色子
1984	西蒙·范德梅尔（Simon van der Meer, 1925.11—）	荷兰（荷兰）	博士（27）、荷兰代尔夫特理工大学	不详（59）	发明粒子束的随机冷却法
1985	克劳斯·冯·克里青（Klaus von Klitzing, 1943.6—）	德国（德国）	博士（29）、德国维尔茨堡大学	M. 普朗克固态研究所（42）	发现量子化的霍尔效应
1986	恩斯特·鲁斯卡（Ernst Ruska, 1906.12—1988.5）	德国（德国）	博士（25）、德国柏林技术大学	德国柏林技术大学（80）	从事电光学方面的基础性工作，研制成第一台电子显微镜
1986	格尔德·宾尼格（Gerd Binnig, 1947.7—）	德国（德国）	博士（31）、德国 J. W. 歌德大学	国际商业机器公司瑞典苏黎世研究实验室（39）	共同发明扫描隧道效应显微镜
1986	海因里希·罗雷尔（Heinrich Rohrer, 1933.6—）	瑞士（瑞士）	博士（27）、瑞士苏黎世联邦理工学院	国际商业机器公司瑞典苏黎世研究实验室（53）	同上

续表

获奖年份	姓名	出生地（获奖时国籍）	最高学位（年龄）、所在学校	获奖时所在机构（获奖时年龄）	获奖原因
1987	约翰尼斯·格奥尔格·贝德诺尔茨（Johanees Georg Bednorz, 1950.5—）	德国（德国）	博士（32）、瑞士苏黎世联邦理工学院	国际商业机器公司瑞典苏黎世研究实验室（37）	共同发现氧化物高温超导材料
1987	卡尔·亚历山大·缪斯（Karl Alexander Muller, 1927.4—）	瑞士（瑞士）	博士（31）、瑞士苏黎世联邦理工学院	国际商业机器公司瑞典苏黎世研究实验室（60）	同上
1988	利昂·马克斯·莱德曼（Leon Max Lederman, 1922.7—）	美国（美国）	博十（29）、美国哥伦比亚大学	美国国立费米物理实验室（66）	中微子束方式，发现子中微了证明了轻子的对偶结构
1988	梅尔文·施瓦茨（Melvin Schwartz, 1932.11—）	美国（美国）	博士（24）、美国哥伦比亚大学	数字通讯公司（Digital Pathways）（56）	同上
1988	杰克·斯坦伯格（Jack Steinberg, 1921.5—）	德国（德国）	博士（27）、美国芝加哥大学	不详（67）	同上
1989	诺尔曼·福斯特·拉姆齐（Norman Forster Ramsey, 1915.8—）	美国（美国）	博士（25）、美国哥伦比亚大学	不详（74）	发明分离振荡场方法并用于氢微波激射器和其他原子钟
1989	汉斯·格奥尔格·德默尔特（Hans Georg Dehmelt, 1922.9—）	德国（美国）	博士（28）、德国哥丁哈根大学	美国华盛顿大学（67）	发明离子陷阱技术，研究微观粒子的基本性质
1989	沃尔夫冈·保罗（Wolfgang Paul, 1912.8—1993.12）	德国（德国）	博士（27）、德国柏林大学	德国波恩大学（77）	发明捕捉原子的电磁陷阱技术
1990	杰罗姆·弗里德曼（Jerome Friedman, 1930.3—）	美国（美国）	博士（26）、美国芝加哥大学	美国麻省理工学院（60）	发现质子和中子的内部结构，首次获得夸克存在的证据

续表

获奖年份	姓名	出生地（获奖时国籍）	最高学位（年龄）、所在学校	获奖时所在机构（获奖时年龄）	获奖原因
1990	亨利·肯德尔（Henry W. Kendall, 1926.12—1999.2）	美国（美国）	博士（28）、美国麻省理工学院	美国麻省理工学院（64）	发现质子和中子的内部结构，首次获得夸克存在的证据
1990	理查德·泰勒（Richard E. Taylor, 1929.11—）	加拿大（加拿大）	博士（33）、美国斯坦福大学	美国斯坦福大学（61）	同上
1991	皮埃尔－吉利斯·德热纳（Pierre-Gilles de Gennes, 1932.10—2007.5）	法国（法国）	博士（26）、法国巴黎大学	法国巴黎物理和化学研究所（59）	把研究简单体系中有序现象的方法推广到液晶和聚合物等复杂物质形式的研究中
1992	乔治·夏帕克（Georges Charpak, 1924.8—）	波兰（法国）	博士（31）、法国法兰西学院	不详（68）	发明用于高能物理学研究中的粒子探测器——多丝正比室
1993	约瑟夫·霍顿·泰勒（Joseph Hooton Taylor, 1941.3—）	美国（美国）	博士（27）、美国哈佛大学	美国普林斯顿大学（52）	共同发现脉冲双星
1993	拉萨尔·艾伦·赫尔斯（Russell Alan Hulse, 1950.11—）	美国（美国）	博士（25）、美国马萨诸塞大学	美国普林斯顿大学（43）	同上
1994	贝特拉姆·尼维尔·布鲁克豪斯（Bertram Niville Brockhouse, 1918.7—2003.10）	加拿大（加拿大）	博士（32）、加拿大多伦多大学	加拿大汉密尔顿的麦克马斯达大学（76）	开拓用于凝聚态物质的中子散射技术，发展中子频谱学
1994	克里福德·格伦伍德·沙尔（Clifford Glenwood Shull, 1915.9—2001.3）	美国（美国）	博士（25）、美国纽约大学	不详（79）	开发中子散射技术，发展中子衍射技术
1995	马丁·刘易斯·佩尔（Martin Lewis Perl, 1927.6—）	美国（美国）	博士（28）、美国哥伦比亚大学	美国斯坦福大学（68）	发现重轻子

续表

获奖年份	姓名	出生地（获奖时国籍）	最高学位（年龄）、所在学校	获奖时所在机构（获奖时年龄）	获奖原因
1995	弗雷德里克·莱因斯（Fredrick Reines, 1918.3—1998.8）	美国（美国）	博士（26）、美国纽约大学	不详（77）	探测到中微子
1996	戴维·莫里斯·李（David Morris Lee, 1931.1—）	美国（美国）	博士（28）、美国耶鲁大学	美国康奈尔大学（65）	共同发现超低温环境下液氦-3的超流动性
1996	道格拉斯·迪安·奥谢罗夫（Douglas Dean Osheroff, 1945.8—）	美国（美国）	博士（28）、美国康奈尔大学	美国斯坦福大学（51）	同上
1996	罗伯特·科尔曼·理查森（Robert Coleman Richardson, 1937.6—）	美国（美国）	博士（29）、美国杜克大学	美国康奈尔大学（59）	同上
1997	朱棣文（Steven Chu, 1948.2—）	美国（美国）	博士（28）、美国加州大学伯克利分校	美国斯坦福大学（49）	发明激光冷却和捕陷原子的方法
1997	克劳德·科恩-坦努吉（Claude Cohen-Tannoudji, 1933.4—）	法国（法国）	博士（29）、法国巴黎高等师范学校	法国法兰西学院（64）	同上
1997	威廉·丹尼尔·菲利普斯（William Daniel Phillips, 1948.11—）	美国（美国）	博士（28）、美国麻省理工学院	美国国家标准局（49）	同上
1998	霍斯特·路德维希·施特默（Horst Ludwig Stormer, 1949.4—）	德国（德国）	博士（27）、德国斯图加特大学	美国哥伦比亚大学（49）	共同发现分数量子霍尔效应
1998	崔琦（Daniel Chee Tsui, 1939.2—）	中国（美国）	博士（28）、美国芝加哥大学	美国普林斯顿大学（59）	同上
1998	罗伯特·贝茨·劳克林（Robert Betts Laughlin, 1950.11—）	美国（美国）	博士（29）、美国麻省理工学院	美国斯坦福大学（48）	从理论上解释了分数量子霍尔效应

续表

获奖年份	姓名	出生地（获奖时国籍）	最高学位（年龄）、所在学校	获奖时所在机构（获奖时年龄）	获奖原因
1999	杰拉尔杜斯·霍夫特（Gerardus't Hooft, 1946.7—）	荷兰（荷兰）	博士（26）、荷兰乌特勒支大学	荷兰乌特勒支大学（53）	共同阐明电弱相互作用的量子结构
1999	马丁努斯·韦尔特曼（Martinus J. G. Veltman, 1931.6—）	荷兰（荷兰）	博士（32）、荷兰乌特勒支大学	美国密歇根大学（68）	同上
2000	泽列斯·阿尔费罗夫（Zhores I. Alferov, 1930.3—）	苏联（俄罗斯）	博士（40）、苏联圣彼得堡约飞物理技术研究院	苏联圣彼得堡约飞物理技术研究院（70）	分别独立地提出半导体异质结构理论，阐述了双异质结激光器的概念，并开发了异质结构的快速晶体管、高效激光二极管
2000	赫尔伯特·克勒默（Herbert Kroemer, 1928.12—）	德国（美国）	博士（24）、德国哥廷根大学	美国加州大学巴巴拉分校（72）	同上
2000	杰克·基尔比（Jack S. Killby, 1923.11—2005.6）	美国（美国）	硕士（24）、美国威斯康星大学	不详（77）	发明集成电路
2001	艾里克·阿林·康奈尔（Eric ALLin Cornell, 1961.12—）	美国（美国）	博士（29）、美国麻省理工学院	不详（40）	共同在碱金属原子的稀薄气中实现玻色－爱因斯坦凝聚以及在凝聚态物质性质方面的基础性研究
2001	沃尔夫冈·凯特纳（Wolfgang Ketterle, 1957.10—）	德国（德国）	博士（29）、德国慕尼黑大学	美国麻省理工学院（44）	同上
2001	卡尔·埃德温·威依迈（Carl Edwin Wieman, 1951.3—）	美国（美国）	博士（26）、麻省理工学院	不详（50）	同上
2002	雷蒙德·戴维斯（Raymond Davis, 1914.10—2006.5）	美国（美国）	博士（28）、美国耶鲁大学	不详（88）	各自独立探测到宇宙中的中微子，从而导致中微子天文学的诞生

续表

获奖年份	姓名	出生地（获奖时国籍）	最高学位（年龄）、所在学校	获奖时所在机构（获奖时年龄）	获奖原因
2002	小柴昌俊（Masatoshi Koshiba, 1926.9—）	日本（日本）	博士（29）、美国纽约罗彻斯特大学	日本东京大学国际基本粒子物理中心（76）	各自独立探测到宇宙中的中微子，从而导致中微子天文学的诞生
2002	里卡尔多·贾科尼（Riccardo Giacconi, 1931.10—）	意大利（美国）	博士（23）、意大利米兰大学	美国约翰·霍普金斯大学（71）	发现宇宙X射线源，开创X射线天文学
2003	阿列克谢·阿列克谢耶维奇·阿布里科索夫（Alexei Alexeiyevich Abrikosov, 1928.6—）	苏联（俄罗斯/美国）	双博士（23/27）、苏联科学院	美国国立阿贡实验室材料科学部凝聚态物理研究组（75）	成功解释了在强磁场中仍然具有超导性能（即II型超导体的现象）
2003	维塔利·拉扎列维奇·金茨堡（Vitaly Lazarevich Ginzburg, 1916.10—2009.11）	俄国（俄罗斯）	博士（26）、俄罗斯莫斯科大学	俄罗斯莫斯科列别捷夫物理研究所（87）	建立超导唯象理论，提出描述超导现象的理论公式
2003	安东尼·詹姆斯·莱格特（Anthony James Leggett, 1938.3—）	英国（英国/美国）	博士（26）、牛津大学	美国伊利诺伊大学厄巴纳-香槟分校（65）	创立氦-3超流理论
2004	戴维·格罗斯（David Jonathan Gross, 1941.2—）	美国（美国）	博士（25）、美国加利福尼亚大学伯克利分校	凯维里理论物理研究所（63）	发现夸克之间的强相互作用遵守"渐进自由"规则，为量子色动力学理论奠定了基础
2004	弗兰克·维尔切克（Frank Wilczek, 1951.5—）	美国（美国）	博士（23）、美国普林斯顿大学	美国麻省理工学院（53）	同上
2004	休·戴维·玻利策（Hugh David Politzer, 1949.8—）	美国（美国）	博士（25）、美国哈佛大学	不详（55）	同上
2005	罗伊·格劳伯（Roy J. Glauber, 1925.9—）	美国（美国）	博士（24）美国哈佛大学	美国哈佛大学（80）	创立"相干性量子理论"

续表

获奖 年份	姓名	出生地 （获奖时 国籍）	最高学位 （年龄）、 所在学校	获奖时 所在机构 （获奖时年龄）	获奖原因
2005	约翰·霍尔（John L. Hall, 1934.8—）	美国 （美国）	博士（27）、美国卡内基理工学院	美国实验天体物理联合研究所（71）	合作发展了"超精密激光光谱学"
2005	特奥多尔·亨施（Theodor Wolfgang Hänsch, 1941.10—）	德国 （德国）	博士（28）、德国海德堡大学	不详（64）	同上
2006	约翰·马瑟（John C. Mather, 1946.8—）	美国 （美国）	博士（28）、美国加利福尼亚大学伯克利分校	美国国家航空航天局戈达德航天中心（60）	共同发现宇宙微波背景辐射的黑体形式和各向异性，为大爆炸宇宙论提供了新的支持
2006	乔治·斯穆特（George Fitzgerald Smoot, 1945.2—）	美国 （美国）	博士（25）、美国麻省理工学院	美国加利福尼亚大学伯克利分校（61）	同上
2007	阿尔伯特·费尔（Albert Fert, 1938.3—）	法国 （法国）	博士（32）、法国南巴黎大学	不详（69）	发现巨磁阻效应
2007	彼德·安德烈亚斯·格林贝格（Peter Andreas Grunberg, 1939.5—）	德国 （德国）	博士（30）、德国达姆施塔特工业大学	退休（68）	同上
2008	南部阳一郎（Yoichiro Nambu, 1921.1—）	日本 （美国）	博士（31）、日本东京帝国大学	美国芝加哥大学（87）	发现亚原子物理学中的自发对称性破缺机制
2008	小林诚（Makoto Kobayashi, 1944.4—）	日本 （日本）	博士（28）、日本名古屋大学	日本高能加速器研究机构（64）	合作发现对称性破缺的起源，提出了"小林-益川理论"
2008	益川敏英（Toshihide Maskawa, 1940.2—）	日本 （日本）	博士（27）、日本名古屋大学	日本京都产业大学（68）	同上

续表

获奖年份	姓名	出生地（获奖时国籍）	最高学位（年龄）、所在学校	获奖时所在机构（获奖时年龄）	获奖原因
2009	高锟（Charles Kuen Kao, 1933.11—）	中国（英国）	博士（32）、英国伦敦大学	不详（76）	创立光纤通讯传输理论
2009	威拉德·博伊尔（Willard S. Boyle, 1924.8—2011.5）	加拿大（美国）	博士（26）、加拿大麦吉尔大学	不详（85）	共同发明半导体电路成像器——电荷耦合器件（CCD）图像传感器
2009	乔治·埃尔伍德·史密斯（George Elwood Smith, 1930.5—）	美国（美国）	博士（29）、美国芝加哥大学	退休（79）	同上
2010	安德烈·盖姆（Andre Geim, 1958.10—）	俄罗斯（荷兰）	博士（29）、俄罗斯科学院固态物理研究所	不详（52）	共同合作，在二维空间材料石墨烯的突破性实验
2010	康斯坦丁·诺奥肖洛夫（Konstantin Novoselov, 1974.8—）	俄罗斯（俄罗斯/英国）	博士（30）、俄罗斯莫斯科物理技术学院及奈梅亨拉德伯德大学	英国曼彻斯特大学（36）	同上
2011	索尔·帕尔玛特（Saul Perlmutter, 1959—）	美国（美国）	博士（27）、美国加利福尼亚大学伯克利分校	美国加利福尼亚大学伯克利分校（52）	透过观测遥距超新星而发现宇宙加速膨胀
2011	布莱恩·施密特（Brain P. Schmidt, 1967.2—）	美国（美国/澳大利亚）	博士（26）、美国哈佛大学	澳大利亚国立大学（ANU）斯特朗洛山天文台（44）	同上
2011	亚当·盖伊·里斯（Andam Guy Riess, 1969.12—）	美国（美国）	博士（27）、美国哈佛大学	约翰·霍普金斯大学和太空望远镜科学研究所（42）	同上
2012	塞尔日·阿罗什（Serge Haroche, 1944.9—）	摩洛哥（法国）	博士（27）、皮埃尔与玛丽居里大学	法国高等师范学院（69）	能够量度和操控个体量子系统的突破性实验手法
2012	戴维·瓦恩兰（David Jeffrey Wineland, 1944.2—）	美国（美国）	博士（27）、美国哈佛大学	美国国家标准与技术局（NIST）物理实验室与科罗拉多大学博尔德分校（69）	同上

续表

获奖年份	姓名	出生地（获奖时国籍）	最高学位（年龄）、所在学校	获奖时所在机构（获奖时年龄）	获奖原因
2013	弗朗索瓦·恩格勒（Franäois Englert，1932.11—）	比利时（比利时）	博士（27）、法国布鲁塞尔自由大学	不详（81）	成功预测希格斯玻色子（又称"上帝粒子"）
2013	彼得·威尔·希格斯（Peter Ware Higgs，1929.5—）	英国（英国）	博士（25）、伦敦国王学院	斯旺西大学荣誉教授（84）	同上

表二 诺贝尔化学奖（1901—2013）

获奖年份	姓名	出生地（获奖时国籍）	最高学位（年龄）、所在学校	获奖时所在机构（获奖时年龄）	获奖原因
1901	雅可比·亨利克斯·范特霍夫（Jacobus Henricus Van't Hoff，1852.8—1911.3）	荷兰（荷兰）	博士（22）、荷兰乌特勒支大学	德国柏林大学（49）	发现化学动力学法则和溶液渗透压定律
1902	赫尔曼·埃米尔·费歇尔（Hermann Emil Fischer，1852.10—1919.7）	德国（德国）	博士（22）、德国波恩大学	德国斯特拉斯堡大学（50）	合成糖类和嘌呤衍生物多肽
1903	斯万特·奥古斯特·阿伦尼乌斯（Svante August Arrhenius，1859.2—1927.10）	瑞典（瑞典）	博士（25）、瑞典乌普萨拉大学	瑞典斯德哥尔摩大学（44）	提出电解质溶液电离理论
1904	威廉·拉姆赛（William Ramsey，1852.10—1916.7）	英国（英国）	博士（20）、德国图宾根大学	英国伦敦大学（52）	发现氦、氖、氩、氪、氙等惰性气体元素并确定它们在周期表中的位置
1905	约翰·弗雷德里克·威廉·阿道夫·冯·贝耶尔（Johann Friedrich Wilhelm Adolf von Baeyer，1835.10—1917.8）	德国（德国）	博士（23）、德国柏林大学	德国慕尼黑大学（70）	关于有机染料和氢化芳香族化合物的研究成果
1906	费迪南德·费雷德里克·亨利·穆瓦桑（Ferdinand Frederick Henri Moissan，1852.9—1907.2）	法国（法国）	博士（28）、法国巴黎大学	法国索尔本大学（54）	制取纯氟并发明高温电弧炉
1907	爱德华·布希纳（Eduard Buchner，1860.5—1917.8）	德国（德国）	博士（28）、德国慕尼黑大学	德国柏林农学院（47）	研究生物化学并发现无细胞发酵
1908	欧内斯特·卢瑟福（Ernest Rutherford，1871.8—1937.10）	新西兰（新西兰）	硕士（23）、新西兰坎特伯雷学院	英国曼彻斯特维多利亚大学（37）	提出放射性元素的蜕变理论

续表

获奖年份	姓名	出生地（获奖时国籍）	最高学位（年龄）、所在学校	获奖时所在机构（获奖时年龄）	获奖原因
1909	弗里德里希·威廉·奥斯特瓦尔德（Friedrich Wilhelm Ostwald，1853.9—1932.4）	拉脱维亚（德国）	博士（25）、拉脱维亚多尔帕特大学	不详（56）	在催化作用、化学平衡条件和化学反应速率方面的研究成果
1910	奥托·瓦拉赫（Otto Wallach，1847.3—1931.2）	德国（德国）	博士（22）、德国哥廷根大学	德国哥廷根大学（63）	在脂环族化合物研究中的开创性成果
1911	玛丽·居里（Marie Curie，1867.11—1934.7）（女）	波兰（法国）	博士（36）、法国巴黎-索尔本大学	法国巴黎-索尔本大学（44）	发现镭和钋，并分离出镭
1912	弗朗索瓦·奥斯特·维克多·格林尼亚（François Auguste Victor Grignard，1871.5—1935.12）	法国（法国）	博士（30）、法国里昂大学	法国南锡大学（41）	发现有机氢化物的格利雅试剂法
1912	保罗·萨巴蒂埃（Paul Sabatier，1854.11—1941.8）	法国（法国）	博士（26）、法国法兰西学院	法国图卢兹大学（58）	研究金属催化加氢在有机化合成中的应用
1913	阿尔弗雷德·维尔纳（Alfred Werner，1866.12—919.11）	法国（瑞士）	博士（24）、瑞士苏黎世大学	瑞士苏黎世大学（47）	分子中原子键合方面的作用
1914	赛奥多·威廉·理查兹（Theodore William Richards，1868.1—1928.4）	美国（美国）	博士（20）、美国哈佛大学	美国哈佛大学（46）	精确测定若干种元素的原子量
1915	理查德·马丁·威尔斯泰特（Richard Martin Willstatter，1872.8—1942.8）	德国（德国）	博士（22）、德国慕尼黑大学	德国柏林大学（43）	对叶绿素化学结构的研究
1916—1917					
1918	弗里茨·哈伯（Fritz Haber，1868.12—1934.1）	德国（德国）	博士（23）、德国慕尼黑高等技术学校	德国凯撒·威廉化学研究所（50）	发明从氨的成分即氮和氢元素直接合成氨的技术
1919					

续表

获奖年份	姓名	出生地（获奖时国籍）	最高学位（年龄）、所在学校	获奖时所在机构（获奖时年龄）	获奖原因
1920	瓦尔特·赫尔曼·能斯特（Walther Hermann Nernst，1864.6—1941.11）	德国（德国）	博士（23）、德国维尔茨堡大学	德国柏林大学（56）	研究化学热力学理论，提出热力学第三定律
1921	弗雷德里克·索迪（Frederick Soddy，1877.9—1956.9）	英国（英国）	硕士（33）、英国牛津大学	英国牛津大学（44）	研究放射化学、同位素的存在和性质
1922	弗朗西斯·威廉·阿斯顿（Francis William Aston，1877.9—1945.11）	英国（英国）	学士（23）、英国伯明翰大学	英国剑桥大学（45）	用质谱仪发现多种同位素并发现原子
1923	弗里茨·普列格尔（Fritz Pregl，1869.9—1930.12）	奥地利（奥地利）	博士（25）、奥地利格拉茨大学	不详（54）	创立有机物的微量分析法
1924					
1925	理查德·阿道夫·席格蒙迪（Richard Adolf Zsigmondy，1865.4—1929.9）	奥地利（德国）	博士（25）、德国慕尼黑大学	德国哥廷根大学（60）	阐明胶体溶液的复相性质
1926	西奥尔多·斯维德伯格（Theodor Svedberg，1884.8—1971.2）	瑞典（瑞典）	博士（24）、瑞典乌普萨拉大学	瑞典古斯塔夫·维尔纳原子核化学研究所（42）	发明高速离心机并用于高分散胶体物质的研究
1927	海因里希·奥托·维兰德（Heinrich Otto Wieland，1877.6—1957.8）	德国（德国）	博士（24）、德国慕尼黑大学	德国慕尼黑大学（50）	发现胆酸及其化学结构
1928	阿道夫·奥托·莱茵霍尔德·温道斯（Adolf Otto Reinhold Windaus，1876.12—1959.6）	德国（德国）	博士（23）、德国弗赖堡大学	德国哥廷根大学（52）	研究丙醇及其维生素的关系

续表

获奖年份	姓名	出生地（获奖时国籍）	最高学位（年龄）、所在学校	获奖时所在机构（获奖时年龄）	获奖原因
1929	汉斯·卡尔·奥古斯特·西蒙·冯·奥伊勒-歇尔平（Hans Karl August Simon von Euler-Chelpin, 1873.2—1964.11）	德国（瑞典）	博士（22）、德国柏林大学	瑞典斯德哥尔摩大学（56）	有关糖的发酵和酶在发酵中作用研究
1929	阿瑟·哈登（Arthur Harden, 1865.10—1940.6）	英国（英国）	博士（23）、德国埃尔兰根大学	英国詹纳预防医学研究所（64）	有关糖的发酵和酶在发酵中作用研究
1930	汉斯·菲歇尔（Hans Fischer, 1865.10—1940.6）	德国（德国）	双博士（23/27）、德国慕尼黑大学	德国慕尼黑高等技术学校（65）	研究血红素和叶绿素，合成血红素
1931	卡尔·博施（Carl Bosch, 1874.8—1940.6）	德国（德国）	博士（24）、德国莱比锡大学	德国法班颜料工业公司（57）	在高压化学合成技术上的贡献
1931	弗里德里希·卡尔·鲁道夫·备吉乌斯（Friedrich Karl Rudolf Bergius, 1884.10—1949.3）	德国（德国）	博士（23）、德国莱比锡大学	不详（47）	同上
1932	埃尔文·朗缪尔（Irving Langmuir, 1881.1—1957.8）	美国（美国）	博士（25）、德国哥廷根大学	美国纽约斯克内克塔迪通用电气公司（51）	提出并研究表面化学
1933					
1934	哈罗德·克莱顿·尤里（Harold Clayton Urey, 1893.4—1981.1）	美国（美国）	博士（28）、美国加利福尼亚大学	美国哥伦比亚大学（41）	发现重氢
1935	让·费雷德里克·约里奥（Jean Frederic Joliot-Curie, 1900.3—1958.8）	法国（法国）	博士（30）、法国巴黎大学	法国国家科学基金委员会（35）	合成人工放射性元素
1935	伊伦娜·约里奥-居里（Irène Joliot-Curie, 1897.9—1956.3）（女）	法国（法国）	博士（28）、法国巴黎大学	法国巴黎居里实验室，法国国家科学基金委员会（38）	同上

续表

获奖 年份	姓名	出生地 （获奖时 国籍）	最高学位 （年龄）、 所在学校	获奖时 所在机构 （获奖时年龄）	获奖原因
1936	彼特·约瑟夫·威廉·德拜（Petrus Josephus Wilhelmus Debye，1884.3—1966.11）	荷兰 （荷兰）	博士（24）、德国慕尼黑大学	德国柏林大学（52）	X射线的偶极矩和衍射及气体中的电子方面的研究
1937	瓦尔特·诺尔曼·霍沃思（Walter Norman Haworth，1883.3—1950.3）	英国 （英国）	双博士（27/28）、英国曼彻斯特大学	英国伯明翰大学（54）	研究碳水化合物和维生素
1937	保罗·卡雷（Paul Karrer，1889.4—1971.6）	俄罗斯 （瑞士）	博士（22）、瑞士苏黎世大学	瑞士苏黎世大学（48）	研究类胡萝卜素、黄素和维生素
1938	理查德·库恩（Richard Kuhn，1900.12—1967.8）	奥地利 （德国）	博士（22）、德国慕尼黑大学	德国海德堡大学（38）	研究类胡萝卜素和维生素
1939	阿道夫·弗里德里希·约翰·布泰南特（Adolf Friedrich Johann Butenandt，1903.3—1995.2）	德国 （德国）	博士（24）、德国哥廷根大学	德国凯撒·威廉生物化学研究所（36）	性激素方面的工作
1939	列奥波德·史蒂芬·鲁齐卡（Leopold Stephen Ruzicka，1887.9—1976.9）	克罗地亚 （瑞士）	博士（23）、德国卡尔斯鲁厄大学	瑞士苏黎世大学（52）	聚甲烯和性激素方面的研究工作
1940—1942					
1943	乔治·查尔斯·德·赫维西（George Charles de Hevesy，1885.8—1966.7）	匈牙利 （匈牙利）	博士（23）、德国弗赖堡大学	德国弗赖堡大学，瑞典斯德哥尔摩大学（58）	在化学研究中用同位素作示踪物
1944	奥托·哈恩（Otto Hahn，1879.3—1968.7）	德国 （德国）	博士（22）、德国马尔堡大学	德国凯撒·威廉生物化学研究所（65）	发现重原子核的裂变
1945	阿尔图里·伊尔马里·霍尔塔南（Artturi Ilmari Virtanen，1895.1—1973.11）	芬兰 （芬兰）	博士（24）、芬兰赫尔辛基大学	芬兰赫尔辛基大学（50）	发明酸化法贮存鲜饲料

续表

获奖年份	姓名	出生地（获奖时国籍）	最高学位（年龄）、所在学校	获奖时所在机构（获奖时年龄）	获奖原因
1946	詹姆斯·贝特切尔·萨姆纳（James Batcheller Sumner, 1887.11—1955.8）	美国（美国）	博士（27）、美国哈佛大学	美国康奈尔大学（59）	发现酶结晶
1946	约翰·霍华德·诺斯罗普（John Howard Northrop, 1891.7—1987.5）	美国（美国）	博士（24）、美国哈佛大学	美国洛克菲勒医学研究所（55）	制出酶和病素蛋白质纯结晶
1946	温德尔·麦乐迪斯·斯坦利（Wendell Meredith Stanley, 1904.8—1971.6）	美国（美国）	博士（25）、美国伊利诺伊大学	美国洛克菲勒医学研究所（42）	同上
1947	罗伯特·罗宾森（Robert Robinson, 1886.9—1975.2）	英国（英国）	博士（24）、英国曼彻斯特大学	英国牛津大学（61）	研究生物碱和其他植物制品
1948	阿恩·威廉·考林·蒂塞留斯（Arne Wilhelm Kaurin Tiselius, 1902.8—1971.10）	瑞典（瑞典）	博士（28）、瑞典乌普萨拉大学	瑞典乌普萨拉大学（46）	研究电泳和吸附分析血清蛋白
1949	威廉·弗朗西斯·吉奥克（William Francis Giauque, 1895.5—1982.3）	美国（美国）	博士（27）、美国加利福尼亚大学	美国加利福尼亚大学（54）	研究超低温下的物质性能
1950	奥托·保罗·赫尔曼·第尔斯（Otto Paul Hermann Diels, 1876.1—1954.3）	德国（德国）	博士（23）、德国柏林大学	不详（74）	发现并发展了双稀合成法
1950	库尔特·阿尔德（Kurt Alder, 1902.7—1958.6）	德国（德国）	博士（24）、德国基尔大学	德国科隆大学（48）	发现并发展了双稀合成法
1951	埃德温·马蒂森·麦克米伦（Edwin Mattison McMillan, 1907.9—1991.9）	美国（美国）	博士（25）、美国普林斯顿大学	美国加利福尼亚大学伯克利分校（44）	发现超轴元素镎
1951	格伦·西奥多·西博格（Glenn Theodore Seaborg, 1912.4—1999.2）	美国（美国）	博士（25）、美国加利福尼亚大学	美国芝加哥大学（39）	同上

续表

获奖年份	姓名	出生地（获奖时国籍）	最高学位（年龄）、所在学校	获奖时所在机构（获奖时年龄）	获奖原因
1952	阿切尔·约翰·波特·马丁（Archer John Porter Martin, 1910.3—2002.7）	英国（英国）	博士（26）、英国剑桥大学	英国医学研究会（42）	发明分红色谱法
1952	理查德·劳伦斯·米林顿·辛格（Richard Laurence Millington Synge, 1910.3—2002.7）	英国（英国）	博士（27）、英国剑桥大学	苏格兰阿伯丁罗威特研究所（42）	同上
1953	赫尔曼·施陶丁格（Hermann Staudinger, 1881.3—1965.9）	德国（德国）	博士（22）、德国哈勒大学	德国弗赖堡大学（72）	对高分子化学的研究
1954	莱纳斯·卡尔·鲍林（Linus Carl Pauling, 1901.2—1994.8）	美国（美国）	博士（24）、美国加利福尼亚大学	美国加利福尼亚理工学院（53）	研究化学键的性质和复杂分子结构
1955	文森特·杜·维格诺奥德（Vincent du Vigneaud, 1901.5—1978.12）	美国（美国）	博士（26）、美国罗彻斯特大学	美国康奈尔大学（54）	第一次合成多肽激素
1956	西里尔·诺曼·欣谢尔伍德（Cyril Norman Hinshelwood, 1897.6—1967.10）	英国（英国）	博士（27）、英国牛津大学	英国牛津大学（59）	研究化学反应动力学和链式反应
1956	尼古拉·尼古拉耶维奇·谢苗诺夫（Nikolay Nikolaevich Semenov, 1896.4—1986.9）	俄国（苏联）	学士（21）、苏联列宁格勒大学	苏联科学院（60）	同上
1957	亚历山大·罗伯兹·托德（Lord Alexander Robertus Todd, 1907.10—1997.1）	英国（英国）	双博士（24/26）、英国牛津大学	英国剑桥大学（50）	研究核苷酸和核苷酸辅酶
1958	弗雷德里克·桑格（Frederick Sanger, 1918.8—2013.11）	英国（英国）	博士（25）、英国剑桥大学	英国剑桥大学（40）	确定胰岛素分子结构

续表

获奖年份	姓名	出生地（获奖时国籍）	最高学位（年龄）、所在学校	获奖时所在机构（获奖时年龄）	获奖原因
1959	雅罗斯拉夫·海洛夫斯基（Jaroslav Heyrovsky，1890.12—1967.3）	捷克（捷克）	双博士（28/31）、捷克斯洛伐克查理大学	捷克斯洛伐克布拉格极谱研究所（69）	发现并发展极谱分析法，开创极谱学
1960	威拉德·弗兰克·利比（Willard Frank Libby，1908.12—1997.1）	美国（美国）	博士（25）、美国加利福尼亚大学	美国加利福尼亚大学（52）	创立放射性碳测定法
1961	梅尔文·卡尔文（Melvin Calvin，1911.4—1997.1）	美国（美国）	博士（24）、美国明尼苏达大学	美国加利福尼亚大学伯克利分校（50）	研究植物光合作用中的化学过程
1962	马克斯·斐迪南德·佩鲁茨（Max Ferdinand Perutz，1914.5—2002.2）	奥地利（美国）	博士（26）、英国剑桥大学	英国剑桥大学（48）	研究蛋白质的分子结构
1962	约翰·考德里·肯德鲁（John Cowdery Kendrew，1917.3—1997.8）	英国（英国）	博士（32）、英国剑桥大学	英国剑桥大学（45）	同上
1963	卡尔·齐格勒（Karl Ziegler，1898.11—1973.8）	德国（德国）	博士（22）、德国马尔堡大学	德国凯撒·威廉研究所（65）	发明齐格勒催化剂
1963	吉里奥·纳塔（Giulio Natta，1903.2—1979.5）	意大利（意大利）	博士（21）、意大利米兰工科大学	意大利都灵工业大学（60）	同上
1964	多萝西·玛丽·克劳福特·霍奇金（Dorothy Crowfoot Hodgkin，1910.5—1994.7）（女）	英国（英国）	博士（22）、英国牛津大学	英国牛津大学（54）	用X射线衍射技术测定复杂晶体和大分子的空间结构
1965	罗伯特·伯恩斯·伍德沃德（Robert Burns Woodward，1917.4—1979.7）	美国（美国）	双博士（20/28）、美国麻省理工学院	美国哈佛大学（48）	人工合成多种天然有机合成物质
1966	罗伯特·桑德逊·马利肯（Robert S. Mulliken，1896.6—1986.10）	美国（美国）	博士（25）、美国芝加哥大学	美国佛罗里达大学（70）	创立化学结构分子轨道理论

续表

获奖年份	姓名	出生地（获奖时国籍）	最高学位（年龄）、所在学校	获奖时所在机构（获奖时年龄）	获奖原因
1967	曼弗雷德·艾根（Manfred Eigen, 1927.5—）	德国（德国）	博士（24）、德国哥廷根大学	不详（40）	发明了测定快速化学反应技术
1967	罗纳德·乔治·雷福德·诺里什（Ronald George Wreyford Norrish, 1897.11—1978.6）	英国（英国）	博士（27）、英国剑桥大学	不详（70）	同上
1967	乔治·波特（George Porter, 1920.12—2002.8）	英国（英国）	博士（29）、英国剑桥大学	英国皇家研究所（47）	同上
1968	拉斯·昂萨格（Lars Onsager, 1903.11—1976.10）	挪威（美国）	博士（32）、美国耶鲁大学	美国耶鲁大学（65）	发现了以他的名字命名的昂萨格倒易关系
1969	奥德·哈塞尔（Odd Hassel, 1897.5—1981.5）	挪威（挪威）	博士（27）、德国柏林大学	不详（72）	发展了以三级结构为基础的构象概念
1969	德里克·哈罗德·理查德·巴顿（Derek Harold Richard Barton, 1918.9—1998.3）	英国（英国）	双博士（24/32）、英国伦敦大学	英国帝国学院（51）	把抽象分析理论应用于研究有机化学反应
1970	路易斯·弗德里科·莱洛伊尔（Luis Federico Leloir, 1906.9—1987.12）	法国（阿根廷）	博士（26）、阿根廷布宜诺斯艾利斯大学	不详（64）	发现了糖核苷酸及其在碳水化合物的生物合成中所起的作用
1971	杰哈德·赫兹伯格（Gerhard Herzberg, 1904.12—1999.3）	德国（加拿大）	博士（24）、德国达姆施塔特工业大学	不详（67）	对分子的电子构造与几何形状，特别是自由基的研究
1972	克里斯蒂安·伯默尔·安芬森（Christian Boehmer Anfinsen, 1916.3—1995.5）	美国（美国）	博士（27）、美国哈佛大学	美国关节炎、新陈代谢、消化疾病国家研究所（56）	对核糖核酸酶的研究，特别是对其氨基酸序列与生物活性构象之间的联系的研究

续表

获奖年份	姓名	出生地（获奖时国籍）	最高学位（年龄）、所在学校	获奖时所在机构（获奖时年龄）	获奖原因
1972	斯坦福·摩尔（Stanford Moore，1913.9—1982.8）	美国（美国）	博士（25）、美国威斯康星大学	美国洛克菲勒医学研究所（59）	对核糖核酸酶分子的活性中心的催化活性与其化学结构之间的关系的研究
1972	威廉·霍华德·斯坦（William Howard Stein，1911.6—1980.2）	美国（美国）	博士（24）、美国哥伦比亚大学	美国洛克菲勒医学研究所（61）	研究核糖核酸酶的化学结构与催化活性之间的相互关系
1973	恩斯特·奥托·费歇尔（Ernst Otto Fischer，1918.11—2007.7）	德国（德国）	博士（34）、德国慕尼黑大学	不详（55）	对金属有机化合物（又被称为夹心化合物）的化学性质的开创性研究
1973	杰弗里·威尔金森（Geoffrey Wilkinson，1921.7—1996.9）	英国（英国）	博士（25）、英国伦敦大学	英国伦敦大学（52）	同上
1974	保罗·约翰·弗洛里（Paul John Flory，1910.6—1985.9）	美国（美国）	博士（24）、美国俄亥俄州立大学	美国斯坦福大学（64）	高分子物理化学的理论与实验两个方面的基础研究
1975	约翰·瓦卡普·康福思（John Warcup Cornforth，1917.9—）	澳大利亚（英国）	博士（24）、英国牛津大学	英国肯特壳牌有限研究公司（58）	酶催化反应的立体化学的研究
1975	弗拉基米尔·普雷洛格（Vladimir Prelog，1906.7—1998.1）	南斯拉夫（瑞士）	博士（23）、捷克斯洛伐克布拉格工程学院	瑞士苏黎世联邦理工学院（69）	揭示有机物分子的立体化学并构现象和空间排列及其反应机理
1976	威廉·伦·利普斯科姆（William Nunn Lipscomb，1919.12—2011.4）	美国（美国）	博士（27）、美国加利福尼亚大学	美国哈佛大学（57）	提出三中心电子键理论，揭示了硼烷分子的复杂结构，发展了化学价键理论
1977	伊里压·普利戈金（Ilya Prigogine，1917.1—2003.5）	俄罗斯（比利时）	博士（25）、比利时布鲁塞尔大学	美国德克萨斯大学（60）	研究非平衡态热力学，提出耗散结构理论

续表

获奖年份	姓名	出生地（获奖时国籍）	最高学位（年龄）、所在学校	获奖时所在机构（获奖时年龄）	获奖原因
1978	彼特·丹尼斯·米切尔（Peter Daniel Mitchell，1920.5—2004.12）	英国（英国）	博士（30）、英国剑桥大学	英格兰康沃尔格林研究所（58）	提出生物细胞膜的化学渗透理论并用于研究生物能量转化
1979	赫伯特·查尔斯·布朗（Herbert Charles Brown，1912.5—2004.12）	英国（美国）	博士（26）、美国芝加哥大学	退休、普渡大学荣誉教授（67）	分别将含硼和含磷化合物发展为有机合成中的重要试剂
1979	乔治·维蒂希（Georg Wittig，1897.6—1987.8）	德国（德国）	博士（26）、德国马尔堡大学	德国海德堡大学（82）	同上
1980	保罗·伯格（Paul Berg，1926.6—）	美国（美国）	博士（26）、美国俄亥俄州西保留地大学（今凯斯西方大学）	美国斯坦福大学（54）	对核酸的生物化学研究，特别是对重组DNA的研究
1980	弗雷德里克·桑格（Frederick Sanger，1918.8—2013.11）	英国（英国）	博士（25）、英国剑桥大学	英国剑桥大学（62）	对核酸中DNA碱基序列的确定方法
1980	瓦尔特·吉尔伯特（Walter Gilbert，1932.3—）	美国（美国）	博士（25）、英国剑桥大学	美国哈佛大学（48）	同上
1981	福井谦一（Kenichi Fukui，1918.10—1998.1）	日本（日本）	博士（30）、日本京都帝国大学	日本京都大学（63）	提出以量子力学为基础的化学反应前线轨道理论
1981	罗尔德·霍夫曼（Roald Hoffmann，1937.7—）	波兰（美国）	博士（25）、美国哈佛大学	美国康奈尔大学（44）	提出以量子力学为基础的分子轨道对称守恒原理
1982	艾伦·克卢格（Aaron Klug，1926.8—）	南非（英国）	博士（23）、英国剑桥大学	英国剑桥大学（56）	用电子显微镜并结合晶体衍射创立了确定分子聚合体结构的方法

续表

获奖年份	姓名	出生地（获奖时国籍）	最高学位（年龄）、所在学校	获奖时所在机构（获奖时年龄）	获奖原因
1983	艾伦·陶布（Henry Taube, 1915.11—2005.11）	加拿大（美国）	博士（25）、美国加利福尼亚大学	美国斯坦福大学（68）	对电子转移的反应机理，特别是金属络合物中电子转移反应机理的研究
1984	罗伯特·布鲁斯·梅里菲尔德（Robert Bruce Merrifield, 1921.7—2006.5）	美国（美国）	博士（28）、美国加利福尼亚大学	美国洛克菲勒医学研究所（63）	创立固相化学合成方法
1985	赫伯特·艾伦·豪普特曼（Herbert Aaron Hauptman, 1917.2—）	美国（美国）	博士（37）、美国马里兰大学	美国布法罗医学基金会（68）	共同开发用于X射线衍射确定晶体结构的"直接法"
1985	杰罗姆·卡尔勒（Jerome Karle, 1918.6—）	美国（美国）	博士（25）、美国密歇根大学	不详（67）	同上
1986	达德勒·罗伯特·赫希巴赫（Dudley Robert Herschbach, 1932.6—）	美国（美国）	博士（26）、美国哈佛大学	美国哈佛大学（54）	共同发明交叉分子束技术并应用于分子反应动力学研究
1986	李远哲（Yuan-Tseh Lee, 1936.11—）	中国（美国）	博士（29）、美国加利福尼亚大学	美国加利福尼亚大学伯克利分校（50）	同上
1986	约翰·查尔斯·波拉尼（John Charles Polanyi, 1929.1—）	加拿大（加拿大）	博士（23）、英国曼彻斯特大学	不详（57）	创立红外化学发光技术并用于诸多体系的基元反应动力学
1987	唐纳德·詹姆斯·克拉姆（Donald James Cram, 1919.4—2001.6）	美国（美国）	博士（28）、美国哈佛大学	美国加利福尼亚大学洛杉矶分校（68）	研究并创立"主—客化学"理论

续表

获奖年份	姓名	出生地（获奖时国籍）	最高学位（年龄）、所在学校	获奖时所在机构（获奖时年龄）	获奖原因
1987	让－玛丽·莱恩（Jean-Marie Lehn, 1939.9—）	法国（法国）	博士（24）、法国斯特拉斯堡大学	不详（48）	研究并创立超分子化学
1987	查尔斯·约翰·佩德森（Charles John Pedersen, 1904.10—1989.10）	挪威（美国）	硕士（23）、美国代顿大学/美国麻省理工学院	不详（83）	发现并合成大环聚醚化合物"冠醚"
1988	哈特穆特·米歇尔（Hartmut Michel, 1948.7—）	德国（德国）	博士（29）、德国维尔茨堡大学	不详（40）	共同合作确定了光合作用反应中心的三维结构
1988	约翰·戴森霍弗尔（Johann Deisenhofer, 1943.9—）	德国（德国）	博士（31）、德国马克斯·普朗克生物化学研究所	不详（45）	同上
1988	罗伯特·休伯（Robert Hubert, 1937.2—）	德国（德国）	博士（26）、德国慕尼黑大学	德国马克斯·普朗克生物化学研究所（51）	同上
1989	西德尼·E·奥尔特曼（Sidney E Altman, 1939:5—）	加拿大（美国）	博士（28）、美国加州福尼亚大学	美国耶鲁大学（50）	各自独立发现核糖核酸（RNA）具有酶的生物催化功能，打破了生命起源于蛋白质的定论
1989	托马斯·罗伯特·切赫（Thomas Robert Cech, 1947.12—）	美国（美国）	博士（28）、美国加利福尼亚伯克利分校大学	美国科罗拉多大学（42）	同上
1990	埃里亚斯·詹姆士·科里（Elias James Corey, 1928.7—）	美国（美国）	博士（23）、美国麻省理工学院	美国哈佛大学（62）	提出逆合成分析原理，拓展有机合成的理论和方法

续表

获奖年份	姓名	出生地（获奖时国籍）	最高学位（年龄）、所在学校	获奖时所在机构（获奖时年龄）	获奖原因
1991	理查德·罗伯特·恩斯特（Richard Robert Ernst, 1933.8—）	瑞士（瑞士）	博士（29）、瑞士苏黎世联邦理工学院	瑞士苏黎世联邦理工学院（58）	对开发高分辨率核磁共振（NMR）谱学方法的贡献
1992	鲁道夫·阿瑟·马库斯（Rudolph Arthur Marcus, 1923.7—）	加拿大（美国）	博士（23）、美国麦克吉尔大学	美国加州理工学院（69）	提出化学体系电子转移反应理论
1993	凯利·穆利斯（Kary Banks Mullis, 1944.12—）	美国（美国）	博士（29）、美国加利福尼亚大学	美国圣地亚哥齐特罗内克斯公司（49）	发展了以 DNA 为基础的化学研究方法，开发了聚合酶链锁反应（PCR）
1993	米歇尔·史密斯（Michael Smith, 1932.4—2000.10）	英国（加拿大）	博士（24）、英国曼彻斯特大学	温哥华大不列颠哥伦比亚大学（61）	发展了以 DNA 为基础的化学研究方法，对建立寡聚核苷酸为基础的定点突变及其对蛋白质研究的发展的基础作出了贡献
1994	乔治·安德鲁·欧拉（George Andrew Olah, 1927.5—）	匈牙利（美国）	博士（22）、匈牙利布达佩斯大学	美国南加州大学（67）	研究碳正离子及其烃类化合物化学反应，发现保持碳正离子稳定的方法，开拓了超酸化学的新领域
1995	保罗·约泽夫·克鲁岑（Paul Jozef Crutzen, 1933.12—）	荷兰（荷兰）	双博士（35/40）、瑞典斯德哥尔摩大学	不详（62）	阐明影响臭氧层的化学机理，证明人造化学物质对臭氧层的破坏作用
1995	马里奥·何塞·莫利纳（Mario Jose Molina, 1943.3—）	墨西哥（美国）	博士（29）、美国加利福尼亚大学伯克利分校	不详（52）	与弗兰克·舍伍德·罗兰共同提出氯氟烃即氟利昂气体削弱臭氧层的理论

续表

获奖年份	姓名	出生地（获奖时国籍）	最高学位（年龄）、所在学校	获奖时所在机构（获奖时年龄）	获奖原因
1995	弗兰克·舍伍德·罗兰（Frank Sherwood Rowland, 1927.6—）	美国（美国）	博士（25）、美国芝加哥大学	美国加利福尼严大学（68）	与马里奥·何塞·莫利纳共同提出氯氟烃即氟利昂气体削弱臭氧层的理论
1996	罗伯特·弗劳德·柯尔（Robert Floyd Curl, 1933.8—）	美国（美国）	博士（24）、美国加利福尼亚大学伯克利分校	美国赖斯大学（63）	共同发现"富勒烯"
1996	哈罗德·瓦尔特·克罗托（Harold Walter Kroto, 1939.10—）	英国（英国）	博士（25）、英国谢菲尔德大学	加拿大国家研究院和美国贝尔研究室（57）	同上
1996	理查德·埃立特·斯莫利（Richard Errett Smalley, 1943.6—2005.10）	美国（美国）	博士（30）、美国普林斯顿大学	美国赖斯大学（53）	同上
1997	詹斯·克里斯蒂安·斯科（Jens Christian Skou, 1918.10—）	丹麦（丹麦）	博士（36）、丹麦奥胡斯大学	丹麦奥胡斯大学（79）	发现人体细胞内离子转移酶——钠钾ATP酶
1997	保罗·德罗斯·博耶（Paul Delos Boyer, 1918.7—）	美国（美国）	博士（25）、美国威斯康星大学	不详（79）	阐明了三磷酸腺苷（ATP）合成中的酶催化机理
1997	约翰·欧内斯特·沃克尔（John Ernst Walker, 1941.1—）	英国（英国）	博士（28）、英国牛津大学	英国剑桥分子生物学医学研究委员会实验室（56）	阐明了三磷酸腺苷（ATP）合成中的酶催化机理
1998	瓦尔特·科恩（Walter Kohn, 1923.3—）	奥地利（美国）	博士（25）、美国哈佛大学	不详（75）	创立描述电子运动的电子密度泛函理论，发展了电子云理论
1998	约翰·安东尼·波普尔（John Anthony People, 1925.10—2004）	英国（英国）	博士（26）、英国剑桥大学	美国西北大学（73）	致力于量子化学和计算化学的研究，发展了量子化学的计算方法

续表

获奖年份	姓名	出生地（获奖时国籍）	最高学位（年龄）、所在学校	获奖时所在机构（获奖时年龄）	获奖原因
1999	艾哈迈德·哈桑·泽维尔（Ahmed Hassan Zewail, 1946.2—）	埃及（埃及/美国双国籍）	博士（22）、美国宾夕法尼亚大学	美国加州理工学院（53）	利用飞秒光谱学研究化学反应的过渡态
2000	白川英树（Hideki Shirakawa, 1936.8—）	日本（日本）	博士（30）、日本东京工业大学	不详（64）	共同发现和发展导电聚合物
2000	艾伦·格雷厄姆·麦克迪尔米德（Alan Graham MacDiarmid, 1927.4—2007.2）	美国（美国/新西兰双国籍）	双博士（26/28）、美国威斯康星大学	美国宾夕法尼亚大学（73）	同上
2000	艾伦·杰伊·黑格（Alan Jay Heeger, 1936.12—）	美国（美国）	博士（25）、美国加利福尼亚大学伯克利分校	美国加利福尼亚大学圣巴巴拉分校（64）	同上
2001	威廉·斯坦迪什·诺尔斯（William Standish Knowles, 1917.6—）	美国（美国）	博士（25）、美国哥伦比亚大学	退休（84）	发现手性（即不对称）催化氢化反应
2001	野依良治（Ryoji Noyori, 1938.9—）	日本（日本）	博士（29）、日本京都大学	日本名古屋大学（63）	实现高效而实用的不对称催化合成
2001	卡尔·巴里·夏普莱斯（Karl Barry Sharpless, 1941.4—）	美国（美国）	博士（27）、美国斯坦福大学	不详（60）	实现了烯烃的不对称环氧化反应和不对称双羟基化反应
2002	约翰·贝内特·芬恩（John Bennett Fenn, 1917.7—2010.12）	美国（美国）	博士（23）、美国耶鲁大学	不详（85）	开发生物大分子的电喷雾电离质谱分析法
2002	田中耕一（Koichi Tanaka, 1959.8—）	日本（日本）	学士（24）、日本东北大学	日本岛津制作公司（43）	开发激光脱附电离方法，对蛋白质等生物大分子进行质谱分析

续表

获奖年份	姓名	出生地（获奖时国籍）	最高学位（年龄）、所在学校	获奖时所在机构（获奖时年龄）	获奖原因
2002	库尔特·维特里希（Kurt Wuthrich, 1938.10—）	瑞士（瑞士）	博士（26）、瑞士巴塞尔大学	瑞士苏黎世联邦理工学校（64）	开发核磁共振光谱分析法，用于测定液相生物大分子三维结构
2003	彼得·阿格雷（Peter Agre, 1949.1—）	美国（美国）	博士（25）、美国约翰·霍普金斯大学	美国约翰·霍普金斯大学布隆伯格学院（54）	对细胞膜中的离子通道的研究，发现水通道
2003	罗德里克·麦金农（Aaron Ciechanover, 1956.2—）	美国（美国）	博士（26）、波士顿塔夫茨医学院	不详（47）	研究细胞膜钾离子通道功能，测定这种膜蛋白具有高分辨率的三维结构，阐明钾离子通过钾离子通道的分子机理
2004	阿伦·切哈诺沃（Aaron Ciehanover, 1947.10—）	以色列（以色列）	双博士（27/34）、以色列理工学院	不详（57）	共同发现泛素-蛋白酶体降解系统，揭示蛋白质在细胞内选择性降解的普遍方式
2004	阿夫拉姆·赫什科（Avram Hershko, 1937.12—）	以色列（以色列）	双博士（28/33）耶路撒冷希伯莱大学哈达萨赫医学院	不详（67）	同上
2004	欧文·罗斯（Irwin Rose, 1926.7—）	美国（美国）	博士（26）、美国芝加哥大学	退休（78）	同上
2005	伊夫·肖万（Yves Chauvin, 1930.10—）	法国（法国）	博士、不详	不详（75）	发展了有机合成中的复分解法
2005	理查德·施罗克（Richard Royee, 1945.1—）	美国（美国）	博士（26）、美国哈佛大学	不详（60）	同上
2005	罗伯特·格拉布斯（Robert H. Grubbs, 1942.2—）	美国（美国）	博士（26）、美国哥伦比亚大学	不详（63）	同上

续表

获奖年份	姓名	出生地（获奖时国籍）	最高学位（年龄）、所在学校	获奖时所在机构（获奖时年龄）	获奖原因
2006	罗杰·戴维·科恩伯格（Roger David Kornberg，1947.4—）	美国（美国）	博士（25）、美国斯坦福大学	美国斯坦福大学（59）	对真核转录的分子基础的研究
2007	格哈德·埃特尔（Gerhard Ertl，1936.10—）	德国（德国）	博士（29）、德国慕尼黑工业大学	退休（71）	对固体表面化学进程的研究
2008	下村修（Osamu Shimomura，1928.8—）	日本（美国）	博士（32）、日本名古屋大学	退休（80）	在水母中发现绿色荧光蛋白
2008	马丁·查尔菲（Martin Chalfie，1947.1—）	美国（美国）	博士（30）、美国哈佛大学	美国哥伦比亚大学（61）	利用绿色荧光蛋白做生物示踪分子
2008	钱永健（Roger Yonchien Tsien，1952.2—）	美国（美国）	博士（25）、英国剑桥大学	不详（56）	利用绿色荧光蛋白开发出各种能吸收、发出不用颜色的荧光蛋白
2009	文卡特拉曼·拉马克里希南（Venkatraman Ramakrishnan，1952—）	印度（英国）	博士（24）、美国俄亥俄州立大学	英国医学研究理事会剑桥分子生物学实验室（57）	对核糖体结构和功能方面的研究
2009	托马斯·施泰来（Thomas Arthur，1940.8—）	美国（美国）	博士（26）、美国哈佛大学	美国耶鲁大学（69）	对核糖体结构和功能方面的研究
2009	阿达·约纳特（Ada E. Yonath，1939.6—）（女）	以色列（以色列）	博士（29）、以色列魏茨曼科学研究所	以色列魏茨曼科学研究所（70）	同上
2010	理查德·赫克（Richard Heck，1931.8—）	美国（美国）	博士（24）、美国加利福尼亚大学洛杉矶分校	退休（79）	在有机合成中"钯催化交叉偶联反应"方面的卓越研究
2010	根岸英一（Ei-ichi Negishi，1935.7—）	日本（日本）	博士（28）、美国宾夕法尼亚大学	美国普渡大学（75）	同上

续表

获奖年份	姓名	出生地（获奖时国籍）	最高学位（年龄）、所在学校	获奖时所在机构（获奖时年龄）	获奖原因
2010	铃木章（Akira Suzuki, 1930.9—）	日本（日本）	博士（29）、日本北海道大学	退休（80）	在有机合成中"钯催化交叉偶联反应"方面的卓越研究
2011	达尼尔·谢赫特曼（Daniel Shechtman, 1941.—1）	以色列（以色列）	博士（31）、以色列理工学院	以色列理工学院（70）	发现准晶体，从根本上改变了化学家看待固体物质的方式
2012	罗伯特·莱夫科维茨（Robert Lefkowitz, 1943.4—）	美国（美国）	博士（23）、美国哥伦比亚大学	美国国立卫生研究院（69）	对 G 蛋白偶联受体的研究
2012	布莱恩·科比尔卡（Brian Kobilka, 1955.5—）	美国（美国）	博士（26）、美国耶鲁大学	美国明尼苏达大学德卢斯分校、耶鲁大学医学院（57）	同上
2013	马丁·卡普拉斯（Martin Karplus, 1930.3—）	奥地利（奥地利/美国）	博士（23）、美国加州理工学院	美国哈佛大学（83）	为复杂化学系统创造了多尺度模型
2013	迈可·列维特（Michael Levitt, 1947.5—）	南非（美国/英国/以色列）	博士（24）、英国剑桥大学冈维尔与凯斯学院	美国斯坦福大学（66）	同上
2013	阿里耶·瓦舍尔（Arieh Warshel, 1940.11—）	以色列（美国/以色列）	博士（29）、以色列理工学院	美国南加州大学（73）	同上

表三　　　　　　　　　诺贝尔生理学或医学奖（1901—2013）

获奖年份	姓名	出生地（获奖时国籍）	最高学位（年龄）、所在学校	获奖时所在机构（获奖时年龄）	获奖原因
1901	埃米尔·阿道夫·冯·贝林（Emil Adolph von Behringer, 1854.3—1917.3）	德国（德国）	双博士（24/26）、德国威廉皇帝军医学院	德国马尔堡大学（47）	发明血清免疫疗法并用于防止白喉病
1902	罗纳德·罗斯（Ronald Ross, 1957.5—1932.9）	印度（英国）	博士（32）、英国伦敦圣巴托罗缪医学院	英国利物浦热带医科学校（45）	发现疟原虫，确定疟疾是由蚊子传播的
1903	尼尔斯·利伯格·芬森（Niels Ryberg Finsen, 1860.12—1904.9）	丹麦（丹麦）	博士（30）、丹麦哥本哈根大学	丹麦芬森光疗研究所（43）	发明治疗狼疮等皮肤病的光辐射疗法
1904	伊万·彼得罗维奇·巴甫洛夫（Ivan Petrovich Pavlov, 1849.9—1936.2）	俄国（俄国）	博士（34）、俄罗斯圣彼得堡国立大学	俄罗斯军事医学科学院（55）	消化生理学研究的巨大贡献
1905	海因里希·赫尔曼·罗伯特·科赫（Robert Koch, 1843.12—1910.5）	德国（德国）	博士（23）、德国哥廷根大学	德国传染性疾病研究院（62）	研究肺结核病，发现结核杆菌，确定了该疾病的传染性
1906	卡米洛·高尔基（Camillo Golgi, 1843.7—1926.1）	意大利（意大利）	博士（22）、意大利帕维亚大学	意大利锡耶纳大学（63）	发明神经细胞染色法，研究神经系统精细结构，建立神经元学说
1906	圣地亚哥·拉蒙·伊·卡哈尔（Santiago Ramón y Cajal, 1852.5—1934.10）	西班牙（西班牙）	博士（25）、西班牙萨拉戈萨大学医学院	西班牙卡哈尔研究所（54）	改进硝酸银染色法，建立神经元理论
1907	查理斯·路易斯·阿尔冯斯·拉韦朗（Charles Louis Alphonse Laveran, 1845.6—1922.5）	法国（法国）	博士（22）、法国斯特拉斯堡大学	法国巴斯德研究所（62）	发现疟原虫在致病中的作用

续表

获奖年份	姓名	出生地（获奖时国籍）	最高学位（年龄）、所在学校	获奖时所在机构（获奖时年龄）	获奖原因
1908	保罗·艾利希（Paul Ehrlich, 1854.3—1915.8）	德国（德国）	博士（24）、德国莱比锡大学	德国法兰克福皇家实验室疗法研究所（54）	对免疫学的研究，特别是提出体液免疫理论（"侧链说"）和血清疗法
1908	伊利亚·伊里奇·梅契尼科夫（Elie Ilyich Metchnikoff, 1845.5—1916.7）	俄国（俄国）	博士（23）、俄罗斯圣彼得堡大学	法国巴斯德研究所（63）	对免疫学的研究，特别是提出细胞免疫理论（"细胞吞噬说"）
1909	埃米尔·赛奥多·科歇尔（Emil Theodor Kocher, 1841.8—1917.7）	瑞士（瑞士）	博士（24）、瑞士伯尔尼大学	瑞士伯尔尼大学（68）	研究甲状腺生理学、病理学、首创甲状腺切除术
1910	路德维希·卡尔·马丁·伦哈特·阿尔布雷特·柯塞尔（Ludwing Karl Martin Leonhard Albrecht Kossel, 1853.9—1927.7）	德国（德国）	博士（25）、法国斯特拉斯堡大学	德国海德堡大学（57）	发现核酸，阐明核酸的化学成分，创立细胞化学
1911	阿尔瓦尔·古尔斯特兰德（Allvar Gullstrand, 1862.6—1930.7）	瑞典（瑞典）	双博士（26/28）、瑞典皇家卡罗林斯卡学院	瑞典乌普萨拉大学（49）	研究眼的屈光学，发明裂隙灯
1912	阿列克塞斯·卡雷尔（Alexis Carrel, 1873.6—1944.11）	法国（美国）	博士（27）、法国里昂大学	美国洛克菲勒研究所（39）	发现血管缝合术，以及在血管和器官移植方面的研究成果
1913	查理斯·罗伯特·里歇（Charles Robert Richet, 1850.8—1935.12）	法国（法国）	双博士（27/28）、法国巴黎大学	法国巴黎大学（63）	研究过敏性反应，阐明过敏症是一种异常的免疫反应
1914	罗伯特·巴拉尼（Robert Bárány, 1876.4—1936.4）	奥地利（奥地利）	博士（24）、奥地利维也纳大学	奥地利军队服役（38）	关于内耳前庭器官生理学和病理学的研究成果

续表

获奖年份	姓名	出生地（获奖时国籍）	最高学位（年龄）、所在学校	获奖时所在机构（获奖时年龄）	获奖原因
1915—1918					
1919	朱里斯·让·巴蒂斯特·文森特博尔德（Jules Jean Baptiste Vincent Bordet. 1870.6—1961.4）	比利时（比利时）	博士（22）、比利时布鲁塞尔大学	比利时布鲁塞尔大学（49）	发现体液免疫系统，创立抗菌血清理论和新的免疫学诊断法
1920	沙克·奥古斯特·斯腾贝格·克罗格（Schack August Steenberg Krogh，1874.11—1949—9）	丹麦（丹麦）	博士（29）、丹麦哥本哈根大学	丹麦哥本哈根大学（46）	发现体液和神经因素对毛细血管舒张和收缩运动的调节机理
1921					
1922	阿奇巴尔德·维文·希尔（Archibald Vivian Hill，1886.9—1977.6）	英国（英国）	博士（21）、英国剑桥大学	英国伦敦大学（36）	发现肌肉能力和物质代谢之间的关系
1922	奥托·弗里茨·迈耶霍夫（Otto Fritz Meyerhof，1884.4—1951.10）	德国（德国）	博士（25）、德国海德堡大学	德国基尔大学（38）	发现肌肉运动耗氧量与乳酸代谢之间的关系
1923	弗雷德里克·格兰特·班廷（Frederick Grant Banting，1891.11—1941.2）	加拿大（加拿大）	博士（31）、加拿大多伦多大学	加拿大多伦多大学（32）	发现胰岛素
1923	约翰·詹姆斯·理查德·麦克劳德（John James Richard Macleod，1876.9—1935.3）	英国（加拿大）	博士（26）、英国剑桥大学	加拿大多伦多大学（47）	同上
1924	威廉姆·埃因托芬（Willem Einthoven，1860.5—1927.9）	荷兰（荷兰）	博士（25）、荷兰乌特勒支大学	荷兰莱顿大学（64）	发现心电图机理，研制成功心电图仪
1925					
1926	约翰尼斯·安德列亚斯·格里帕·菲比格（Johannes Andreas Grib Fibiger，1867.4—1928.1）	丹麦（丹麦）	双博士（23/28）、丹麦哥本哈根大学	丹麦哥本哈根大学（59）	提出螺旋翼型癌线虫致癌说（后被证实是错误的）

续表

获奖年份	姓名	出生地（获奖时国籍）	最高学位（年龄）、所在学校	获奖时所在机构（获奖时年龄）	获奖原因
1927	尤里乌斯·瓦格纳-尧格雷（Julius Wagner-Jauregg, 1857.3—1940.9）	奥地利（奥地利）	博士（23）、奥地利维也纳大学	奥地利维也纳大学（70）	发现疟疾接种疗法在治疗麻痹性痴呆过程中的作用
1928	查理斯·朱勒斯·亨利·尼科尔（Charles Jules Henri Nicolle, 1866.9—1936.2）	法国（法国）	博士（27）、法国鲁昂医科学校	突尼斯巴斯德研究所（62）	发现斑疹伤寒疾病的病原体及其传播方式
1929	克里斯蒂安·艾克曼（Christiaan Eijkman, 1858.8—1930.11）	荷兰（荷兰）	博士（25）、荷兰阿姆斯特丹大学	荷兰乌特勒支大学（71）	发现抗神经炎（脚气病）的维生素
1929	弗雷德里克·高兰德·霍普金斯（Frederick Gowland Hopkins, 1861.6—1947.5）	英国（英国）	双学士（29/33）、英国伦敦大学	英国剑桥大学（68）	发现促进生长的维生素，提出维生素学说
1930	卡尔·兰德斯坦纳（Karl Landsteiner, 1868.6—1943.6）	奥地利（奥地利）	博士（23）、奥地利维也纳大学	美国洛克菲勒研究院（62）	发现人类的血型
1931	奥托·海因里希·瓦尔堡（Otto Heinrich Warburg, 1883.10—1970.8）	德国（德国）	双博士（23/28）、德国柏林大学/德国海德堡大学	德国威廉生理研究所（48）	发现呼吸酶的性质和作用方式
1932	查尔斯·斯科特·谢灵顿（Charles Scott Sherrington, 1857.11—1952.3）	英国（英国）	博士（36）、英国剑桥大学	英国剑桥大学（75）	研究单个神经细胞的活动和谐动作的过程，提出突触的概念和神经细胞的整合作用的思想
1932	埃德加·道格拉斯·艾德里安（Edgar Douglas Adrian, 1889.11—1977.8）	英国（英国）	博士（26）、英国剑桥大学	英国剑桥大学（43）	同上

续表

获奖 年份	姓名	出生地 （获奖时 国籍）	最高学位 （年龄）、 所在学校	获奖时 所在机构 （获奖时年龄）	获奖原因
1933	托马斯·亨特·摩尔根（Thomas Hunt Morgan, 1866.9—1945.12）	美国 （美国）	双博士（24/24）、美国约翰·霍普金斯大学	美国加州理工学院（67）	创立染色体遗传理论
1934	乔治·豪伊特·惠普尔（George Hoyt Whipple, 1878.8—1976.2）	美国 （美国）	博士（27）、美国约翰·霍普金斯大学	美国罗切斯特大学（56）	发现治疗贫血的肝制剂
1934	乔治·理查兹·迈诺特（George Richards Minot, 1885.12—1950.2）	美国 （美国）	博士（27）、美国哈佛大学	美国哈佛大学（49）	同上
1934	威廉·帕里·墨菲（William Parry Murphy, 1892.2—1987.10）	美国 （美国）	博士（28）、美国哈佛大学	美国哈佛大学（42）	同上
1935	汉斯·施佩曼（Hans Spemann, 1869.6—1941.9）	德国 （德国）	博士（25）、德国维尔茨堡大学	德国弗赖堡大学（66）	发现胚胎的组织效应
1936	奥托·洛韦（Otto Loewi, 1873.6—1961.12）	德国 （德国）	博士（23）、法国斯特拉斯堡大学	奥地利格拉茨大学（63）	发现神经脉冲的化学传递是通过神经末梢释放的乙酰胆碱实现的
1936	亨利·哈利特·戴尔（Henry Hallett Dale, 1875.6—1968.7）	英国 （英国）	博士（34）、英国剑桥大学	英国国家医学研究所（61）	发现神经脉冲的化学传递
1937	阿尔伯特·纳吉拉保尔特·冯·森特-焦尔季（Albert Nagyrapolt von Szent-Gyorgyi, 1893.9—1986.10）	匈牙利 （匈牙利）	双博士（24/34）、匈牙利布达佩斯大学	匈牙利赛格德大学（44）	发现维生素 C

续表

获奖年份	姓名	出生地（获奖时国籍）	最高学位（年龄）、所在学校	获奖时所在机构（获奖时年龄）	获奖原因
1938	科内尔·让·弗朗索瓦·海曼斯（Corneille Jean Francois Heymans, 1892.3—1968.7）	比利时（比利时）	博士（28）、比利时根特大学	比利时根特大学（46）	发现呼吸调节中劲动脉窦和主动脉窦的作用
1939	格哈德·约翰尼斯·保罗·多马克（Gerhard Domagk, 1895.10—1964.4）	德国（德国）	博士（26）、德国基尔大学	德国伍珀塔尔实验病理学和细菌学实验室（44）	发现磺胺的抗菌作用
1940—1942					
1943	卡尔·彼得·亨利克·达姆（Carl Peter Henrik Dam, 1895.2—1976.4）	丹麦（丹麦）	博士（39）、丹麦哥本哈根大学	美国罗切斯特大学（48）	发现维生素 K
1943	爱德华·阿德尔贝特·多伊西（Edward Adelbert Doisy, 1893.11—1986.10）	美国（美国）	博士（27）、美国哈佛大学	美国圣路易斯大学（50）	研究维生素 K 的化学性质并合成维生素 K
1944	约瑟夫·厄兰格（Joseph Erlanger, 1874.1—1965.12）	美国（美国）	博士（25）、美国约翰·霍普金斯大学	美国华盛顿大学（70）	发现单一神经纤维的高度机能分化
1944	赫尔伯特·斯宾塞·加塞（Herbert Spencer Gasser, 1888.7—1963.5）	美国（美国）	博士（27）、美国约翰·霍普金斯大学	美国洛克菲勒医学研究所（56）	同上
1945	亚历山大·弗莱明（Alexander Fleming, 1881.8—1995.3）	英国（英国）	博士（25）、英国伦敦大学	英国圣玛丽医院（64）	发现青霉素及其临床效用
1945	霍华德·瓦尔特·弗洛里（Howard Walter Florey, 1898.9—1968.2）	澳大利亚（英国）	博士（29）、英国剑桥大学	英国牛津大学（47）	同上

续表

获奖年份	姓名	出生地（获奖时国籍）	最高学位（年龄）、所在学校	获奖时所在机构（获奖时年龄）	获奖原因
1945	恩斯特·鲍利斯·蔡恩（Ernst Boris Chain, 1906.6—1979.8）	德国（英国）	博士（24）、德国柏林威廉大学	英国牛津大学（39）	发现青霉素及其临床效用
1946	赫尔曼·约瑟夫·缪勒（Hermann Joseph Muller, 1890.12—1967.4）	美国（美国）	博士（26）、美国哥伦比亚大学	美国印第安大学（56）	发现 X 射线辐照引起基因变异
1947	贝尔纳多·阿尔贝托·奥赛（Bernardo Alberto Houssay, 1887.4—1971.9）	阿根廷（阿根廷）	博士（23）、阿根廷布宜诺斯艾利斯大学	阿根廷生物与实验医学研究所（60）	研究脑下垂体激素对动物新陈代谢作用，为治疗糖尿病提供依据
1947	卡尔·菲尔迪南德·柯里（Carl Ferdinand Cori, 1896.12—1984.10）	奥匈帝国（美国）	博士（24）、捷克斯洛伐克日耳曼大学	美国华盛顿大学（51）	发现糖代谢过程中垂体激素对糖原的催化作用，为治疗代谢疾病提供了理论依据
1947	格蒂·黛丽莎·拉德尼茨·柯里（Gerty Theresa Radnitz Cori, 1896.8—1957.10）（女）	奥匈帝国（美国）	博士（24）、捷克斯洛伐克日耳曼大学	美国华盛顿大学（51）	同上
1948	保罗·赫尔曼·米勒（Paul Hermann Müller, 1899.1—1965.10）	瑞士（瑞士）	博士（26）、瑞士巴塞尔大学	瑞士巴塞尔盖基公司（49）	合成高效有机杀虫剂 DDT
1949	瓦尔特·鲁道夫·赫斯（Walter Rudolf Hess, 1881.3—1973.8）	瑞士（瑞士）	博士（25）、瑞士苏黎世大学	瑞士苏黎世大学（68）	发现中脑有调节内脏活动的功能
1949	安东尼奥·卡伊塔诺·德·阿布雷乌·弗莱雷·埃加斯·莫尼茨（Antonio Caetano de Abreu Freire Egas Moniz, 1874.11—1955.12）	葡萄牙（葡萄牙）	博士（25）、葡萄牙科英布拉大学	不详（75）	发现脑白质切除治疗精神病的功效

续表

获奖年份	姓名	出生地（获奖时国籍）	最高学位（年龄）、所在学校	获奖时所在机构（获奖时年龄）	获奖原因
1950	爱德华·卡尔文·肯德尔（Edward Calvin Kendall, 1886.3—1972.5）	美国（美国）	博士（24）、美国哥伦比亚大学	美国明尼苏达大学（64）	研究肾上腺皮质激素及其结构和生物效应
1950	塔迪斯·赖希施泰因（Tadeus Reichstein, 1897.7—1996.8）	波兰（瑞士）	博士（25）、瑞士苏黎世联邦理工学院	不详（53）	同上
1950	菲利普·肖瓦尔特·亨奇（Philip Showalter Hench, 1896.2—1965.3）	美国（美国）	博士（24）、美国匹兹堡大学	美国明尼苏达大学（54）	发现可的松治疗风湿性关节炎
1951	马克斯·蒂勒（Max Theiler, 1899.1—1972.8）	南非（南非）	博士（23）、英国伦敦大学	美国洛克菲勒基金会（52）	发现黄热病及其防治的疫苗
1952	塞尔曼·亚伯拉罕·瓦克斯曼（Selman Abraham Waksman, 1888.7—1973.8）	俄国（美国）	博士（30）、美国加利福尼亚大学	美国罗特格斯大学（64）	发现抗结核杆菌的抗生素——链霉素
1953	汉斯·阿道夫·克雷布斯（Hans Adolf Krebs, 1900.8—1981.11）	德国（英国）	博士（25）德国汉堡大学	英国谢菲尔德大学（53）	阐明合成尿素的鸟氨酸循环和三羧循环
1953	弗里茨·阿尔贝特·李普曼（Fritz Albert Lipmann, 1899.6—1986.7）	德国（美国）	双博士（25/28）、德国柏林大学	美国马萨诸塞总医院（54）	发现辅酶A及其中间代谢作用
1954	约翰·富兰克林·恩德斯（John Franklin Enders, 1897.2—1985.9）	美国（美国）	博士（33）、美国哈佛大学	美国哈佛大学（57）	培养小儿麻痹病毒
1954	弗雷德里克·查普曼·罗宾斯（Frederick Chapman Robbins, 1916.8—2003.8）	美国（美国）	博士（24）、美国哈佛大学	美国西部保留地大学（38）	同上

获奖年份	姓名	出生地（获奖时国籍）	最高学位（年龄）、所在学校	获奖时所在机构（获奖时年龄）	获奖原因
1954	托马斯·海克尔·韦勒（Thomas Huckle Weller, 1915.6—2008.8）	美国（美国）	博士（25）、美国哈佛大学	美国哈佛大学（39）	培养小儿麻痹症病毒
1955	阿克塞尔·胡戈·西奥多尔西奥雷尔（Axel Hugo Theodor Theorell, 1903.7—1982.8）	瑞典（瑞典）	博士（27）、瑞典斯德哥尔摩大学	瑞典诺贝尔医院（52）	发现氧化酶的性质和作用
1956	维尔纳·特奥多尔·奥托·福斯曼（Werner Forssmann, 1904.8—1979.6）	德国（德国）	博士（25）、德国柏林大学	德国巴特克洛伊茨纳赫（52）	发明心导管插入术和循环的变化
1956	安德烈·弗里德利克·库尔南德（André Frédéric Cournand, 1895.9—1988.2）	法国（美国）	博士（35）、法国巴黎大学	美国哥伦比亚大学（61）	同上
1956	迪金森·伍德茹夫·理查兹（Dickinson Woodruff Richards, 1895.10—1973.2）	美国（美国）	博士（28）、美国哥伦比亚大学	美国哥伦比亚大学（61）	同上
1957	丹尼埃尔·博维特（Daniel Bovet, 1907.3—1992.4）	瑞士（意大利）	博士（22）、瑞士日内瓦大学	意大利罗马高等卫生研究所（50）	发明抗过敏反应特效药
1958	乔治·韦尔斯·比德尔（George Wells Beadle, 1903.10—1989.6）	美国（美国）	博士（28）、美国康奈尔大学	美国加州理工学院（55）	对化学过程的遗传调节的研究
1958	爱德华·劳利·塔特姆（Edward Lawrie Tatum, 1909.12—1975.11）	美国（美国）	博士（25）、美国威斯康星大学	美国斯坦福大学（49）	同上
1958	乔舒亚·莱德伯格（Joshua Lederberg, 1925.5—2008.2）	美国（美国）	博士（22）、美国耶鲁大学	美国威斯康星大学（33）	因有关细菌的基因重组和遗传物质结构方面的发现

续表

获奖年份	姓名	出生地（获奖时国籍）	最高学位（年龄）、所在学校	获奖时所在机构（获奖时年龄）	获奖原因
1959	赛维罗·奥乔亚（Severo Ochoa, 1905.9—1993.11）	西班牙（美国）	博士（24）、西班牙马德里大学	美国纽约大学（54）	人工合成核酸，并发现其生理作用
1959	阿瑟·科恩伯格（Arthur Kornberg, 1918.3—2007.10）	美国（美国）	博士（23）、美国罗彻斯特大学	美国华盛顿大学（41）	同上
1960	弗兰克·麦克法兰·伯内特（Frank Macfarlane Burnet, 1899.9—1985.8）	澳大利亚（澳大利亚）	双博士（24/29）、英国伦敦大学	澳大利亚墨尔本大学（61）	提出"获得性免疫耐受性"理论
1960	彼得·布赖恩·梅达沃（Peter Brian Medawar, 1915.2—1987.10）	英国（英国）	博士（30）、英国牛津大学	英国伦敦大学（45）	用实验揭示了"获得性免疫耐受性"现象
1961	乔治·冯·贝克西（Georg von Békésy, 1899.6—1972.6）	匈牙利（美国）	博士（24）、匈牙利布达佩斯大学	美国哈佛大学（62）	发现耳蜗感音的物理机理
1962	弗朗西斯·哈里·康普顿·克里克（Francis Harry Compton Crick, 1916.6—2004.7）	英国（英国）	博士（38）、英国剑桥大学	英国剑桥大学（46）	发现脱氧核糖核酸的分子结构
1962	詹姆斯·杜威·沃森（James Dewey Watson, 1928.4—）	美国（美国）	博士（22）、美国印第安纳大学	美国哈佛大学（34）	同上
1962	莫里斯·休·弗雷德里克·威尔金斯（Maurice Hugh Frederick Wilkins, 1916.12—2004.10）	英国（英国）	博士（24）、英国剑桥大学	英国伦敦大学（46）	运用X射线衍射方法为DNA模型提供证据
1963	约翰·卡鲁·艾克尔斯（John Carew Eccles, 1903.1—1997.5）	澳大利亚（澳大利亚）	博士（26）、英国牛津大学	澳大利亚国立大学（60）	神经兴奋传导与神经细胞膜离子渗透之间的关系

续表

获奖年份	姓名	出生地（获奖时国籍）	最高学位（年龄）、所在学校	获奖时所在机构（获奖时年龄）	获奖原因
1963	艾伦·劳伊德·霍奇金（Alan Lloyd Hodgkin, 1914.2—1998.12）	英国（英国）	学士（22）、英国牛津大学	英国皇家学会（49）	神经兴奋传导与神经细胞膜离子渗透之间的关系
1963	安德鲁·菲尔丁·赫胥黎（Andrew Fielding Huxley, 1917.11—2012.5）	英国（英国）	硕士（24）、英国剑桥大学	英国伦敦大学（46）	同上
1964	康拉德·布洛赫（Konrad Emil Bloch, 1912.1—2000.10）	德国（美国）	博士（26）、美国哥伦比亚大学	美国哈佛大学（52）	发现胆固醇对脂肪酸代谢的调节机制
1964	费奥多尔·弗利克斯·康拉德·吕南（Feodor Lynen, 1911.4—1979.8）	德国（德国）	博士（26）、德国慕尼黑大学	德国慕尼黑大学（53）	发现乙酰辅酶A在体内的脂肪降解作用
1965	弗朗索斯·雅各布（Francois Jacob, 1920.6—2013.4）	法国（法国）	双博士（31/34）、法国巴黎大学	法国巴斯德研究所（45）	提出"信使核糖核酸"和"操纵子"概念，阐明RNA在遗传中的信息传递作用和乳糖操纵子在蛋白质合成中的调节机制
1965	雅克·卢西恩·莫诺（Jacques Lucien Monod, 1910.2—1976.5）	法国（法国）	博士（31）、法国巴黎大学	法国巴斯德研究所（55）	同上
1965	安德烈·米歇尔·雷沃夫（AndréLwoff, 1902.5—1994.9）	法国（法国）	双博士（25/30）、法国巴黎大学	法国巴斯德大学（63）	发现酶和病毒合成中的遗传调节机制
1966	弗朗西斯·佩顿·劳斯（Francis Peyton Rous, 1879.10—1970.2）	美国（美国）	博士（26）、美国约翰·霍普金斯大学	不详（87）	发现诱发肿瘤的病毒

获奖年份	姓名	出生地（获奖时国籍）	最高学位（年龄）、所在学校	获奖时所在机构（获奖时年龄）	获奖原因
1966	查尔斯·布伦顿·哈金斯（Charles Brenton Huggins, 1901.9—1997.4）	加拿大（美国）	博士（23）、美国哈佛大学	美国芝加哥大学（65）	发现前列腺癌的激素疗法
1967	乔治·沃尔德（George Wald, 1906.11—1997.4）	美国（美国）	博士（26）、美国哥伦比亚大学	美国哈佛大学（61）	研究视觉生理特别是视色素
1967	拉格纳·阿瑟·格拉尼特（Ragnar Arthur Granit, 1900.10—1991.3）	芬兰（瑞典）	博士（27）、芬兰赫尔辛基大学	瑞典卡罗林斯卡学院（67）	用电生理学方法测定视网膜中具有不同光谱敏感性的东西
1967	哈尔丹·科菲尔·哈特兰（Haldan Keffer Hartline, 1903.12—1983.3）	美国（美国）	博士（24）、美国约翰·霍普金斯大学	美国洛克菲勒大学（64）	研究视觉和视网膜的生理功能
1968	罗伯特·威廉·霍利（Robert William Holley, 1922.1—1993.2）	美国（美国）	博士（25）、美国康奈尔大学	美国索尔克生物研究所（46）	提出确定核酶结构的技术并测定转移核糖核酸（tRNA）的核苷酸顺序
1968	哈尔·戈宾德·科拉纳（Har Gobind Khorana, 1922.1—2011.11）	印度（美国）	博士（26）、英国利物浦大学	美国威斯康星大学（46）	破译 mRNA 的基因密码，揭示蛋白质合成机制，测定 RNA 碱基排列顺序
1968	马歇尔·沃伦·尼伦伯格（Marshall Warren Nirenberg, 1927.4—2010.1）	美国（美国）	博士（30）、美国佛罗里达大学	美国国家卫生研究所（41）	发现细胞合成蛋白质的自然指令，打开了用化学方法破译基因密码的大门
1969	马克斯·路德维希·赫宁·德尔布吕克（Max Ludwig Henning Delbrück, 1906.9—1981.3）	德国（美国）	博士（24）、德国哥廷根大学	美国加州理工学院（63）	研究病毒的自我复制，发现病毒的遗传复制机制和基因结构

续表

获奖年份	姓名	出生地（获奖时国籍）	最高学位（年龄）、所在学校	获奖时所在机构（获奖时年龄）	获奖原因
1969	阿尔弗里德·戴·赫尔希（Alfred Day Hershey, 1908.12—1997.5）	美国（美国）	博士（26）、美国密歇根大学	美国冷泉港卡内基研究所（61）	研究病毒的自我复制，发现病毒的遗传复制机制和基因结构
1969	萨尔瓦多·爱德华·卢里亚（Salvador Edward Luria, 1912.8—1991.2）	意大利（美国）	博士（23）、意大利都灵大学	美国麻省理工学院（57）	同上
1970	乌尔夫·斯万特·冯·奥伊勒（Ulf Svante von Euler, 1905.2—1983.3）	瑞典（瑞典）	博士（25）、瑞典卡林斯卡学院	瑞典卡罗林斯卡学院（65）	发现神经末梢突触传递中的神经递质去甲肾上腺素
1970	尤里乌斯·阿克塞尔罗德（Julius Axelrod, 1912.5—2004.12）	美国（美国）	博士（43）、美国华盛顿大学	美国国立精神病研究所（58）	发现儿茶酚胺类神经递质的代谢过程及参与代谢的酶
1970	伯纳德·卡茨（Bernard Katz, 1911.3—2003.4）	德国（英国）	双博士（23/27）、英国伦敦大学	英国伦敦大学（59）	发现神经肌肉接点处的神经传递质乙酰胆碱
1971	伊尔·维尔伯·萨瑟兰（Earl Wilbur Sutherland Jr., 1915.11—1974.3）	美国（美国）	博士（27）、美国华盛顿大学	美国范德比尔特大学（56）	发现激素与其受体结合刺激细胞产生环腺苷磷酸（cAMP）而发挥作用
1972	罗德尼·罗伯特·波特（Rodney Robert Porter, 1917.10—1985.9）	英国（英国）	博士（31）、英国剑桥大学	英国牛津大学（55）	发明选择性断裂酶解方法，提出抗体分子的"四肽链模型"
1972	杰拉尔德·莫里斯·埃德尔曼（Gerald Maurice Edelman, 1929.7—）	美国（美国）	双博士（25/31）、美国宾夕法尼亚大学	美国洛克菲勒大学（43）	研究人体免疫球蛋白的化学结构，发现抗体的氨基酸顺序
1973	卡尔·里特尔·冯·弗里施（Karl Ritter von Frisch, 1886.11—1982.6）	奥地利（德国）	博士（24）、德国慕尼黑大学	不详（87）	研究蜜蜂的舞蹈行为，破译"蜜蜂语言"

续表

获奖年份	姓名	出生地（获奖时国籍）	最高学位（年龄）、所在学校	获奖时所在机构（获奖时年龄）	获奖原因
1973	康拉德·察哈里斯·洛伦茨（Konrad Zacharias Lorenz, 1903.11—1989.2）	奥地利（奥地利）	双博士（25/30）、奥地利维也纳大学	德国慕尼黑大学（70）	提出动物行为是适应的产物，描述了动物的社会结构
1973	尼古拉斯·延伯根（Nikolaas Tinbergen, 1907.4—1988.12）	荷兰（英国）	博士（25）、荷兰莱顿大学	英国牛津大学（66）	检验和发展了 K. Z. 洛伦茨的动物行为理论
1974	艾尔伯特·克劳德（Albert Claude, 1898.8—1983.5）	比利时（美国）	博士（30）、比利时列日大学	不详（76）	发明差示离心技术，并把这种技术和电子显微镜应用到动物细胞研究上，发现了含有核糖核酸的微粒体
1974	克里斯蒂安·勒内·马里·约瑟夫·德·迪夫（Christian René Marie Joseph de Duvé, 1917.10—2013.5）	比利时（比利时）	双博士（24/28）、比利时卢万大学	比利时卢万大学（57）	发现细胞质内的溶酶体和过氧化物酶体，阐明它们在生物学和病理学的功能
1974	乔治·埃米尔·帕拉德（George Emil Palade, 1912.11—2008.10）	罗马尼亚（美国）	博士（28）、罗马尼亚布加勒斯特大学	美国耶鲁大学（62）	改进差示离心法和电子显微镜发现了行使细胞内蛋白合成功能的核糖体
1975	雷纳托·杜尔贝科（Renato Dulbecco, 1914.2—2012.2）	意大利（美国）	博士（22）、意大利都灵大学	英国伦敦大英帝国癌症研究基金会（61）	发现病毒导致正常细胞转化为癌细胞
1975	戴维·巴尔的摩（David Baltimore, 1938.3—）	美国（美国）	博士（26）、美国洛克菲勒大学	不详（37）	发现逆转录酶，在理论上解释了病毒为何能使正常细胞转化为癌细胞

续表

获奖 年份	姓名	出生地 （获奖时 国籍）	最高学位 （年龄）、 所在学校	获奖时 所在机构 （获奖时年龄）	获奖原因
1975	霍华德·马丁·特明（Howard Martin Temin，1934.12—1994.2）	美国 （美国）	博士（25）、美国加州理工学院	美国威斯康星大学（41）	发现逆转录酶，在理论上解释了病毒为何能使正常细胞转化为癌细胞
1976	巴鲁赫·塞缪尔·布卢姆伯格（Baruch Samuel Blumberg，1925.7—2011.4）	美国 （美国）	双博士（26/32）、英国牛津大学	美国费城癌症研究所（51）	发现乙型肝炎的起源和传播机制
1976	丹尼尔·卡莱顿·盖达塞克（Daniel Carleton Gajdusek，1923.9—2008.12）	美国 （美国）	博士（23）、美国哈佛大学	美国国家卫生研究所（53）	发现慢性病毒病的起源和传播机制
1977	罗莎琳·苏斯曼·耶洛（Rosalyn Sussman Yalow，1921.7—2011.5）（女）	美国 （美国）	博士（24）、美国伊利诺伊大学	美国纽约退伍军人管理局医院（56）	开发肽类激素的放射性免疫分析法（RIA）
1977	罗杰·查尔斯·路易·吉尔曼（Roger Charles Louis Guillemin，1924.1—）	法国 （美国）	双博士（25/29）、法国医学院/加拿大蒙特利尔大学	美国蒙尔克研究所（53）	发现大脑分泌的肽类激素
1977	安德鲁·维克多·沙利（Andrew Victor Schally，1926.11—）	波兰 （美国）	博士（26）、加拿大麦克吉尔大学	美国路易斯安那州新奥尔良退伍军人管理局医院（51）	同上
1978	维纳·阿尔伯（Werner Arber，1929.6—）	瑞士 （瑞士）	博士（29）、瑞士日内瓦大学	瑞士巴塞尔大学（49）	发现并分离出生物体内存在一种具有切割基因功能的限制性内切酶

续表

获奖年份	姓名	出生地（获奖时国籍）	最高学位（年龄）、所在学校	获奖时所在机构（获奖时年龄）	获奖原因
1978	哈密尔顿·奥赛内尔·史密斯（Hamilton Othanel Smith，1931.8—）	美国（美国）	博士（25）、美国约翰·霍普金斯大学	美国约翰·霍普金斯大学（47）	提纯、分离出Ⅱ型限制性内切酶，并证实它能切割外源DNA
1978	丹尼尔·内森斯（Daniel Nathans，1928.10—1999.11）	美国（美国）	博士（26）、美国华盛顿大学	不详（50）	将限制性内切酶应用于遗传学研究，首次完成对基因的切割
1979	阿兰·麦克莱德·科马克（Allan Macleod Cormack，1924.2—1998.5）	南非（美国）	硕士（21）、南非开普敦大学	不详（55）	提出电子计算机控制的X射线断层扫描技术原理和设计方案
1979	戈德弗雷·纽博尔·豪斯菲尔德（Godfrey Newbold Hounsfield，1919.8—2004.8）	英国（英国）	学士（32）、英国法拉第·豪斯电气工程学院	英国米德尔赛克斯的索恩电子乐器工业有限公司（60）	研制出电子计算机控制的X射线断层扫描扫描仪（CT扫描仪）
1980	巴鲁杰·贝纳塞拉夫（Baruj Benacerraf，1920.10—2011.8）	委内瑞拉（美国）	博士（25）、美国弗吉尼亚医学院	美国哈佛大学（60）	发现免疫应答基因（Ir基因）
1980	吉恩·巴蒂斯特·加布里埃尔·多塞（Jean Baptiste Gabriel Dausset，1916.10—2009.6）	法国（法国）	博士（27）、法国巴黎大学	法国法兰西学院（64）	发现并阐明人类的白细胞抗原系统（HLA）
1980	乔治·戴维斯·斯内尔（George D. Snell，1903.12—1996.6）	美国（美国）	博士（27）、美国哈佛大学	不详（77）	发现器官移植中的主要组织相容性复合体（MHC），创立移植免疫学和免疫遗传学

续表

获奖年份	姓名	出生地（获奖时国籍）	最高学位（年龄）、所在学校	获奖时所在机构（获奖时年龄）	获奖原因
1981	罗杰·沃尔柯特·斯佩里（Roger Wolcott Sperry，1913.8—1994.4）	美国（美国）	博士（28）、美国芝加哥大学	美国加州理工学院（68）	发现并揭示大脑左右半球的功能性分工
1981	戴维·亨利·休伯尔（David Hunter Hubel，1926.2—2013.9）	美国（美国/加拿大双国籍）	博士（25）、加拿大麦克吉尔大学	美国哈佛大学（55）	发现和研究视觉系统信息加工过程
1981	托斯登·尼尔斯·威塞尔（Torsten Nils Wiesel，1924.6—）	瑞典（瑞典）	博士（30）、瑞典卡罗林斯卡学院	美国哈佛大学（57）	发现和研究视觉系统信息加工过程
1982	桑尼·卡尔·贝格斯特罗姆（Sune Karl Bergström，1916.1—2004.8）	瑞典（瑞典）	博士（28）、瑞典卡罗林斯卡学院	瑞典卡罗林斯卡学院（66）	提纯出前列腺素（PG）并确定其化学结构
1982	本格特·英厄马尔·萨米尔松（Bengt Ingemar Samuelsson，1934.5—）	瑞典（瑞典）	博士（27）、瑞典卡林斯卡医学院	瑞典卡罗林斯卡学院（48）	揭示前列腺素的代谢过程，测定前列腺素内过氧化物
1982	约翰·罗伯特·范恩（John Robert Vane，1927.3—2004.11）	英国（英国）	博士（26）、英国牛津大学	英国肯斯特郡韦尔科姆实验室（55）	发现前列腺环素，并阐明它的药理作用前列腺素体内
1983	芭芭拉·麦克林托克（Barbara McClintock，1902.6—1992.9）（女）	美国（美国）	博士（25）、美国康奈尔大学	美国冷泉港卡内基研究所（81）	发现转座因子，提出"可移动的遗传基因"学说
1984	尼尔斯·凯·杰尼（Niels Kai Jerne，1911.12—1994.10）	英国（丹麦）	博士（40）、丹麦哥本哈根大学	美国加州理工学院（73）	提出形成抗体的自然选择理论、抗体多样性发生学说和免疫系统网络学说，建立细胞免疫学理论

续表

获奖年份	姓名	出生地（获奖时国籍）	最高学位（年龄）、所在学校	获奖时所在机构（获奖时年龄）	获奖原因
1984	塞萨尔·米尔斯坦（César Milstein，1927.10—2002.3）	阿根廷（英国）	双博士（30/33）、阿根廷布宜诺斯艾利斯大学	英国剑桥大学（57）	发现单克隆抗体生成原理，创立可用于生产具有预定特性的单克隆抗体技术
1984	乔治斯·让·弗朗茨·科勒（Georges Jean Franz Köhler，1946.4—1995.3）	德国（德国）	博士（28）、德国弗赖堡大学	瑞士巴塞尔免疫学研究所（38）	同上
1985	米切尔·斯塔特·布朗（Michael Stuart Brown，1941.4—）	美国（美国）	博士（25）、美国宾夕法尼亚大学	美国德克萨斯大学（44）	发现胆固醇代谢调控机制和血液胆固醇含量过高引起的疾病的治疗
1985	约瑟夫·罗纳德·戈德斯坦（Joseph Leonard Goldstein，1940.4—）	美国（美国）	博士（26）、美国德克萨斯大学	美国西南医学院（45）	同上
1986	斯坦利·科恩（Stanley Cohen，1922.11—）	美国（美国）	博士（26）、美国密歇根大学	美国范德比尔特大学（64）	发现表皮生长因子（EGF）
1986	丽塔·列维-蒙塔尔西尼（Rita Levi-Montalcini，1909.4—2012.12）（女）	美国（美国、意大利双国籍）	博士（31）、意大利都灵大学	意大利国家研究委员会都灵细胞生物学研究所（77）	发现神经生长因子（NGF）
1987	利根川进（Susumu Tonegawa，1939.9—）	日本（日本）	博士（30）、美国加利福尼亚大学圣地亚哥分校	美国麻省理工学院（48）	揭示抗体多样性发生的遗传机理
1988	詹姆斯·怀特·布莱克（James Whyte Black，1924.6—2010.3）	英国（英国）	学士（22）、英国安得鲁大学	英国伦敦大学（64）	发明 β-受体阻断剂和 H_2 受体拮抗剂，分别用于治疗心脏病、消化性溃疡

续表

获奖年份	姓名	出生地（获奖时国籍）	最高学位（年龄）、所在学校	获奖时所在机构（获奖时年龄）	获奖原因
1988	乔治·赫尔伯特·希钦斯（George Herbert Hitchings, 1905.4—1998.2）	美国（美国）	博士（28）、美国哈佛大学	不详（83）	研究选择性抗代射药物及其原理，开发了一系列新药用于阻断癌细胞和有害病原微生物中核酸的合成
1988	格特鲁德·贝尔·埃利昂（Gertrude Belle Elion, 1918.1—1999.2）（女）	美国（美国）	硕士（23）、美国纽约州亨特学院	杜克大学（70）	同上
1989	约翰·迈克尔·毕晓普（John Michael Bishop, 1936.2—）	美国（美国）	博士（26）、美国哈佛大学	美国加利福尼亚大学（53）	发现逆转录病毒致癌基因的细胞起源，开创癌症研究的新领域
1989	哈罗德·艾利奥特·瓦尔莫斯（Harold Eliot Varmus, 1939.12—）	美国（美国）	博士（27）、美国哥伦比亚大学	美国加利福尼亚大学（50）	同上
1990	约瑟夫·默里（Joseph E. Murray, 1919.4—2012.11）	美国（美国）	博士（24）、美国哈佛大学	美国哈佛医学院（71）	完成首例双胞胎肾移植手术
1990	爱德华·多纳尔·托马斯（Edward Donnall Thomas, 1920.3—2012.10）	美国（美国）	博士（26）、美国哈佛大学	美国华盛顿大学（70）	首创治疗白血病患者的骨髓移植手术
1991	埃尔温·内尔（Erwin Neher, 1944.3—）	德国（德国）	博士（26）、德国慕尼黑理工学院	不详（47）	发现细胞膜存在单离子通道并探明其功能
1991	贝尔特·萨克曼（Bert Sakmann, 1942.6—）	德国（德国）	博士（32）、德国哥廷根大学	德国海德堡普朗克研究所（49）	同上
1992	埃德蒙德·亨里·费希尔（Edmond Henr0i Fischer, 1920.4—）	法国（美国）	博士（27）、瑞士日内瓦大学	不详（72）	发现作为生物调控机制的可逆性蛋白质磷酸化作用

续表

获奖年份	姓名	出生地（获奖时国籍）	最高学位（年龄）、所在学校	获奖时所在机构（获奖时年龄）	获奖原因
1992	埃德温·吉尔哈德·克雷布斯（Edwin Gerhard Krebs, 1918.6—2009.12）	美国（美国）	博士（25）、美国华盛顿大学	美国华盛顿大学（74）	发现作为生物调控机制的可逆性蛋白质磷酸化作用
1993	理查德·约翰·罗伯茨（Richard John Roberts, 1943.9—）	英国（英国）	博士（25）、英国谢菲尔德大学	美国贝弗利新英格兰生物实验室（50）	发现断裂基因，即一个基因可以是不连续的，出现在分离的几个 DNA 片断中
1993	菲利普·夏普（Phillip Allen Sharp, 1944.6—）	美国（美国）	博士（25）、美国伊利诺伊大学	美国麻省理工学院（49）	同上
1994	马丁·罗德贝尔（Martin Rodbell, 1925.12—1998.12）	美国（美国）	博士（29）、美国华盛顿大学	不详（69）	发现细胞传导信号过程中需要鸟苷三磷酸（GTP）的存在
1994	阿尔弗雷德·戈德曼·吉尔曼（Alfred Goodman Gilman, 1941.7—）	美国（美国）	博士（28）、美国西保留地大学	美国德克萨斯大学（53）	发现 G 蛋白及其在细胞之间传导信号方面的作用
1995	爱德华·刘易斯（Edward B. Lewis, 1918.5—2004.7）	美国（美国）	博士（24）、美国加州理工学院	不详（77）	发现早期胚胎发育中的遗传调控机理
1995	埃里克·维绍斯（Eric F. Wieschaus, 1947.6—）	美国（美国）	博士（27）、美国耶鲁大学	不详（48）	发现影响早期胚胎发育的一系列基因
1995	克莉斯蒂安·尼斯莱因-芙尔哈德（Christiane Nüsslein-Volhard, 1942.10—）（女）	德国（德国）	博士（30）、德国图宾根大学	德国普朗克发育生物研究所（53）	同上
1996	皮特·查尔斯·多尔蒂（Peter Charles Doherty, 1940.10—）	澳大利亚（澳大利亚）	博士（30）、苏格兰爱丁堡大学	美国田纳西州圣朱得儿童研究医院（56）	进行不同品系小鼠抗病毒感染的免疫基础性研究，发现组织相容抗原及细胞介导的免疫防御特性

获奖年份	姓名	出生地（获奖时国籍）	最高学位（年龄）、所在学校	获奖时所在机构（获奖时年龄）	获奖原因
1996	罗尔夫·马丁·津克纳格尔（Rolf Martin Zinkernagel, 1944.1—）	瑞士（瑞士）	双博士（26/31）、澳大利亚国立大学	不详（52）	进行不同品系小鼠抗病毒感染的免疫基础性研究，发现组织相容抗原及细胞介导的免疫防御特性
1997	斯坦利·普罗西纳（Stanley B. Prusiner, 1942.5—）	美国（美国）	硕士（26）、美国宾夕法尼亚大学	美国加利福尼亚大学（55）	发现一种比病毒还小，不含核酸的微生物治病因子——"朊蛋白"（prion）
1998	弗里德·穆拉德（Ferid Murad, 1936.9—）	美国（美国）	双博士（29/29）、美国西保留地大学	美国德克萨斯大学（62）	发现硝酸酯类的药物分解出一氧化氮气体，它能松弛血管平滑肌
1998	罗伯特·弗奇戈特（Robert Francis Furchgott, 1916.6—2009.5）	美国（美国）	博士（24）、美国西北大学	不详（82）	提出由于内皮细胞产生和释放一种未知的信号物质，才使血管平滑松弛
1998	路易斯·伊格纳罗（Louis J. Ignarro, 1941.5—）	美国（美国）	博士（25）、美国明尼苏达大学	美国加利福尼亚大学洛杉矶分校（57）	证明了血管内皮细胞释放的松弛因子是一氧化氮
1999	冈特尔·布洛贝尔（Günter Blobel, 1936.5—）	德国（美国）	博士（31）、美国威斯康星大学	美国洛克菲勒大学（63）	发现蛋白质具有控制其在细胞中传输和定位的内部信号
2000	阿尔维德·卡尔松（Arvid Carlsson, 1923.1—）	瑞典（瑞典）	博士（28）、瑞典隆德大学	退休（77）	发现"多巴胺"是一种独立的神经传递质
2000	保罗·格林加德（Paul Greengard, 1925.12—）	美国（美国）	博士（28）、美国约翰·霍普金斯大学	美国洛克菲勒大学（75）	同上
2000	埃里克·理查德·坎德尔（Eric Richard Kandel, 1929.11—）	奥地利（美国）	博士（27）、美国纽约大学	美国哥伦比亚大学（71）	发现由于突触形态和功能的改变而产生的记忆功能

续表

获奖年份	姓名	出生地（获奖时国籍）	最高学位（年龄）、所在学校	获奖时所在机构（获奖时年龄）	获奖原因
2001	利兰德·哈里森·哈特韦尔（Leland Harrison Hartwell, 1939.10—）	美国（美国）	博士（25）、麻省理工学院	美国西雅图福瑞德哈金森肿瘤研究中心（62）	发现控制细胞分裂周期的特定类型基因，被称作"启动（start）"基因
2001	保罗·诺斯（Paul M. Nurse, 1949.1—）	英国（英国）	博士（24）、英国剑桥大学	英国弗.朗西斯·克里克研究所（52）	同上
2001	理查德·蒂莫西·亨特（Richard Timothy Hunt, 1943.2—）	英国（英国）	博士（25）不详	不详（58）	发现调节 CDK 功能的物质，称为细胞周期蛋白（Cyclin）
2002	悉尼·布伦纳（Sydney Brenner, 1927.1—）	南非（英国）	博士（27）、英国牛津大学	美国加利福尼亚州伯克利的分子科学研究所（75）	通过对线虫的研究，发现基因突变与细胞分裂分化及器官发育之间的关系，提出在器官发育中细胞的程序性死亡是由一系列基因控制的
2002	罗伯特·霍维茨（H. Robert Horvitz, 1947.5—）	美国（美国）	博士（27）、美国哈佛大学	不详（55）	发现线虫中控制细胞死亡的关键基因，证明相应的基因也存在于人体中
2002	约翰·萨尔斯顿（John E. Sulston, 1942.3—）	英国（英国）	博士（24）、英国剑桥大学	不详（60）	同上
2003	保罗·克里斯琴·劳特布尔（Paul Christian Lauterbur, 1929.5—2007.3）	美国（美国）	博士（33）、美国匹兹堡大学	美国伊利诺伊大学香槟分校（74）	提出有关稳定磁场中使用附加梯度磁场的理论，发明磁共振成像技术（简称MRI）

续表

获奖年份	姓名	出生地（获奖时国籍）	最高学位（年龄）、所在学校	获奖时所在机构（获奖时年龄）	获奖原因
2003	彼得·曼斯菲尔德（Peter Mansfield, 1933.10—）	英国（英国）	博士（29）、英国伦敦大学	英国诺丁汉大学（70）	发展有关在稳定磁场中使用附加梯度磁场的理论，为磁共振成像从理论到应用奠定了基础
2004	理查德·阿克塞尔（Richard Axel, 1946.7—）	美国（美国）	博士（24）、美国约翰·霍普金斯大学	美国哥伦比亚大学霍华德·休斯医学研究所（58）	发现气味受体和嗅觉系统组织方式，阐释了嗅觉系统运作的机理
2004	琳达·巴克（Linda B. Buck, 1947.1—）（女）	美国（美国）	博士（33）、美国德克萨斯大学	美国国家科学院（57）	同上
2005	巴里·马歇尔（Barry Marshall, 1951.9—）	澳大利亚（澳大利亚）	硕士（23）、澳大利亚西澳大利亚大学	澳大利亚西澳大利亚大学（54）	发现幽门螺杆菌及其导致人类罹患胃炎、胃溃疡与十二指肠溃疡等疾病的机理
2005	罗宾·沃伦（Robin Warren, 1937.6—）	澳大利亚（澳大利亚）	硕士（24）、澳大利亚阿德莱德大学	退休（68）	同上
2006	安德鲁·扎卡里·法尔（Andrew Zachary Fire, 1959.4—）	美国（美国）	博士（24）、美国麻省理工学院	美国斯坦福医学院（47）	发现RNA具有可以干扰基因的机制、双链RNA对基因的抑制，为控制基因信息提供了基础性的依据
2006	克雷格·梅洛（Craig Camerón Mello, 1960.10—）	美国（美国）	博士（30）、美国哈佛大学	美国马萨诸塞大学医学院（46）	同上
2007	马丁·约翰·埃文斯（Martin John Evans, 1941.1—）	英国（英国）	博士（25）、英国伦敦大学	不详（66）	第一次分离出未分化的胚胎干细胞，为"基因靶向"技术提供了施展本领的空间

续表

获奖年份	姓名	出生地（获奖时国籍）	最高学位（年龄）、所在学校	获奖时所在机构（获奖时年龄）	获奖原因
2007	奥利弗·史密斯（Oliver Smithies, 1925.7—）	英国（美国）	博士（26）、英国牛津大学	不详（82）	在"基因靶向"技术方面作出突出贡献，所有基因都可以借助"同源重组"方式改变性状
2007	马里奥·卡佩基（Mario R. Capecchi, 1937.10—）	意大利（美国）	博士（30）、美国哈佛大学	美国犹他大学医学院（70）	证实异体DNA与哺乳动物细胞内的染色体之间可以"同源重组"以此修复带有缺陷的基因
2008	哈拉尔德·楚尔·豪森（HaraldZur Hausen, 1936.3—）	德国（德国）	博士（24）、德国杜塞尔多夫大学	退休（72）	发现导致宫颈癌的人乳头状瘤病毒（HPV）
2008	卢克·蒙塔尼（Luc Montagnier, 1932.8—）	法国（法国）	博士（28）、法国巴黎大学	法国巴黎大学（76）	成功分离出人类免疫缺陷病毒（HIV），即艾滋病病毒
2008	弗朗索瓦丝·巴尔-西诺西（Françoise Barré-Sinoussi, 1947.7—）（女）	法国（法国）	博士（28）、法国巴黎巴斯德学院	法国巴斯德研究中心（61）	同上
2009	伊丽莎白·海伦·布莱克本（Elizabeth Helem Blackburn, 1948.11—）（女）	澳大利亚（美国）	博士（27）、英国剑桥大学	美国加利福尼亚大学旧金山分校（61）	发现染色体末端的端粒（Telomere）和端粒酶（Telomerase）保护染色体的机制，揭开人类衰老与癌症奥秘
2009	卡罗尔·格雷德（Carol W. Greider, 1961.4—女）	美国（美国）	博士（26）、美国加利福尼亚大学伯克利分校	美国约翰·霍普金斯大学（48）	同上
2009	杰克·绍斯塔克（Jack W. Szostak, 1952.11—）	美国（美国）	博士（25）、美国康奈尔大学	不详（57）	同上

续表

获奖年份	姓名	出生地（获奖时国籍）	最高学位（年龄）、所在学校	获奖时所在机构（获奖时年龄）	获奖原因
2010	罗伯特·杰弗里·爱德华兹（Robert Geoffrey Edwards, 1925.9—2013.4）	英国（英国）	博士（30）、英国爱丁堡大学	不详（85）	创立体外受精技术，即试管婴儿技术
2011	布鲁斯·博伊特勒（Bruce A. Beutler, 1957.12—）	美国（美国）	博士（24）、美国芝加哥大学	美国德克萨斯大学西南医学中心（54）	发现先天免疫激活机制
2011	朱尔斯·霍夫曼（Jules A. Hoffman, 1941.8—）	法国（法国）	博士（28）、法国斯特拉斯堡大学	法国国家科学研究中心（70）	同上
2011	拉尔夫·马文·斯坦曼（Ralph Marvin Steinman, 1943.1—2011.9）	加拿大（加拿大/美国双国籍）	博士（25）、美国哈佛大学	美国洛克菲勒大学（68）	发现"树突细胞"及其在后天免疫中的作用
2012	山中伸弥（Yamanaka Shin'ya, 1962.9—）	日本（日本）	博士（32）、日本大阪市立大学	日本京都大学再生医科研究所（50）	发现成熟细胞可被重写成多功能细胞
2012	约翰·伯特兰·格登（John Bertrand Gurdon, 1933.10—）	英国（英国）	博士（不详）、牛津大学	剑桥大学（79）	同上
2013	詹姆斯·罗思曼（James E. Rothman, 1950.11—）	美国（美国）	博士（25）、美国哈佛大学	美国耶鲁大学（63）	发现了细胞囊泡交通的运行与调节机制
2013	兰迪·谢克曼（Randy Wayne Schekman, 1948.12—）	美国（美国）	博士（27）、美国斯坦福大学	美国加利福尼亚大学伯克利分校（65）	同上
2013	托马斯·聚德霍夫（Thomas C. Südhof, 1955.12—）	德国（德国/美国双国籍）	博士（27）、乔治-奥古斯特大学	美国斯坦福大学（58）	同上

表四　　　　　　　　　　　诺贝尔文学奖（1901—2013）

获奖 年份	姓名	出生地 （获奖时 国籍）	最高学位 （年龄）、 所在学校	获奖时 所在机构 （获奖时年龄）	代表作品
1901	苏利-普吕多姆 （Sully Prudhomme, 1839.3—1907.9）	法国 （法国）	中学（17）、法 国波拿巴公立 中学	法国法律公证 人办公室（62）	《孤独与深思》
1902	特奥多尔·蒙森 （Theodor Mommsen, 1817.11—1903.11）	德国 （德国）	博士（26）、丹 麦基尔大学	德国柏林大学 （85）	《罗马风云》
1903	比昂斯滕·比昂松 （Bjornstjerne Marti- nus Bjornson, 1832—1910）	挪威 （挪威）	大学肄业、挪 威皇家弗里德 里克大学	不详（71）	《挑战的手套》
1904	弗雷德里克·米斯塔 尔（Frederic Mistral, 1830.9—1914.3）	法国 （法国）	学士（22）、艾 克思普罗旺斯 学院	不详（74）	《金岛》
1904	何塞·埃切加赖 （José Echegaray, 1832.4—1916.9）	西班牙 （西班牙）	学士（22）、马 德里土木工程 学校	退休（72）	《伟大的牵线 人》
1905	亨利克·显克维支 （Henryk·Sienkiewica, 1846.5—1916.11）	波兰 （波兰）	无学位、华沙 高等学校	不详（59）	《第三个女人》
1906	乔祖埃·卡尔杜齐 （Giosueé Carducci, 1835.7—1907.2）	意大利 （意大利）	学士（22）、比 萨师范学院	不详（71）	《青春诗》
1907	约瑟夫·鲁德亚 德·吉卜林 （Rudyard Kipling, 1865.12—1936.1）	英国 （英国）	中学、联合服 务学院	不详（42）	《老虎！老虎!》
1908	鲁道尔夫·欧肯 （Rudolf Christoph Eucken, 1846.1— 1926.9）	德国 （德国）	博士（24）、德 国哥廷根大学	德国耶拿大学 （62）	《精神生活漫 笔》
1909	西尔玛·拉格洛夫 （Selma Lagerlöf, 1858.11—1940.3 ） （女）	瑞典 （瑞典）	学士（27）、斯 德哥尔摩罗威 尔女子师范 学院	兰斯克罗娜女 子高中（51）	《骑鹅旅行记》

续表

获奖年份	姓名	出生地（获奖时国籍）	最高学位（年龄）、所在学校	获奖时所在机构（获奖时年龄）	代表作品
1910	保尔·约翰·路德维希·冯·海塞（Paul Johann Ludwig von Heyse，1830.3—1914.4）	德国（德国）	博士（22）、波恩大学	不详（80）	《特雷庇姑娘》
1911	莫里斯·梅特林克（Maurice Polydore Marie Bernard Maeterlinck，1862.8—1949.5）	比利时（法国）	博士（23）、根特大学	不详（49）	《花的智慧》
1912	盖哈特·霍普特曼（Gerhart Johann Robert Hauptmann，1862.11—1946.6）	德国（德国）	大学肄业、无	不详（50）	《群鼠》
1913	罗宾德拉纳特·泰戈尔（Rabindranath Tagore，1861.5—1941.8）	印度（印度）	大学肄业、伦敦大学学院	不详（52）	《吉檀枷利—饥饿石头》
1914	未颁奖				
1915	罗曼·罗兰（Romain Rolland，1866.1—1944.12）	法国（瑞士）	博士（29）、意大利法兰西考古学院	日内瓦的国际战犯管理所（49）	《约翰—克利斯朵夫》
1916	魏尔纳·海顿斯坦姆（Carl Gustaf Verner von Heidenstam，1859.6—1940.5）	瑞典（瑞典）	中学、不详	瑞典学院（57）	《朝圣年代》
1917	卡尔·耶勒鲁普（Karl Adolph Gjellerup，1857.6—1919.10）	丹麦（丹麦）	硕士（22）、哥本哈根大学	不详（60）	《磨坊血案》
1917	亨利克·彭托皮丹（Henrik Pontoppidan，1857.7—1943.8）	丹麦（丹麦）	未获学位、丹麦哥本哈根理工学院	不详（60）	《天国》
1918	未颁奖				

获奖年份	姓名	出生地（获奖时国籍）	最高学位（年龄）、所在学校	获奖时所在机构（获奖时年龄）	代表作品
1919	卡尔·施皮特勒（Carl Friedrich Georg Spitteler, 1845.4—1924.12）	瑞士（瑞士）	学士（25）、瑞士巴塞尔大学	不详（74）	《奥林比亚的春天》
1920	克努特·汉姆生（Knut Pedersen Hamsun, 1859.8—1952.2）	挪威（挪威）	无大学学位、无	不详（61）	《大地硕果—畜牧曲》
1921	阿纳托尔·法郎士（Anatole France, 1844.4—1924.10）	法国（法国）	学士（20）、法国斯坦尼斯拉学院	不详（77）	《苔依丝》
1922	哈辛托·贝纳文特·伊·马丁内斯（Jacinto Benaventey Martinez, 1866.8—1954.7）	西班牙（西班牙）	未获学位、西班牙马德里中央大学	不详（56）	《不吉利的姑娘》
1923	威廉·巴特勒·叶芝（Willia m Butler Yeats, 1865.6—1939.1）	爱尔兰（爱尔兰）	未获学位、爱尔兰都柏林市立艺术学院	不详（58）	《丽达与天鹅》
1924	瓦迪斯瓦夫·雷蒙特（Władysław Stanisław Reymont, 1868.5—1925.12）	波兰（波兰）	无大学学位、无	不详（56）	《农民》
1925	乔治·伯纳德·肖（George Bernard Shaw, 1856.7—1950.11）	爱尔兰（爱尔兰）	无大学学位、无	不详（69）	《卖花女》
1926	玛丽亚·格拉齐亚·科西马·黛莱达（Maria Grazia Cosima Deledda, 1871.9—1936.8）（女）	意大利（意大利）	小学、不详	不详（55）	《邪恶之路》
1927	亨利·柏格森（Henri Bergson, 1859.10—1941.1）	法国（法国）	博士（30）、法国巴黎大学	法兰西语言科学院（68）	《论意识的直接材料》

续表

获奖年份	姓名	出生地（获奖时国籍）	最高学位（年龄）、所在学校	获奖时所在机构（获奖时年龄）	代表作品
1928	西格里德·温塞特（Sigrid Undset，1882.5—1949.6）（女）	挪威（挪威）	职中，无	不详（46）	《新娘·主人·十字架》
1929	保罗·托马斯·曼（Paul Thomas Mann，1875.6—1955.8）	德国（德国）	无大学学位，无	不详（54）	《布登勃洛克家族》
1930	辛克莱·刘易斯（Sinclair Lewis，1885.2—1951.1）	美国（美国）	学士（24）、美国耶鲁大学	不详（45）	《大街》《巴比特》
1931	埃里克·阿克塞尔·卡尔费尔特（Erik Axel Karlfeldt，1864.7—1931.4）	瑞典（瑞典）	硕士（34）、瑞典乌普萨拉大学	瑞典学院（67）	《旷野与眷爱之歌》
1932	约翰·高尔斯华绥（John Galsworthy，1867.8—1933.1）	英国（英国）	学士（22）、英国牛津大学	不详（65）	《福尔赛世家》
1933	伊万·阿列克谢耶维奇·蒲宁（Ivan Alexeivich Bunin，1870.10—1953.11）	俄国（无国籍）	未获大学学位、俄罗斯莫斯科大学	不详（63）	《米佳的爱情》
1934	路伊吉·皮兰德娄（Luigi Pirandello，1867.6—1936.12）	意大利（意大利）	博士（24）、德国波恩大学	不详（67）	《一年里的故事》
1935	未颁奖				
1936	尤金·奥尼尔（Eugene O'Neill 1888.10—1953.11）	美国（美国）	未获大学学位、美国普林斯顿大学	不详（48）	《天边外》
1937	罗杰·马丁·杜·加尔（Roger Martin du Gard，1881.3—1958.8）	法国（法国）	学士（25）、法国文献学院	不详（56）	《蒂伯一家》
1938	赛珍珠（Pearl Sydenstricker Buck，1892.6—1973.3）（女）	美国（美国）	硕士（34）、美国康奈尔大学	不详（46）	《大地》

获奖年份	姓名	出生地（获奖时国籍）	最高学位（年龄）、所在学校	获奖时所在机构（获奖时年龄）	代表作品
1939	弗兰斯·埃米尔·西兰帕（Frans Eemil Sillanpää, 1888.9—1964.6）	芬兰（芬兰）	荣誉博士（49）、赫尔辛基大学	不详（51）	《少女西丽亚》
1940—1943	未颁奖				
1944	约翰内斯·威廉·延森（Johannes Vilhelm Jensen, 1873.1—1950.11）	丹麦（丹麦）	硕士（23）、丹麦哥本哈根大学	不详（71）	《漫长的旅行》
1945	加夫列拉·米斯特拉尔（Gabriela Mistral, 1889.4—1957.1）（女）	智利（智利）	无大学学位、无	智利外交部（56）	《柔情》
1946	赫尔曼·黑塞（Hermann Hesse, 1877.7—1962.8）	德国（德国/瑞士双国籍）	无大学学位、德国毛尔布隆神学院	不详（69）	《荒原狼》
1947	安德烈·保罗·吉约姆·纪德（André Paul Guillaume Gide, 1869.11—1951.2）	法国（法国）	名誉博士（79）、英国剑桥大学	不详（78）	《田园交响曲》
1948	托马斯·斯特恩斯·艾略特（Thomas Stearns Eliot, 1888.9—1965.1）	美国（美国/英国双国籍）	硕士（22）、美国哈佛大学	不详（60）	《四个四重奏》
1949	威廉·卡斯伯特·福克纳（William Cuthbert Faulkner, 1897.9—1962.7）	美国（美国）	未获大学学位、美国密西西比大学	不详（52）	《我弥留之际》
1950	伯特兰·亚瑟·威廉·罗素（Bertrand Arthur William Russe, 1872.5—1970.2）	英国（英国）	硕士（22）、英国牛津大学	不详（78）	《哲学》《数学》《文学》
1951	佩尔·拉格奎斯特（Pär Lagerkvist, 1891.5—1974.7）	瑞典（瑞典）	未获大学学位、瑞典乌普萨拉大学	不详（60）	《大盗巴拉巴》

续表

获奖年份	姓名	出生地（获奖时国籍）	最高学位（年龄）、所在学校	获奖时所在机构（获奖时年龄）	代表作品
1952	弗朗索瓦·莫里亚克（François Mauriac, 1885.10—1970.9）	法国（法国）	学士（21）、法国波尔多大学	不详（67）	《爱的荒漠》
1953	温斯顿·伦纳德·斯宾塞·丘吉尔（Winston Leonard Spencer Churchill, 1874.11—1965.1）	英国（英国）	学士（21）、英国皇家军事学院	英国首相（79）	《不需要的战争》
1954	欧内斯特·米勒·海明威（Ernest Miller Hemingway, 1899.7—1961.7）	美国（美国）	无大学学位、无	不详（55）	《老人与海》
1955	哈尔多尔·基尔扬·拉克斯内斯（Halldór Kiljan Laxness, 1902.4—1998.2）	冰岛（冰岛）	无大学学位、无	不详（53）	《渔家女》
1956	胡安·拉蒙·希梅内斯（Juan Ramón Jiménez, 1881.12—1958.5）	西班牙（西班牙）	未获大学学位、西班牙圣玛利亚学校	不详（75）	《悲哀的咏叹调》
1957	阿尔贝·加缪（Albert Camus, 1913.11—1960.1）	法国（法国）	学士（23）、法国阿尔及尔大学	《巴黎晚报》编辑部（44）	《局外人》《鼠疫》
1958	鲍里斯·列昂尼多维奇·帕斯捷尔纳克（Борис Леонидович Пастернак, 1890.2—1960.5）	俄国（苏联）	学士（23）、莫斯科大学	不详（68）	《日瓦戈医生》
1959	萨瓦多尔·夸西莫多（Salvatore Quasimodo, 1901.8—1968.6）	意大利（意大利）	未获大学学位、意大利罗马工学院	不详（58）	《水与土》
1960	圣琼·佩斯（Saint-John Perse, 1887.5—1975.9）	法国（法国）	学士（21）、法国波尔多大学	不详（73）	《蓝色恋歌》

续表

获奖年份	姓名	出生地（获奖时国籍）	最高学位（年龄）、所在学校	获奖时所在机构（获奖时年龄）	代表作品
1961	伊沃·安德里奇（Ivo Andrić, 1892.10—1975.3）	奥斯曼土耳其帝国（南斯拉夫）	博士（31）、奥地利格拉茨大学	不详（69）	《德里纳河上的桥》
1962	约翰·斯坦贝克（John Steinbeck, 1902.2—1968.12）	美国（美国）	未获大学学位、美国斯坦福大学	不详（60）	《人鼠之间》
1963	乔治·塞菲里斯（Giorgos Seferis, 1900.3—1971.9）	希腊（希腊）	学士（24）、法国巴黎索尔本大学	不详（63）	《画眉鸟号》
1964	让-保罗·萨特（Jean-Paul Sartre, 1905.6—1980.4）	法国（法国）	博士（23）、法国巴黎高等师范学院	《现代》杂志（59）	《存在与虚无》
1965	米哈伊尔·亚历山大罗维奇·肖洛霍夫（Mikhail Aleksandrovich Sholokov, 1905.5—1984.2）	俄国（苏联）	无大学学位、无	不详（60）	《静静的顿河》
1966	萨缪尔·约瑟夫·阿格农（Samuel Josef Agnon, 1888.7—1970.2）	奥地利（奥地利）	无大学学位、无	不详（78）	《行为之书》
1966	内莉·萨克斯（Nelly Sachs, 1891.12—1970.5）（女）	德国（瑞典）	无大学学位、无	不详（75）	《逃亡》
1967	米格尔·安赫尔·阿斯图里亚斯·罗萨莱斯（Miguel Ángel Asturias Rosales, 1899.10—1974.6）	危地马拉（危地马拉）	学士（24）、危地马拉圣卡洛斯大学	危地马拉驻巴黎大使（68）	《玉米人》
1968	川端康成（Yasunari Kawabata, 1899.6—1972.4）	日本（日本）	学士（25）、日本东京帝国大学	不详（69）	《雪国》《千鹤》
1969	萨缪尔·贝克特（Samuel Beckett, 1906.4—1989.11）	爱尔兰（爱尔兰）	硕士（26）、爱尔兰都柏林三一学院	不详（63）	《等待戈多》

获奖年份	姓名	出生地（获奖时国籍）	最高学位（年龄）、所在学校	获奖时所在机构（获奖时年龄）	代表作品
1970	亚历山大·伊萨耶维奇·索尔仁尼琴（Aleksandr Isayevich Solzhenitsyn, 1918.12—2008.8）	俄国（苏联）	学士（23）、苏联罗斯托夫大学	不详（52）	《癌症楼》
1971	巴勃罗·聂鲁达（Pablo Neruda, 1904.7—1973.9）	智利（智利）	未获大学学位、智利圣地亚哥教育学院	智利驻法国大使（67）	《二十首情诗和一支绝望的歌》
1972	海因里希·特奥多尔·伯尔（Heinrich Theodor Böll, 1917.12—1985.7）	德国（德国）	无大学学位、无	不详（55）	《女士及众生相》
1973	帕特里克·维克托·马丁代尔·怀特（Patrick Victor Martindale White, 1912.5—1989.9）	澳大利亚（澳大利亚）	学士（23）、英国剑桥大学	不详（61）	《风暴眼》
1974	埃温特·约翰逊（Eyvind Johnson, 1900.7—1976.8）	瑞典（瑞典）	无大学学位、无	不详（74）	《乌洛夫的故事》
1974	哈里·埃德蒙·马丁松（Harry Edmund Martinson, 1904.5—1978.2）	瑞典（瑞典）	无大学学位、无	不详（70）	《露珠里的世界》
1975	埃乌杰尼奥·蒙塔莱（Eugenio Montale, 1896.10—1981.9）	意大利（意大利）	无大学学位、无	不详（79）	《生活之恶》
1976	索尔·贝洛（Saul Bellow, 1915.6—2005.4）	加拿大（美国）	学士（22）、美国西北大学	不详（61）	《赫索格》
1977	维森特·皮奥·马塞利诺·西里洛·阿莱克桑德雷·梅洛（Vicente Pío Marcelino Cirilo Aleixandre y Merlo, 1898.4—1984.12）	西班牙（西班牙）	学士（21）、西班牙马德里大学	不详（79）	《天堂的影子》

续表

获奖年份	姓名	出生地（获奖时国籍）	最高学位（年龄）、所在学校	获奖时所在机构（获奖时年龄）	代表作品
1978	艾萨克·巴甚维斯·辛格（Isaac Bashevis Singer, 1904.7—1991.7）	波兰（美国）	未获大学学位、波兰华沙犹太法典神学院	不详（74）	《魔术师》《原野王》
1979	奥德修斯·埃里蒂斯（Odysseus Elytis, 1911.11—）	希腊（希腊）	未获大学学位、希腊雅典大学	不详（68）	《英雄挽歌》
1980	切斯瓦夫·米沃什（Czesław Miłosz, 1911.6—2004.8）	波兰（美国）	硕士（23）、波兰威尔诺大学	不详（69）	《拆散的笔记簿》
1981	埃利亚斯·卡内蒂（Elias Canetti, 1905.7—1994.8）	保加利亚（英国）	博士（24）、奥地利维也纳大学	不详（76）	《迷茫》
1982	加夫列尔·加西亚·马尔克斯（Gabriel José de la Concordi a García Márquez, 1927.3—）	哥伦比亚（哥伦比亚）	未获大学学位、哥伦比亚国立大学	不详（55）	《霍乱时期的爱情》
1983	威廉·杰拉尔罗德·戈尔丁（：Sir William Gerald Golding, 1911.9—199.6）	英国（英国）	硕士（49）、英国牛津大学	不详（72）	《蝇王·金字塔》
1984	雅罗斯拉夫·塞弗尔特（Jaroslav Seifert, 1901.9—1986.1）	捷克斯洛伐克（捷克斯洛伐克）	无大学学位、无	不详（83）	《紫罗兰》
1985	克劳德·西蒙（Claude Simon, 1913.10—2005.7）	法国（法国）	未获大学学位、法国安德烈·英特学院	不详（72）	《弗兰德公路》
1986	渥雷·索因卡（Ak-inwande Oluwole "Wole" Soyinka, 1934.7—）	尼日利亚（尼日利亚）	学士（20）、英国列斯大学	尼日利亚伊费（Ife）大学（52）	《狮子和宝石》

续表

获奖年份	姓名	出生地（获奖时国籍）	最高学位（年龄）、所在学校	获奖时所在机构（获奖时年龄）	代表作品
1987	约瑟夫·布罗茨基（Joseph Brodsky, 1940.5—1996.1）	苏联（美国）	无 大 学 学位、无	美国密歇根大学（47）	《从彼得堡到斯德哥尔摩》
1988	纳吉布·马哈福兹（Naguib Mahfouz, 1911.12—2006.8）	埃及（埃及）	学士（23）、埃及开罗大学	不详（77）	《街魂》
1989	卡米洛·何塞·塞拉（Camilo José Cela, 1916.5—2002.1）	西班牙（西班牙）	学士、西班牙马德里大学	不详（73）	《为亡灵弹奏》
1990	奥克塔维奥·帕斯（Octavi o Paz, 1914.3—1998.4）	墨西哥（墨西哥）	学士（23）、墨西哥国立自治大学	不详（76）	《太阳石》
1991	内丁·戈迪默（Nadine Gordimer, 1923.11—）（女）	南非（南非）	学士（？）南非威特沃特斯兰大学	不详（68）	《七月的人民》
1992	德里克·沃尔科特（Derek Walcott, 1930.1—）	圣卢西亚（圣卢西亚）	学士（23）、牙买加西印度群岛大学	不详（62）	《西印度群岛》
1993	托妮·莫里森（Toni Morrison, 1931.2—）（女）	美国（美国）	硕士（24）、美国霍华德大学	普林斯顿大学（62）	《所罗门之歌》
1994	大江健三郎（Kenzaburo Oe, 1935.1—）	日本（日本）	学士（24）、日本东京大学	不详（59）	《个人的体验》
1995	谢默斯·希尼（Seamus Heaney, 1939.4—2013.8）	爱尔兰（爱尔兰）	学士（22）、爱尔兰昆士大学	不详（56）	《四个英语现代诗人》
1996	维斯瓦娃·辛波丝卡（Wisława Szymborska, 1923.7—2012.2）（女）	波兰（波兰）	学士（25）、波兰克拉科夫雅盖隆大学	《文学生活》周刊（73）	《一料沙看世界》
1997	达里奥·福（Dario Fo, 1926.3—）	意大利（意大利）	未获大学学位、意大利米兰艺术学院	不详（71）	《一个无政府主义者的死亡》

续表

获奖年份	姓名	出生地（获奖时国籍）	最高学位（年龄）、所在学校	获奖时所在机构（获奖时年龄）	代表作品
1998	若泽·萨拉马戈（José Saramago，1922.11—2010.6）	葡萄牙（葡萄牙）	无大学学位、无	不详（76）	《盲目》
1999	君特·威廉·格拉斯（Günter Wilhelm Grass，1927.10—）	德国（德国）	无大学学位、无	不详（72）	《铁皮鼓》《辽阔的原野》
2001	维迪亚德哈尔·苏拉易普拉萨德·奈波尔（Vidiadhar Surajprasad Naipaul，1932.8—）	特立尼达和多巴哥（英国）	学士、英国牛津大学	不详（69）	《到来之谜》
2002	凯尔泰斯·伊姆雷（Kertész Imre，1929.11—）	匈牙利（匈牙利）	无、无	不详（73）	《无形的命运》
2003	约翰·马克斯维尔·库切（John Maxwell Coetzee，1940.2—）	南非（南非）	博士、美国德克萨斯大学	不详（63）	《耻》
2004	埃尔弗雷德·耶利内克（Elfriede Jelinek，1946.10—）（女）	奥地利（奥地利）	学士、奥地利维也纳映音乐学院	不详（58）	《钢琴教师》
2005	哈罗德·品特（Harold Pinter，1930.10—2008.12）	英国（英国）	无大学学位、英国皇家戏剧艺术学院	不详（75）	《看房者》
2006	费里特·奥尔汗·帕穆克（Ferit Orhan Pamuk，1952.6—）	土耳其（土耳其）	无大学学位、土耳其伊斯坦布尔理工大学	不详（54）	《伊斯坦布尔》
2007	多丽丝·莱辛（Doris Lessing，1919.10—2013.11）（女）	伊朗（英国）	中学、不详	不详（88）	《金色笔记》

续表

获奖年份	姓名	出生地（获奖时国籍）	最高学位（年龄）、所在学校	获奖时所在机构（获奖时年龄）	代表作品
2008	让－马里·古斯塔夫·勒克莱齐奥（Jean-Marie Gustave Le Clézio, 1940.4—）	法国（法国/毛里求斯）	博士（45）、佩皮尼昂大学	不详（68）	《乌拉尼亚》
2009	赫塔·米勒（Herta Müller, 1953.8—）（女）	罗马尼亚（德国）	学士（23）、蒂米什瓦拉西部大学	不详（56）	《呼吸秋千》
2010	马里奥·巴尔加斯·略萨（Jorge Mario Pedro Vargas Llosa, 1936.3—）	秘鲁（秘鲁/西班牙）	博士（不详）、不详	不详（74）	《城市与狗》
2011	托马斯·特兰斯特罗默（Tomas Tranströmer, 1931.4—）	瑞典（瑞典）	学士（25）、瑞典斯德哥尔摩大学	不详（80）	《悲伤吊篮》
2012	莫言（Mo Yan, 1955.2—）	中国（中国）	硕士（36）北京师范大学	不详（57）	《蛙》
2013	爱丽丝·门罗（Alice Munro, 1931.7—）（女）	加拿大（加拿大）	学士（20）、加拿大西安大略大学	不详（82）	《快乐影子舞》

表五 **诺贝尔和平奖（1901—2013）**

获奖年份	姓名	出生地（获奖时国籍）	最高学位（年龄）、所在学校	获奖时所在机构（获奖时年龄）	获奖原因
1901	琼·亨利·杜南（Jean Henri Dunant, 1828.5—1910.10）	瑞士（瑞士）	未获大学学位、无	阿尔及利亚公司经理（银行家）（73）	创办"国际红十字会"
1901	弗雷德里克·帕西（Frédéric Passy, 1822.5—1916.6）	法国（法国）	学士（25）、法国巴黎大学	法国议会议员（79）	创立国际和平联盟和各国议会联盟
1902	埃利·迪科门（Élie Ducommun, 1833.2—1906.12）	瑞士（瑞士）	未获大学学位、无	瑞士伯尔尼国际和平局局长（69）	国际和平局局长
1902	夏尔莱·阿尔贝特·戈巴特（Charles A·Gobat, 1843.5—1914.3）	瑞士（瑞士）	博士（25）、德国海德堡大学	瑞士伯尔尼国际和平局局长（59）	国际议会和平局局长
1903	威廉·兰德尔·克里默爵士（Sir William Randal Cremer, 1828.3—1908.7）	英国（英国）	无大学学位、无	欧洲议会联盟副主席（75）	推动国际和平运动、领导英国劳工运动和国际工人协会
1904	国际法研究院（Institut de droit international，又译国际法学会）	国际法研究院（Institut de droit international，又译国际法学会）1873年9月8日在比利时成立，是为国际法研究和发展贡献的组织，由于其在国际法研究和发展方面的贡献于1904年获得诺贝尔和平奖。			
1905	贝尔塔·冯·苏特纳（Bertha von Suttner, 1843.6—1914.6）（女）	奥地利（奥地利）	中学、不详	伯尔尼国际和平局副局长（62）	"全心全意地投身和平运动"和从未停止过放下武器的呼喊
1906	西奥多·罗斯福（Theodore Roosevelt, 1858.10—1919.1）	美国（美国）	学士（23）、哈佛大学	美国总统（48）	成功地调停了日俄战争
1907	埃内斯托·泰奥多罗·莫内塔（Ernesto Teodoro Moneta, 1833.9—1918.2）	意大利（意大利）	无学位、伊夫雷亚军事学院	米兰国际和平议会主席（74）	因为1887年在米兰成立了国际和平协会伦巴第分会和1906年担任米兰国际和平议会主席

续表

获奖年份	姓名	出生地（获奖时国籍）	最高学位（年龄）、所在学校	获奖时所在机构（获奖时年龄）	获奖原因
1907	路易·雷诺（Louis Renault, 1843.5—1918.2）	法国（法国）	博士（26）、法国巴黎大学	法国外交部顾问（64）	因为在国际法方面二等巨大贡献和在解决国际争端中所起的作用
1908	克拉斯·蓬图斯·阿诺尔德松（Klas Pontus Arnoldson, 1844.10—1916.2）	瑞典（瑞典）	无大学学位、无	瑞典下议院议员；瑞典和平仲裁联合会第一任秘书（64）	因主张以和平谅解的方式解散瑞、挪联盟和为和平事业作了35年的努力
1908	腓特烈·巴耶尔（Fredrik Bajer, 1837.4—1922.1）	丹麦（丹麦）	无大学学位、无	"丹麦和平协会"会长；伯尔尼国际和平局第一任局长（71）	因为支持和平的政治和写作活动
1909	奥古斯特·马里·弗朗索瓦·贝尔纳特（Auguste Marie François Beernaert, 1829.7—1912.10）	比利时（比利时）	博士（23）、比利时卢万大学	比利时众议院议长（80）	因为对国际和平事业作了进30年不懈的努力
1909	保罗-亨利-邦雅曼·德斯图内勒·德康斯坦（Paul-Henri-Benjamin d´Estournelles de Constant, 1852.11—1924.5）	法国（法国）	学士（24）、法国巴黎东方语言文化学院	法国国民议会议员、参议院议员（57）	因为对国际和平友好事业的贡献
1910	国际和平局（International Peace Bureau）	国际和平局1891年成立，是一个民间性质的世界和平机构，因在维护世界和平、促进国际合作等方面成绩显著，被授予1910年诺贝尔和平奖。			
1911	托比亚斯·米夏埃尔·卡雷尔·阿赛尔（Tobias Michael Carel Asser, 1838.4—1913.7）	荷兰（荷兰）	博士（23）、荷兰法律学校	荷兰阿姆斯特丹大学教授（73）	"注重法律实践的政治家"和"国际法关系研究的先驱"
1911	阿尔弗雷德·赫尔曼·弗里德（Alfred Hermann Fried, 1864.11—1921.5）	奥地利（奥地利）	无大学学士、无	记者、奥地利书籍出售和出版者（47）	20年来勤劳地用他精湛的文学捍卫和平

续表

获奖年份	姓名	出生地（获奖时国籍）	最高学位（年龄）、所在学校	获奖时所在机构（获奖时年龄）	获奖原因
1912	伊莱休·鲁特（Elihu Root, 1845.2—1937.2）	美国（美国）	博士（23）、纽约大学	美国国务卿和美国战争部长（67）	因为对世界和平以及促使签订24个双边仲裁协定等方面的贡献
1913	亨利·拉方丹（Henri La Fontaine, 1854.4—1943.5）	比利时（比利时）	无大学学位、比利时布鲁塞尔大学	比利时布鲁塞尔大学教授；比利时参议员（59）	因为努力促进和发展国际间的合作和加强世界人民之间的了解
1914—1916	未颁奖				
1917	红十字国际委员会（International Committee of the Red Cross, ICRC）	红十字国际委员会（International Committee of the Red Cross, ICRC），总部设于瑞士日内瓦的人道主义机构，于1863年2月9日成立，因为其对和平事业做出的卓越贡献，被授予1917年诺贝尔和平奖。			
1918	未颁奖				
1919	托马斯·伍德罗·威尔逊（Thomas Woodrow Wilson, 1856.12—1924.2）	美国（美国）	博士（31）、约翰·霍普金斯大学	美国总统（63）	倡导建立国际联盟和真诚地试图进行和平谈判
1920	莱昂·维克托·奥古斯特·布儒瓦（Léon Victor Auguste Bourgeois, 1851.5—1925.9）	法国（法国）	博士（25）、法国巴黎大学	法国参议院议长（69）	对创办国际联盟作了大量出色的工作
1921	卡尔·亚尔马·布兰廷（Karl Hjalmar Branting, 1860.11—1925.2）	瑞典（瑞典）	学士（23）、瑞典乌普拉萨大学	瑞典首相（61）	因为争取使国际联盟成为一种为和平、为人民之间和解和为裁军服务的国际机构
1921	克里斯蒂安·劳斯·朗格（Christian Lous Lange, 1869.9—1938.12）	挪威（挪威）	博士（51）、挪威克里斯蒂安尼亚大学	挪威驻国际议会联盟代表（52）	因为积极从事大量的国际性工作并为和平事业作出了较大贡献

续表

获奖年份	姓名	出生地（获奖时国籍）	最高学位（年龄）、所在学校	获奖时所在机构（获奖时年龄）	获奖原因
1922	弗里乔夫·南森（Fridtjof Wedel-Jarlsberg Nansen，1861.10—1930.5）	挪威（挪威）	博士（28）、挪威克里斯蒂安尼亚大学	挪威驻国际议会联盟代表团团长（61）	从事和平和科学的活动
1923—1924	未颁奖				
1925	奥斯丁·张伯伦爵士，KG（Sir Austen Chamberlain，1863.10—1937.3）	英国（英国）	学士（23）、英国剑桥大学	英国外交大臣（62）	起草了1925年的"洛迦诺公约"
1925	查尔斯·盖茨·道威斯（Charles Gates Dawes，1865.8—1951.4）	美国（美国）	硕士（23）、美国马里塔学院	美国副总统（60）	主持制定了"道威斯计划"
1926	阿里斯蒂德·白里安（Aristide Briand，1862.3—1932.3）	法国（法国）	学士（20）、法国巴黎大学	法国总理（64）	在签订洛迦诺公约过程中发挥了巨大作用
1926	古斯塔夫·施特雷泽曼（Gustav Stresemann，1878.5—1929.10）	德国（德国）	博士（23）、德国柏林大学	德国外交部长（48）	在签订洛迦诺公约过程中发挥了巨大作用，成功的支持了和平事业
1927	费迪南·爱德华·比松（Ferdinand Édouard Buisson，1841.12—1932.2）	法国（法国）	博士（52）、法国巴黎大学	法国国民议会议员（86）	对建立法国的免费教育起了重要作用，是坚决的和平主义者
1927	路德维希·克维德（Ludwig Quidde，1858.3—1941.3）	德国（德国）	博士（25）、德国哥廷根大学	魏玛共和国国民大会议员（69）	长期为和平所作的艰苦工作
1928	未颁奖				
1929	弗兰克·比林斯·凯洛格（Frank Billings Kellogg，1856.12—1937.12）	美国（美国）	无大学学位、美国明尼苏达大学	永久国际公正法庭法官（73）	促成签订了巴黎公约（凯洛格—白里安协定）

续表

获奖年份	姓名	出生地（获奖时国籍）	最高学位（年龄）、所在学校	获奖时所在机构（获奖时年龄）	获奖原因
1930	拉尔斯·奥洛夫·约纳坦·瑟德布卢姆（Lars Olof Jonathan Söderblom, 1866.1—1931.7）	瑞典（瑞典）	博士（36）、法国巴黎索尔本大学	瑞典全国大主教（64）	促进国际间的相互了解
1931	劳拉·简·亚当斯（Laura Jane Addams, 1860.9—1935.5）（女）	美国（美国）	学士（23）、美国伊利诺伊州罗克福女子学院	妇女国际和平和联盟的主席（71）	试图在全人类和全世界树立起和平思想
1931	尼古拉斯·默里·巴特勒（Nicholas Murray Butler, 1862.4—1947.12）	美国（美国）	博士（23）、美国哥伦比亚大学	美国哥伦比亚大学（69）	在长达25年的和平事业中，显示了无比的力量和不倦的干劲
1932	未颁奖				
1933	拉尔夫·诺曼·安吉尔（Ralph Norman Angell, 1874.12—1967.10）	英国（英国）	无大学学位、日内瓦大学	不详（59）	撰写了大量促进和平的著作
1934	阿瑟·亨德森（Arthur Henderson, 1863.9—1935.10）	英国（英国）	无大学学位、无	英国政府外交大臣（71）	在联合国的裁军中发挥了积极地领导作用
1935	卡尔·冯·奥西茨基（Carl von Ossietzky, 1887.10—1938.5）	德国（德国）	无大学学位、无	《世界论坛》主编（48）	对和平事业做出了有价值的贡献
1936	卡洛斯·萨维德拉·拉马斯（Carlos Saavedra Lamas, 1878.11—1959.5）	阿根廷（阿根廷）	博士（26）、阿根廷国立大学	阿根廷政府外交部长（58）	在拉丁美洲拟定"非战公约"并成功地调停查科战争
1937	埃德加·阿尔杰农·罗伯特·加斯科因-塞西尔（Edgar Algernon Robert Gascoyne-Cecil, 1864.9—1958.11）	英国（英国）	双学士（17/20）、英国牛津大学	兰开斯特公爵郡大臣（73）	在创立国际联盟和维护国联威望方面的努力

续表

获奖年份	姓名	出生地（获奖时国籍）	最高学位（年龄）、所在学校	获奖时所在机构（获奖时年龄）	获奖原因
1938	南森国际难民办公室（Nansen International Office Refugees）	南森国际难民办公室（Nansen International Office for Refugees）于1831年在挪威成立，由于难民办公室八年来卓有成效的工作，对世界和平事业作出了贡献，1938年被授予诺贝尔和平奖。			
1939—1943	未颁奖				
1944	红十字国际委员会（International Committee of the Red Cross，ICRC）	红十字国际委员会（International Committee of the Red Cross，ICRC），是总部设于瑞士日内瓦的人道主义机构，于1863年2月9日成立。在第二次世界大战中，红十字国际委员会在保护平民，为战俘传递信件和包裹，向他们发放书籍，保护犹太人等方面作出重大成就，1944年被授予诺贝尔和平奖。			
1945	科德尔·赫尔（Cordell Hull，1871.10—1955.7）	美国（美国）	学士（21）、美国田纳西州坎伯兰大学	美国国务卿（74）	长期为民族之间的和解不倦的工作
1946	艾米莉·格林·巴尔奇（Emily Greene Balch，1867.1—1961.1）（女）	美国（美国）	学士（23）、美国宾夕法尼亚州布林马尔学院	妇女和平自由同盟（79）	作为一名国际妇女和平运动的领导，对和平事业作了重要贡献
1946	约翰·穆德（John Raleigh Mott，1865.5—1955.1）	美国（美国）	学士（24）、纽约康奈尔大学	国际基督教联盟主席（81）	创建了世界范围内的基督教组织，广泛传播相互容忍的基督教义和团结了千百万人为实现各国之间的和平
1947	英国教友会（Friends Service Council）	英国教友会于1927年成立，美国教友会于1917年成立。多年来，这两个教会长期以来一直积极从事救死扶伤、造福于人类的事业，在救济各国难民与促进全世界和平的事业中做了不少事情。为了表彰它对人类和平事业的贡献，1947年被授予诺贝尔和平奖金。			
1947	美国教友会（American Friends Service Committee）				
1948	未颁奖				
1949	约翰·博伊德·奥尔（John Boyd Orr，1880.9—1971.6）	英国（英国）	博士（41）、苏格兰格拉斯哥大学	联合国粮农组织总干事（69）	努力消除世界饥荒，促进全球团结与和平

续表

获奖年份	姓名	出生地（获奖时国籍）	最高学位（年龄）、所在学校	获奖时所在机构（获奖时年龄）	获奖原因
1950	拉尔夫·约翰逊·本奇（Ralph Johnson Bunche，1904.8—1971.12）	美国（美国）	博士（31）、哈佛大学	美国国务院政治研究司副司长（46）	参加调解阿以战争，促进埃及、约旦、叙利亚、黎巴嫩分别同以色列签订了停战协定
1951	莱昂·儒奥（Léon Jouhaux，1879.7—1954.4）	法国（法国）	无大学学位、巴黎大学、民众大学	法国工会总书记（72）	致力于提高工人阶级的地位，优先改善工人的生活条件和积极参加反战斗争
1952	阿尔伯特·史怀哲（Albert Schweitzer，1875.1—1965.9）	法国（法国）	博士（25）、斯特拉斯堡大学	斯特拉斯堡大学神学院院长（77）	对人类自由与和平的热爱，以及在为非洲人民服务上所表现的自我牺牲精神
1953	乔治·卡特莱特·马歇尔（George Catlett Marshall. Jr，1880.12—1959.10）	美国（美国）	不详、弗吉尼亚军校	美国国务卿（73）	在第二次世界大战后对复兴欧洲经济所作的贡献，以及对促进国际和平谅解所作的努力
1954	联合国难民署（UN Refugee Agency，UNHCR）	联合国难民署（UN Refugee Agency，UNHCR），全称联合国难民事务高级专员公署，1950年12月14日由联合国大会创建，并于1951年的1月1日开始工作，总部设在日内瓦。由于其在第二次世界大战中为难民提供了国际保护，做了大量人道主义的、社会的和非政治性的工作，对人类和平事业做出了一定的贡献，1954年被授予诺贝尔和平奖。			
1955—1956	未颁奖				
1957	莱斯特·鲍尔斯·皮尔逊（Lester Bowles Pearson，1897.4—1972.12）	加拿大（加拿大）	硕士（29）、英国牛津大学	加拿大政府总理（60）	在1956年的苏伊士运河事件中起了国际调停人的作用

续表

获奖年份	姓名	出生地（获奖时国籍）	最高学位（年龄）、所在学校	获奖时所在机构（获奖时年龄）	获奖原因
1958	乔治·亨利·皮尔（Georges Henri Pire，1910.2—1969.1）	比利时（比利时）	博士（27）、意大利神学院	多明我会牧师（48）	因为在救助被战争逼得流离异国的人们方面建方面立了不朽的功勋
1959	菲利普约翰·诺尔-贝克（Philip Noel-Baker，1889.11—1982.10）	英国（英国）	硕士（26）、英国剑桥大学	英联邦燃料、电力大臣（70）	对国际联盟和联合国的创建以及为裁军不知疲倦地工作，对国际政治和世界和平事业作出了贡献
1960	艾伯特·约翰·卢图利（Albert John Lutuli，1899—1967.7）	南非（南非）	无大学学位、无	非洲人国民大会党主席（61）	领导反对南非种族隔离的和平抵抗运动，即主张以非暴力的方式解决种族歧视
1961	达格·亚尔马·昂内·卡尔·哈马舍尔德（Dag Hjalmar Agne Carl Hammarskjöld，1905.7—1961.9）	瑞典（瑞典）	博士（30）、瑞典斯德哥尔摩大学	联合国秘书长（56）	在联合国范围内，为促进世界和平作了杰出贡献
1962	莱纳斯·卡尔·鲍林（Linus Carl Pauling，1901.2—1994.8）	美国（美国）	博士（25）、加州理工学院	任职于鲍林科学和医学研究所（61）	反对以任何形式的战争作为解决国际冲突的手段
1963	红十字国际委员会（International Committee of the Red Cross，ICRC）	红十字国际委员会（International Committee of the Red Cross，ICRC），总部设于瑞士日内瓦的人道主义机构，于1863年2月9日成立。红十字会与红新月会国际联合会（International Federation of Red Cross and Red Crescent Societies）1919年成立，其成员为各国红十字会或红新月会，是一个遍布全球的志愿救援组织，目的为推动"国际红十字与红新月运动"，是全世界组织最庞大，也是最具影响力的类似组织。由于两个组织所做的大量广泛的人道主义工作，于1963年被授予诺贝尔和平奖。			
1963	红十字会与红新月会国际联合会（International Federation of Red Cross and Red Crescent Societies）				
1964	马丁·路德·金（Martin Luther King, Jr.，1929.1—1968.4）	美国（美国）	博士（27）、美国波士顿大学	佐治亚州亚特兰大一所教堂当牧师（35）	领导美国黑人以非暴力的形式反对种族隔离

获奖年份	姓名	出生地（获奖时国籍）	最高学位（年龄）、所在学校	获奖时所在机构（获奖时年龄）	获奖原因
1965	联合国儿童基金会（United Nations International Children's Emergency Fund）	联合国儿童基金会（United Nations International Children's Emergency Fund；简称 UNICEF），1946 年 12 月 11 日在联合国大会上成立，总部设在美国纽约。对发展中国家的母亲和孩子进行长期的人道主义和发展援助，实现了诺贝尔促进各国之间的兄弟关系这一遗愿的要求，于 1965 年被授予诺贝尔和平奖。			
1966—1967	未颁奖				
1968	勒内·萨米埃尔·卡森（Rene-Samuel Cassin，1887.10—1976.2）	法国（法国）	博士（28）、法国艾克斯大学	巴黎大学教授（81）	捍卫人的价值和人权方面的贡献，并发起制定《世界人权宣言》
1969	国际劳工组织（International Labour Organization）	国际劳工组织（International Labour Organization，简称 ILO）是一个以国际劳工标准处理有关劳工问题的联合国专门机构。1919 年，国际劳工组织根据《凡尔赛和约》，作为国际联盟的附属机构成立。1946 年 12 月 14 日，成为联合国的一个专门机构，总部设在瑞士日内瓦。由于其半个世纪以来在反对失业和贫困的斗争中做了大量的工作，1969 年被授予诺贝尔和平奖。			
1970	诺曼·布劳格（Norman Ernest Borlaug，1914.3—2009.9）	美国（美国）	博士（28）、美国明尼苏达大学	洛克菲勒基金会主任（56）	为一个饥饿的世界提供粮食作出了巨大的贡献
1971	维利·勃兰特（Willy Brandt，1913.12—1992.10）	德国（德国）	无大学学位、无	联邦德国总理（58）	推行"新东方政策"，保证了联邦德国人民的人权、人身安全和充分的自由，并缓和了二战后欧洲的紧张局势
1972	未颁奖				
1973	亨利·阿尔弗雷德·基辛格（Henry Alfred Kissinger，1923.5—）	德国（美国）	博士（28）、美国哈佛大学	美国国务卿（50）	越南停火谈判成功
1973	黎德寿（Lê Đức Thọ，1911.10—1990.10）（拒绝领奖）	越南（越南）	不详、不详	越南共产党中央军委副书记	同上

续表

获奖年份	姓名	出生地（获奖时国籍）	最高学位（年龄）、所在学校	获奖时所在机构（获奖时年龄）	获奖原因
1974	肖恩·麦克布赖德（Sean MacBride, 1904.1—1988.1）	爱尔兰（爱尔兰）	无大学学位、爱尔兰国立大学	爱尔兰外交部长（70）	在国际和平、人权和裁军方面所作的努力，以及为纳米比亚从南非统治下获得解放所作的贡献
1974	佐藤荣作（Eisaku Sato, 1901.3—1975.6）	日本（日本）	学士（24）、日本东京帝国大学	日本首相（73）	推行有助于亚太地区稳定的和解政策，在任首相期间签署了不扩散核武器的协定
1975	安德烈·德米特里耶维奇·萨哈罗夫（Andrei Dmitriyevich Sakharov, 1921.5—1989.10）	俄国（苏联）	博士（27）、苏联科学院	苏联列别捷夫物理研究所（54）	不畏惧个人下地狱的威胁，坚持人类之间应有的基本和平原则，使全世界真正为和平而努力的人大受鼓舞
1976	贝蒂·威廉斯（Betty Williams, 1943.5—）（女）	爱尔兰（爱尔兰）	无大学学位、奥林奇专科学校	爱尔兰和平人民运动领导人（33）	在北爱尔兰发起反对恐怖主义的和平人民运动，维护了爱尔兰和平，保障了人民生命财产安全
1976	梅里德·科里根·麦奎尔（Mairead Corrigan Maguire, 1944.1—）（女）	英国（爱尔兰）	荣誉博士、不详	爱尔兰和平人民运动领导人（32）	同上
1977	国际特赦组织（或称"大赦国际"，Amnesty International, 简称AI）	国际特赦组织于1916年5月成立，是一个全球性运动，其成员透过行动，为所有人争取国际公认的人权能受到尊重和维护。国际特赦组织因"争取自由、正义从而也为争取世界和平做出了贡献"于1977年被授予诺贝尔和平奖。			
1978	穆罕默德·安瓦尔·萨达特（Anwar EL-Sadat, 1918.12—1981.10）	埃及（埃及）	学士（21）、埃及皇家军事学院	埃及总统（60）	与以色列在戴维营签订了两个著名的协议，为中东和平作出了贡献

获奖年份	姓名	出生地（获奖时国籍）	最高学位（年龄）、所在学校	获奖时所在机构（获奖时年龄）	获奖原因
1978	梅纳赫姆·沃尔福维奇·贝京（Menachem Wolfovitch Begin, 1913.8—1992.3）	以色列（以色列）	学士（23）、华沙大学	以色列总理（65）	与埃及总统在戴维营签订了两个著名的协议，为中东和平作出了贡献
1979	德蕾莎（Teresa of Calcutta, 1910.8—1997.9）（女）	奥斯曼土耳其帝国（印度）	中学、不详	洛雷托修女会校长（69）	无私地致力于减轻穷苦人的悲惨处境和濒于死亡的人的痛苦
1980	阿道弗·佩雷斯·埃斯基维尔（Adolfo Pérez Esquivel, 1931.11—）	阿根廷（阿根廷）	学士（26）、布宜诺斯艾利斯的阿根廷国立美术学校	"和平和正义组织"的拉丁美洲事务总协调员（49）	以非暴力形式，为保卫人权、实现和平和正义的社会做了大量平凡的工作
1981	联合国难民署（UN Refugee Agency, UNHCR）	联合国难民署，全称联合国难民事务高级专员公署，1950年12月14日由联合国大会创建，并于1951年的1月1日开始工作，总部设在日内瓦。为大量难民提供了国际保护，对人类和平事业作出了贡献，于1981年被授予诺贝尔和平奖。			
1982	阿尔瓦·米达尔（Alva Reimer Myrdal, 1902.1—1986.2）（女）	瑞典（瑞典）	硕士（33）、瑞典乌普萨拉大学	瑞典政府驻外大使和日内瓦裁军会议瑞典代表团团长（80）	多年致力于裁军事业以及为在北欧建立无核区作出贡献
1982	阿方索·加西亚·罗夫莱斯（Alfonso Garcia Robles, 1911.3—1991.9）	墨西哥（墨西哥）	不详、墨西哥大学、法国巴黎大学、荷兰海牙国际法律学院	墨西哥外交部长（71）	在联合国范围内的世界裁军运动中发挥了重要作用，并为拉丁美洲建立无核区而斗争
1983	莱赫·瓦文萨（Lech Wałęsa, 1943.9—）	波兰（波兰）	无大学学位、无	波兰团结工会的主要领导人（40）	通过谈判和非暴力的手段使波兰工人或得自由组织工会的权利
1984	德斯蒙德·图图（Desmond Mpilo Tutu, 1931.10—）	南非（南非）	硕士（36）、英国伦敦大学国王学院	南非一所学校任校长（53）	致力于用非暴力手段反对南非当局的种族歧视政策

续表

获奖年份	姓名	出生地（获奖时国籍）	最高学位（年龄）、所在学校	获奖时所在机构（获奖时年龄）	获奖原因
1985	国际防止核战争医生组织（International Physicians for the Prevention of Nuclear War, IPPNW）	国际防止核战争医生组织（International Physicians for the Prevention of Nuclear War, 缩写 IPPNW），于 1980 年成立，是一个由 60 多个国家医疗机构组成的国际组织。国际防止核战争医生组织使世界人民认识到核战争造成的灾难深重的后果，并于 1985 年被授予诺贝尔和平奖。			
1986	埃利·维瑟尔（Elie Wiesel, 1928.9—）	罗马尼亚（美国）	不详、巴黎大学	纽约市立学院教授（58）	在反对暴力镇压和种族歧视方面作出重要贡献
1987	奥斯卡·拉斐尔·德·赫苏斯·阿里亚斯·桑切斯（Óscar Rafael de Jesús Arias Sánchez, 1941.9—）	哥斯达黎加（哥斯达黎加）	博士（31）、英国埃塞克斯大学	哥斯达黎加总统（46）	1987 年 8 月 7 日在危地马拉达成中美洲和平协议作出努力
1988	联合国维持和平部队（United Nations Peacekeeping Force, ）	联合国维持和平部队（United Nations Peacekeeping Forces），简称联合国维和部队，是根据有关联合国决议建立的一支跨国界的特种部队，成立于 1848 年。它受联合国大会或安全理事会的委派，活跃于国际上有冲突的地区。由于其在极端困难的条件下为缓和世界紧张局势所作的杰出贡献，于 1988 年被授予诺贝尔和平奖。			
1990	米哈伊尔·谢尔盖耶维奇·戈尔巴乔夫（Mikhail S. Gorbachev, 1931.3—）	苏联（苏联）	不详、斯塔夫罗波尔农学院	苏联共产党总书记（59）	为促进和平而在国际上所做的努力以及把东西方关系从对抗变成谈判发挥重要作用
1991	昂山素季（Aung San Sun Kyi, 1945.6—）	缅甸（缅甸）	学士（26）、英国牛津大学	缅甸全国民主联盟第一次全国代表大会上连任总书记（46）	对全世界人民用和平方式争取民主、人权及调解少数民族矛盾的支持和不懈的努力

续表

获奖年份	姓名	出生地（获奖时国籍）	最高学位（年龄）、所在学校	获奖时所在机构（获奖时年龄）	获奖原因
1992	里戈韦塔·门楚·图姆（Rigoberta Menchú Tum, 1959.1—）（女）	危地马拉（危地马拉）	无、无	危地马拉农民合作联盟协调委员会的领导人之一（33）	作为土著人权利的倡导者发挥了重要作用
1993	纳尔逊·罗利赫拉赫拉·曼德拉（Nelson Rolihlahla Mandela, 1918.7—2013.12）	南非（南非）	双学士（23/35）、南非大学/威特沃特斯兰德大学	非洲人国民大会党主席（75）	为和平废除南非种族隔离政策所作的努力和为南非的民主进程奠定了基础
1993	弗雷德里克·威廉·德克勒克（Frederik Willem de Klerk, 1936.3—）	南非（南非）	学士（22）、南非波切夫斯特鲁姆大学	南非总统（57）	同上
1994	亚西尔·阿拉法特（Yasser Arafat, 1929.8—2004.11）	巴勒斯坦（巴勒斯坦）	学士（27）、埃及开罗大学	巴勒斯坦民族权力机构主席（65）	在中东为创造和平做了不懈的努力
1994	希蒙·佩雷斯（Shimon Peres, 1923.8—）	波兰（以色列）	未获学位、本·谢门农业学校	以色列外交部长（71）	在中东为创造和平做过不懈努力
1994	伊扎克·拉宾（Yitzhak Rabin, 1922.3—1995.11）	以色列（以色列）	未获学位、卡多里农业学校	以色列总理（72）	为巴以奥斯陆密谈的成功和随后达成的历史性协议，以及为推动中东和平进程做出重要贡献
1995	帕格沃什科学和世界事务会议（Pugwash Conferences on Science and World Affairs）	帕格沃什科学和世界事务会议（Pugwash Conferences on Science and World Affairs）1957 年成立，是一个学者和公共人物的国际组织，目的是减少武装冲突带来的危险，寻求解决全球安全威胁的途径。由于他们为在国际政治上减少核武器所起的作用，以及从长期看来消灭这些武器所作的努力，于 1995 年被授予诺贝尔和平奖。			
1995	约瑟夫·罗特布拉特（Joseph Rotblat, 1908.11—2005.8）	波兰（英国）	博士（31）、波兰华沙大学	英国伦敦大学教授（87）	削弱国际政治中核武器所起的作用，而且从长远看来将消除这种武器

续表

获奖年份	姓名	出生地（获奖时国籍）	最高学位（年龄）、所在学校	获奖时所在机构（获奖时年龄）	获奖原因
1996	卡洛斯·菲利普·西门内斯·贝洛（Carlos FilipeXimenes Belo, 1948.2—）	东帝汶（东帝汶）	不详、不详	东帝汶天主教会领导者（48）	公正、和平解决东帝汶冲突
1996	若泽·曼努埃尔·拉莫斯·奥尔塔（José Manuel Ramos-Horta, 1949.12—）	东帝汶（东帝汶）	不详、不详	东帝汶独立运动驻联合国永久代表（47）	同上
1997	国际反地雷组织（International Campaign to Ban Land-mines, ICBL）	国际反地雷组织（ICBL），最早由六个非政府组织在1992年10月发起，由于其为禁埋和清除危害人类的地雷所做的工作，于1997年被授予诺贝尔和平奖。			
1997	乔迪·威廉斯（Jody Williams, 1950.10—）（女）	美国（美国）	双硕士（34/36）、佛蒙特国际培训学院/霍普金斯高级国际研究学院	在国际禁用地雷组织（ICBL）工作（47）	为禁埋和清除危害人类的地雷所做的工作
1998	约翰·休姆（John Hume, 1937.1—）	英国（英国）	不详、不详	英国议会议员（61）	为他们对北爱尔兰冲突寻找解决方法所做出的努力
1998	威廉·戴维·特林布尔（David Trimble, 1944.10—）	英国（英国）	未获大学学位、班戈尔文法学校	新教统一党领导人（54）	同上
1999	无国界医生（Doctor Without Borders）	无国界医生组织（Doctors Without Borders, Medecins Sans Frontiers -- MSF）于1971年12月20日在巴黎成立，是一个由各国专业医学人员组成的国际性的志愿者组织，是全球最大的独立人道医疗救援组织。一直坚持使灾难受害者享有获得迅速而有效的专业援助的权利，于1999年被授予诺贝尔和平奖。			
2000	金大中（Kim Dae Jung, 1925.12—2009.8）	韩国（韩国）	硕士（43）、韩国庆熙大学	韩国总统（75）	在韩国推进民主进程和人权尤其是同朝鲜实现和平与和解中做了重大努力

续表

获奖年份	姓名	出生地（获奖时国籍）	最高学位（年龄）、所在学校	获奖时所在机构（获奖时年龄）	获奖原因
2001	联合国（UN）	联合国（英文缩写：UN）成立于第二次世界大战结束后的1945年，是一个由主权国家组成的国际组织，用以取代国际联盟，去阻止战争并为各国提供对话平台。他们对更有组织与和平的世界做出了巨大贡献和努力，于2001年被授予诺贝尔和平奖。			
2001	科菲·阿塔·安南（Kofi Atta Annan，1938.4—）	加纳（加纳）	硕士（35）、美国麻省理工学院	联合国秘书长（63）	倡导集体安全、全球团结、人权法治，维护联合国的价值观念和道德权威
2002	詹姆斯·厄尔·卡特（James Earl Carter, Jr, 1924.10—）	美国（美国）	不详、乔治亚理工学院；安那波利斯的美国海军官校	卡特中心主席（78）	为他几十年来一直坚持不懈为国际冲突寻找和平解决方案、致力于增进民主及改善人权以及促进经济和社会发展的努力
2003	希林·伊巴迪（Shirin Ebadi，1947.6—）（女）	伊朗（伊朗）	不详、德黑兰大学	伊朗女性律师和人权活动者（56）	为民主和人权，特别是为女性与儿童的权益所作出的努力
2004	旺加里·马塔伊（Wangari Muta Maathai，1940.4—2011.9）（女）	肯尼亚（肯尼亚）	博士（31）、肯尼亚内罗毕大学	肯尼亚国会议员（64）	为可持续发展、民主与和平作出的贡献
2005	国际原子能机构（International Atomic Energy Agency，IAEA）	国际原子能机构（International Atomic Energy Agency，IAEA）于1954年12月由第9届联大通过决议设立并于1957年7月成立，是国际原子能领域的政府间科学技术合作组织，是联合国的一个专门机构，总部设在维也纳。在防止核能被用于军事目的并确保最安全地和平利用核能方面作出了巨大的努力，于2005年被授予诺贝尔和平奖。			
2005	穆罕默德·巴拉迪（Mohamed ElBaradei，1942.6—）	埃及（埃及）	博士（33）、美国纽约大学	国际原子能机构总干事（63）	在防止核能被用于军事目的并确保最安全地和平利用核能方面作出了巨大的努力

续表

获奖年份	姓名	出生地（获奖时国籍）	最高学位（年龄）、所在学校	获奖时所在机构（获奖时年龄）	获奖原因
2006	穆罕默德·尤纳斯（Muhammad Yunus, 1940.6—）	孟加拉国（孟加拉国）	博士（30）、美国范德比尔特大学	格拉斯哥卡利多尼安大学的校监（66）	为表彰他们从社会底层推动经济和社会发展的努力
2006	孟加拉乡村银行（Grameen bank）	孟加拉乡村银行成立于孟加拉国的 1976 年，它向贫穷的农村妇女提供担保面额较小的贷款（即微型贷款），作为非政府组织（NGO）支持其生活，并于 2006 年被授予诺贝尔和平奖。			
2007	政府间气候变化专门委员会（Intergovernmental Panel on Climate Change, IPCC）	政府间气候变化专门委员会（Intergovernmental Panel on Climate Change, IPCC）是一个附属于联合国之下的跨政府组织，在 1988 年由世界气象组织、联合国环境署合作成立，专责研究由人类活动所造成的气候变迁。由于其在唤醒人们对全球暖化问题的重视上所做的努力于贡献，于 2007 年被授予诺贝尔和平奖。			
2007	艾伯特·阿诺·戈尔（Albert Arnold Al Gore, Jr., 1948.3—）	美国（美国）	学士（22）、美国哈佛大学	著名环保人士（50）	在唤醒人们对全球暖化问题的重视上所做的努力于贡献
2008	马尔蒂·奥伊瓦·卡莱维·阿赫蒂萨里（Martti Oiva Kalevi Ahtisaari, 1937.6—）	芬兰（芬兰）	不详、不详	不详（71）	在过去三十年中致力于解决在几个大陆国际冲突
2009	贝拉克·侯赛因·奥巴马二世（Barack Hussein Obama II, 1961.8—）	美国（美国）	博士（31）、美国哈佛大学	美国总统（48）	为表彰他在促进国际外交和各国人民合作所作出的非凡努力
2011	埃伦·约翰逊·瑟利夫（Ellen Johnson Sirleaf, 1938.10—）（女）	利比里亚（利比里亚）	硕士（34）、约翰·F·肯尼迪政府学院	利比里亚总统（73）	以非暴力斗争方式来维护女性安全以及女性能充分参与和平建立的权利

续表

获奖年份	姓名	出生地（获奖时国籍）	最高学位（年龄）、所在学校	获奖时所在机构（获奖时年龄）	获奖原因
2011	莱伊曼·古博薇（Leymah Roberta Gbowee, 1972—）（女）	利比里亚（利比里亚）	中学、不详	非洲和平活动家（39）	以非暴力斗争方式来维护女性安全以及女性能充分参与和平建立的权利
2011	塔瓦库·卡曼（Tawakkul Karman, 1979.2—）（女）	也门（也门）	不详、不详	也门政党 Al-Is-lah 的高级成员（32）	同上
2012	欧洲联盟（European Union）	欧洲联盟（European Union，EU），简称欧盟，是根据 1992 年签署的《欧洲联盟条约》（也称《马斯特里赫特条约》）所建立的国际组织，现拥有 28 个会员国。由于其在过去的 60 年中为促进欧洲的和平与和解、民主与人权作出的贡献，2012 年 10 月 12 日被授予 2012 年诺贝尔和平奖。			
2013	禁止化学武器组织（Organisation for the Prohibition of Chemical Weapons, OPCW）	禁止化学武器组织（Organization for the Prohibition of Chemical Weapons--OPCW）是在 1997 年 5 月 6 日至 27 日举行的禁止化学武器组织缔约国大会第一届会议上成立的，总部设在荷兰海牙。由于其在广泛消除化学武器方面所做的努力，于 2013 年被授予诺贝尔和平奖。			

表六　　　　　　　　　**诺贝尔经济学奖（1969—2013）**

获奖年份	姓名	出生地（获奖时国籍）	最高学位（年龄）、所在学校	获奖时所在机构（获奖时年龄）	获奖原因
1969	朗纳·安东·基蒂尔·弗里施（Ragnar Anton Kittil Frisch, 1895.3—1973.1）	挪威（挪威）	博士（32）、挪威奥斯陆大学	不详（74）	创立经济计量学并运用动态模型分析经济活动
1969	扬·廷贝亨（Jan Tinbergen, 1903.4—1994.6）	荷兰（荷兰）	博士（27）、荷兰莱顿大学	荷兰鹿特丹大学（66）	创立经济计量学，发展与应用动态模型研究和分析经济活动，使实证分析数量化及经济假说的统计检验成为可能
1970	保罗·安东尼·萨缪尔森（Paul Anthony Samuelson, 1915.5—2009.12）	美国（美国）	博士（27）、美国哈佛大学	国际经济学会（55）	发展了数理和动态经济理论，将经济科学提高到新的水平，他的研究涉及经济学的全部领域
1971	西蒙·史密斯·库兹涅茨（Simon Smith Kuznets, 1901.4—1985.7）	俄国（美国）	博士（25）、美国哥伦比亚大学	美国哈佛大学（70）	对国民生产总值和经济增长和发展的统计研究
1972	约翰·理查·希克斯（John Richard Hicks, 1904.4—1989.5）	英国（英国）	博士（29）、英国牛津大学	退休（68）	开创一般经济均衡理论和福利理论
1972	肯尼斯·约瑟夫·阿罗（Kenneth Joseph Arrow, 1921.4—）	美国（美国）	博士（31）、美国哥伦比亚大学	美国哈佛大学（51）	同上
1973	瓦西里·瓦西里耶维奇·列昂季耶夫（Wassily Leontief, 1906.8—1999.2）	俄国（美国）	博士（23）、德国柏林大学	美国哈佛大学（67）	发展了投入产出方法，该方法在许多重要的经济问题中得到运用

续表

获奖年份	姓名	出生地（获奖时国籍）	最高学位（年龄）、所在学校	获奖时所在机构（获奖时年龄）	获奖原因
1974	贡纳尔·默达尔（Gunnar Myrdal, 1898.12—1987.5）	瑞典（瑞典）	博士（30）、瑞典斯德哥尔摩大学	美国纽约市立学院（76）	他们深入研究了货币理论和经济波动，并深入分析了经济、社会和制度现象的互相依赖
1974	弗里德里希·奥古斯特·冯·哈耶克（Friedrich August von Hayek, 1899.5—1992.3）	奥地利（奥地利）	博士（22/24/41）、维也纳大学；维也纳大学；英国伦敦大学	德国弗莱堡大学（75）	同上
1975	列昂尼德·维塔利耶维奇·坎托罗维奇（Leonid Vitalievich Kantorovich, 1912.1—1986.4）	俄国（苏联）	博士（24）、列宁格勒国立大学	苏联国家科技委员会国民经济管理研究所经济研究室（63）	对资源最有利用理论以及建立线性规划方法的研究
1975	特亚林·科普曼斯（Tjalling Koopmans, 1910.8—1985.2）	荷兰（美国）	博士（27）、荷兰莱顿大学	美国耶鲁大学（65）	同上
1976	米尔顿·弗里德曼（Milton Friedman, 1912.7—2006.11）	美国（美国）	博士（35）、美国哥伦比亚大学	美国明尼苏达大学（64）	创立了货币主义理论，提出了永久性收入假说
1977	贝蒂尔·戈特哈德·奥林（Bertil Gotthard Ohlin, 1899.4—1979.8）	瑞典（瑞典）	博士（26）、瑞典斯德哥尔摩大学	退休（78）	对国际贸易理论和国际资本流动作了开创性研究
1977	詹姆斯·爱德华·米德（James Edward Meade, 1907.6—1995.12）	英国（英国）	硕士（29）、英国牛津大学	退休（70）	同上
1978	赫伯特·亚历山大·西蒙（Herbert Alexander Simon, 1916.6—2001.2）	美国（美国）	博士（28）、美国芝加哥大学	退休（62）	对经济组织内的决策程序进行了研究

续表

获奖 年份	姓名	出生地 （获奖时 国籍）	最高学位 （年龄）、 所在学校	获奖时 所在机构 （获奖时年龄）	获奖原因
1979	西奥多·舒尔茨（Theodore William Schultz，1902.4—1998.2）	美国（美国）	博士（28）、美国威斯康星大学	哈奇森讲座（77）	在经济发展方面做出了开创性研究，深入研究了发展中国家在发展经济中应特别考虑的问题
1979	威廉·阿瑟·刘易斯爵士（Sir William Arthur Lewis，1915.1—1991.6）	圣卢西亚（圣卢西亚）	博士（26）、英国伦敦经济学院	美国普林斯顿大学（64）	同上
1980	劳伦斯·罗伯特·克莱因（Lawrence Robert Klein，1920.9—2013.10）	美国（美国）	博士（25）、美国麻省理工学院	美国宾夕法尼亚客座（60）	以经济学说为基础，根据现实经济中实有数据所作的经验性估计，建立起经济体制的数学模型
1981	詹姆士·托宾（James Tobin，1918.3—2002.3）	美国（美国）	博士（30）、美国哈佛大学	退休（63）	阐述和发展了凯恩斯的系列理论及财政与货币政策的宏观模型在金融市场及相关的支出决定、就业、产品和价格等方面的分析做出了重要贡献
1982	乔治·约瑟夫·斯蒂格勒（George Joseph Stigler，1911.1—1991.12）	美国（美国）	博士（28）、美国芝加哥大学	美国国家经济研究局（71）	在工业结构、市场的作用和公共经济法规的作用与影响方面，做出了创造性重大贡献
1983	杰拉德·德布鲁（Gerard Debreu，1921.7—2004.12）	法国（法国/美国）	博士（36）、法国巴黎大学	美国加利福尼亚大学伯克利分校（62）	概括了帕累托最优理论，创立了相关商品的经济与社会均衡的存在定理

续表

获奖年份	姓名	出生地（获奖时国籍）	最高学位（年龄）、所在学校	获奖时所在机构（获奖时年龄）	获奖原因
1984	约翰·理查德·尼可拉斯·史东（John Richard Nicholas Stone, 1913.8—1991.12）	英国（英国）	博士（45）、英国剑桥大学	退休（71）	国民经济统计之父，在国民账户体系的发展中做出了奠基性贡献，极大地改进了经济实证分析的基础
1985	弗兰科·莫迪利安尼（Franco Modigliani, 1918.6—2003.12）	意大利（美国）	博士（27）、美国纽约新社会研究学院	美国麻省理工学院（67）	第一个提出储蓄的生命周期假设，这一假设在研究家庭和企业储蓄中得到了广泛应用
1986	詹姆斯·麦吉尔·布坎南（James McGill Buchanan, 1919.10—2013.1）	美国（美国）	博士（30）、美国芝加哥大学	不详（67）	将政治决策的分析同经济理论结合起来，使经济分析扩大和应用到社会—政治法规的选择
1987	罗伯特·索洛（Robert Merton Solow, 1924.8—）	美国（美国）	博士（28）、美国哈佛大学	不详（63）	对经济增长理论作出杰出贡献
1988	莫里斯·菲力·夏尔·阿莱（Maurice Félix Charles Allais, 1911.5—2010.10）	法国（法国）	博士（39）、法国巴黎大学	不详（77）	在市场理论及资源有效利用方面做出了开创性贡献，对一般均衡理论重新做了系统阐述
1989	特里夫·哈维默（Trygve Magnus Haavelmo, 1911.2—1999.7）	挪威（挪威）	博士（31）、美国哈佛大学	挪威奥斯陆大学（78）	对经济计量学的方法奠定基础性贡献
1990	哈利·马克思·马可维兹（Harry Max Markowitz, 1927.8—）	美国（美国）	博士（28）、美国芝加哥大学	不详（63）	他们对现代金融经济学理论进行了开创性的研究

续表

获奖年份	姓名	出生地（获奖时国籍）	最高学位（年龄）、所在学校	获奖时所在机构（获奖时年龄）	获奖原因
1990	默顿·霍华德·米勒（Merton Howard Miller, 1923.5—2000.6）	美国（美国）	博士（29）、约翰·霍普金斯大学	美国芝加哥大学商业研究生院（67）	他们对现代金融经济学理论进行了开创性的研究
1990	威廉·福塞斯·夏普（William Forsyth Sharpe, 1934.6—）	美国（美国）	博士（27）加利福尼亚大学洛杉矶分校	美国斯坦福大学商业研究生院（56）	同上
1991	罗纳德·哈利·科斯（Ronald Harry Coase, 1910.12—2013.9）	英国（英国）	博士（42）、英国伦敦大学	美国芝加哥大学法学院（81）	揭示并澄清了经济制度结构和函数中交易费用和产权的重要性
1992	盖瑞·史丹利·贝克（Gary Stanley Becker, 1930.12—）	美国（美国）	博士（25）、芝加哥大学	美国芝加哥大学（62）	将微观经济学的理论扩展到对人类行为的分析上，包括非市场经济行为
1993	罗伯特·福格尔（Robert William Fogel, 1926.7—2013.6）	美国（美国）	博士（38）、美国约翰·霍普金斯大学	美国芝加哥大学（67）	建立了包括产权理论、国家理论和意识形态理论在内的"制度变迁理论"
1993	道格拉斯·诺斯（Douglass Cecil North, 1920.11—）	美国（美国）	博士（33）、美国加利福尼亚大学伯克利分校	美国圣路易斯华盛顿大学（73）	用经济史的新理论及数理工具重新诠释了过去的经济发展过程
1994	约翰·海萨尼（John Charles Harsanyi, 1920, 5—2000.8）	匈牙利（匈牙利）	博士（40）、美国斯坦福大学	美国国家科学院（74）	对博弈论运用于经济分析方面取得卓越成就
1994	约翰·福布斯·纳什（John Forbes Nash Jr., 1928.6—）	美国（美国）	博士（23）、美国普林斯顿大学	美国普林斯顿大学（66）	同上

续表

获奖年份	姓名	出生地（获奖时国籍）	最高学位（年龄）、所在学校	获奖时所在机构（获奖时年龄）	获奖原因
1994	赖因哈德·泽尔腾（Reinhard Selten, 1930.10—）	德国（德国）	博士（32）、德国法兰克福大学	德国波恩大学（64）	对博弈论运用于经济分析方面取得卓越成就
1995	小罗伯特·埃默生·卢卡斯（Robert Emerson Lucas, Jr. , 1937.9—）	美国（美国）	博士（28）、美国芝加哥大学	美国芝加哥大学（58）	倡导和发展了理性预期与宏观经济学研究的运用理论
1996	詹姆斯·莫理斯（James Mirrlees, 1936.7—）	英国（英国）	博士（28）、英国剑桥大学	不详（60）	不对称信息下的激励经济理论
1996	威廉·斯宾塞·维克里（William Spencer Vickrey, 1914.6—1996.10）	加拿大（加拿大）	博士（34）、美国哥伦比亚大学	不详（82）	同上
1997	罗伯特·C.默顿（Robert C. Merton, 1944.7—）	美国（美国）	博士（27）、美国麻省理工学院	美国哈佛大学工商管理学院（53）	在期权和衍生证券方面做了开创性的贡献
1997	麦伦·斯科尔斯（Myron Scholes, 1941.7—）	加拿大（美国/加拿大）	博士（29）、美国芝加哥大学	美国斯坦福大学商学院（56）	推导并发展期权定价模型（即著名的布莱克——斯科尔斯公式）
1998	阿马蒂亚·库马尔·森（Amartya Kumar Sen, 1933.11—）	印度（印度）	博士（27）、英国剑桥大学	英国剑桥大学三一学院（65）	对福利经济学几个重大问题做出了贡献，包括社会选择理论、对福利和贫穷标准的定义、对匮乏的研究等
1999	罗伯特·蒙代尔（Robert Alexander Mundell, 1932.12—）	加拿大（美国）	博士（25）、美国麻省理工学院	美国艺术和科学院（67）	对在不同汇率制度下的货币和财政政策的分析和对最佳货币区域的分析

续表

获奖年份	姓名	出生地（获奖时国籍）	最高学位（年龄）、所在学校	获奖时所在机构（获奖时年龄）	获奖原因
2000	詹姆斯·约瑟夫·赫克曼（James Joseph Heckman, 1944.4—）	美国（美国）	博士（28）、美国普林斯顿大学	美国芝加哥大学（56）	在微观计量经济学领域，他们发展了广泛应用于个体和家庭行为实证分析的理论和方法
2000	丹尼尔·麦克法登（Daniel McFadden, 1937.7—）	美国（美国）	博士（26）、美国明尼苏达大学	美国加利福尼亚大学（63）	同上
2001	乔治·亚瑟·阿克洛夫（George Arthur Akerlof, 1940.6—）	美国（美国）	博士（27）、美国麻省理工学院	美国加利福尼亚大学伯克利分校（61）	为不对称信息市场的一般理论奠定了基石
2001	安德鲁·迈克尔·斯彭斯（Andrew Michael Spence, 1943.11—）	美国（美国）	博士（30）、美国哈佛大学	不详（58）	同上
2001	约瑟夫·尤金·斯蒂格利茨（Joseph Eugene Stiglitz, 1943.2—）	美国（美国）	博士（24）、美国麻省理工学院	美国布鲁金斯学会，哥伦比亚大学（58）	同上
2002	丹尼尔·卡内曼（Daniel Kahneman, 1934.3—）	以色列（美国/以色列）	博士（28）、美国加利福尼亚大学	美国普林斯顿大学和伍德罗威尔逊学院（68）	把心理学分析法与经济学研究结合在一起，为创立一个新的经济学研究领域奠定了基础
2002	弗农·洛马克斯·史密斯（Vernon Lomax Smith, 1927.1—）	美国（美国）	博士（29）、美国哈佛大学	不详（75）	同上
2003	克莱夫·威廉·约翰·格兰杰（Clive William John Granger, 1934.9—2009.5）	英国（英国）	学士（21）、英国诺丁汉大学	美国加利福尼亚大学圣迭戈分校（69）	用"随着时间变化的易变性"和"共同趋势"两种新方法分析经济时间数列

续表

获奖年份	姓名	出生地（获奖时国籍）	最高学位（年龄）、所在学校	获奖时所在机构（获奖时年龄）	获奖原因
2003	罗伯特·弗莱·恩格尔三世（Robert Fry Engle III, 1942.11—）	美国（美国）	博士（28）、美国康奈尔大学	美国纽约大学斯特恩商学院（61）	用"随着时间变化的易变性"和"共同趋势"两种新方法分析经济时间数列
2004	芬恩·基德兰德（Finn E. Kydland, 1943.12—）	挪威（挪威）	博士（31）、美国卡内基梅隆大学	美国卡内基梅隆大学（61）	有关宏观经济政策的"时间一致性难题"和商业周期的影响因素
2004	爱德华·普雷斯科特（Edward C. Prescott, 1940—）	美国（美国）	博士（28）、美国卡内基梅隆大学	美国亚历桑那州立大学（64）	同上
2005	托马斯·克罗姆比·谢林（Thomas Crombie Schelling, 1921.4—）	美国（美国）	博士（31）、美国哈佛大学	不详（84）	通过博弈论分析促进了对冲突与合作的理解
2005	罗伯特·约翰·奥曼（Robert John Aumann, 1930.6—）	以色列（美国/以色列）	博士（26）、美国麻省理工学院	耶路撒冷希伯来大学（75）	同上
2006	埃德蒙·费尔普斯（Edmund S. Phelps, 1933.6—）	美国（美国）	博士（27）、美国耶鲁大学	美国哥伦比亚大学（73）	在宏观经济跨期决策权衡领域所取得的研究成就
2007	里奥尼德·赫维克兹（Leonid Hurwicz, 1917.8—2008.6）	俄罗斯（美国）	不详、不详	不详（90）	奠定了机制设计理论的基础
2007	埃里克·马斯金（Eric Maskin, 1950.12—）	美国（美国）	博士（26）、美国哈佛大学	清华大学（57）	同上
2007	罗杰·梅尔森（Roger Myerson, 1951.3—）	美国（美国）	博士（26）、美国哈佛大学	芝加哥大学（56）	同上
2008	保罗·罗宾·克鲁格曼（Paul Robin Krugman, 1953.2—）	美国（美国）	博士（25）、美国麻省理工学院	普林斯顿大学（55）	对经济活动的贸易模式和区域的分析

续表

获奖年份	姓名	出生地（获奖时国籍）	最高学位（年龄）、所在学校	获奖时所在机构（获奖时年龄）	获奖原因
2009	埃莉诺·奥斯特罗姆（Elinor "Lin" Ostrom， 1933.8—2012.6）（女）	美国（美国）	博士（33）、美国加利福尼亚大学洛杉矶分校	美国国家科学院（76）	经济治理，尤其是对普通民众作出的贡献和经济治理分析，尤其是企业边际领域方面的贡献
2009	奥利弗·伊顿·威廉姆森（Oliver Eaton Williamson，1932.9—）	美国（美国）	博士（32）、美国卡内基梅隆大学	美国加利福尼亚大学伯克利分校（77）	同上
2010	彼得·戴蒙德（Peter Arthur Diamond，1940.4—）	美国（美国）	博士（24）、美国麻省理工学院	不详（70）	在"市场搜寻理论"中具有卓越贡献
2010	戴尔·莫滕森（Dale Thomas Mortensen, 1939.2—2014.1）	美国（美国）	博士（不详）、美国卡内基梅隆大学	美国西北大学（71）	同上
2010	克里斯托弗·安东尼欧乌·皮萨里德斯（Sir Christopher Antoniou Pissaride，1948.2—）	塞浦路斯（塞浦路斯/英国）	博士（26）、美国埃塞克斯大学	英国伦敦经济学院经济学系（62）	同上
2011	托马斯·萨金特（Thomas John "Tom" Sargent，1943.7—）	美国（美国）	博士（26）、美国哈佛大学	美国纽约大学经济学系（68）	在宏观经济学中对成因及其影响的实证研究
2011	克里斯托弗·阿尔伯特·西姆斯（Christopher Albert Sims, 1942.10—）	美国（美国）	博士（不详）、美国哈佛大学	美国普林斯顿大学经济学（69）	同上

续表

获奖年份	姓名	出生地（获奖时国籍）	最高学位（年龄）、所在学校	获奖时所在机构（获奖时年龄）	获奖原因
2012	阿尔文·埃利奥特·罗思（Alvin Eliot Roth, 1951.12—）	美国（美国）	博士（24）、美国斯坦福大学	美国哈佛大学（61）	创建"稳定分配"的理论，并进行"市场设计"的实践
2012	劳埃德·斯托韦尔·沙普利（Lloyd Stowell Shapley, 1923.6—）	美国（美国）	博士（31）、美国普林斯顿大学	美国加利福尼亚大学洛杉矶分校（89）	同上
2013	尤金·法兰西斯·法马（Eugene Francis Fama, 1939.2—）	美国（美国）	博士（25）、美国芝加哥大学布斯商学院	美国芝加哥大学布斯商学院（74）	对资产价格的经验分析
2013	拉尔斯·彼得·汉森（Lars Peter Hansen, 1952.10—）	美国（美国）	博士（27）、美国明尼苏达大学	美国芝加哥大学（61）	同上
2013	罗伯特·詹姆斯·席勒（Robert James Shiller, 1946.3—）	美国（美国）	博士（27）、美国麻省理工学院	美国耶鲁大学（67）	同上

参考文献

《马克思恩格斯选集》第 1 卷，人民出版社 1995 年版。

《马克思恩格斯选集》第 4 卷，人民出版社 1995 年版。

《马克思恩格斯文集》第 5 卷，人民出版社 2009 年版。

《周恩来选集》下卷，人民出版社 1984 年版。

《邓小平文选》（第 3 卷），人民出版社 1993 年版。

《国家中长期人才发展规划纲要（2010—2020 年）》，《人民日报》2010 年 4 月 1 日。

《南方周末》编：《一本书读懂诺贝尔奖》，二十一世纪出版社 2012 年版。

《日本国家第二期（2001—2005 年）科学技术基本计划》，《国际科技合作》2002 年第 2 期。

《王蒙又获诺贝尔文学奖提名？》，《晚报文萃》2003 年第 10 期。

白春礼主编：《人才与发展：国立科研机构比较研究》，科学出版社 2011 年版。

北京大学党委政策研究室编：《中国梦·教育梦读本》，北京大学出版社 2013 年版。

波伏瓦著，《萨特传》，黄忠晶译，百花洲文艺出版社 1996 年版。

曾德凤编著：《中国谁来夺取诺贝尔奖——近看世纪之交的青年科学家》，中国青年出版社 1998 年版。

陈春生、彭未名：《荆棘与花冠——诺贝尔文学奖百年回眸》，武汉出版社 2000 年版。

陈春生：《诺贝尔文学奖与 20 世纪俄罗斯文学》，《湖北师范学院学报》（哲学社会科学版）2002 年第 4 期。

陈洪、孙宝国、李雨民：《诺贝尔奖析——科学研究规律探讨之二》，

《北京工商大学学报》（自然科学版）2006 年 1 月第 24 卷第 1 期。

陈洪、吕淑琴：《诺贝尔奖得主的哲学思考：纪念诺贝尔奖颁发 110 周年》，科学出版社 2012 年版。

陈乐民：《20 世纪的欧洲》，三联书店 2007 年版。

陈其荣：《诺贝尔自然科学奖与世界一流大学》，《上海大学学报》（社会科学版）2010 年 11 月第 17 卷第 6 期。

陈其荣、廖文斌：《科学精英是如何造就的——从 STS 的观点看诺贝尔自然科学奖》，复旦大学出版社 2011 年版。

陈其荣、袁闯、陈积芳主编：《理性与情结——世纪诺贝尔奖》，复旦大学出版社 2002 年版。

陈仁霞：《德国〈2014 联邦科研报告〉解读》，《世界教育信息》2005 年第 2 期。

陈为人：《苏俄诺贝尔文学奖四位得主命运比较》，《同舟共进》2009 年第 3 期。

程如烟：《英国政府促进企业创新的做法和措施》，《软科学研究》2006 年第 211 期。

楚戈：《百年梦好难圆，中国割舍不了"诺贝尔情结"》，《今日科苑》2002 年第 4 期。

邓绍根：《诺贝尔奖在中国的早期报道》，《中国科技史料》第 23 卷第 2 期（2002 年）。

丁刚：《即使与诺贝尔奖擦肩而过》，《东方早报》2007 年 9 月 26 日第 A23 版。

董光璧：《二十世纪中国科学》，北京大学出版社 2007 年版。

冯之浚、张念椿：《现代文明的支柱——科技、管理、教育》，上海人民出版社 1986 年版。

傅光明：《中国作家的诺贝尔文学奖情结》，《长江学术》2008 年第 1 期。

甘霖、范旭：《生力军——民族地区青年科技人才资源开发研究》，广西人民出版社 2001 年版。

高锟：《高锟自传：潮平岸阔》，四川文艺出版社 2007 年版。

高益民：《日本促进创新人才成长的人才战略》，《中国教育政策评论》2009 年第 1 期。

葛君、岳晨：《诺贝尔化学奖获奖者的统计分析》，《图书馆理论与实践》2004 年第 2 期。

顾家山主编：《诺贝尔科学奖与科学精神》，中国科学技术大学出版社 2009 年版。

管惟炎：《吴有训教授事略》，《中国科技史料》1983 年第 3 期。

韩召颖：《美国政治与对外政策》，天津人民出版社 2007 年版。

何景棠：《2002 年诺贝尔物理奖与中国人擦肩而过》，《科技导报》2003 年第 5 期。

贺淑娟：《英国国家科技政策的演变（1850 年代至 1990 年代）》，苏州科技学院 2010 年硕士学位论文。

黄坤锦：《美国大学的通识教育》，北京大学出版社 2006 年第 1 版。

黄卓然、卢遂业、卢遂现编：《乐求知——崔琦教授的诺贝尔奖之路》，科学出版社 2004 年版。

江宏：《20 年培养 43 位诺贝尔奖获得者的启示》，《人民教育》2013 年第 7 期。

江泽民：《江泽民文选》（第二卷），人民出版社 2006 年版。

江泽民：《论科学技术》，人民出版社 2000 年版。

李光丽、段兴民：《侧析我国的学术环境——对诺贝尔奖困惑的反思》，《科学管理研究》2005 年第 5 期。

李健民、叶继涛：《德国科研机构布局体系研究及启示》，《科学学与科学技术管理》2005 年第 11 期。

李丽：《科学主义在中国》，人民出版社 2012 年版。

李曼丽：《通识教育——一种大学教育观》，清华大学出版社 1999 年版。

李鹏、刘彦：《德国科研体系的发展及对我国创新基地建设的启示》，《科学管理研究》2011 年第 2 期。

李醒民：《诺贝尔奖与中国现实》，《社会科学报》2002 年 2 月 21 日。

李燕萍、黄霞、郭玮：《英国科研经费使用支出管理对我国的启示》，《中国城市经济》2011 年 11 期。

李钊：《法国吸引人才政策浅析》，《科技日报》2009 年 1 月 20 日。

李臻：《诺贝尔奖得主的大学时代》，文汇出版社 2006 年版。

李政道：《李政道文录》，浙江文艺出版社 1999 年版。

凌永乐：《话诺贝尔奖》（修订版），社会科学文献出版社 2011 年版。

江晓原：《天学真原》，辽宁教育出版社 1995 年版。

刘炳香：《国际关系视野中的诺贝尔和平奖》，中共中央党校 2011 年博
    士学位论文。

刘禾：《帝国的话语政治：从近代中西冲突看现代世界秩序的形成》，
    杨立华等译，三联书店 2009 年版。

刘宏：《诺贝尔奖的设立对科学建制的影响》，中南大学 2003 年硕士学
    位论文。

刘立国：《荣格的情结理论探析》，《心理学探新》2008 年第 4 期。

刘敏：《当代德国高等教育改革评述》，南京理工大学 2007 年硕士学位
    论文。

刘青峰：《让科学的光芒照亮自己：近代科学为什么没有在中国产生》，
    新星出版社 2006 年版。

刘文飞：《诺贝尔文学奖与俄语文学》，《外国文学动态》1997 年第
    3 期。

刘欣：《由中国诺贝尔情结引发的思考》，武汉理工大学 2008 年硕士学
    位论文。

刘再复：《八方序跋》，生活·读书·新知三联书店 2013 年版。

国际儒学联合会编：《纪念孔子诞辰 2560 周年国际学术研讨会论文集·
    卷三》，九州出版社 2010 年版。

栾建军：《中国人——谁将获得诺贝尔奖》，中国发展出版社 2003 年版。

栾建军：《中国人谁将获得诺贝尔奖——诺贝尔奖与中国的获奖之路》，
    中国发展出版社 2003 年版。

吕淑琴、陈洪、李雨民：《诺贝尔奖的启示》，科学出版社 2010 年版。

马佰莲：《国家目标下的科学家个人自由》，中国社会科学出版社 2008
    年版。

马克思恩格斯：《马克思恩格斯文集》（第三卷），人民出版社 2009
    年版。

莫言：《盛典：诺奖之行》，长江文艺出版社 2013 年版。

尼克·布朗：《论西方的中国电影批评》，陈犀禾、刘宇清译，《当代电
    影》2005 年第 5 期。

宁平治、曾新月、李磊：《杨振宁科教文选》，南开大学出版社 2001
    年版。

钱锺书：《人·兽·鬼》，生活·读书·新知三联书店 2013 年版。

秦礼军、陈宝堂：《日本教育的历史与现状》，中国科学技术大学出版社 2004 年版。

许良英等主编：《爱因斯坦研究》第一辑，科学出版社 1989 年版。

曲安京主编：《中国近现代科技奖励制度》，山东教育出版社 2005 年版。

饶毅：《饶议科学》，上海科技教育出版社 2009 年版。

日本総務省統計局：「平成 24 年科学技術研究調査」，2012 年 12 月。

沈壮海、张发林：《论社会科学学术评价的应有趋向》，《社会科学管理与评论》2007 年第 3 期。

施若谷：《21 世纪之初是中国问鼎诺贝尔奖的最佳时机》，《自然辩证法研究》1999 年第 5 期。

史世伟：《纠正市场失灵——德国中小企业促进政策解析》，《欧洲研究》2003 年第 6 期。

宋兆杰、曾晓娟：《从苏联—俄罗斯科学发展看经费重于自由》，《科技管理研究》2012 年第 10 期。

孙惠柱：《易卜生怎么错过了诺贝尔文学奖》，《上海戏剧》2006 年第 6 期。

孙密文：《人才学》，吉林教育出版社 1990 年版。

孙小礼：《科学技术与世纪之交的中国》，人民出版社 1997 年版。

陶孟和：《再论科学研究》，《现代评论》1927 年第 119 期。

汪朝阳、肖信：《化学史人文教程》，科学出版社 2010 年版。

汪利兵：《中英高等教育拨款机制比较研究》，杭州大学 1994 年博士学位论文。

王芳：《第三只眼睛看诺贝尔文学》，内蒙古大学出版社 2011 年版。

王贵：《当代外国教育教育改革的浪潮与趋势》，人民教育出版社 1995 年版。

王晶、泰尼·巴罗主编：《电影与欲望：戴锦华作品中女性主义马克思主义与文化政治》，伦敦：维索出版社 2002 年版。

王顺义：《西方科技十二讲》，重庆出版集团 2008 年版。

王通讯：《人才学通论》，中国社会科学出版社 2001 年版。

乌云其其格、袁江洋：《谱系与传统：从日本诺贝尔奖获奖谱系看一流科学传统的构建》,《自然辩证法研究》2009 年第 7 期。

吴必康:《权力与知识:英美科技政策史》,福建人民出版社 1998
年版。

吴东平:《华人的诺贝尔奖》,湖北人民出版社 2004 年版。

吴建国:《德国国立科研机构经费配置管理模式研究》,《科研管理》
2009 年第 9 期。

吴素香:《科学进步的社会环境特征》,《学术研究》1989 年第 4 期。

吴跃农:《1936 年诺贝尔奖的遗憾——记中国核事业先驱赵忠尧》,《党
史纵横》2005 年 01 期。

萧致治、杨卫东:《鸦片战争前中西关系纪事》,湖北人民出版社 1986
年版。

徐辉、郑继伟:《英国教育史》,吉林人民出版社 1993 年版。

徐辉:《高等教育发展的新阶段——论大学与工业的关系》,杭州大学
出版社 1990 年版。

徐继宁《英国传统大学与工业关系发展研究》,苏州大学 2011 年硕士
学位论文。

徐胜蓝、孟东明:《杨振宁》,中国卓越出版社 1990 年版。

徐万超、袁勤俭:《诺贝尔物理学奖获奖者的统计分析》,《科学学研
究》2004 年第 1 期。

许光明:《摘冠之谜——诺贝尔奖 100 统计与分析》,广东教育出版社
2003 年版。

许明、胡晓莺:《当前西方国家教育市场化改革述评》,《教育研究》
1998 年第 3 期。

杨建邺、陈珩:《啊,还有这样的事?——诺贝尔奖背后的故事》,华
中科技大学出版社 2013 年版。

杨建邺主编:《20 世纪诺贝尔奖获奖者词典》,武汉出版社 2001 年版。

杨真真:《攻错:诺贝尔奖华裔科学家在美英学到了什么》,中国青年
出版社 2011 年版。

杨振东、杨存泉编:《杨振宁谈读书与治学》,暨南大学出版社 1998
年版。

杨振宁:《杨振宁文录——一位科学大师看人与这个世界》,海南出版
社 2002 年版。

杨振宁：《中国文化与科学中国文化与科学》，载于香港中文大学新亚书院 2000 年 2 月 21 日出版的《新亚生活》月刊。

姚蜀平：《留学教育对中国科学发展的影响》，《自然辩证法通讯》，1988 年第 10 卷第 6 期。

叶忠海：《人才学概论》，湖南人民出版社 1983 年版。

于建荣、胡伶莉、伍宗韶：《1901—2001 年诺贝尔生理学或医学奖统计与分析》，《生命科学》2001 年第 6 期。

于小晗：《诺贝尔奖离我们还有多远系列报道》，《科技日报》1999 年 9 月 6 日。

余玮、吴志菲：《中国诺贝尔》，团结出版社 2012 年版。

余卫华、敖得列主编：《英语词语典故词典》，中国地质大学出版社 1992 年版。

喻明：《英国基础研究方面的重大政策调整和优先发展领域》，《中国基础科学》2002 年第 2 期。

张功耀、罗娅：《我国科技奖励体制存在的几个问题》，《科学学研究》2007 年增刊。

张建丽：《中国人有诺贝尔奖情结吗?》，《外国文学》1997 年第 5 期。

张剑：《中国近代科学与科学体制化》，四川出版集团、四川人民出版社 2008 年版。

张磊：《"双元制"在德国高等教育中的延伸与创新——以代根多夫应用科技大学为例》，《职业技术教育》2013 年第 11 期。

张庆熊：《社会科学的哲学：实证主义、诠释学和维特根斯坦的转型》，复旦大学出版社 2010 年版。

张有学：《好学术环境第一条：没有生活压力》，《科技导报》2011 年第 29 期。

张宇燕：《〈西游记〉与中美关系定位》，《瞭望》2008 年第 2 期。

张云岗主编：《中国自然科学的现状与未来》，重庆出版社 1990 年版。

张志忠：《莫言论》，北京联合出版社 2012 年版。

赵万里：《从荣誉奖金到研究资助》，《自然辩证法研究》2000 年第 3 期。

赵鑫珊：《我们能否贡献一个爱因斯坦》，《文汇报》1984 年 12 月 21 日。

郑也夫：《吾国教育病理》，中信出版社 2013 年版。

郑羽：《单极还是多极世界的博弈：21 世纪的中俄美三角关系》，经济管理出版社 2012 年版。

郑羽：《既非盟友，也非敌人：苏联解体后的俄美关系（1991—2005）·上卷》，世界知识出版社 2006 年版。

郑羽：《哲学和道德的审视——评〈日瓦戈医生〉》，《读书》1987 年第 12 期。

周光召：《谈我国科技发展的战略思想》，《求实》1991 年第 12 期。

周志成：《王淦昌与诺贝尔奖》，《百科知识》1999 年第 4 期。

朱文娟：《六成复旦学生：华人不得诺奖因国内教育》，《上海青年报》2007 年 10 月 16 日。

朱与墨、谢萍：《中国自然科学"诺奖"之困的四维解析》，《创新与创业教育》2013 年 4 月第 4 卷第 2 期。

资中筠主编：《冷眼向洋·上》，三联书店 2000 年版。

邹绍清、罗洪铁：《试论创新型人才价值》，《中国人才》2008 年第 12 期。

［澳大利亚］彼得·杜赫提：《通往诺贝尔奖之路》，马颖、孙亚平译，科学出版社 2013 年版。

［德］海尔曼·皮拉特：《德国鲁尔区的转型与区域政策选择》，杨志军译，《经济与社会体制比较》2004 年第 4 期。

［美］J. E. 麦克莱伦第三、哈罗德·多恩：《世界科学技术通史》，王鸣阳译，上海世纪出版集团 2007 年版。

［美］R. K. 默顿：《科学社会学》（上册），鲁旭东、林聚任译，商务印书馆 2010 年版。

［美］R. K. 默顿：《科学社会学》（下册），鲁旭东、林聚任译，商务印书馆 2010 年版。

［美］V. 布什等：《科学——没有止境的前沿》，范岱年、解道华译，商务印书馆 2005 年版。

［美］爱因斯坦：《爱因斯坦文集》（第一卷），许良英译，商务印书馆 2009 年版。

［美］查尔斯·默里：《文明的解析》，上海人民出版社 2003 年版。

［美］哈里特·朱克曼，《科学界的精英——美国诺贝尔奖金获得者》，商务印书馆 1979 年版。

［美］胡大年：《爱因斯坦在中国》，上海科技教育出版社 2006 年版。

［美］罗伯特·马克·弗里德曼：《权谋：诺贝尔科学奖的幕后》，杨建军译，上海科技教育出版社 2005 年版。

［美］尼古拉斯·哈拉兹：《诺贝尔传》，王楫、康明强、沈涤译，天津人民出版社 1985 年版。

［美］托比·胡弗：《近代科学为什么诞生在西方》，周程、于霞译，北京大学出版社 2010 年版。

［美］威廉·J. 克林顿、小阿伯特·戈尔：《科学与国家利益》，曾国屏、王蒲生译，科学技术文献出版社 1999 年版。

［美］沃尔特·艾萨克：《爱因斯坦传》，张卜天译，湖南科学技术出版社 2013 年版。

［美］席文：《科学史方法论讲演录》，任安波译，北京大学出版社 2011 年版。

［美］约瑟夫·熊彼特：《财富增长论》，李默译，陕西师范大学出版社 2007 年版。

［挪威］弗雷德里克·赫弗梅尔：《诺贝尔和平奖：诺贝尔真正想要什么》，外文出版社 2011 年版。

［日］大隈重信编：《日本开国五十年史》，上海社会科学院出版社 2007 年影印版。

［日］朝永振一郎：《乐园：我的诺贝尔奖之路》，孙英英译，科学出版社 2010 年版。

［日］岛原健三：《日本化学家获诺贝尔奖的社会背景》，张明国译，《东北大学学报》（社会科学版）2007 年第 3 期。

［日］古川安：《科学的社会史：从文艺复兴到 20 世纪》，杨舰、梁波译，科学出版社 2011 年版。

［日］科学技术政策史研究会：《日本科学技术政策史》，邱华盛等译，中国科学技术出版社 1997 年版。

［瑞典］伯根格伦：《诺贝尔传》，孙文芳译，湖南人民出版社 1983 年版。

［瑞典］肯尼·范特：《诺贝尔全传》，王康译，世界知识出版社 2014

年版。

［瑞典］尼尔·肯特:《瑞典史》，吴英译，中国大百科全书出版社 2010
年版。

［瑞典］万之:《诺贝尔文学奖传奇》，上海人民出版社 2010 年版。

［匈］伊什特万·豪尔吉陶伊:《通往斯德哥尔摩之路:诺贝尔奖、科
学和科学家》，上海世纪出版集团 2007 年版。

［以］约瑟夫·本—戴维著:《科学家在社会中的角色》，赵佳苓译，四
川人民出版社 1988 年版。

［英］G. L. 威廉斯:《英国高等教育财力资源形式的变化》，《华东师范
大学学报》1990 年第 2 期。

［英］李约瑟:《大滴定:东西方的科学与社会》，范庭育译，（台湾）
帕米尔书店 1984 年版。

Ann Laura Stoler, *Race and the Education of Desire*, Durhum: Duke University Press, 1995.

Department for Business, Innovation and Skills, "Innovation and research Strategy for Growth".

Department for Innovation, Universities and Skills, "Innovation Nation".

E. J. Bowen, *Chemistry at Oxford*, Cambridge: Cambridge Press, 1966.

Etel Solingen, "Between Markets and the State: Scientists in Comparative Perspective", *Comparative Politics*, October 1993, Vol. 26, No. 1.

G. L. Payne: *British Scientific and Technological Manpower*, Stanford University Press, 1960.

Gerd – Jan Krol/ Alfons Schmid, Volkswi rtschaftslehre. Eine Problemorientierte Einführung, 21. Auflage, Tübingen: Mohr Siebeck, 2002.

H. Melville, *The Department of Scientific and Industrial Research*, Oxford University Press, 1962.

H. Schück、R. Sohlman:《诺贝尔传》，闵任译，书目文献出版社 1993
年版。

Harriet Zuckerman, *Scientific Elite: Nobel Laureates in the United States*, New York: The Free Press, 1997.

J. B. Poole & K. Andrews, *The Government of Science in Britain*, Weidenfeld and Nicolson, 1972.

J. H. Dunning &C. J. Thomas, *British Industry*, Hutchinson, 1963.

J. Morell, *Britain through the* 1980's, Gower Publishing Company, 1980.

Malcolm Tight, *The Development of Higher Education in the United Kingdom since* 1945, Open University Press, 2009.

Mary Tasker & David Packham, " Industry and Higher Education : a question of values", *Studies in Higher Education* , 1993, 18 (2) .

P. Gummett, *Scientists in White hall*, Manchester of University Press, 1980 .

Petervanden Dungen, "What Makes the Nobel Peace Prize Unique?" *PEACE & CHANGE*, Vol. 26, No. 4, 2011.

Pro – Chancellor Alsop of Liverpool University, Liverpool Courier, 29 November , 1981.

Roy Innes , Science and Our Future, London, 1954.

T. Dixon Long & C. Wright, *Science Policiese of Industrial Nations*, Praeger Publisher.

Tatsachen uber Deutschland , Hrsg. v. Societäts – Verlag Frankfurt am Main in Zusammenarbeit mit dem Auswärtigen Amt, Frankfurt am Main: Societäts – Verlag, 2005, S. 97 – 98, 121.

Wadhwa, Vivek, etc. American's New Immigrant Entrepreneurs: Part1, Duke Science, Technology&Innovation Paper, No. 23, Jan. 2007.

后　记

　　本书写作过程中，中国社会科学院研究生院院长黄晓勇教授、中国社会科学院农村发展研究所党委书记潘晨光教授两位主编，确定了全书的选题、篇章结构、写作风格等。在全书初稿完稿后，黄晓勇教授通读了全书并就篇章名称、部分章节内容提出了非常具体的修改意见。

　　本书的写作团队由中国社会科学院研究生院两位教师、六位博士研究生组成。《中国社会科学院研究生院学报》编辑部副主任何辉、研究生院团委书记韩育哲作为全书的副主编，负责写作团队的组建、全书的章节和内容安排，且承担了部分章节的写作。以下为全书各章节的分工：

　　导　言：黄晓勇、潘晨光、何辉

　　第一章：夏陆然（第一、二、三节）、文龙杰（第四节）、何辉（第五节）

　　第二章：何辉（第一、三、四、五节）、夏陆然（第二节）

　　第三章：王婧

　　第四章：文龙杰

　　第五章：文龙杰

　　第六章：李朵哲

　　第七章：李朵哲

　　第八章：刘纲强

　　第九章：文龙杰

　　第十章：刘纲强

　　第十一章：夏陆然

　　第十二章：易艳华

　　第十三章：何辉、韩育哲

结语：何辉、韩育哲、文龙杰

附录：刘纲强、王婧

何辉负责全书的统稿，在写作过程中，文龙杰不仅完成他负责的章节内容，而且就全书的一些章节提出了很多真知灼见，博士研究生田强强、韩小南也为全书的写作提供了很多基础性材料，特表谢忱。

本书的出版，得到中国社会科学院研究生院诸位领导和相关部门的支持：研究生院副院长文学国、研究生院副院长王兵、中国社会科学院科研局副局长赵芮（曾任研究生院副院长）对本书一直非常关注和支持；研究生院团委具体承担了写作过程中的组织、协调和服务工作。

本书得以顺利出版，还要感谢中国社会科学出版社国际问题出版中心冯斌主任的指导和支持、责任编辑陈雅慧不辞辛劳的联络和极其负责的编校工作。

本书从研究立项到结构设计，再到成稿和校对，课题组的成员虽不敢说焚膏继晷，却也的确是兢兢业业。但从全书的选题到出版仅仅一年多一点时间，因此本书只能算是一个急就章，且限于写作团队的主观和客观条件限制，书中难免存有讹误与错谬，欢迎同仁诸君批评指正。我们希望本书的出版能够抛砖引玉，使中国的诺贝尔奖热不再只是媒体的话题，而更多成为研究的主题。